全国信息通信专业咨询工程师继续教育培训系列教材

丛书主编 张同须 侯士彦

无线通信技术与网络规划实践

高鹏 陈崴嵬 曾沂粲 单刚 李楠 张新程 涂进 薛永备
汪丁鼎 程楠 张炎炎 蓝俊锋 霍励 许光斌 著

WIRELESS COMMUNICATION TECHNOLOGY AND NETWORK PLANNING PRACTICE

人民邮电出版社
北京

图书在版编目（CIP）数据

无线通信技术与网络规划实践 / 高鹏等著. -- 北京：人民邮电出版社，2016.7(2022.8重印)
全国信息通信专业咨询工程师继续教育培训系列教材
ISBN 978-7-115-41783-1

Ⅰ. ①无… Ⅱ. ①高… Ⅲ. ①无线电通信－通信网－网络规划－继续教育－教材 Ⅳ. ①TN92

中国版本图书馆CIP数据核字(2016)第089447号

内容提要

本书主要内容包括无线通信概述、无线通信原理和关键技术、移动通信业务、移动通信业务模型与业务预测、蜂窝移动通信系统、天馈线系统、移动通信室内覆盖系统、移动网络测试与仿真、宽带无线接入系统、微波通信系统、卫星通信系统、无线通信的电磁兼容与防护等内容。蜂窝移动通信系统中介绍了GSM无线网络、cdma2000无线网络、WCDMA无线网络、TD-SCDMA无线网络、LTE无线网络等典型的蜂窝移动通信系统，随着无线通信技术的飞速发展，本书对LTE-Advanced无线网络及5G技术也进行了介绍，以便为读者提供最新的无线通信研究成果。

本书是全国信息通信专业咨询工程师继续教育培训系列教材的无线通信部分，也可作为通信行业广大管理人员、技术人员及其他从业人员的参考学习资料。

◆ 著　　高　鹏　陈崴嵬　曾沂粲　单　刚　李　楠
　　　　张新程　涂　进　薛永备　汪丁鼎　程　楠
　　　　张炎炎　蓝俊锋　霍　励　许光斌
责任编辑　牛晓敏
责任印制　彭志环

◆ 人民邮电出版社出版发行　　北京市丰台区成寿寺路11号
邮编　100164　　电子邮件　315@ptpress.com.cn
网址　http://www.ptpress.com.cn
涿州市京南印刷厂印刷

◆ 开本：700×1000　1/16
印张：30　　　　2016年7月第1版
字数：604千字　　2022年8月河北第4次印刷

定价：89.00元

读者服务热线：(010)81055488　印装质量热线：(010)81055316
反盗版热线：(010)81055315

全国信息通信专业咨询工程师继续教育培训系列教材

编　委　会

陈　勋　中国联通网络技术研究院规划部主任

《信息通信市场业务预测与投资分析》编写组副组长

曾石麟　广东省电信规划设计院有限公司北京分院技术总监

《信息通信市场业务预测与投资分析》编写组副组长

沈艳涛　中国移动通信集团设计院有限公司有线所咨询设计总监

《光通信技术与应用》编写组副组长

王　云　广东省电信规划设计院有限公司综合通信咨询设计院副院长

《光通信技术与应用》编写组副组长

魏贤虎　江苏省邮电规划设计院有限责任公司网络通信规划设计院副院长

《光通信技术与应用》编写组副组长

陈崴嵬　中国联通网络技术研究院网优与网管技术研究部主任

《无线通信技术与网络规划实践》编写组副组长

曾沂粲　广东省电信规划设计院有限公司电信咨询设计院院长

《无线通信技术与网络规划实践》编写组副组长

单　刚　华信咨询设计研究院有限公司副总工程师

《无线通信技术与网络规划实践》编写组副组长

甘邵华　中讯邮电咨询设计院有限公司郑州分公司交换与信息部总工程师

《核心网架构与关键技术》编写组副组长

彭　宇　华信咨询设计研究院有限公司移动设计院副院长

《核心网架构与关键技术》编写组副组长

余永聪　广东省电信规划设计院有限公司电信咨询设计院总工程师

《核心网架构与关键技术》编写组副组长

丁亦志　中国移动通信集团设计院有限公司网络所高级咨询设计师

《数据与多媒体网络、系统与关键技术》编写组副组长

倪晓熔　中国移动通信集团设计院有限公司网络所资深专家

《IT 支撑系统与关键技术》编写组副组长

刘希禹　中讯邮电咨询设计院有限公司原电源处总工程师

《通信电源供电及节能技术》编写组副组长

程劲晖　广东省电信规划设计院有限公司建筑设计研究院副院长

《通信电源供电及节能技术》编写组副组长

序　言

作为曾在邮电通信战线战斗过的老兵，受通信信息专业委员会之邀为全国信息通信专业咨询工程师继续教育培训系列教材作序，欣然之情溢于言表。

2015年8月，中国工程咨询协会启动了咨询工程师继续教育，这是工程咨询行业的一件大事，对于加强咨询工程师队伍建设，完善咨询工程师职业资格制度，促进工程咨询业健康可持续发展将发挥重要作用。

工程咨询是以技术为基础，综合运用多学科知识、工程实践经验、现代科学和管理方法，为经济社会发展、投资建设项目决策与实施全过程提供咨询和管理的智力服务。作为工程咨询的从业人员，咨询工程师需要具备广博、扎实的经济、社会、法律、技术、工程、管理等领域的理论知识和实践经验。随着我国经济社会的快速发展和改革开放的不断深入，国家及地方投资建设领域新的政策、法规、规范标准不断出台，工程咨询相关领域的新理论、新技术、新方法层出不穷，这些都要求咨询工程师努力适应日新月异的形势和市场变化，与时俱进，不断学习、掌握、了解各类新事物，为经济社会发展和各类投资主体提供更优质的、专业化的服务。

为配合行业继续教育的开展，中国工程咨询协会通信信息专业委员会以高度负责的精神，组织通信信息全行业的专家、精英，倾力编写出通信信息专业咨询工程师继续教育培训系列教材，内容全面、充实，反映了通信信息行业在技术、投资咨询等领域最新发展成果和未来发展趋势，对提高通信信息专业咨询工程师专业素质和能力必将起到积极作用。在此我对通信信息专委会和参与编写教材的专家学者表示衷心的感谢，对你们所取得的成果表示祝贺。

咨询工程师队伍的素质和能力，决定着工程咨询的质量和水平，以及工程咨询业在经济社会发展中的地位。希望全国广大咨询工程师牢固树立终身教育的理念，积极参加继续教育，不断提高自身素质和能力，努力把工程咨询业发展成为学习创新型行业，真正成为各级政府部门和各类投资主体的智库和参谋。

中国工程咨询协会会长

2016年1月

前言

为建立健全咨询工程师(投资)职业继续教育教材体系，满足通信专业咨询工程师参加继续教育的需要，受中国工程咨询协会委托，中国工程咨询协会通信信息专业委员会组织编写了全国信息通信专业咨询工程师继续教育培训系列教材。该教材作为通信行业咨询工程师继续教育的专业培训用书，为本行业咨询工程师参加继续教育培训提供了必要的帮助。

全国信息通信专业咨询工程师继续教育培训系列教材共分7册:《信息通信市场业务预测与投资分析》、《光通信技术与应用》、《数据与多媒体网络、系统与关键技术》、《核心网架构与关键技术》、《IT 支撑系统与关键技术》、《无线通信技术与网络规划实践》、《通信电源供电及节能技术》。本系列教材丛书出自通信行业各类专家之手，既有较深入的技术探讨，也有作者多年的最佳实践总结。课程内容紧密结合了工程咨询业务的实际需要，从体现更新知识、提高职业素质和业务能力的原则出发，尽量使教材内容具有一定的前瞻性，突出了内容的新颖和实用，平衡了基础知识与新技术更新方面的内容比例，使课程内容做到与公共课程的衔接，避免了内容重复交叉，且结合本专业特点对公共课相关内容加以细化、深化和延伸。

本系列教材的编写从起草到修编历时6年，历经国家相关政策的多次调整，在行业专业委员会各委员单位和行业专家的积极推动和鼎力支持下，终于出版了。广大通信行业咨询设计从业人员藉此有了一个更便捷的学习平台。在此我们要感谢中国工程咨询协会和中国通信企业协会通信建设分会相关领导和同志们的关心与指导，还要特别感谢所有参编单位的大力支持！他们是：中国移动通信集团设计院有限公司、广东省电信规划设计院有限公司、中讯邮电咨询设计院有限公司、江苏省邮电规划设计院有限责任公司、华信咨询设计研究院有限公司。

为传播优秀经验，推广创新技术，我们与人民邮电出版社合作出版此系列教材，希望此教材能为行业从业人员在职业生涯发展上提供一定的帮助与支持，为我国信息通信行业的大发展做出更大的贡献！

再次感谢积极组织、参加教材编写的各位领导和专家，感谢您们长期以来对中国工程咨询协会通信信息专业委员会广大会员的支持与关爱。相信在大家的共同努力下，我国信息通信事业的发展会取得更大的进步！

张同须

中国移动通信集团设计院有限公司

中国工程咨询协会通信信息专业委员会

2016 年 1 月

目 录

第1章 无线通信概论

梦想是推动人类社会不断迈向更加美好时代的源动力，人们在通信领域也有一个持久的愿望，那就是实现任何时间、任何地点和任何人（物）实现任何方式的沟通。毫无疑问，无线通信正是实现这个愿望的最佳手段之一。

一百多年来，无线通信技术及产业一直呈现出蓬勃发展的态势。全球移动用户数已超过50亿，移动电话也成为人们日常生活中不可或缺的重要帮手；许多城市、社区、校园和热点纷纷开通无线局域网，从而实现了对互联网的便捷接入；以无线通信为基础的智能家居、智能家电、智能交通、智能票务、远程医疗等新应用逐渐从科幻小说中“飞入寻常百姓家”。此外，卫星通信正在不断加快人类探索太空的步伐，并且也在海事通信、灾害应急等领域发挥着无可替代的作用；微波通信则在中程宽带传输、开阔场景下的广域传输、生物医学等领域大显身手；蓝牙（Bluetooth）、紫蜂（ZigBee）、电子标签（RFID）、NFC等短距离无线通信技术更是为人们的日常生活带来了难以想象的诸多便利。可以预见，未来10年中，无线通信将持续爆炸式增长，并且随着笔记本电脑、智能手机、智能终端等设备的大量普及，无线通信仍会在通信技术的大家庭中独领风骚。

1.1 无线通信发展

无线通信的最早雏形可以追溯至远古时代的烽火报信、快马传书和驿站梨花等，但这些方式仅能在有限范围内传播信息。为了实现更远距离的可靠信号传输，人们经历了很长一段时间的探索时期。直到1838年，赛缪尔·莫尔斯（Samuel Morse）发明电报后，现代无线通信技术的发展才逐渐导入快车道。

1896年，波波夫和雷布金在俄国物理化学协会的年会上表演了用无线电传送莫尔斯电码；同年，意大利青年马可尼发明了无线电收报机，并在英国取得专利。虽然当时马可尼所能实现的通信距离非常有限，但就从那一年开始，现代意义的无线通信技术正式诞生。

从20世纪20年代至40年代初，无线通信有了初步的发展。当时移动通信的使用范围仅限于船舶、飞机、汽车等专用移动通信以及军事通信中，使用频段主要是短波段，由于当时的技术限制，设备也只是采用电子管，不仅又大又笨重，而且效果还很差，当时也只能采用人工交换和人工切换频率的控制和接续方式，接通时间长，接通效率很差。

到了20世纪40年代中至60年代末，移动通信有了进一步的发展，在频段的使用上，放弃了原来的短波段，主要使用VHF（甚高频）的150MHz，到了后期又发展到400MHz频段；同时晶体管的出现也使移动台向小型化方面演进。美国、日本、英国、西德等国家开始应用汽车公用无线电话，同时专用移动无线电话系统大量涌现，广泛用于公安、消防、出租汽车、新闻、调度等方面。此阶段的交换系统已由人工发展为用户直接拨号的专用自动交换系统，接通效率也有了很大改善。

到了20世纪70年代至80年代，随着集成电路技术、微型计算机和微处理器的快速发展以及美国贝尔实验室蜂窝系统概念的推出和应用，美国、日本等国家纷纷研制出陆地移动电话系统，如美国的 AMPS（Advanced Mobile Phone System）、英国的 TACS、北欧（丹麦、挪威、瑞典、芬兰）的 NMT 系统、日本的 NAMTS 等。该时期的主要技术是模拟调频、频分多址以模拟方式工作，使用频段为 800/900MHz（早期曾使用 450MHz），故称为蜂窝式模拟移动通信系统或第一代移动通信系统。与此同时，许多无线系统已经在全世界范围内发展起来，寻呼系统和无绳电话系统在扩大服务范围。

20 世纪 90 年代之后，随着数字技术的发展，通信、信息领域的很多方面都面临向数字化、综合化、宽带化方向发展的问题。第二代移动通信系统是以数字传输、时分多址或码分多址为主体的技术，如欧洲的 GSM、美国的 DAMPS、日本的 JDC 系统及美国的 IS-95 系统等。

21 世纪初到现在，为了进一步提高数据业务的传输速率和多种业务的综合提供能力，世界范围内以 CDMA 技术为基础的第三代移动通信系统已经走向大规模商用。经过多年的市场发展，逐渐成为主流的是 WCDMA 系统、cdma2000 系统和 TD-SCDMA 系统。这三个方案所用标准的主要制订组织分别为第三代移动通信伙伴计划（3GPP）、第三代移动通信伙伴计划 2（3GPP2）和中国通信标准化协会（CCSA）。

2009 年世界上第一个 LTE 商用网络在瑞典首都斯德哥尔摩开通，标志着移动通信进入了 4G 时代。2013 年 12 月 4 日，我国工业和信息化部向三家公司下发了 TD-LTE 牌照，中国正式进入 4G 时代。2015 年 2 月 27 日，我国工业和信息化部向中国联通和中国电信下发了 LTE FDD 牌照，4G 市场全面加速发展。LTE 的进一步演进技术（LTE-Advanced）已经完成标准化工作，正在全球多个国家步入商用阶段。

1.2 重要的无线通信标准组织

“全程全网”是通信网络的天然特点，无线通信也不例外，而标准化就是这一特点的保障和体现。此外，随着全球一体化进程的深入人心以及知识产权竞争的加剧，标准也逐渐引起各国政府和企业的重视。

在无线通信产业界，针对不同的技术路线和任务，存在众多标准组织，它们是推动相关产业发展的主要力量。本节主要介绍全球范围内与3G相关的主要标准组织，这些组织的标识如图1-1所示。以下简要介绍其中几个重要组织。

图1-1　3G相关标准组织的标识

（1）ITU

国际电信联盟（International Telecommunication Union，ITU）是世界各国政府的电信主管部门之间协调电信事务的一个国际组织，成立于1865年5月17日。1924年在巴黎成立了国际电话咨询委员会，1925年成立了国际电报咨询委员会，1927年在华盛顿成立了国际无线电咨询委员会。1932年，70多个国家的代表在西班牙马德里开会，决定将电报、电话、无线电咨询委员会改为“国际电信联盟”，此名一直沿用至今。

ITU现有189个成员，总部设在日内瓦。ITU是联合国的15个专门机构之一，但在法律上不是联合国的附属机构，它的决议和活动不需联合国批准，但每年要向联合国提出工作报告，联合国办理电信业务的部门可以以顾问的身份参加ITU的一切大会。

（2）3GPP

第三代移动通信伙伴计划（the 3rd Generation Partnership Project，3GPP）是全球最重要的3G标准化组织之一，其成员主要包括ARIB（日本）、ETSI

（欧洲）、TTA（韩国）、TTC（日本）和T1P1（美国）。参与者达成一致，要共同为通用地面无线接入（Universal Terrestrial Radio Access，UTRA）的标准化做出努力。隶属于各标准化组织的公司，如设备制造商和运营商，同时也是3GPP的成员。1999年后半年，中国无线通信标准研究组（China Wireless Telecommunication Standard group，CWTS）也加入到3GPP中来，并贡献了TD-SCDMA技术，在这之前该标准已经提交给ITU-R。

在3GPP中建立了4个不同的技术规范组（TSG）：无线接入网TSG、核心网TSG、业务和系统方面的TSG和终端TSG。这4个组中，与TD-SCDMA和WCDMA技术关系最密切的是无线接入网TSG（RAN TSG）。

（3）3GPP2

3GPP2（the 3rd Generation Partnership Project 2）是一个制订第三代通信规范的协作计划组织，于1999年1月成立，由美国的TIA、日本的ARIB、日本的TTC、韩国的TTA发起，中国无线通信标准研究组（CWTS）于1999年6月在韩国正式签字加入。中国通信标准化协会成立后，CWTS在3GPP2的组织名称更改为CCSA。

美国的TIA、日本的ARIB、日本的TTC、韩国的TTA和中国的CCSA这些标准化组织在3GPP2中称为SDO。3GPP2中的项目组织伙伴（OP）由各个SDO的代表组成，OP负责进行各国标准之间的对应和管理工作。

3GPP2下设4个技术规范工作组：TSG-A、TSG-C、TSG-S和TSG-X，分别负责制订接入网接口、空中接口、核心网络以及系统架构、安全和需求的相关标准。4个技术规范工作组均向项目指导委员会汇报。

（4）ETSI

欧洲电信标准化协会（European Telecommunications Standards Institute，ETSI）是独立的、非赢利性的欧洲地区性信息和通信技术（ICT）标准化组织，这些技术涉及电信、广播和相关领域，如智能传输和医用电子技术。

ETSI创建于1988年，总部位于法国的Sophia Antipolis。ETSI现有来自欧洲和其他地区共55个国家的688名成员，其中包括制造商、网络运营商、政府、服务提供商、研究实体以及用户等ICT领域内的重要成员。ETSI的机构由全会、常务委员会、技术委员会、特殊委员会和秘书处组成。

（5）CCSA(原CWTS)

中国通信标准化协会（China Communications Standards Association，CCSA）于2002年12月18日在北京正式成立。该协会是国内企事业单位自愿联合组织，经业务主管部门批准，国家社团登记管理机关登记，开展通信技术领域标准化活动的非营利性法人社会团体。

协会的主要任务是更好地开展通信标准研究工作，把通信运营企业、制造企业、研究单位和大学等关心标准的企事业单位组织起来，按照公平、公正、公开的原则制订标准。

（6）WiMAX论坛

WiMAX论坛（WiMAX Forum）成立于2001年，是由众多无线通信设备和器件供应商发起的非盈利性组织，其目标是促进IEEE 802.16标准规定的宽带无线网络的应用推广，保证采用相同标准的不同厂商宽带无线接入设备之间的互通性或互操作性。通过WiMAX论坛认证的产品会有“WiMAX Forum Certified”标识。

1.3 典型的无线通信系统

无线通信技术的迅猛发展带来了无线通信产业的繁荣。半个世纪以来，各种无线通信系统在全球范围内你方唱罢我登场，处于不断演进的过程之中。本节简要介绍几种常见的无线通信系统，这些系统仍然活跃在无线通信的大舞台上。

1.3.1 蜂窝通信系统

迄今为止，蜂窝通信系统是全球最为成功的商用无线通信系统。严格意义上，蜂窝系统这个称呼本身并不特指任何一种具体的无线通信技术，而是强调这类系统采用频率复用技术，不同于在 AMPS 及广播系统中使用的大区制系统，因而又被称作小区制系统。

在蜂窝通信系统中，主要通过频率复用增大系统的容量，即小区之间在间隔足够远的情况下使用相同的频率，一般情况下把可用的 N 个频道分成 F 组，依次把 F 组频道分配给相邻小区使用，如图 1-2 所示。如果采用全向型天线，通常在每个小区的中心位置设立一个基站，称为 O 型站点；如果采用定向扇型天线，则通常在三个小区的交叉点上设立一个基站，称为 S 型站点，该站点覆盖相邻的三个小区。

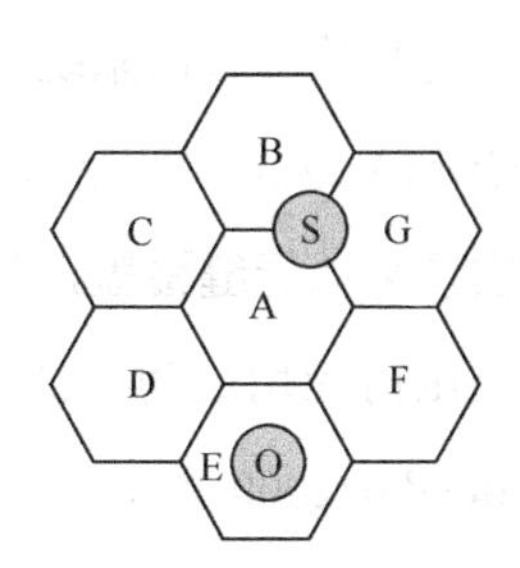

图 1-2 蜂窝系统中的频率复用

典型的蜂窝系统包括第一代（1G）、第二代（2G）、第三代（3G）和第四代（4G）移动通信系统。第一代移动通信系统包括美国的 AMPS，该系统采用 7 小区复用模式，并可在需要时采用扇区化和小区分裂等技术提高容量。AMPS 在无线传输中采用了频率调制，每个无线信道实际上由一对单工信道组成，彼此有 45MHz 分隔。每个基站通常有一个控制信道发射器（用来在前向控制信道上进行广播），一个控制信道接收器（用来在反向控制信道上监听蜂窝电话呼叫建立请求），以及 8 个或更多频分复用双工语音信道。AMPS 虽获成功商用，但系统容量较小，因而又催生了第二代蜂窝系统。

欧洲的第一代蜂窝系统中多数是互不兼容的，四分五裂的教训使得欧洲人很快在统一第二代蜂窝系统上达成共识，由此诞生了 GSM，其全称为全球移动通信系统（Global System for Mobile Communication，GSM），该系统依照 ETSI 制定的 GSM 规范开发而成。GSM 数字蜂窝通信系统的主要组成可分为网络系统、基站子系统及移动台。基站子系统（BS）由基站收发台（BST）和基站控制器（BSC）组成。网络系统由移动交换中心（MSC）、操作中心（OMC）和本地位置寄存器（HLR）、访问位置寄存器（VLR）、鉴权中心（AUC）和设备标志寄存器（ERI）等组成。GSM 在欧洲和中国获得了空前的成功。

第二代蜂窝系统还包括美国的IS-95，该系统率先商用了窄带CDMA多址技术，容量大于GSM。IS-95在美国、韩国、中国都获得了较大规模的应用。

人们对于高速数据业务的需求进一步催生了第三代移动通信系统，3G是宽带数字通信系统，其目标是提供移动宽带多媒体通信，多址基本都采用CDMA方式。第三代移动通信系统能提供多种类型的高质量多媒体业务，能实现全球无缝覆盖，具有全球漫游能力并与固定网络相兼容。目前，在世界范围内应用最为广泛的第三代移动通信系统体制为WCDMA、TD-SCDMA和cdma2000系统。

由于高速数据业务的迅猛发展，3GPP在2004年启动了LTE研究。2009年世界上第一个LTE商用网络在瑞典首都斯德哥尔摩开通，标志着移动通信进入了4G时代。LTE包括FDD和TDD两种模式，已在世界上广泛部署和商用。

1.3.2 无绳电话系统

无绳电话自20世纪70年代后期出现以来，发展迅速，在很多国家都获得了大量应用。典型的无线电话是把普通的电话单机分成座机和手机两部分，座机与有线电话网相连，手机与座机之间用无线电连接，这样就允许携带手机的用户在一定范围内自由活动时通话。无绳电话系统基本结构如图1-3所示。

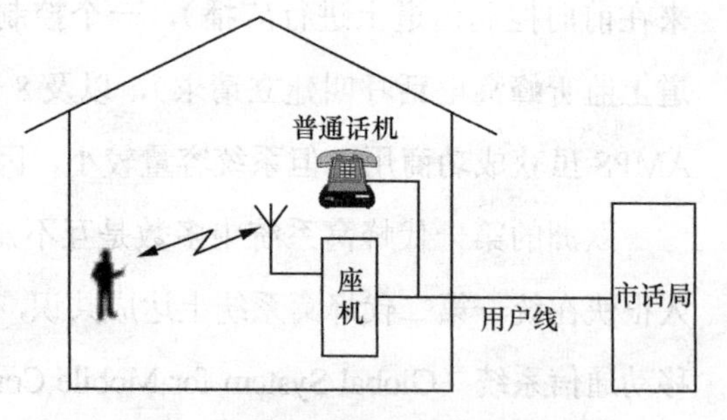

图1-3 无绳电话系统基本结构示意

除了基本形式之外，无绳电话还发展出一些增强技术。欧洲和亚洲的许多国家采用了第二代数字无绳电话系统（Cordless Telephone-Second Generation，CT-2)，该系统将覆盖范围延展到了室外；欧洲还存在一种数字增强型无绳通信标准（Digital Enhanced Cordless Telecommunication，DECT），DECT 由欧洲标准化组织 ETSI 于 1993 年制定，是保障提供高话务密度、高话音质量及高可靠性的数字微微蜂窝无线通信、支持多种环境的应用与多种网络的互通规范，该系统主要是针对办公楼设计的。

1.3.3　无线局域网

无线局域网络（Wireless Local Area Networks，WLAN）是相当便利的数据传输系统，该系统使用射频（Radio Frequency，RF）技术取代了旧式碍手碍脚的双绞铜线构成的局域网络，使得无线局域网络能利用简单的存取架构让用户透过它达到“信息随身化、便利走天下”的理想境界。

20 世纪 90 年代初，第一代无线局域网产品开始出现，但由于缺乏标准化导致开发成本高昂、产量较低、市场份额不大。为避免第一代无线局域网中出现的不兼容问题，IEEE 专门制订了相应的标准，即 IEEE 802.11b/g/n 系列（如图 1-4 所示）。该系列标准大获成功，许多笔记本电脑和部分智能手机都已集成了 802.11b/g/n 网卡，很多政府机构、企业、家庭、机场、酒店都能提供 WLAN 接入。

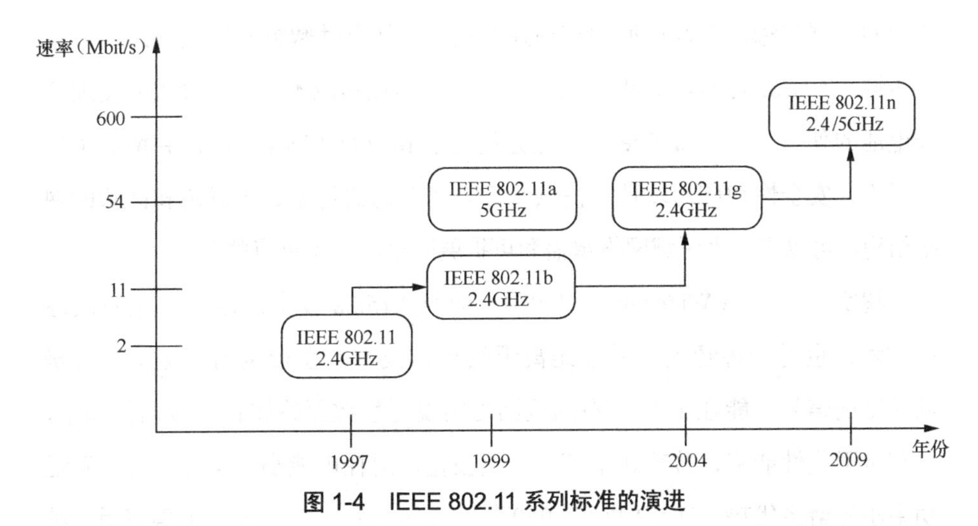

图 1-4　IEEE 802.11 系列标准的演进

1.3.4 无线个域网

无线个域网（Wireless Personal Area Network，WPAN）是为了实现活动半径小、业务类型丰富、面向特定群体、无线无缝连接而提出的新型无线通信网络技术，WPAN能够有效解决“最后的几米电缆”问题。典型的WPAN技术有蓝牙、紫蜂、超宽带和电子标签、近场通信等。

蓝牙（Bluetooth）是一种支持设备短距离通信（一般在10m内）的无线电技术，能在包括移动电话、PDA、无线耳机、笔记本电脑、相关外设等众多设备之间进行无线信息交换。利用蓝牙技术，能够有效简化移动通信终端设备之间的通信，也能够成功地简化设备与Internet之间的通信，从而数据传输变得更加迅速高效，为无线通信拓宽道路。蓝牙采用分散式网络结构以及快跳频和短包技术，支持点对点及点对多点通信，工作在全球通用的2400～2483.5MHz ISM（工业、科学、医学）频段，其数据速率为1Mbit/s，采用时分双工传输方案实现全双工传输。

紫蜂（ZigBee）是一种近距离、低复杂度、低功耗、低速率、低成本的双向无线通信技术，主要在距离短、功耗低且传输速率不高的各种电子设备之间的数据传输，以及典型的有周期性数据、间歇性数据和低反应时间数据的传输。ZigBee与Bluetooth相比具有更低的功耗和成本，能够最大限度地延长电池的使用寿命。ZigBee技术充分利用了IEEE802.15.4标准，并增加了逻辑网络、安全性和应用软件，提供了静态和动态的星型、集群树和网状的网络结构，可以实现大区域网络覆盖和可扩展网络，避免单点故障。

超宽带（Ultra Wideband，UWB）即802.15.3a技术，是一种无载波通信技术，也是一种超高速的短距离无线接入技术。在较宽的频谱上传送极低功率的信号，能在10m左右的范围内实现每秒数百兆比特的数据传输率，具有抗干扰性能强、传输速率高、带宽极宽、消耗电能小、保密性好、发送功率小等诸多优势。UWB早在1960年就开始开发，但仅限于军事应用，美国 FCC 于 2002 年 2 月准许该技术进入民用领域。UWB 主要应用于近距离高速数据传输，近年来国内外开始利用其亚纳秒级超窄脉冲做近距离精确室内定位，如 LocalSense 无线定位系统。

电子标签技术（Radio Frequency Identification，RFID）是一种非接触式的自动识别技术，通过射频信号自动识别目标对象并获取相关数据。RFID 由标签、解读器和天线三个基本要素组成，已经广泛应用于日常生活、物流业、交通运输、医药、食品等各个领域。RFID 技术大概有三大类：无源 RFID、有源 RFID、半有源 RFID。无源 RFID 发展最早、最成熟，市场应用最广泛的包括公交卡、食堂餐卡、银行卡、门禁卡、二代身份证等，属于近距离识别类。有源 RFID 技术具有远距离自动识别的特性，决定了其巨大的应用领域，如智能监狱、智能医院、智能停车场、智能交通、智慧城市、智慧地球及物联网等领域。半有源 RFID 技术介于有源 RFID 和无源 RFID 之间，集有源 RFID 和无源 RFID 的优势于一体，在门禁进出管理、人员精确定位、区域定位管理、周界管理、电子围栏及安防报警等领域有着很大的优势，具有近距离激活定位、远距离识别及上传数据的工作特点。RFID 技术是物联网发展的关键技术，今后随着物联网的发展，其应用市场必将随着物联网的发展而扩大。

近场通信（Near Field Communication，NFC）是一种短距高频的无线电技术，在 13.56 MHz 频率运行于 20 cm 距离内，其传输速率有 106 kbit/s、212 kbit/s 或者 424 kbit/s 三种。目前近场通信已通过成为 ISO/IEC IS 18092 国际标准、ECMA-340 标准与 ETSI TS 102 190 标准。NFC 近场通信技术是由非接触式射频识别及互联互通技术整合演变而来，在单一芯片上结合感应式读卡器、感应式卡片和点对点的功能，能在短距离内与兼容设备进行识别和数据交换。目前这项技术已在包括我国在内的众多国家广泛应用，市场上涌现出许多支持 NFC 功能的手机，手机用户配置了支付功能的手机，可以用作机场登机验证、大厦的门禁钥匙、交通一卡通、信用卡、支付卡等。NFC 采用主动和被动两种读取模式。

1.3.5 数字微波通信系统

所谓微波是指频率在 300MHz ～ 300GHz 的电磁波。数字微波是一种工作在微波频段的数字无线传输系统，由于微波传输的特性和地球的曲面特征，一条数字微波线路通常是一段一段构成的，每一段均可以看成是一个点对点的无线通信系统。

数字微波通信具有两大技术特征：它所传送的信号是按照时隙位置分列复用而成的统一数字流，具有综合传输的性质；它利用微波信道传送信息，拥有很宽的通过频带，可以复用大量的数字电话信号，可以传送电视图像或高速数据等宽带信号。由于微波电磁信号按直线传播，数字微波（或模拟微波）通信可以按直视距离设站（站距约 50km），因此，建设起来比较容易。特别是在丘陵山区或其他地理条件比较恶劣的地区，数字微波通信具有一定的优越性。在整个国家通信的传输体系中，数字微波通信也是重要的辅助通信手段。

1.3.6 卫星通信系统

卫星通信系统实际上也是一种微波通信，以卫星作为中继站转发微波信号，在多个地面站之间通信。卫星通信的主要目的是实现对地面的“无缝隙”覆盖。由于卫星工作于几百、几千，甚至上万千米的轨道上，因此覆盖范围远大于一般的移动通信系统。但卫星通信要求地面设备具有较大的发射功率，因此不易普及使用。

按照工作轨道区分，卫星通信系统一般分为以下三类：低轨道卫星通信系统（LEO）、中轨道卫星通信系统（MEO）、高轨道卫星通信系统（GEO）；按照通信范围区分，卫星通信系统可以分为国际通信卫星、区域性通信卫星、国内通信卫星；按照用途区分，卫星通信系统可以分为综合业务通信卫星、军事通信卫星、海事通信卫星、电视直播卫星等；按照转发能力区分，卫星通信系统可以分为无星上处理能力卫星、有星上处理能力卫星。

1.3.7 宽带无线接入系统

当前常用的宽带无线接入（Broadband Wireless Access，BWA）系统有以下几大技术：WLAN（无线局域网）、本地多点分配系统（Local Multipoint Distribute System，LMDS）、多点多信道分配系统（Multipoint Multichannel Distribution System，MMDS）、3.5GHz 固定无线接入系统、微波接入全球互通（Worldwide interoperability for Microwave Access，WiMAX）以及多载波无线本地环路（Multi-carrier Wireless information Local Loop，McWiLL）等。

LMDS 一般占用 26GHz、28GHz、36GHz、38GHz 等频段，MMDS 一般占用 2.5GHz、3.5GHz、5.8GHz、10.5GHz 等较低频段。LMDS 的特色在于可用带宽较大，但是全天候可靠覆盖范围一般在 5km 以内，适合在商务热点地区使用；MMDS 的特色在于受雨雪等天气影响小，全天候可靠覆盖范围一般在 10km 以上，但是带宽较小，适合 SME 和 SOHO 用户使用。

3.5GHz 固定无线接入系统是一种点对多点、提供宽带业务的无线技术，适用于中小企业用户和集团用户，可透明传输业务，可以为用户提供 Internet 的接入、本地用户的数据交换、话音业务和视频点播业务；可选择基于电路方式、IP 方式或 ATM 方式的设备。3.5GHz 固定无线接入系统可用带宽为 2×31.5MHz，需要准视距传播，支持多扇区组网，支持 QPSK、16QAM、64QAM 调制方式。

WiMAX 是无线宽带接入技术的一个典型代表，该技术以 IEEE 802.16 的系列宽频无线标准为基础。2007 年 10 月 19 日，ITU 正式接纳移动 WiMAX 加入 IMT-2000，命名为 OFDMA TDD WMAN，成为第 6 种 3G 空中接口技术方案和第 4 种主流 3G 标准。WiMAX 能提供面向互联网的高速连接，数据传输距离最远可达 50km。WiMAX 还具有 QoS 保障、传输速率高、业务丰富多样等优点。WiMAX 技术的起点较高，采用了 OFDM/OFDMA、AAS、MIMO 等先进技术。

McWiLL 是 SCDMA 无线接入技术的宽带演进版（SCDMA V5）的俗称。

SCDMA 技术从 1995 年产生到现在，经历了从窄带固定无线接入技术到宽带移动无线接入技术的演进。SCDMA 技术的知识产权主要掌握在我国的信威公司手中，其发展经历了从 SCDMA V1 到 SCDMA V5 的过程，其中 V1 到 V3 系统属于窄带无线通信技术，主要提供语音、传真、低速数据等窄带通信业务；V4 和 V5 系统属于宽带无线通信技术，可以提供宽带数据、语音和视频等多媒体业务，同时支持漫游和切换；V6 可以支持语音和数据集群功能；V7 则进一步引入了更先进的空中接口物理技术（MIMO），将频谱利用率提高到 6bit/s/Hz。

1.3.8 寻呼系统

无线寻呼系统，是一种不用语音的单向选择呼叫系统，其接收端是多个可以由用户携带的高灵敏度收信机（俗称袖珍铃）。在收信机收到呼叫时，就会自动振铃、显示数码或汉字，向用户传递特定的信息。

无线寻呼系统可分为专用系统和公用系统两大类。专用系统采用人工方式的较多，一般在操作台旁有一部有线电话，当操作员收到有线用户呼叫某一袖珍铃时，即进行接续、编码，然后经编码器送到无线发射机进行呼叫；袖珍铃收到呼叫后就自动振铃。公用系统多采用人工和自动两种方式。

1.4 无线电频谱资源

电磁频谱中 3000GHz 以下的部分称为无线电频谱。根据无线电波传播及使用的特点，国际上将其划分为 12 个频段，而通常无线电通信只使用其中的 4 ～ 12 个频段。

无线电频谱是一种特殊的自然资源，是由于它具有一般资源的共同特性，像土地、水、矿山、森林一样是国家所有的；但从国际范围来说，它又属于人类共有、共享的。此外，它还具有一般自然资源所没有的特性：有限性、非消耗性、无国界性、易受干扰性。

随着无线电技术的飞速发展和各种无线电业务的广泛应用，有限的无线电频率资源日趋紧张。世界各国都把无线电频率资源作为一种国家经济发展和国防建设不可或缺的战略资源进行统一管理。我国的《中华人民共和国物权法》中也明确规定“无线电频谱资源属国家所有”，由国家无线电监测中心负责全国的无线电监测和无线电频谱管理工作。

从世界范围来看，各类无线电设备和系统使用的频率涵盖了 0 ～ 275 GHz 的范围，但主要还是集中在 30 GHz 以下频段。我国 806 ～ 2690MHz 频谱资源的划分情况见表 1-1。

表 1-1　我国无线通信频谱资源划分情况

频段（MHz）	国内频谱划分
806 ～ 821	数字集群系统上行
825 ～ 835	cdma800 上行频段
851 ～ 860	数字集群系统下行
870 ～ 880	cdma800 下行频段
885 ～ 909	中国移动 GSM 上行频段
909.2 ～ 915	中国联通 GSM 上行频段
915 ～ 917	无中心对讲机
917 ～ 925	立体声广播传输和航空导航（次要）
925 ～ 930	航空导航业务
935 ～ 954	中国移动 GSM 下行频段
954.2 ～ 960	中国联通 GSM 下行频段
960 ～ 1215	航空无线电导航
1240 ～ 1260	无线电定位、卫星固定（地对空）（空对空）、卫星地球探测、空间研究、无线电导航、固定、移动、业余
1300 ～ 1350	航空无线电导航、卫星无线电导航（地对空）、无线电定位
1535 ～ 1544	航空无线电导航、卫星移动（空对地）
1559 ～ 1610	航空无线电导航、卫星无线电导航（空对地）（空对空）
1610.6 ～ 1613.8	卫星移动（地对空）、射电天文、航空无线电导航、卫星无线电测定

（续表）

频段（MHz）	国内频谱划分
1613.8 ～ 1626.5	卫星移动（地对空）、航空无线电导航、卫星无线电测定（地对空）
1710 ～ 1735	中国移动 GSM1800 上行频段
1735 ～ 1755	中国联通 GSM1800 上行频段
1755 ～ 1785	LTE FDD 频段
1755 ～ 1765	中国联通 LTE FDD 上行频段
1765 ～ 1780	中国电信 LTE FDD 上行频段
1785 ～ 1805	SCDMA
1805 ～ 1830	中国移动 GSM1800 下行频段
1830 ～ 1850	中国联通 GSM1800 下行频段
1850 ～ 1880	LTE FDD 频段
1850 ～ 1860	中国联通 LTE FDD 下行频段
1860 ～ 1875	中国电信 LTE FDD 下行频段
1880 ～ 1900	中国移动 TD-SCDMA 频段
1880 ～ 1920	中国移动 TDD 主要使用频段
1900 ～ 1920	小灵通（PHS），2002 年后改为中国移动 TDD 频段，但尚未完成清频
1920 ～ 1980	WCDMA 上行频段，未来作为 LTE FDD 频段
2010 ～ 2025	中国移动 TD-SCDMA 频段，TDD 主要使用频段
2110 ～ 2170	WCDMA 下行频段，未来作为 LTE FDD 频段
2300 ～ 2320	中国联通 TDD 频段
2320 ～ 2370	中国移动 TDD 频段
2370 ～ 2390	中国电信 TDD 频段
2390 ～ 2400	TDD 补充频段，暂未分配给运营商
2400 ～ 2483.5	无线局域网、无线接入系统、蓝牙技术设备、点对点或点对多点扩频通信系统等各类无线电台站的共用频段
2500 ～ 2690	TDD 主要频段
2555 ～ 2575	中国联通 TDD 频段
2575 ～ 2635	中国移动 TDD 频段
2635 ～ 2655	中国电信 TDD 频段

表 1-2 列出了 3GPP TS36.101 最新版本 V12.7.0 定义的 4G 工作频段及相应频段号。在我国，国家无线电管理委员会已分配的 LTE 频段有 Band1

（2.1GHz）、Band3（1.8GHz）、Band38（2.6GHz）、Band39（1.9GHz）、Band40（2.3GHz）、Band41（2.6GHz）。国外常用的FDD频段Band7（2.6GHz），在我国被分配用于TD-LTE，这是4G频段划分上我国与国外的一个重要差别。

另外，我国已标识为4G频段但尚未规划的频段有：450～470MHz、698～806MHz、3400～3600MHz。450～470MHz频段，3GPP定义为Band31，国外部分国家如巴西用于偏远地区的FDD-LTE部署；国内该频段业务使用情况：中国电信在西藏有cdma450系统；还有对讲机系统和部分模拟集群系统、列车调控系统，短期内清频较困难。700/800MHz频段：在美欧等国家和地区，这是刚从电视领域退出的“数字红利”频段，已逐渐被广泛应用于FDD广覆盖。我国698～806MHz频段属于广电系统，目前仍为广播电视业务使用，如退频需跨部门协调，工业和信息化部已就此频段与广电进行多次协调，没有结果。根据广电规划，2020年才能完成模数转换，能否退出部分频率还很难说。国内3400～3600MHz频段存在固定无线接入和卫星业务，该频段不能在室外和卫星系统共存，业内已将该频段定位于室内场景，本频段总计有200MHz，可以为4G的未来发展提供解决容量问题的大带宽，工业和信息化部正在积极推动该频段应用于TDD方式的LTE-A技术。

表1-2 3GPP组织LTE工作频段定义

E-UTRA Operating Band	Uplink (UL) Operating Band BS Receive UE Transmit (MHz)	Downlink (DL) Operating Band BS Transmit UE Receive (MHz)	Duplex Mode
	F_{UL_low} ～ F_{UL_high}	F_{DL_low} ～ F_{DL_high}	
1	1920～1980	2110～2170	FDD
2	1850～1910	1930～1990	FDD
3	1710～1785	1805～1880	FDD
4	1710～1755	2110～2155	FDD
5	824～849	869～894	FDD
6[1]	830～840	875～885	FDD
7	2500～2570	2620～2690	FDD

（续表）

E-UTRA Operating Band	Uplink (UL) Operating Band BS Receive UE Transmit (MHz)	Downlink (DL) Operating Band BS Transmit UE Receive (MHz)	Duplex Mode
	F_{UL_low} ～ F_{UL_high}	F_{DL_low} ～ F_{DL_high}	
8	880 ～ 915	925 ～ 960	FDD
9	1749.9 ～ 1784.9	1844.9 ～ 1879.9	FDD
10	1710 ～ 1770	2110 ～ 2170	FDD
11	1427.9 ～ 1447.9	1475.9 ～ 1495.9	FDD
12	699 ～ 716	729 ～ 746	FDD
13	777 ～ 787	746 ～ 756	FDD
14	788 ～ 798	758 ～ 768	FDD
15	Reserved	Reserved	FDD
16	Reserved	Reserved	FDD
17	704 ～ 716	734 ～ 746	FDD
18	815 ～ 830	860 ～ 875	FDD
19	830 ～ 845	875 ～ 890	FDD
20	832 ～ 862	791 ～ 821	FDD
21	1447.9 ～ 1462.9	1495.9 ～ 1510.9	FDD
22	3410 ～ 3490	3510 ～ 3590	FDD
23	2000 ～ 2020	2180 ～ 2200	FDD
24	1626.5 ～ 1660.5	1525 ～ 1559	FDD
25	1850 ～ 1915	1930 ～ 1995	FDD
26	814 ～ 849	859 ～ 894	FDD
27	807 ～ 824	852 ～ 869	FDD
28	703 ～ 748	758 ～ 803	FDD
29	N/A	717 ～ 728	FDD[2]
30	2305 ～ 2315	2350 ～ 2360	FDD
31	452.5 ～ 457.5	462.5 ～ 467.5	FDD
32	N/A	1452 ～ 1496	FDD[2]
33	1900 ～ 1920	1900 ～ 1920	TDD
34	2010 ～ 2025	2010 ～ 2025	TDD
35	1850 ～ 1910	1850 ～ 1910	TDD

（续表）

E-UTRA Operating Band	Uplink (UL) Operating Band BS Receive UE Transmit (MHz)	Downlink (DL) Operating Band BS Transmit UE Receive (MHz)	Duplex Mode
	$F_{UL\_low} \sim F_{UL\_high}$	$F_{DL\_low} \sim F_{DL\_high}$	
36	1930 ～ 1990	1930 ～ 1990	TDD
37	1910 ～ 1930	1910 ～ 1930	TDD
38	2570 ～ 2620	2570 ～ 2620	TDD
39	1880 ～ 1920	1880 ～ 1920	TDD
40	2300 ～ 2400	2300 ～ 2400	TDD
41	2496 ～ 2690	2496 ～ 2690	TDD
42	3400 ～ 3600	3400 ～ 3600	TDD
43	3600 ～ 3800	3600 ～ 3800	TDD
44	703 ～ 803	703 ～ 803	TDD

Note 1: Band 6 is not applicable;

Note 2: Restricted to E-UTRA operation when carrier aggregation is configured. The downlink operating band is paired with the uplink operating band (external) of the carrier aggregation configuration that is supporting the configured Pcell

思考题

1. 现代意义下的第一种无线通信系统始于何年，是什么通信系统？
2. 请列举几个主要的无线通信标准化组织。
3. 蜂窝移动通信系统经历了几代？
4. 各代蜂窝移动通信系统的主要制式？
5. 请列举几个个域网技术制式。
6. 在 4G 频段划分上我国与国外一个重要差别是什么？

（续表）

E-UTRA Operating Band	Uplink (UL) Operating Band BS Receive UE Transmit (MHz)	Downlink (DL) Operating Band BS Transmit UE Receive (MHz)	Duplex Mode
	F_{UL_low} ~ F_{UL_high}	F_{DL_low} ~ F_{DL_high}	
36	1930 ~ 1990	1930 ~ 1990	TDD
37	1910 ~ 1930	1910 ~ 1930	TDD
38	2570 ~ 2620	2570 ~ 2620	TDD
39	1880 ~ 1920	1880 ~ 1920	TDD
40	2300 ~ 2400	2300 ~ 2400	TDD
41	2496 ~ 2690	2496 ~ 2690	TDD
42	3400 ~ 3600	3400 ~ 3600	TDD
43	3600 ~ 3800	3600 ~ 3800	TDD
44	703 ~ 803	703 ~ 803	TDD

Note 1: Band 6 is not applicable.

Note 2: Restricted to E-UTRA operation when carrier aggregation is configured. The downlink operating band is paired with the uplink operating band (external) of the carrier aggregation configuration that is supporting the configured Pcell.

思考题

1. 现代意义下的第一种无线通信系统诞生于何年，是什么通信系统？

2. 请列举几个主要的无线通信标准化组织。

3. 移动通信系统经历了几代？

4. 各代移动通信系统的主要制式。

5. 请列举几个频段分配。

6. 在4G频谱划分上我国与国外一个重要差别是什么？

第2章
无线通信原理和关键技术

2.1 无线通信系统

2.1.1 无线通信基本原理

无线通信指利用电磁波的辐射和传播，经过空间传送信息的通信方式。它是电信网的重要组网部分，可以传送电报、电话、传真、图像、数据以及广播和电视节目等通信业务，也可用于遥控遥测、报警以及雷达、导航、海上救援等特种业务。

无线通信的基本原理：由电荷产生电场，电流产生磁场，电荷和电流交替消长的振动可在其周围空间产生互相垂直的电场与磁场，并以光速向四周辐射电磁波。电磁波以直线形式在均匀介质中传播，遇到不同介质或障碍物时，会产生反射、吸收、折射、绕射或极化偏转等现象。为把信息通过无线电波送往远方，必须以电波作为载体，即用变更电波的幅度、频率或相位使信息附加到载频上去，分别称为调幅、调频或调相，统称调制。经过调制的电波可在传输介质中传输到达接收地点，然后再将所需信息提取出来还原，称为解调。最基本的无线通信系统由发射器、接收器和通常作为无线连接的信道组成，如图 2-1 所示。

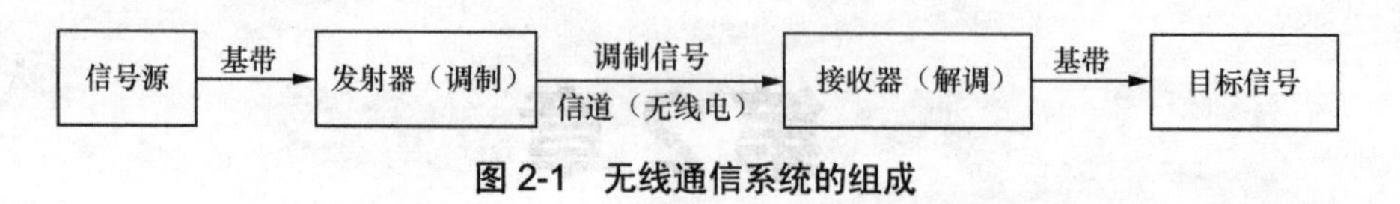

图 2-1　无线通信系统的组成

2.1.2　无线通信系统分类

无线通信系统按工作方式一般分为单工与双工通信两种。

所谓单工通信，指通信只有一个方向，即从发射器到接收器。广播系统即属此例，只不过它的每个发射器可对应多个接收器。图 2-1 就是一个典型的单工通信系统。

另外一种方式则是双工通信，包括全双工和半双工两种。普通的电话即是全双工通信，当两个人通话时，可以同时说话和聆听对方说话。半双工通信则不要求在两个方向上同时进行通信，听和说无法同时进行，由于使用同一信道进行双向通信，因此节省了带宽。

无线通信按所用频段可分为长波通信、中波通信、短波通信、超短波通信和微波通信等。

长波通信（包括长波以上）主要由沿地球表面的地波传播，也可在地面与高空电离层之间形成的波导中传播，多用于海上通信、水下通信、地下通信和导航等。

中波通信在白天主要靠地波传播，夜晚也可由电离层反射的天波传播，因此夜间传送距离较远，此波段主要用于广播和导航。

短波通信也称高频通信，主要靠天波传播，可经电离层一次或数次反射，最远可传至上万千米。短波通信设备较简单，机动性大，因此也适用于应急通信和抗灾通信。

超短波通信也称视距通信，只能靠直线方式传播，传输距离约 50km。远距离传输时需经中继站分段传输，称为接力通信，适合于电视广播和移动通信。

微波通信与超短波通信类似，可以进行长距离接力通信和大容量干线通信，还可传送彩色电视。微波按波长不同可分为分米波、厘米波、毫米波及亚毫米波，分别对应于特高频（0.3 ～ 3GHz）、超高频（3 ～ 30GHz）、极高频（30 ～ 30GHz）及至高频（300GHz ～ 3THz）。

2.1.3　无线通信网络

根据无线网络承载电波频率的不同，无线通信系统可分为短波通信（3 ～ 30MHz）、卫星通信（10GHz 以上）、微波接力通信（L、S、C、X 等频段）以及蜂窝移动通信。

蜂窝移动通信（Cellular Mobile Communication）是采用蜂窝无线组网方式，在终端和网络设备之间通过无线通道连接起来，进而实现用户在活动中可相互通信，其主要特征是终端的移动性，并具有越区切换和跨本地网自动漫游功能。蜂窝移动通信系统是当今应用广泛的无线通信网络系统。本书主要介绍的通信网络以蜂窝移动通信系统为主。

典型的蜂窝移动通信系统由以下几个部分组成：无线服务区通过接口与公众通信网（PSTN、PSDN）互联。无线通信系统一般包括移动台（MS）、基站子系统（BSS）、网络交换子系统（NSS）、操作支持子系统（OSS），它们是一个完整的信息传输实体。

移动台：移动台是无线通信网中用户使用的设备，也是用户能够直接接触整个通信系统中唯一的设备，移动台由移动设备（ME）和 SIM 卡两部分组成。ME 可以是手持机、车载机或便携台；SIM 卡存储与用户相关的所有身份特征信息、安全认证和加密信息等。

基站子系统：BSS 是实现无线通信的关键组成部分。它通过无线接口直接与移动台通信，负责无线发送接收和无线资源管理；另一方面，它通过与NSS的移动业务交换中心（MSC）接口，实现移动用户之间或移动用户与固定网络用户之间的通信连接，传送系统信号和用户信息等。

网络交换子系统：NSS由6个功能单元组成，即MSC、访问用户位置寄存器（VLR）、归属用户位置寄存器（HLR）、鉴权中心（AUC）、移动设备识别寄存器（EIR）和操作维护中心（OMC）。

操作支持子系统：OSS是相对独立的对无线通信系统提供管理和服务功能的单元，它主要包括NMC、安全性管理中心（SEMC）、集中计费管理的数据后处理系统（DPPS）、用户识别卡的个人化管理中心（PCS）等。

2.2 无线信道

2.2.1 移动通信信道概述

移动通信信道是移动通信首先要遇到的问题。研究移动通信信道就是要搞清楚无线电信号在移动信道中可能发生的变化和发生这些变化的原因，这与载波频段、传播环境、移动速度、传播的信号形式以及信道上下行方向等都有密切关系，具体移动通信系统的设计、设备开发、网络规划需考虑所有上述方面，但这里主要讨论移动信道的一般方面。在无线通信系统中，由基站发射机到移动台的无线连接为前向链接或下行链接（Downlink），而由移动台到基站接收机的无线连接则称反向链接或上行链接（Uplink），典型地，前向链接和反向链接被分成不同类型的信道。无线电信号无论是在前向链接还是在反向链接的传播，都会以多种方式受到物理信道的影响。由于无线信道的复杂性，一个通过无线信道传播的信号往往会沿一些不同的路径到达接收端，这一现象称为信号的多径传输。虽然电磁波传播的形式很复杂，但一般可归结为反射、绕射和散射三种基本传播方式。

移动通信信道是一种时变信道，无线电信号通过移动信道时会遭到来自不同途径的衰减损耗。一般来说，这些损耗可归纳为三类：电波传播的路径损耗、阴影效应产生的大尺度衰落（或称长区间衰落）、多径效应产生的小尺度衰落（或称短区间衰落），接收信号功率的表示见公式（2-1）。

$$P(\boldsymbol{d})=|\boldsymbol{d}|^{-n}\cdot S(\boldsymbol{d})\cdot R(\boldsymbol{d}) \tag{2-1}$$

其中，$|\boldsymbol{d}|$ 表示移动台与基站的距离，当移动台运动时，距离是时间的函数，所以接收信号功率也是时间的函数。

无线信道对传输信号的影响可以分为以下三种。

（1）自由空间传播损耗，用 $|\boldsymbol{d}|^{-n}$ 表示，其中 n 一般为 3 ～ 4，表明是在以 km 为单位的较大范围内接收信号的变化特性。

（2）阴影衰落，又称慢衰落，用 $S(\boldsymbol{d})$ 表示，产生衰落是由于传播环境的地形起伏、建筑物和其他障碍物对电波的阻塞或遮蔽引起的衰落；反映在数百波长的区间内，信号的短区间中值出现的缓慢变动，其衰落特性符合对数正态分布。

（3）多径衰落，又称快衰落，用 $R(\boldsymbol{d})$ 表示，由于无线电波在空间传播会存在反射、衍射、绕射等，因此造成信号可以经过多条路径到达接收端。而每个信号分量的时延、衰落和相位都不相同，因此在接收端对多个信号分量叠加时，会造成同相增加，异相减小的现象。在数十波长的范围内，接收信号场强的瞬时值呈现快速变化的特征，其衰落特性一般符合瑞利分布。

由于路径损耗和衰落的影响，接收信号要比发射的信号弱的多，对快速移动的用户而言，平均路径损耗变化很慢，信号的变化主要表现为衰落。阴影衰落常称为慢衰落，也称为长期衰落，主要来自建筑物和其他障碍物的阻塞效应。多径衰落常称快衰落，又称短期衰落或 Rayleigh 衰落，由移动用户附近的多径散射产生。

从移动通信系统工程的角度看，传播损耗和阴影衰落主要影响到无线区的覆盖，而多径衰落则严重影响信号的传输质量，必须采用抗衰落技术减少其影响。下面对多径衰落信道进行进一步讨论。

2.2.2 多径衰落信道的物理特性

移动信道是一种多径衰落信道，发射的信号要经过多条传播路径才能到达接收端，而且随着移动台的移动，各条传播路径上的信号幅度、时延及相位随时随地发生变化，所以接收到的信号的电平是起伏不定的，这些多径信号相互叠加就形成了衰落。多径传播对于数字信号传输有特殊的影响，包括角度扩展、时延扩展和频率扩展。

（1）角度扩展——空间选择性衰落

角度扩展包括接收端的角度扩展和发射端的角度扩展。接收端的角度扩展是指多径信号到达天线阵列的到达角度的展宽，同样，发射端的角度扩展指的是由多径的反射和散射引起的发射角展宽。由于角度扩展，接收信号产生空间选择性衰落，也就是说，接收信号幅值与天线的空间位置有关。

空间选择性衰落用相干距离描述。相干距离定义为两根天线上的信道响应保持强相关的最大空间距离。相干距离越短，角度扩展越大；反之，相干距离越长，则角度扩展越小。

（2）时延扩展——频率选择性衰落

在多径传播条件下，接收信号会产生时延扩展。当发射端发送一个极窄的脉冲信号 $\delta(t)$ 时，由于不同路径的传播距离不一样，信号沿各个路径到移动台的时间也就不同，接收信号 $r(t)$ 由不同时延的脉冲组成，见公式（2-2）。

$$\boldsymbol{r}(t)=\sum_{n}\boldsymbol{h}_n(t)\delta\left[t-\tau_n(t)\right] \tag{2-2}$$

这里 $\boldsymbol{h}_n(t)$ 是第 $\boldsymbol{n}$ 条路径的反射系数，$\tau_n(t)$ 是第 $\boldsymbol{n}$ 条路径的时延。

最后一个可分辨的延时信号与第一个延时信号到达时间之差为最大时延扩展，记作 $\tau_{\max}$，由于时延的扩展，接收信号中一个码元的波形会扩展到其他码元周期中，引起码间串扰。多径接收信号如图 2-2 所示。

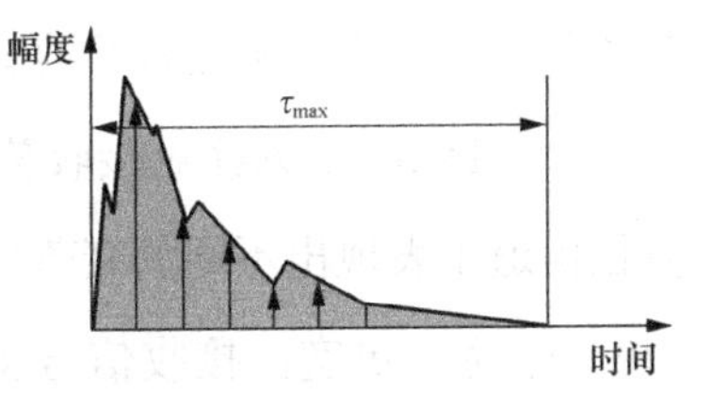

图 2-2　多径接收信号

与时延扩展有关的一个重要概念就是相干带宽，通常用最大时延的倒数定义相干带宽，见公式（2-3）。

$$B=\frac{1}{\tau_{\max}} \tag{2-3}$$

多径衰落信道对信号中不同的频率分量所造成的衰落是不同的。根据衰落与频率的关系，可将衰落分为两种：频率选择性衰落和非频率选择性衰落。对于移动信道来说，当信号带宽小于相干带宽时，发生非频率选择性衰落，即传输后，信号中各频率分量所遭受的衰落是一致的，因而衰落信号的波形不失真。当信号带宽大于相干带宽时，发生频率选择性衰落，即传输信道对信号中不同频率分量有不同的随机响应，所以衰落信号波形将产生失真。

一般来说，窄带信号通过移动信道会引起平坦衰落，而宽带扩频信号将引起频率选择性衰落。

（3）频率扩展——时间选择性衰落

如果无线信道环境中存在运动的物体，会使到达接收天线的某些多径分量随时间变化。如果移动物体处于发射或接收天线附近且具有较高的速度，这时，移动环境中运动物体引起的 Doppler 频移对信号的影响就必须加以考虑。移动台在运动中通信时，接收信号频率会发生变化，称为多普勒效应，其导致的附加频移称为多普勒频移，见公式（2-4）。

$$f_D=\frac{v\cos\alpha}{\lambda} \tag{2-4}$$

其中 α 是入射电波与移动台运动方向的夹角，v 是运动速度，λ 是波长。$f_m = v/\lambda$ 是 f_D 的最大值，称为最大多普勒频移。在无线移动系统中，需要使用很高的载波频率进行信号传送。如果移动台相对于基站运动，由于各入射信号的入射角不相同，各路径分量受到不同的 Doppler 频率调制，使接收到的复合信号产生非线性失真。若所使用的载波频率一定，移动台的移动速度越高，Doppler 频移对接收信号的影响就越严重。宽带信号和窄带信号在多径信道中表现出不同的衰落特性。如果传送信号的物理带宽比“信道带宽”（相干带宽）更宽，接收信号将产生失真。但如果信号带宽比 Doppler 带宽大很多，信号对 Doppler 频移引起的失真将不敏感。如果传送信号的物理带宽比信道带宽窄，则接收信号波形在时间上不会引起明显的失真。但如果信号带宽窄到可以与 Doppler 带宽近似时，信号对 Doppler 频移引起的失真将较为敏感。

2.2.3 信道传播模型

无线电波传播模型的分类众多，从建模的方法看，目前常用的传播模型主要是经验模型和确定性模型两大类，此外，也有一些介于上述两者模型之间的半确定性模型。经验模型主要通过大量的测量数据进行统计分析后归纳导出公式，其参数少，计算量少，但模型本身难以揭示电波传播的内在特征，应用于不同的场合时需要对模型进行校正；确定性模型则是对具体现场环境直接应用电磁理论计算方法得到的公式，其参数多，计算量大，从而得到比经验模型更为精确的预测结果。

一个有效的传播模型应该能很好地预测传播损耗，该损耗是距离、工作频率和环境参数的函数。由于在实际环境中受到地形和建筑物的影响，传播损耗也会有所变化，因此预测结果必须在实地测量过程中进一步验证。以往的研究人员和工程师通过对传播环境的大量分析、研究，已经提出了许多传播模型，用于预测接收信号的中值场强。

目前得到广泛使用的传播模型有 Okumura-Hata 模型、COST231 Hata 模型和通用模型等几种。

（1）Okumura-Hata 模型

Okumura-Hata 模型在 900MHz GSM 中得到广泛应用，适用于宏蜂窝的路径损耗预测。Okumura-Hata 模型是根据测试数据统计分析得出的经验公式，应用频率在 150 ～ 1500MHz，适用于小区半径大于 1km 的宏蜂窝系统，基站有效天线高度在 30 ～ 200m，终端有效天线高度在 1 ～ 10m。

Okumura-Hata 模型路径损耗计算见公式（2-5）。

$$L_{50}(\mathrm{dB})=69.55+26.16\lg f_c-13.82\lg h_{te}-\alpha(h_{re})+(44.9-6.55\lg h_{te})\lg d+C_{cell}+C_{terrain} \tag{2-5}$$

其中，

f_c 为工作频率，单位是 MHz；

h_{te} 为基站天线有效高度，定义为基站天线实际海拔高度与天线传播范围内的平均地面海拔高度之差，单位是 m；

h_{re} 为终端有效天线高度，定义为终端天线高出地表的高度，单位是 m；

d 为基站天线和终端天线之间的水平距离，单位是 km；

$\alpha(h_{re})$ 为有效天线修正因子，是覆盖区大小的函数，其数值与所处的无线环境相关，见公式（2-6）。

$$\alpha(h_{re})=\begin{cases}\text{中小城市}\ (1.11\lg f_c-0.7)h_{re}-(1.56\lg f_c-0.8)\\ \text{大城市、郊区、乡村}\begin{cases}8.29(\lg 1.54h_{re})^2-1.1\ (f_c\leqslant 300\mathrm{MHz})\\ 3.2(\lg 11.75h_{re})^2-4.97\ (f_c>300\mathrm{MHz})\end{cases}\end{cases} \tag{2-6}$$

C_{cell} 为小区类型校正因子，见公式（2-7）。

$$C_{cell}=\begin{cases}0 & \text{城市}\\ -2\left[\lg\left(\dfrac{f_c}{28}\right)\right]^2-5.4 & \text{郊区}\\ -4.78(\lg f_c)^2+18.33\lg f_c-40.98 & \text{乡村}\end{cases} \tag{2-7}$$

$C_{terrain}$ 为地形校正因子，地形校正因子反映一些重要的地形环境因素对路径损耗的影响，如水域、树木、建筑等，合理的地形校正因子可以通过传播模型的测试和校正得到，也可以由用户指定。

（2）COST231-Hata 模型

COST231-Hata 模型是 EURO-COST（EUROpean Co-Operation in the field of Scientific and Technical research）组成的 COST 工作委员会开发的 Hata 模型

的扩展版本，应用频率在1500～2000MHz，适用于小区半径大于1km的宏蜂窝系统，发射有效天线高度在30～200m，接收有效天线高度在1～10m。

COST231-Hata模型路径损耗计算见公式（2-8）。

$$L(\mathrm{dB})=46.3+33.9\lg f_c-13.82\lg h_{te}-\alpha(h_{re})+(44.9-6.55\lg h_{te})\lg d+C_{cell}+C_{terrain}+C_M \quad (2\text{-}8)$$

其中，C_M 为大城市中心校正因子，见公式（2-9）。

$$C_M=\begin{cases}0 & \text{中等城市和郊区}\\ 3\mathrm{dB} & \text{大城市中心}\end{cases} \quad (2\text{-}9)$$

COST231-Hata模型和Okumura-Hata模型主要的区别在于频率衰减的系数不同，COST231-Hata模型的频率衰减因子为33.9，Okumura-Hata模型的频率衰减因子为26.16。另外COST231-Hata模型还增加了一个大城市中心衰减 C_M。

（3）通用模型

通用模型是目前无线网络规划软件普遍使用的一种模型，其系数由Hata公式推导而出。通用模型的确定见公式（2-10）。

$$P_{RX}=P_{TX}+k_1+k_2\lg(d)+k_3\lg(H_{eff})+k_4(Diff)+k_5\lg(H_{eff})\lg d+k_6\lg(H_{meff})+k_{clutter} \quad (2\text{-}10)$$

其中，

P_{RX} 为接收功率；

P_{TX} 为发射功率；

d 为基站与移动终端之间的距离；

H_{meff} 为终端的高度（m）；

H_{eff} 为基站有效天线高度（m）；

k_1 为衰减常量；

k_2 为距离衰减常数；

k_3 和 k_5 为基站天线高度修正因子；

k_4 为绕射修正系数；

k_6 为终端高度修正系数；

$k_{clutter}$ 为终端所处的地物损耗。

所谓通用模型，是因为其对适用环境、工作频段等方面的限制较少，应用范围更为广泛。该模型只是给出了一个参数组合方式，可以根据具体应用环境确定各个参数的值。正是因为其通用性，在无线网络规划中得到广泛应用，几乎所有的商用规划软件都是在通用模型的基础上，实现模型校正功能。

除了上述经验模型外，一些著名的确定性模型可用于计算传播损耗。所谓确定性模型是指通过采用更加复杂的技术，利用地形和其他一些输入数据估计出模型参数，从而应用于给定的移动环境。确定性模型主要依赖三维数字地图（必须足够精细）提供的相关信息，模拟无线信号在空间的传播情况。例如，利用双射线的多径和球形地面衍射计算超出自由空间损耗的视距损耗的朗雷 - 莱斯模型和基于从发射机到接收机沿途的地形起伏高度数据计算传播损耗的 TIREM 模型等。

2.3 多址技术

2.3.1 概述

在无线通信系统中，多用户同时通过同一个基站和其他用户进行通信，必须对不同用户和基站发出的信号赋予不同特征。这些特征使基站从众多手机发射的信号中，区分出是哪一个用户的手机发出来的信号；各用户的手机能在基站发出的信号中，识别出哪一个是发给自己的信号。在无线通信系统中，使用多址技术寻址。

TACS 模拟通信采用的是频分复用技术，GSM 数字通信采用的是频分复用和时分复用相结合的多址技术，CDMA 采用码分多址技术。

由于 3G 系统采用码分多址技术，对扩频码的选择也就变得很重要。IS-95 系统中采用 64 位 Walsh 函数作为扩频码，前向信道的性能可以得到保证但反向信道性能还不尽如人意。OVSF 码是互相正交的一组码；表示法 Cch，SF，j—SF 表示矩阵的阶数，也是扩频系数；j 表示矩阵中的第 j+1 行。由于正交特性，区分同一扇区内不同的信道（用户）是有限的，如 SF=256，就是一个 256 阶的矩阵，共 256 行，表示只有 256 个不同的 OVSF 码，只能区分 256 个用户。

2.3.2 多址技术类型

多址技术是指把处于不同地点的多个用户接入一个公共传输媒质，实现各用户之间通信的技术。多址技术多用于无线通信，又称为“多址连接”技术。下面以卫星通信以及移动通信为例说明频分多址、时分多址和码分多址的概念。

多址技术分为频分多址（Frequency Division Multiple Access，FDMA）、时分多址（Time Division Multiple Access，TDMA）、码分多址（Code-Division Multiple Access，CDMA）、空分多址（Space Division Multiple Access，SDMA）。频分多址是以不同的频率信道实现通信；时分多址是以不同时隙实现通信；码分多址是以不同的代码序列实现通信；空分多址是以不同方位信息实现多址通信。

（1）**频分多址技术**

频分多址是将通信的频段划分成若干等间距的信道频率，每对通信的设备工作在某个或指定的信道上，即不同的通信用户是靠不同的频率划分实现通信的，称为频分多址。早期的无线通信系统，包括现在的无线电广播、短波、大多数专用通信网都是采用频分多址实现的。频分多址通信设备的主要技术要求是频率准确、稳定，信号占用频带宽度在信道范围以内。频分多址如图 2-3 所示。

在卫星通信中，是让不同的地球通信站占用不同频率的信道进行通信，因为各个用户使用不同频率的信道，所以相互没有干扰。

在移动通信系统中，蜂窝模拟 A/B 网采用 FDMA 技术。

（2）时分多址技术

时分多址技术是让若干个发送端和接收端共同使用一个信道，但是占用的时间不同，所以相互之间不会干扰。显然，在相同信道数的情况下，采用时分多址要比频分多址能容纳更多的用户，时分多址如图 2-4 所示。现在的移动通信系统很多用这种多址技术。

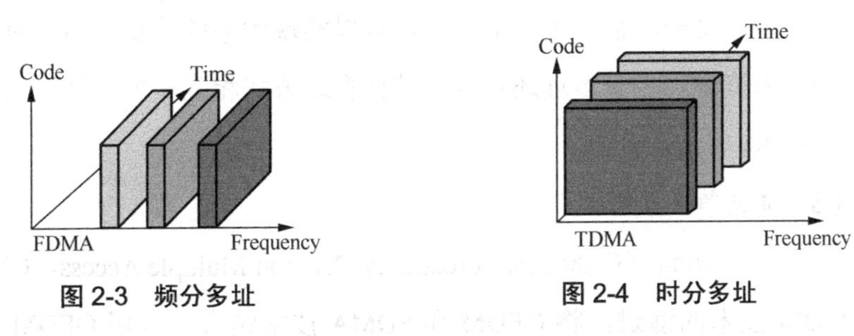

图 2-3　频分多址　　　　图 2-4　时分多址

在常见的移动通信系统中，GSM 网络采用 TDMA 技术。

（3）码分多址技术

码分多址技术也是多个发送端和接收端共同使用一个信道。但是每个收发端都被分配一个独特的“码序列”，与所有别的“码序列”都不相同，所以各个用户相互之间也没有干扰。因为是靠不同的“码序列”区分不同的地球站，所以叫做“码分多址”，如图 2-5 所示。采用 CDMA 技术可以比时分多址方式容纳更多的用户，这种技术比较复杂，但已经为不少移动通信系统所采用。在第三代移动通信系统中，也采用宽带码分多址技术，如 cdma2000、WCDMA 等第三代移动通信制式技术。

（4）空分多址技术

空分多址是利用空间分割构成不同信道的技术。例如，在一个卫星上使用多个天线，各个天线的波束分别射向地球表面的不同区域，这样，地面上不同区域的地球站即使在同一时间使用相同的频率进行通信，也不会彼此形成干扰。空分多址如图 2-6 所示。

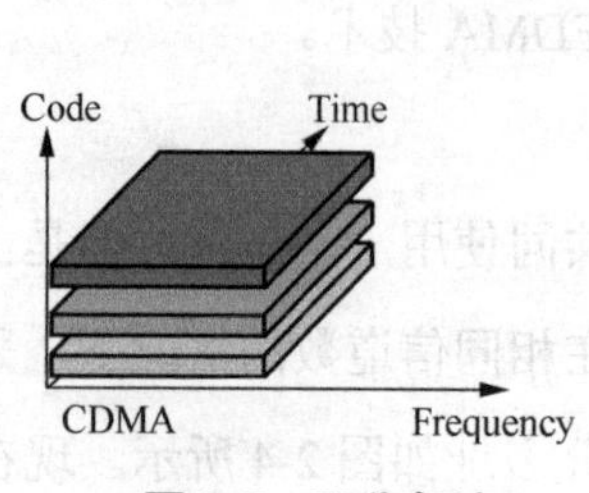

图 2-5　码分多址

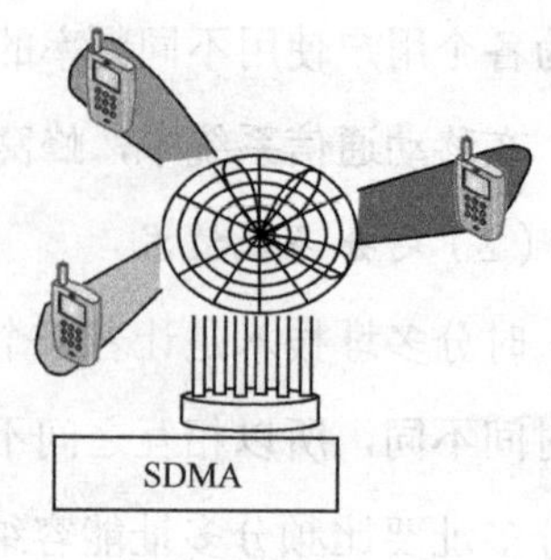

图 2-6　空分多址

空分多址是一种信道增容的方式，可以实现频率的重复使用，有利于充分利用频率资源。空分多址还可以与其他多址方式相互兼容，从而实现组合的多址技术。

（5）**正交频分多址技术**

正交频分多址（Orthogonal Frequency Division Multiple Access，OFDMA）是 OFDM 技术的演进，将 OFDM 和 FDMA 技术结合，利用 OFDM 对信道进行子载波化后，在部分子载波上加载传输数据的传输技术。OFDMA 多址接入系统将传输带宽划分成正交的互不重叠的一系列子载波集，将不同的子载波集分配给不同的用户实现多址。相对传统 FDM 载波间需要很大的保护带，OFDM 允许载波间紧密相邻，甚至部分重合，可以通过子载波的形式实现很高的频谱效率。正交频分多址如图 2-7 所示。

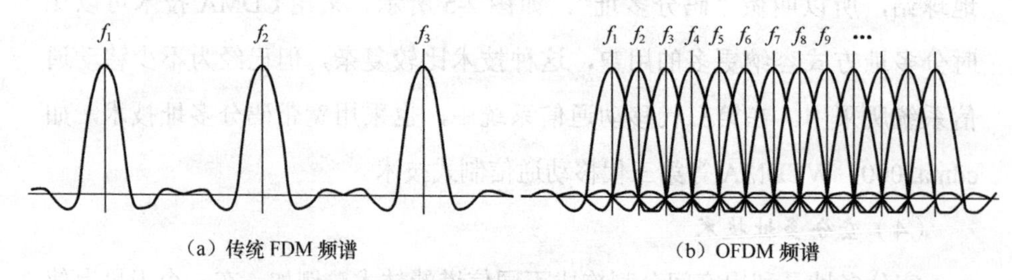

（a）传统 FDM 频谱　　（b）OFDM 频谱

图 2-7　正交频分多址

OFDMA 系统可动态地把可用带宽资源分配给需要的用户，很容易实现系统资源的优化利用。由于不同用户占用互不重叠的子载波集，在理想同步情况下，系统无多户间干扰，即无多址干扰（MAI）。

在常见的移动通信系统中，LTE 网络采用 OFDMA 技术。

2.4 功率控制

2.4.1 功率控制的意义和准则

在码分多址的 CDMA 系统中，每一个频谱信道都不是完全正交而是相似正交，因而用户之间存在干扰。在上行链路中，存在离基站近的移动台信号强，离基站远的移动台信号弱，而产生以强压弱的“远近效应”；在下行链路，当移动台位于相邻小区的交界处时，收到所属基站的有用信号功率很低，同时还会受到相邻小区基站较强的干扰。除此之外，电波传播中由于大型建筑物的阻挡，形成“阴影”效应产生慢衰落。这些现象将会导致系统容量下降和实际通信范围缩小等，解决这些问题的一个最有效方法是采用功率控制技术。

功率控制准则是指功率控制的基本依据。从原理上看，功率控制准则可以大致分为功率平衡准则、信噪比平衡准则两大主流，另外也有人提出误码率平衡准则。

（1）**功率平衡准则**

功率平衡是指在接收端收到的有用信号功率相等。对于上行链路，功率平衡的目标是使各个移动台到达基站的信号功率相等，对于下行链路，则是使各个移动台接收到基站的有用信号功率相等。

（2）**信噪比平衡准则**

SIR 平衡是指接收到的信号干扰比相等。对于上行链路，SIR 平衡的目标是使基站接收到的各个移动台信号的 SIR 相等，对于下行链路，SIR 平衡的目标是使各个移动台接收到的基站信号的 SIR 相等。

2.4.2 功率控制的分类

功率控制的方式分为以下几种。

（1）***前向功控和反向功控***

前向功控用来控制基站的发射功率，使所有的移动台能够正确地接收信号，在满足条件的情况下，基站的发射功率应该尽可能的小，可以减少对相邻小区的干扰，克服角效应。

反向功控用来控制移动台的发射功率，使所有的移动台在基站接收的信号 SIR 或者信号功率基本相等，克服远近效应。

（2）***开环功控和闭环功控***

按照形成环路的方式，功率控制可以分为开环功控和闭环功控。

开环功控是指移动台和基站之间不需要相互交换信息而只根据信号的好坏减少或者增加功率的方法，一般都用于建立初始连接的时候，该功率控制是比较粗略的。开环功控对慢衰落有一定的效果，但是对频率双工的 FDD 系统，上下行链路频段相差较大，快衰落完全是独立的，起到的效果不大。

闭环功控是指移动台和基站需要交互信息而采用的功控方法。闭环功控的优点是控制精度高，缺点是由于需要交互信息，从控制命令发出到改变功率，存在着时延，另外还有稳态误差大、占用系统资源等缺点。实际应用中，可以采用自适应功控、自适应模糊功控等措施克服其缺点。

（3）***内环功控和外环功控***

按照功率控制的目的，功率控制可以分为内环功控和外环功控。

外环功控的目的是保证通信质量在一定的标准上，该标准就是为了给内环功控提供足够高的信噪比要求。主要过程就是从接收数据中统计得出误块率，然后为内环功控提供和业务数据速率相关的 SIR，外环功控周期比较长，一般是 10 ～ 100ms 调整一次。

内环功控是用来补偿由于多径效应引起的衰落，接收的 SIR 值和外环功控提供的目标 SIR 值相同，内环功控相比于外环功控周期短。

（4）**分布式功控和集中式功控**

按照功率控制的方式，可以分为集中式功控和分布式功控。

集中式功控根据接收到的信号功率和链路预算调整发射端的功率，以使接收端的 SIR 基本相等。其最大的难点是要求系统在每一时刻获得一个归一化的链路增益矩阵，这在用户较多的小区内是较难实现的。

分布式功控首先是在窄带蜂窝系统中提出来的，通过迭代的方式近似地实现最佳功控，而在迭代的过程中只需各个链路的 SIR 即可。即使对 SIR 的估计有误差，分布式平衡算法仍是一种有效的算法。

前向功控一般都是集中式功控，反向功控是分布式功控。

2.5　切　换

2.5.1　切换的定义及过程

切换（HandOff，HO）通常就是指移动台在通信期间，由于位置发生改变而改变与网络的连接关系的过程，也称为越区切换，其目的是保证通信的连续性，越区切换如图 2-8 所示。

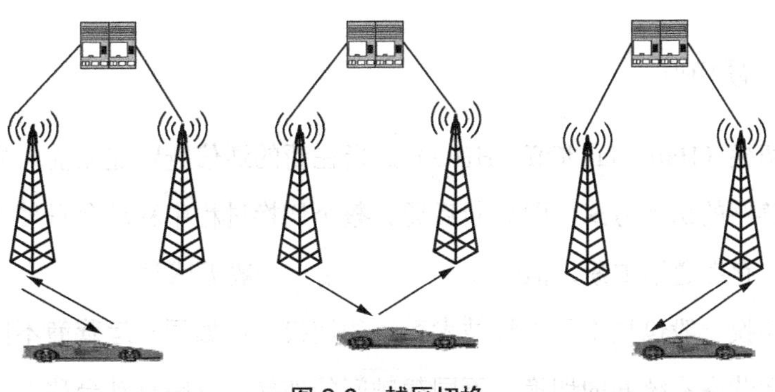

图 2-8　越区切换

切换的过程一般可以分为以下三个阶段。

链路监视和测量：监测的参数通常是接收到的信号强度，也可以是信噪比、误比特率等参数。在监测阶段，由移动台完成对前向链路的测量，包括信号质量、本小区和相邻小区的信号强度；而反向链路的信号质量则由基站测量，测量结果发送给相邻的网络单元、移动台、基站控制器和MSC。

目标小区的确定和切换触发：也称为切换决策。在这一阶段，将测量结果与预先定义的门限值进行比较，确定切换的目标小区，决定是否启动切换过程。

在决定是否切换时，很重要的一点是要保证检测到的信号强度下降不是因为瞬时的衰减，而是由于移动台正在离开当前服务的基站。为了保证这一点，通常的做法是在准备切换前，先对信号监视一段时间。

切换执行：移动台增加一条新的无线链路或者释放一条旧的无线链路，切换完成。

2.5.2 切换的分类

根据切换发生时，移动台与原基站及目标基站连接方式的不同，可以将切换分为硬切换、软切换、接力切换三大类。另外，根据移动台自身状态的改变，还可以将切换分为空闲切换和接入切换。

2.5.2.1 硬切换

硬切换（Hard HandOff，HHO）是指在新的通信链路建立前，先中断旧的通信链路的切换方式，即先断后通。整个切换过程中移动台只使用一个无线信道，存在通话中断，但时间非常短，用户一般无感觉。

硬切换一般包括不同无线技术系统的切换，比如同一运营商不同系统或者不同运营商系统间的切换、不同载频间的切换、空闲移动台移动时发生的空闲切换等。

2.5.2.2　软切换

软切换（Soft HandOff，SHO）是指需要切换时，移动台先与目标基站建立通信链路，再切断与原基站间的通信链路，即先通后断。软切换只有在相同频率的小区间才能进行。

在 CDMA 移动通信系统中，采用软切换可以带来很多好处，如提高切换成功率、增加系统容量、提高通信质量等。但软切换也有一些缺点，如导致硬件设备的增加，占用更多的资源，当切换的触发机制设定不合理导致过于频繁的控制消息交互时，会影响用户正在进行的呼叫质量等。

软切换一般包括不同基站间的切换、不同 RNC 间的切换。软切换还可分为更软切换（Softer HandOff），即切换发生在同一小区的不同扇区间。与此对应，软切换通常指不同小区间进行的软切换。

2.5.2.3　接力切换

接力切换（Baton Handover，BH）目前只存在于 TD-SCDMA 系统中，是介于硬切换和软切换之间的一种新的切换方法。与软切换相比，两者都具有较高的切换成功率、较低的掉话率以及较小的上行干扰等优点。它们的不同之处在于接力切换并不需要同时有多个基站为一个移动台提供服务，因而克服了软切换需要占用的信道资源较多，信令复杂导致系统负荷加重，以及增加下行链路干扰等缺点。与硬切换相比，两者都具有较高的资源利用率、较为简单的算法，以及系统相对较轻的信令负荷等优点。不同之处在于接力切换断开原基站和与目标基站建立通信链路几乎是同时进行的，因而克服了传统硬切换掉话率较高、切换成功率较低的缺点。接力切换的突出优点是切换成功率高和信道利用率高。

但实现接力切换的必要条件是网络要准确获得 UE 的位置信息，包括 UE 的信号到达方向（DOA），UE 与基站之间的距离。在 TD-SCDMA 系统中，由于采用了智能天线和上行同步技术，因此，系统可以较为容易获得 UE 的位置信息。

2.6 频 率 复 用

频率复用是指在数字蜂窝系统中重复使用相同的频率，一般把有限的频率分成若干组，依次形成一簇频率分配给相邻小区使用，这些使用同一频率的区域彼此需要相隔一定的距离（称为同频复用距离），以满足将同频干扰抑制到允许的指标以内。

2.6.1 频率复用方式

频率复用方式目前比较常用的有分组复用方式、频率多重复用方式（MRP）和动态复用方式等。

分组复用方式：将可用频带带宽内的频点按照不同的复用模式进行分组，比较常见的有4×3、3×3、1×3和2×6共4种方式。

MRP：将可用频率分为几组，每一组频率作为独立的一层，不同层的频率采用不同的复用方式，即在同一网络中采用不同的复用方式，频率复用逐层紧密。

动态复用方式：不将可用频率分组，进行分配时考虑所有适用频率，选择满足一定分配要求的频点作为当前的频率配置。该方法适用于频率资源有限的情况，但由于对频点选择难度较大，适用于计算机进行算法实现。

2.6.2 频率复用系数

频率复用系数是每小区可选频率自由度的一个定义，可以理解为系统内任意小区使用某频率的概率，频率复用系数越大，系统内同频概率越小，但系统的频谱利用率越低。不同的频率复用方式、复用系数也不同。

对于分组复用方式，复用系数的大小就是每个基本复用簇中小区的数量，如 4×3 复用的复用系数为 12。

对于 MRP 方式，复用系数的大小为每层复用系数的平均值。例如，在一个 12/8/4 的 MRP 方式中，假设装有 2 个载波的小区占 20%，3 个载波的占 80%，由于第三个载波实际上只在 80% 的小区使用，因此，这两个载波被复用的系数应分别是 4/0.8=5。这样该 MRP 方式的实际平均频率复用系数为（12+8+5）/3=8.3。

2.6.3　同心圆技术

同心圆技术就是在 GSM 网中，将无线覆盖小区分为外层和内层。外层的覆盖范围就是通常的蜂窝小区，而内层的覆盖范围主要集中在基站附近，外层一般采用常规的 4×3 复用方式，而内层则采用密化的复用方式，如 3×3，2×3 或 1×3。因而，把所有可用的载频分为两组，一组用于外层，一组用于内层。可根据网络容量的要求，采取不同的分组方式。由于外层和内层是同基站同小区，共用同一套天线系统，共用同一个 BCCH 信道，故称之为同心小区。但规定公共控制信道（CCCH）必须设置在外层载频信道上，这就意味着通话必须先在外层信道上建立。

同心圆技术分为普通同心圆（GUO）和智能同心圆（IUO）。GUO 内层的发射功率一般低于外层的发射功率，内层与外层的切换主要是根据监测功率和距离进行。IUO 内层与外层的发射功率是完全相同的，内层和外层的切换是根据监测载波同频干扰保护比（*C/I*）进行。

同心圆技术不需改变网络结构，对系统硬件无特殊要求，对于普通同心圆，适用于话务量高度集中在基站附近的地区。GUO 不易吸收室内话务量，但可改善同频干扰保护比。对于智能双层网，由于内层与外层发射功率相同，对话务量的吸收比较灵活，IUO 的内层能够吸收室内话务量，对网络实际容量提高相对较大。使用该技术系统必须增加新的功能，即下行信道同频干扰保护比（C/I）的测算，同时需要增加一些特殊的切换算法。

2.6.4 软频率复用技术

软频率复用是传统频率复用技术的进一步发展。与传统频率复用技术不同的是，在软频率复用技术中，一个频率在一个小区中不再定义为用或者不用，而是用发射功率门限的方式定义该频率在多大程度上被使用，系统的等效频率复用因子可以在1～N平滑过渡。软频率复用的主要原则有以下几点。

（1）可用频带分成N个部分，对于每个小区，一部分作为主载波，其他作为副载波。主载波的功率门限高于副载波。

（2）相邻小区的主载波不重叠。

（3）主载波可用于整个小区，副载波只用于小区内部。

（4）通过调整副载波与主载波的功率门限的比值，可以适应负载在小区内部和小区边缘的分布。

在软频率复用方案里面，一个频率不再被定义为用或者不用，而是用功率门限的形式规定了其在多大程度上被使用，复用因子可以在1～3平滑过渡。软频率复用没有机械地将频谱割裂成两个部分，而是用功率模板规定了其使用程度，因此无论在小区边缘还是在小区内部，都可以获得更大的带宽和频谱效率。软频率复用的另外一个特点是，通过调整副载波与主载波的功率门限的比值，可以适应负载在小区内部和小区边缘的分布，这也是一个新的特性，可以进一步提高频谱效率。

软频率复用是Beyond 3G无线通信系统的关键技术，在LTE、WiMAX系统中得到广泛应用。

2.7　无线网络结构的演进

无线网络基于蜂窝网络布局结构，其网络结构随着技术进步和用户业务要求的改变而不断演进。在 2G、3G、4G 网络和宽带无线接入网的发展中，网络结构的发展变化具备了时代的特征。

2.7.1　BSC-BTS 网络结构（2G 网络）

在小区制网络中，BSC-BTS 结构是典型的网络结构。在 GSM 网络，蜂窝网络的组成结构明显，无线网络由 BSC-BTS 基站组成。一个 BSC 下辖 N 个 BTS，每个 BTS 归属于唯一的 BSC，一个核心网 MSC 下辖 N 个 BSC，如图 2-9 所示。

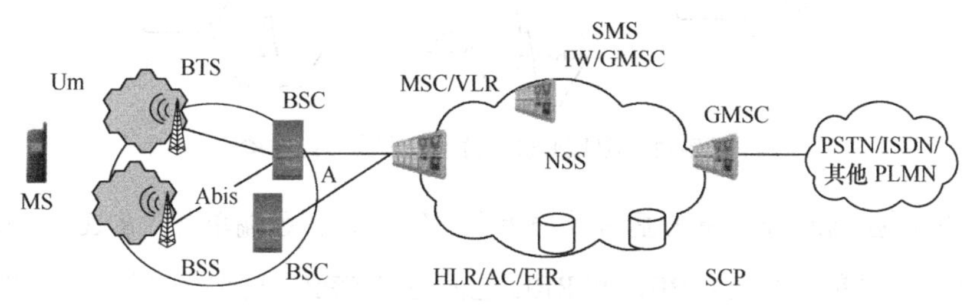

图 2-9　GSM 网络的结构

无线网中，BSC 和 BTS 组成星型逻辑关系，每个 BTS 覆盖一个蜂窝区域，如图 2-10 所示。

这种网络结构形成 BSC 汇聚控制功能，无线网络的资源管理、切换控制等功能均集中于 BSC。这种结构逻辑功能清晰简单，但是由于多了 BSC 的一层控制，网络时延相对较大。

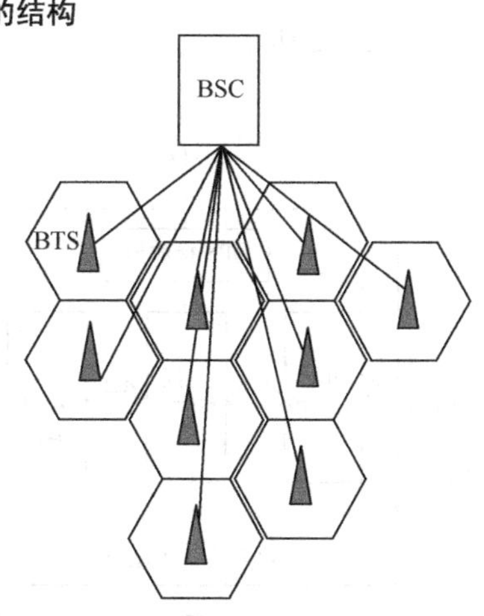

图 2-10　GSM 无线网络的结构

2.7.2 RNC+射频拉远分布式基站结构（3G网络）

在3G网络中，延续了GSM网络的基站控制器+基站的无线网络结构，同时随着技术的发展和工程建设的需要，BBU+RRU这种射频拉远分布式基站代替原有BTS基站，成为重要角色，逐步形成传统宏基站方式和射频拉远分布式基站并存的局面。其中在TD-SCDMA网络中，射频拉远成为绝对的主角，如图2-11所示。

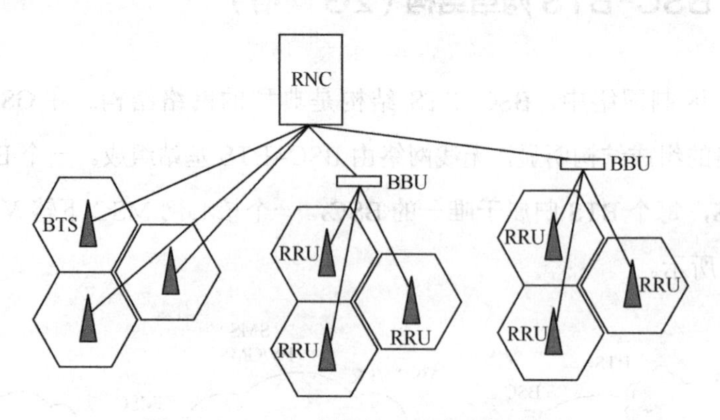

图2-11 RNC+射频拉远分布式基站结构

射频拉远站分为室内基带处理单元（BBU）和远端单元（RRU），通过光纤与远端单元相连，BBU和RRU之间通过CPRI/Ir接口连接，其功能划分如图2-12所示。

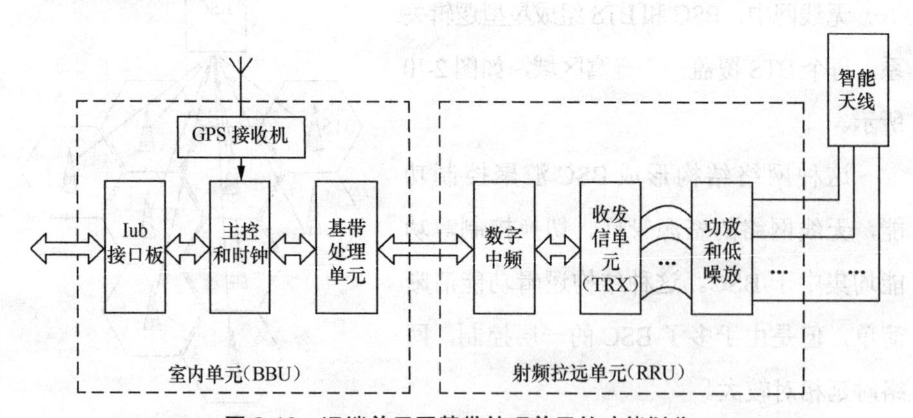

图2-12 远端单元同基带处理单元的功能划分

其中，室内基带池 BBU 的主要功能包括以下几点。

（1）通过光纤接口完成与 RRU 连接功能，完成对 RRU 控制和 RRU 数据的处理功能；

（2）通过 Iub 接口与 RNC 相联；

（3）通过后台网管提供如下操作维护功能。

RRU 的主要功能包括以下几点。

（1）通过光纤和基带池（BBU）进行通信，包括 I/Q 数据和操作维护消息；

（2）通过射频电缆和天线阵列相连，完成射频信号的收发；

（3）上下行通道发信功能。

CPRI（Common Public Radio Interface，通用公共无线电接口），采用数字的方式传输基带信号。CPRI 定义了基站数据处理控制单元（Radio Equipment Control，REC）与基站收发单元（Radio Equipment，RE）之间的接口关系，其数据结构可以直接用于远端站的数据进行远端传输，成为基站的一种拉远系统。Ir 接口是指 BBU 和 RRU 之间的接口，用于网络中的接口名称，其技术核心还是 CPRI。

采用 BBU+RRU 分布式基站具备以下优点。

（1）对基站机房选址要求低，RRU 无需机房。

（2）对 RRU 端的配套要求低，节省传输设备，节省空调、馈线、机房。

（3）降低了馈线损耗，提高了覆盖能力。

相对传统宏基站，分布式基站在机房空间、馈线损耗和机房能耗等方面存在明显优势。分布式基站的不足之处在于 RRU 大多工作于各种条件的室内外环境而非专业机房内，长时间经受风吹日晒雨淋，在不少地方还面临高温、高寒、风沙、盐雾、潮湿等各种恶劣的场景，其可靠性要求相对较高。随着基站设备制造工艺的发展，户外有源设备的稳定性逐步提高，这为分布式基站的普及提供了必要的条件。

随着基站设备裂分为 BBU 和 RRU，BBU 的物理位置选择变得非常灵活，BBU 集中设置成为可能。C-RAN 就是通过结合集中化的基带处理、高速的光传输网络和分布式的远端无线模块，形成集中化处理、协作化无线电、云计算化的绿色清洁无线接入网构架，其总目标是为解决移动互联网快速发展给运营商带来的多方面挑战，如能耗、建设和运维成本，以及频谱资源等，追求未来可持续的业务和利润增长。

（1）**集中化**

一个集中化部署的C-RAN基带BBU支持10～100个eNodeB（envolved NodeB，演进型NodeB）的工作，比一般分布式基站的支持能力大很多，基带处理或控制集中化有助于减少配置，降低站址要求。C-RAN集中化的部分包括基带信号处理、高层协议处理及管理功能，而远端RRU只包含数字–模拟信号变换和功放的功能

（2）**协作化**

利用宽带、多频段的RRU或有源一体化天线，结合集中化信号处理，实现基站间协作化。即多个天面同时接收和发送一个服务的信号，通过协作调度、协作收发降低系统内的干扰，提高系统的总体容量，改善小区的边缘覆盖。

（3）**云计算化**

借助IT领域的云计算技术，将集中化部署基站的处理资源聚合成为资源池，采用虚拟化技术，根据基站的业务需要和动态变化分配处理资源，实现处理资源的云计算。

2.7.3 扁平式网络结构（LTE网络）

LTE完全基于分组交换，是一个IP网络，只存在PS。LTE摒弃了2G/3G网络中存在的双核心网结构和RNC设备，分组核心网成为管理终端移动性和处理信令的唯一，各种业务通过IMS（IP Multimedia Subsystem，IP多媒体系统）提供给终端用户。这种扁平化的架构大大降低了控制平面的时延，由空闲态转移到激活态时的要求为100ms，休眠态转移到激活态的时延要求为50ms。

LTE 的具体架构如图 2-13 所示。

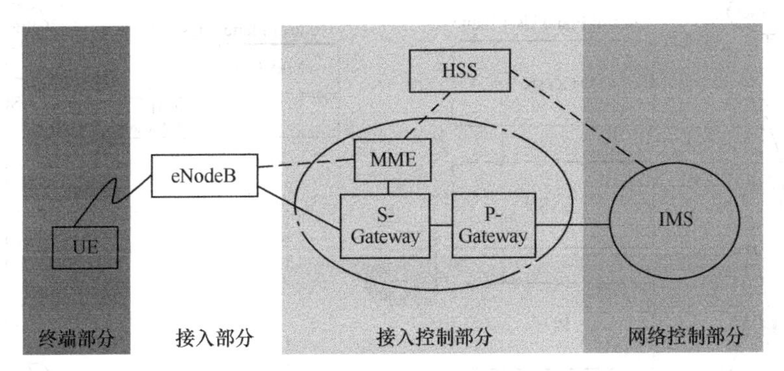

图 2-13 LTE 网络结构

LTE 网络业务平面与控制平面完全分离，核心网趋同化，交换功能路由化，网元数据最小化，协议层次最优化，网络扁平化，全 IP 化。

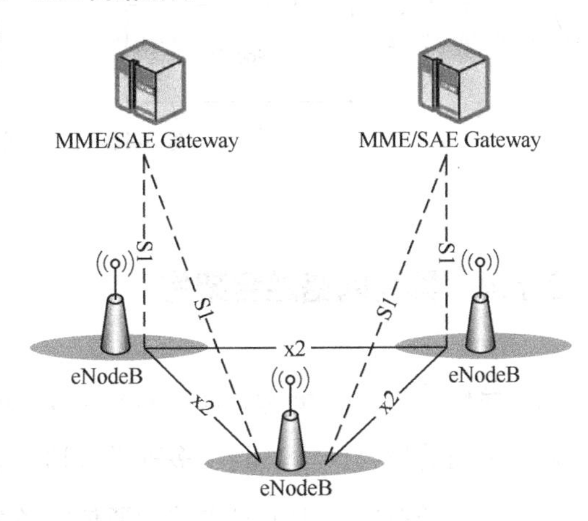

图 2-14 LTE 无线网架构

其中无线网架构如图 2-14 所示。

从网络结构上，UMTS 到 LTE/SAE 的演进，网络结构更加扁平化，在无线网侧，只有 eNodeB（envolved NodeB，演进型 NodeB）和终端，取消了 RNC 设备，RNC 的功能分拆到 MME、MGW 和 eNodeB 中。LTE 网络架构如图 2-15 所示。

网络扁平化使得系统时延减少，改善用户体验，LTE 接入网由 eNodeB 组成，eNodeB 之间由 x2 接口相连，eNodeB 与 MME/S-GW 通过 S1 连接。eNodeB 不仅具有原来的 NodeB 功能，还能完成原来 RNC 的大部分功能，包括物理层、MAC 层、RRC、调度、接入控制、承载控制和接入移动性管理等。

eNodeB 基站不管 FDD LTE 还是 TD-LTE，均以 BBU+RRU 分布式基站为主，大规模的分布式基站为 BBU 集中甚至云化奠定了基础。

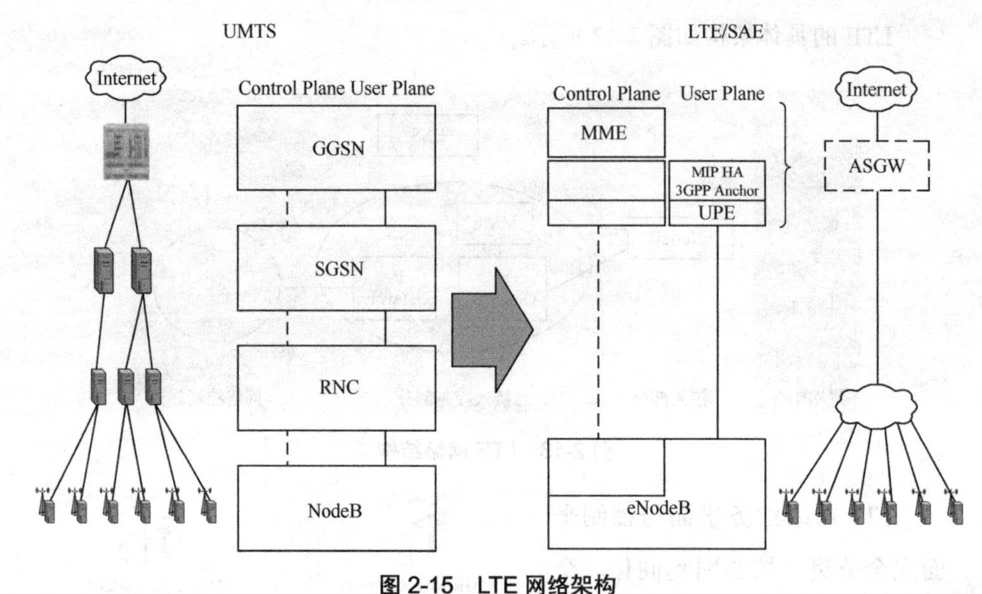

图 2-15 LTE 网络架构

2.7.4 异构网络融合架构

异构网络（Heterogeneous Network）指两个或两个以上的无线通信系统采用不同的接入技术，利用多种无线通信系统，通过系统间融合的方式，相互之间取长补短，满足未来移动通信业务需求。异构网络大部分情况下运行在不同的协议上以支持不同的功能或应用。

异构网络融合，可以根据用户的特点、业务特点和网络的特点，为用户选择合适的网络，提供更好的 QoS 和用户体验。一般来说，广域网覆盖范围大，但是数据传输速率低，而局域网正好相反。因此多模终端可以根据自身的业务特点和移动性，选择合适的网络接入。在异构网络环境下，用户可以选择服务代价小，同时又能满足自身需求的网络进行接入。

异构网络具有多方面的优势。扩大网络的覆盖范围，使得网络具有更强的可扩展性；充分利用现有的网络资源，降低成本，增强竞争力；向不同用户提供各种不同服务，更好地满足未来网络用户多样性的需求等。

在异构网络中，网络选择算法和无线资源管理是异构技术的核心。

- 网络选择算法通常可分为呼叫接入网络选择算法和垂直网络切换选择算法。同构网络的接入和切换主要考虑接收信号的强度，而在异构网络中需要考虑不同接入网络之间的差异，因此需要考虑的因素很多，接收信号的强度只是其中的一个影响因素，其他因素如数据传输速率、价格、覆盖范围、实时性和用户的移动性等。这些都是从用户角度考虑的，如果从网络端考虑，就会涉及提高系统的吞吐量，降低阻塞率以及均衡负载。
- 无线资源管理的目标是高效利用受限的无线频谱、传输功率以及无线网络的基础设施。RRM 技术包括呼叫接入控制、水平或者垂直切换、负载均衡、信道分配和功率控制等。协同无线资源管理技术和联合无线资源管理算法都是为异构网络提供统一的管理平台，以达到合理利用无线资源的目的。

图 2-16 给出了一种异构网络模型，不同类型的网络，通过网关连接到核心网，最后连接到 Internet 上，最终融合成为一个整体。

异构网络融合的一个重要问题是这些网络以何种方式进行互连。异构网络的融合结构中，通常有三种类型的融合方案，分别是松耦合结构、紧耦合结构、超紧耦合结构。这里给出异构网络场景案例，它是由无线广域网（Wireless Wide Area Network，WWAN）（如 cdma2000）和 WLAN（如 IEEE802.11）组成的异构网络系统，如图 2-17 所示。

- 在松耦合的异构网络中，不同网络经过通用接口与公共的 Internet 进行信息交互，保持服务的连续性。但是由于每个网络需要执行网络的连接和会话的激活过程，因此这种方案执行切换时导致时延很大。
- 在紧耦合结构中，不同的接入网通过 CN 进行融合，耦合结点可以是 MSC 或者 PDSN。这个系统仅需要对现有接入网络进行很小的修改，因此容易实现。

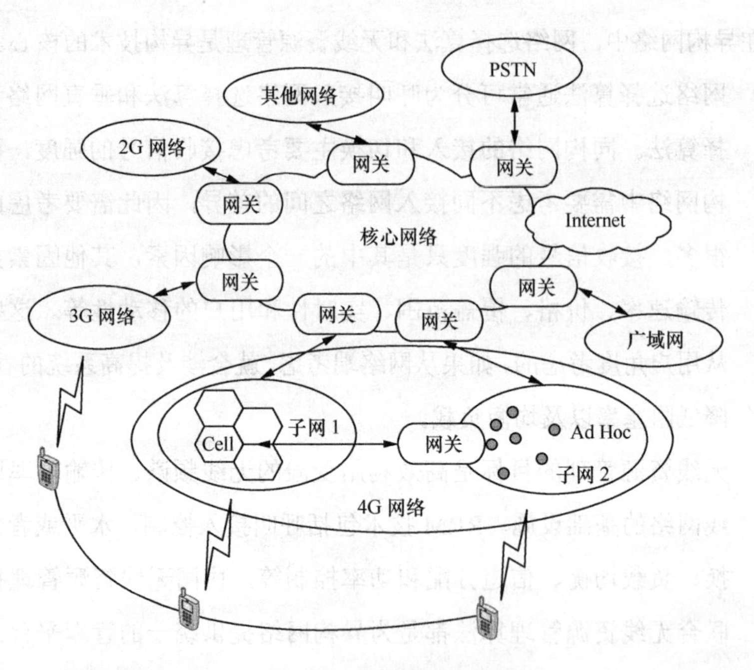

图 2-16　异构网络模型

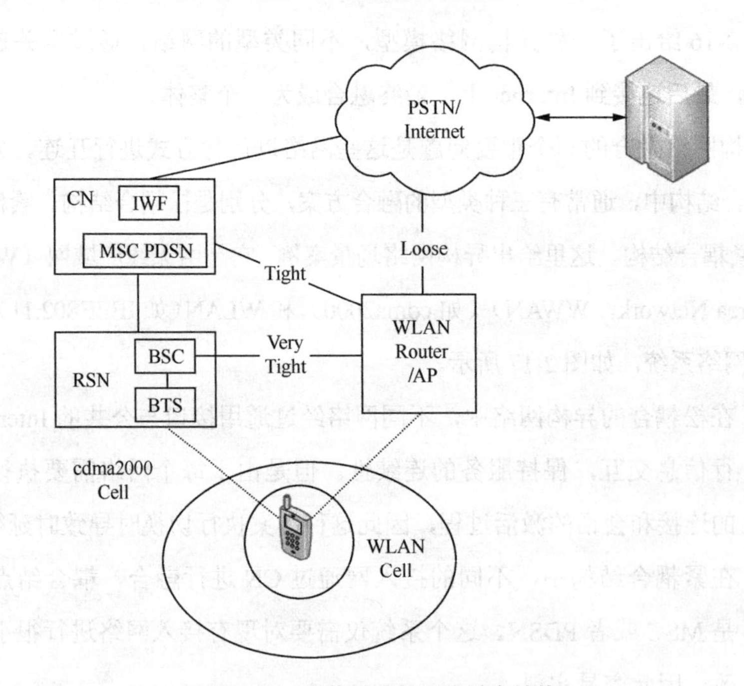

图 2-17　异构网络的不同融合结构

- 超紧耦合是通过连接到相同的BSC上与不同的无线接入技术进行融合。网络的状态信息是局部的，不需要通过额外的请求获得信息，可以应用在网络之间是重叠覆盖的情况。与其他的耦合方案相比，超紧耦合方案的切换时延很短，因为中间涉及的网络实体少。但是由于这两种接入技术完全不同，因此实现较难，需要对在BSC上的处理过程进行很多修改。

对于超紧耦合和紧耦合方式的异构网络融合结构中，网络选择算法通常可以放在耦合节点上，即分别是BSC/RNC和CN。对于松耦合方式，网络选择算法可以应用在移动终端。

2.8 无线网络通信协议栈

为了解决网络之间的兼容性问题，使各厂商生产兼容性设备，提出OSI（Open System Interconnect，开放式系统互联）。一般都叫OSI参考模型，是ISO（国际标准化组织）在1985年研究的网络互联模型。该体系结构标准定义了网络互联的7层框架（物理层、数据链路层、网络层、传输层、会话层、表示层和应用层），即ISO开放系统互联参考模型。在这一框架下进一步详细规定了每一层的功能，以实现开放系统环境中的互联性、互操作性和应用的可移植性。

2.8.1 OSI分层

分层的好处是利用层次结构可以把开放系统的信息交换问题分解到一系列容易控制的软硬件模块一层中，而各层可以根据需要独立进行修改或扩充功能。同时，有利于制造厂商的设备互联，也有利于大家学习、理解数据通信网络。

OSI 参考模型中不同层完成不同的功能，各层相互配合通过标准的接口进行通信。

第 7 层应用层：OSI 中的最高层，为特定类型的网络应用提供了访问 OSI 环境的手段。应用层确定进程之间通信的性质，以满足用户的需要。应用层不仅要提供应用进程所需要的信息交换和远程操作，而且还要作为应用进程的用户代理，完成一些为进行信息交换必需的功能，包括文件传送访问和管理（FTAM）、虚拟终端（VT）、事务处理（TP）、远程数据库访问（RDA）、制造报文规范（MMS）、目录服务（DS）等协议。应用层能与应用程序界面沟通，以达到展示给用户的目的。在此常见的协议有 HTTP、HTTPS、FTP、TELNET、SSH、SMTP、POP3 等。

第 6 层表示层：主要用于处理两个通信系统中交换信息的表示方式，为上层用户解决用户信息的语法问题，包括数据格式交换、数据加密与解密、数据压缩与终端类型的转换。

第 5 层会话层：在两个节点之间建立端连接，为端系统的应用程序之间提供对话控制机制。此服务包括建立的连接是以全双工还是以半双工的方式进行设置，尽管可以在第 4 层中处理双工方式；会话层管理登录和注销过程，具体管理两个用户和进程之间的对话。如果在某一时刻只允许一个用户执行一项特定的操作，会话层协议就会管理这些操作，如阻止两个用户同时更新数据库中的同一组数据。

第 4 层传输层：常规数据递送，面向连接或无连接，为会话层用户提供一个端到端的可靠、透明和优化的数据传输服务机制，包括全双工或半双工、流控制和错误恢复服务。传输层把消息分成若干个分组，并在接收端对它们进行重组。不同的分组可以通过不同的连接传送到主机，这样既能获得较高的带宽，又不影响会话层。在建立连接时传输层可以请求服务质量，该服务质量指定可接受的误码率、延迟量、安全性等参数，还可以实现端到端的流量控制功能。

第 3 层网络层：本层通过寻址建立两个节点之间的连接，为源端运输层送来的分组选择合适的路由和交换节点，按照地址正确地传送给目的端的运输层。它包括通过互联网络路由和中继数据。除了选择路由之外，网络层还负责建立和维护连接，控制网络上的拥塞以及在必要的时候生成计费信息。

第 2 层数据链路层：在此层将数据分帧，并处理流控制。屏蔽物理层，为网络层提供一个数据链路的连接，在一条有可能出差错的物理连接上，进行几乎无差错的数据传输（差错控制）。本层指定拓扑结构并提供硬件寻址，常用设备有网卡、网桥、交换机。

第 1 层物理层：处于 OSI 参考模型的最底层。物理层的主要功能是利用物理传输介质为数据链路层提供物理连接，以便透明地传送比特流。常用设备有（各种物理设备）集线器、中继器、调制解调器、网线、双绞线、同轴电缆。

数据发送时，从第 7 层传到第 1 层，接收数据则相反。

上面 3 层总称应用层，用来控制软件方面；下面 4 层总称数据流层，用来管理硬件。除了物理层之外其他层都是用软件实现的。

数据在发送至数据流层的时候将被拆分。

在传输层的数据叫段，网络层叫包，数据链路层叫帧，物理层叫比特流，这样的叫法叫 PDU（协议数据单元）。

2.8.2　OSI 各层功能

（1）物理层（Physical Layer）

物理层是 OSI 参考模型的最底层，利用传输介质为数据链路层提供物理连接。其主要关心的是通过物理链路从一个节点向另一个节点传送比特流，物理链路可能是铜线、卫星、微波或其他的通信媒介。其关心的问题是多少伏电压代表 1？多少伏电压代表 0？时钟速率是多少？采用全双工还是半双工传输？总的来说物理层关心的是链路的机械、电气、功能和规程特性。

（2）数据链路层（Data Link Layer）

数据链路层是为网络层提供服务的，解决两个相邻节点之间的通信问题，传送的协议数据单元称为数据帧。

数据帧中包含物理地址（又称MAC地址）、控制码、数据及校验码等信息。该层的主要作用是通过校验、确认和反馈重发等手段，将不可靠的物理链路转换成对网络层来说无差错的数据链路。

此外，数据链路层还要协调收发双方的数据传输速率，即进行流量控制，以防止接收方因来不及处理发送方传来的高速数据而导致缓冲器溢出及线路阻塞。

（3）网络层（Network Layer）

网络层是为传输层提供服务的，传送的协议数据单元称为数据包或分组。该层的主要作用是解决如何使数据包通过各结点传送的问题，即通过路径选择算法（路由）将数据包送到目的地。另外，为避免通信子网中出现过多的数据包造成网络阻塞，需要对流入的数据包数量进行控制（拥塞控制）。当数据包要跨越多个通信子网才能到达目的地时，还要解决网际互联的问题。

（4）传输层（Transport Layer）

传输层的作用是为上层协议提供端到端的可靠和透明的数据传输服务，包括处理差错控制和流量控制等问题。该层向高层屏蔽了下层数据通信的细节，使高层用户看到的只是在两个传输实体间的一条主机到主机的、可由用户控制和设定的、可靠的数据通路。

传输层传送的协议数据单元称为段或报文。

（5）会话层（Session Layer）

会话层主要功能是管理和协调不同主机上各种进程之间的通信（对话），即负责建立、管理和终止应用程序之间的会话。会话层得名的原因是它很类似于两个实体间的会话概念，例如，一个交互的用户会话以登录到计算机开始，以注销结束。

（6）表示层（Presentation Layer）

表示层处理流经结点的数据编码的表示方式问题，以保证一个系统应用层发出的信息可被另一系统的应用层读出。如果必要，该层可提供一种标准表示形式，用于将计算机内部的多种数据表示格式转换成网络通信中采用的标准表示形式。数据压缩和加密也是表示层可提供的转换功能之一。

（7）应用层（Application Layer）

应用层是 OSI 参考模型的最高层，是用户与网络的接口。该层通过应用程序完成网络用户的应用需求，如文件传输、收发电子邮件等。

2.8.3　OSI 数据封装过程

OSI 参考模型中每个层次接收到上层传递过来的数据后，都要将本层次的控制信息加入数据单元的头部，一些层次还要将校验等信息附加到数据单元的尾部，这个过程叫做封装。

每层封装后的数据单元的叫法不同，在应用层、表示层、会话层的协议数据单元统称为 Data（数据），在传输层协议数据单元称为 Segment（数据段），在网络层称为 Packet（数据包），数据链路层协议数据单元称为 Frame（数据帧），在物理层称为 Bit（比特流）。OSI 的数据封装如图 2-18 所示。

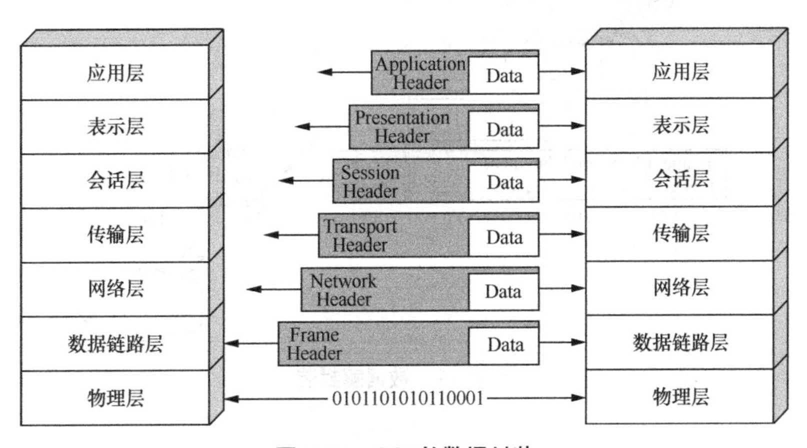

图 2-18　OSI 的数据封装

当数据到达接收端时，每一层读取相应的控制信息，根据控制信息中的内容向上层传递数据单元，在向上层传递之前去掉本层的控制头部信息和尾部信息（如果有），此过程叫做解封装。

这个过程逐层执行直至将对端应用层产生的数据发送给本端相应的应用进程。

以用户浏览网站为例说明数据的封装、解封装过程。

当用户输入要浏览的网站信息后，由应用层产生相关的数据，通过表示层转换成计算机可识别的ASCII码，再由会话层产生相应的主机进程传给传输层。传输层将以上信息作为数据并加上相应的端口号信息以便目的主机辨别此报文，得知具体应由本机的哪个任务处理；在网络层加上IP地址使报文能确认应到达具体某个主机，再在数据链路层加上MAC地址，转换成比特流信息，从而在网络上传输。报文在网络上被各主机接收，通过检查报文的目的MAC地址判断是否是自己需要处理的报文，如果发现MAC地址与自己不一致，则丢弃该报文，一致就去掉MAC信息，送给网络层判断其IP地址；然后根据报文的目的端口号确定是由本机的哪个进程处理，这就是报文的解封装过程。如图2-19所示。

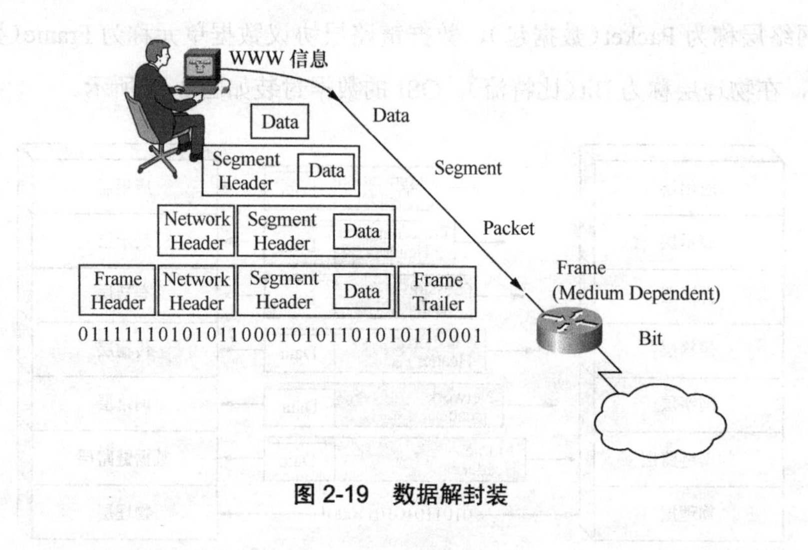

图 2-19　数据解封装

2.8.4　无线通信协议栈解读案例 LTE

移动通信系统的标准规范和协议框架也遵照OSI 7层协议分层模型。不同的移动通信系统，主要的技术差异在物理层、数据链路层和网络层中。因此，在学习不同的系统原理时，主要是对这三层技术的学习。ITU、3GPP等对通信系统的规范和协议内容也主要针对这三层，以 LTE 技术为例，简要介绍无线网络通信协议栈的解读。

LTE的通用协议模型是一个“三层两面”的架构。三层是L1：PHY（Physical Layer，物理层）。L2：DLL（Data Link Layer，数据链路层），包括 MAC（Medium Access Control，媒质接入控制）、RLC（Radio Link Control，无线链路控制）和 PDCP（Packet Data Convergence Protocol，分组数据汇聚协议）三个协议功能模块。L3：NL（Network Layer，网络层），包括 RRC（Radio Resource Control，无线资源控制）和 NAS（Non Access Stratum，非接入层）两个协议功能模块。两面是用户平面和控制平面，通用协议模型如图 2-20 所示。

这个协议模型适用于 E-UTRAN 相关的所有接口，即 S1 和 x2 接口。E-UTRAN 接口的通用协议模型继承了 UMTS 中 UTRAN 接口的定义原则，即控制平面与用户平面相分离，无线网络层与传输网络层相分离。除了能够保持控制平面与用户平面、无线网络层与传输网络层技术的独立演进之外，具有良好的继承性，这种定义方法带来的另一个好处是能够减少 LTE 系统接口标准化工作的代价。

按照这个模型，分别给出具体控制面和用户面的协议栈结构。

通用控制面协议栈结构如图 2-21 所示。

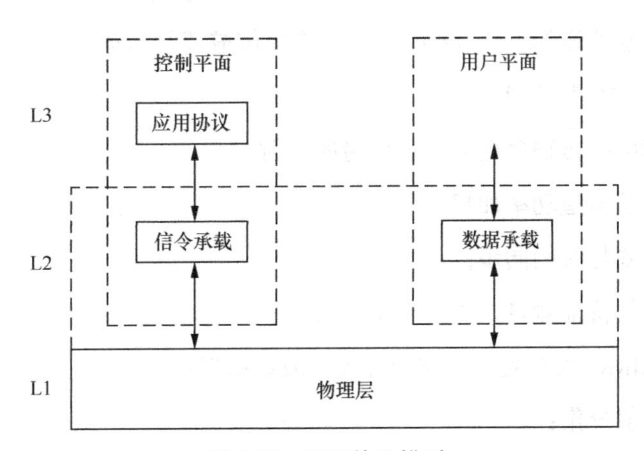

图 2-20　通用协议模型

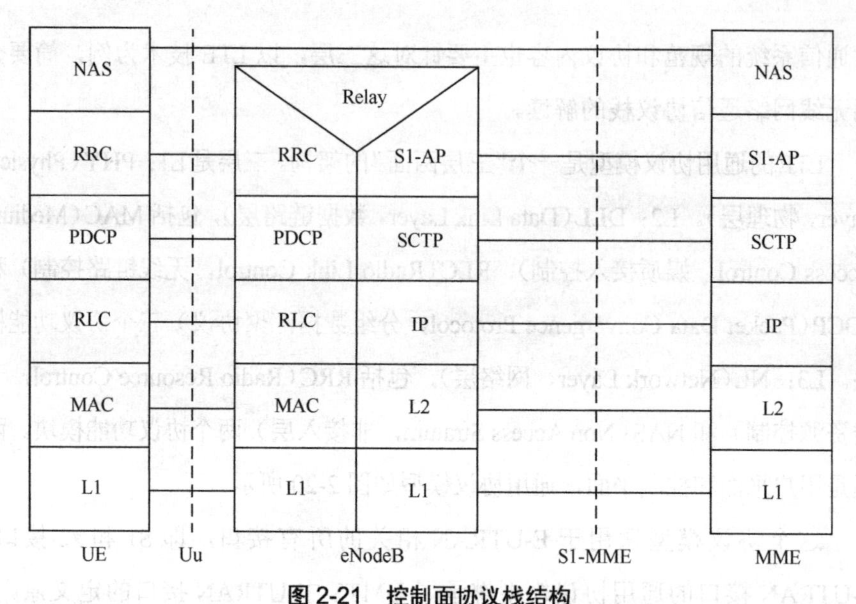

图 2-21　控制面协议栈结构

通用用户面协议栈结构如图 2-22 所示。

2.8.4.1　PHY 协议

PHY 位于无线接口协议栈的最底层，其主要功能是为数据端设备提供传送数据的通路。

（1）传输信道的错误检测，并向高层提供指示；

（2）传输信道的纠错编码 / 译码、物理信道调制与解调；

（3）HARQ 软合并；

（4）编码的传输信道向物理信道的映射；

（5）物理信道功率加权；

（6）频率与时间同步；

（7）无线特征测量，并向高层提供指示；

（8）MIMO 天线处理、传输分集、波束赋形；

（9）发射分集；

（10）波束赋形；

（11）射频处理。

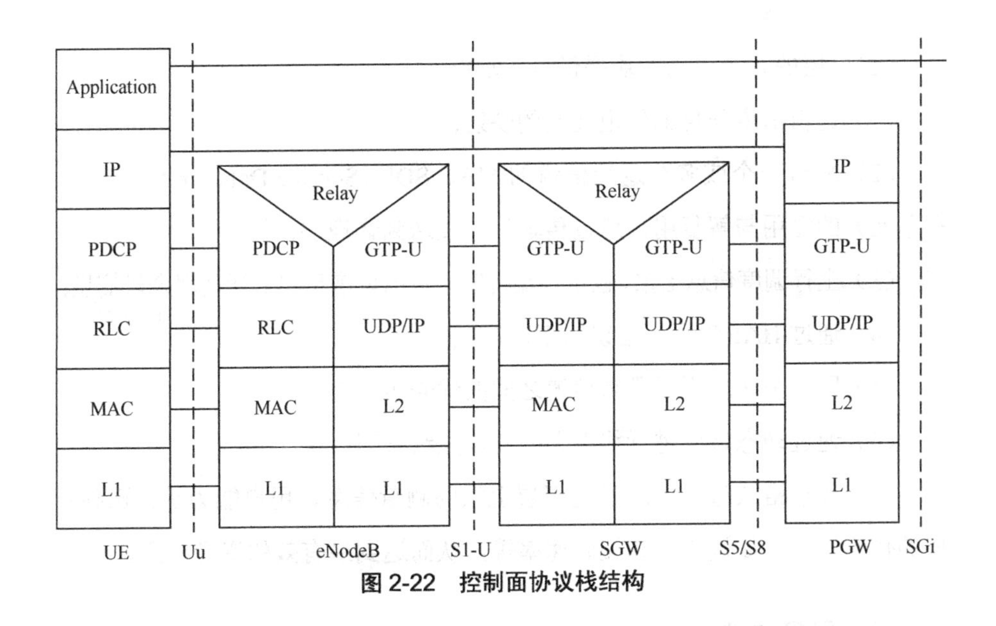

图 2-22 控制面协议栈结构

2.8.4.2 MAC 协议

LTE 的 MAC（Medium Access Control，媒质接入控制）层结构如图 2-23 所示。

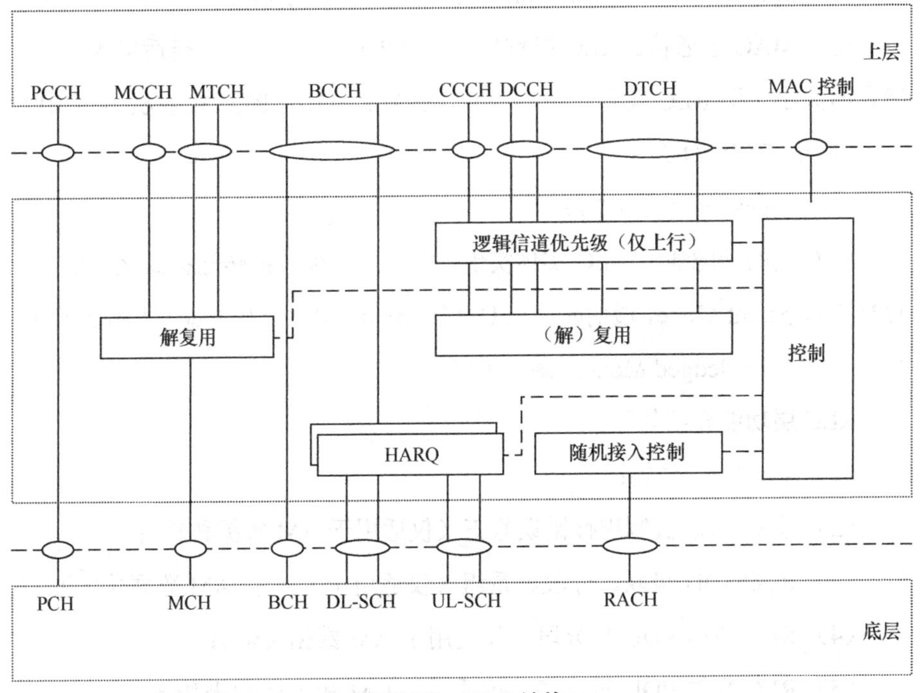

图 2-23 MAC 结构

MAC层的各个子功能块提供以下功能。

（1）逻辑信道与传输信道之间的映射；

（2）来自一个或多个逻辑信道的MAC SDU（Service Data Unit，服务数据单元）的复用与解复用，通过传输信道发送到物理层；

（3）上行调度信息上报，包括终端待发送数据量信息和上行功率余量信息；

（4）通过HARQ进行错误纠正；

（5）同一个终端不同逻辑信道之间的优先级管理；

（6）通过动态调度进行终端之间的优先级管理；

（7）传输格式选择，通过物理层上报的测量信息、用户能力等，选择相应的传输格式，如调制式和编码速率等，从而达到最有效的资源利用。

2.8.4.3 RLC协议

RLC（Radio Link Control，无线链路控制）层位于PDCP层和MAC层之间，通过SAP（Service Access Point，业务接入点）与PDCP层通信，通过逻辑信道与MAC层通信。RLC层重排PDCP PDU的格式使其能适应MAC层指定的大小，即RLC发射机分块/串联PDCP PDU，RLC接收机重组RLC PDU重构PDCP PDU。

RLC层的结构如图2-24所示。

RLC层的功能通过RLC实体实现，后者由3种数据传输模式之一配置：TM（Transparent Mode，透明模式）、UM（Unacknowledged Mode，非确认模式）和AM（Acknowledged Mode，确认模式）。

RLC层功能介绍如下。

（1）高层PDU传输；

（2）通过ARQ机制进行错误修正（仅适用于AM数据传输）；

（3）RLC SDU级联、分段、重组（仅适用于UM和AM数据传输）；

（4）RLC数据PDU重分段（仅适用于AM数据传输）；

（5）RLC数据PDU重排序（仅适用于UM和AM数据传输）；

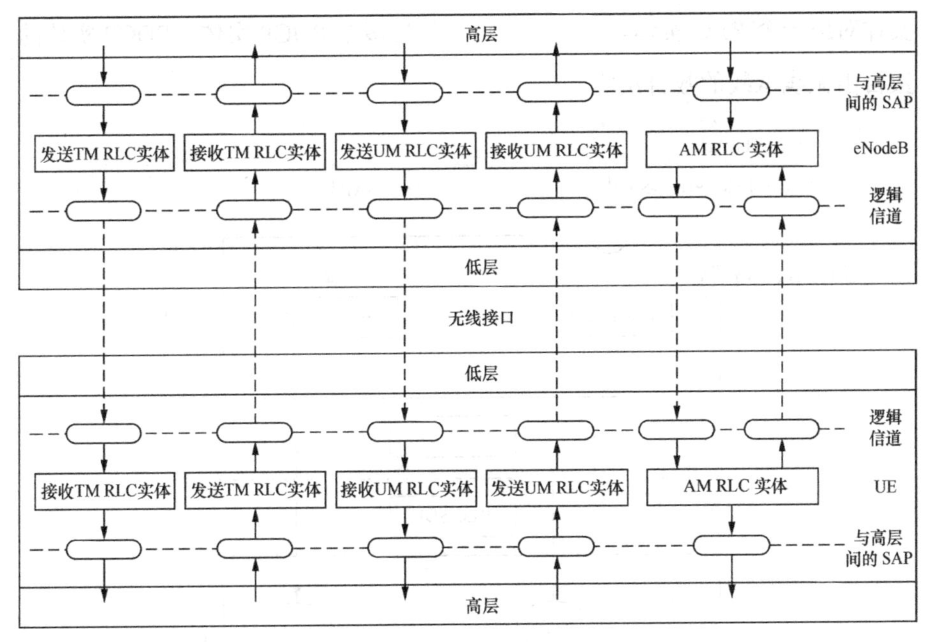

图 2-24　RLC 结构

（6）重复检测（仅适用于 UM 和 AM 数据传输）;

（7） RLC SDU 丢弃（仅适用于 UM 和 AM 数据传输）;

（8） RLC 重建;

（9）协议错误检测（仅适用于 AM 数据传输）。

2.8.4.4　PDCP

PDCP（Packet Data Convergence Protocol，分组数据汇聚协议）层位于 LTE 空中接口协议栈的 RLC 层之上，用于对用户平面和控制平面数据提供头压缩、加密、完整性保护等操作，以及对终端提供无损切换的支持。

PDCP 的结构如图 2-25 所示。

所有的 DRB（Data Radio Bearer，数据无线承载）以及除 SRB（Signaling Radio Bear，信令无线承载）0 外的其他 SRB 在 PDCP 层都对应 1 个 PDCP 实体。每个 PDCP 实体根据所传输的无线承载特点与一个或两个 RLC 实体关联，单向无线承载的 PDCP 实体对应两个 RLC 实体，双向无线承载的 PDCP

实体对应一个 RLC 实体。一个终端可以包括多个 PDCP 实体，PDCP 实体的数目由无线承载的数目决定。

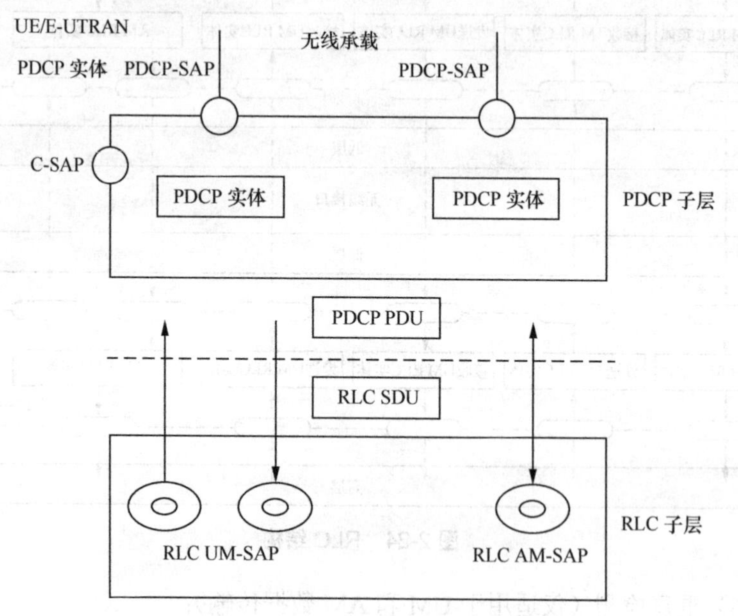

图 2-25　PDCP 结构

PDCP 的功能如下。

（1）IP 数据的头压缩与解压缩只支持一种压缩算法，即 RoHC（Robust Header Compression，鲁棒性头压缩）算法；

（2）数据传输（用户平面或控制平面）；

（3）对 PDCP SN 值的维护；

（4）下层重建时，对上层 PDU 的顺序递交；

（5）下层重建时，为映射到 RLC AM 的无线承载重复丢弃底层 SDU；

（6）对用户平面数据及控制平面数据的加密及解密；

（7）控制平面数据的完整性保护及验证；

（8）RN 用户平面数据的完整性保护及验证；

（9）定时丢弃；

（10）重复丢弃。

2.8.4.5　RRC 协议

RRC 是 E-UTRAN 中高层协议的核心规范，其中包括了 UE 和 E-UTRAN 之间传递的几乎所有的控制信令，以及 UE 在各种状态下无线资源的使用情况、测量任务和执行的操作。

RRC 对无线资源进行分配并发送相关信令。UE 和 E-UTRAN 之间控制信令的主要部分是 RRC 消息，RRC 消息承载了建立、修改和释放数据链路层和物理层协议实体所需的全部参数，同时也携带了 NAS（非接入层）的一些信令，如移动管理（Mobile Management，MM）、配置管理（Configuration Management，CM）等。

RRC 层提供的服务与功能主要有以下几种。

（1）广播系统消息；

（2） RRC 连接控制；

（3） RAT 间移动性；

（4）测量配置与报告；

（5）通用协议错误处理；

（6）支持自配置和自优化；

（7）支持网络性能优化的测量记录和报告。

2.8.4.6　NAS 协议

非接入层控制协议（NAS）完成 SAE 承载管理、鉴权、AGW 和 UE 间信令加密控制、用户面信令加密控制、移动性管理、LTE_IDLE 时寻呼发起等。

NAS 层主要包括 3 个协议。

（1）LTE_DETACHED

网络和终端侧没有 RRC 实体，此时终端通常处于关机、去附着等状态。

（2）LTE_IDLE

对应 RRC 的 Idle 状态，终端和网络侧存储的信息包括终端的 IP 地址、与安全相关的参数（密钥等）、终端的能力信息、无线承载，此时终端的状态转移由基站或 S-GW 决定。

（3）LTE_ACTIVE

对应 RRC 的连接状态，状态转移由基站或 S-GW 决定。

2.8.4.7 物理信道映射

LTE 定义的上行物理信道主要包括 PUSCH（Physical Uplink Shared CHannel，物理上行共享信道）、PUCCH（Physical Uplink Control CHannel，物理上行控制信道）和 PRACH（Physical Random Access CHannel，物理随机接入信道）三种。

（1）物理上行共享信道

PUSCH 用于承载上行用户信息和高层信令，采取 QPSK、16QAM 和 64QAM 调制方式。

（2）物理上行控制信道

PUCCH 用于承载上行控制信息，采取 QPSK 调制方式。

（3）物理随机接入信道

PRACH 用于承载随机接入前导序列的发送，基站通过对序列的检测以及后续信令交流，建立起上行同步，采取 QPSK 调制方式。上行物理信道三层的映射如图 2-26 所示。

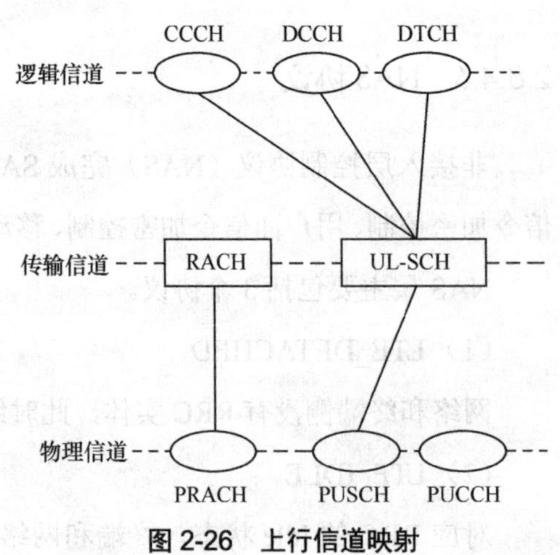

图 2-26 上行信道映射

LTE 定义的下行物理信道主要有如下 6 种类型。

（1）PDSCH（Physical Downlink Shared CHannel，物理下行共享信道）

用于承载下行用户信息和高层信令，采用 QPSK、16QAM、64QAM 调制。

（2）PBCH（Physical Broadcast CHannel，物理广播信道）用于承

载主系统信息块信息，传输用户初始接入的参数，采用 QPSK 调制。

（3）PMCH（Physical Multicast CHannel，物理多播信道）

用于承载多媒体 / 多播信息，采用 QPSK、16QAM、64QAM 调制。

（4）PCFICH（Physical Control Format Indicator CHannel，物理控制格式指示信道）

用于承载该子帧上控制区域大小的信息，采用 QPSK 调制。

（5）PDCCH（Physical Downlink Control CHannel，物理下行控制信道）

用于承载下行控制的信息，如上行调度指令、下行数据传输（公共控制信息）等，采用 QPSK 调制。

（6）PHICH（Physical Hybrid-ARQ Indicator CHannel，物理 HARQ 指示信道）

用于承载终端上行数据的 ACK/NACK 反馈信息，和 HARQ 机制有关，采用 BPSK 调制。下行信道三层的映射如图 2-27 所示。

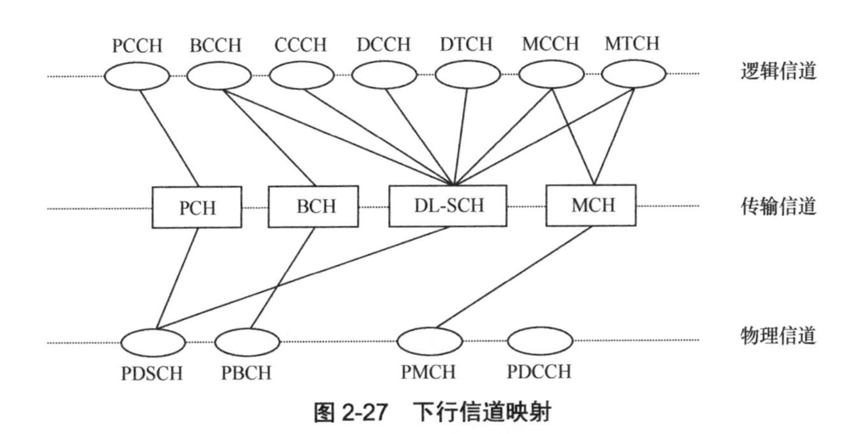

图 2-27　下行信道映射

逻辑信道定义传送信息的类型，这些数据流包括所有用户的数据。传输信道是在对逻辑信道信息进行特定处理后，再加上传输格式等指示信息后的数据流。物理信道则将属于不同用户、不同功用的传输信道数据流，分别按照相应的规则确定其载频、扰码、扩频码、开始 / 结束时间等进行相关的操作，并最终调制为模拟射频信号发射出去。

思考题

1. 简述网络规划中常用的电波传播模型，各种模型分别适用于什么场景。

2. 移动通信系统常用的多址技术有哪几种？分别在哪些系统中有典型应用？

3. 简述功率控制的作用和分类。

4. CDMA系统和LTE系统分别采用了哪种切换类型？为什么采用这些切换方式？

5. 简述移动通信网2G、3G、4G网络结构变化的主要特征。

6. 在移动通信协议栈中，通常重点分析哪几层？各层的主要作用有哪些？

第3章 移动通信业务

3.1 移动通信业务的发展历程

移动通信从最早的20世纪20年代至40年代初开始萌芽，应用于船舶、飞机、汽车等专用移动通信以及运用在军事通信中。到了70年代至80年代，集成电路技术、微型计算机和微处理器的快速发展，以及由美国贝尔实验室推出蜂窝系统的概念和理论，第一代公众移动通信系统诞生。第一代移动通信以模拟调频、频分多址为主体技术，包括以蜂窝网系统为代表的公用移动通信系统、以集群系统为代表的专用移动通信系统以及无绳电话，主要向用户提供模拟话音业务。

到20世纪90年代，随着数字技术的发展，通信、信息领域向数字化、综合化、宽带化方向发展，形成第二代移动通信，以数字传输、时分多址或码分多址为主体技术，包括数字蜂窝系统、数字无绳电话系统和数字集群系统等，主要向用户提供数字话音业务和低速数据业务。以GSM技术为代表的第二代公众移动通信蓬勃发展，手机语音纷纷替代固化语音，中国的固化语音普及率在2005年达到顶峰，随后逐年下降，如图3-1所示。

到2000年前后，第三代移动通信风云突起，第三代（3G）移动通信以CDMA为主要技术，向用户提供2～10 Mbit/s的多媒体业务，数据业务成为这一时代最重要特征。继 2G 手机业务取代固网话音业务之后，3G 数据业务逐步分流和取代固定互联网。电脑用户增长降低甚至减少，手机互联网开始蓬勃发展。在 3G 时代，手机的革命性变化给移动互联网带来重大影响，以苹果、三星、谷歌为代表的手机厂商对移动互联网的推动功不可没。

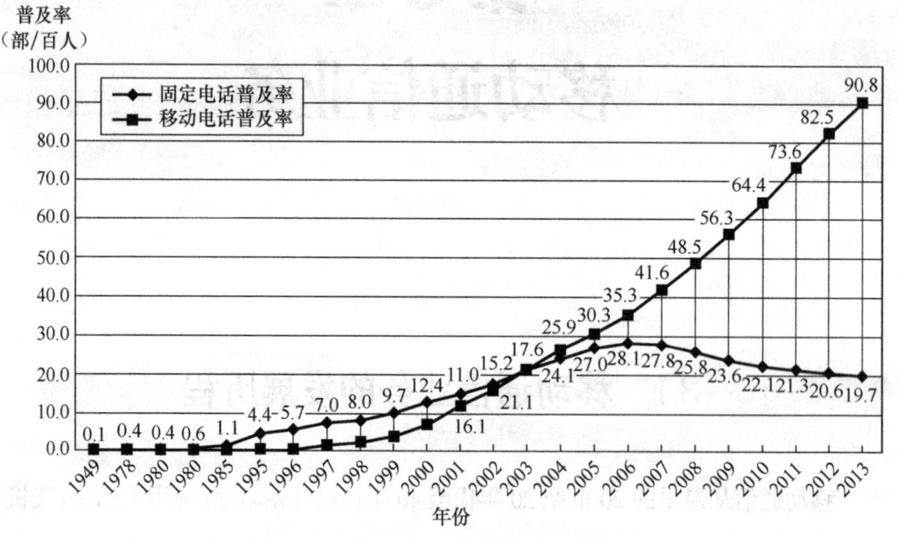

图 3-1　移动语音对固网语音的替代

随着移动互联网成为大众生活的一种必需品，3G 网络的带宽越来越难以满足用户的需求，4G 网络的呼声日隆。第四代（4G）移动通信，采用 OFDM 和多天线等新技术，将向用户提供 100Mbit/s 甚至 1Gbit/s 的数据速率，以满足更多的用户需求。

图 3-2 是从 1G 到 4G 不同阶段的业务发展变化。

传统话音业务是 2G 网络的主要业务，在 3G 时代到达顶峰。随着 3G 时代移动数据业务的发展，数据业务逐步成为运营商的主营方向。2013 年我国通信运营商非语音收入占比首次过半。到了 4G 时代，网络电路域取消，话音业务以纯 IP 的形式出现，成为数据业务的一种业务类型。数据业务成为运营商的主营业务，用户规模和用户每月流量快速上升。2013 年，移动互联网流量达到 132138.1 万 GB，同比增长 71.3%。用户月均移动互联网接入流量达到 139.4MB，同比增长 42%。其中手机上网是主要拉动因素，在移动互联网接入流量的比重达到 71.7%。移动互联网用户月均 ARPU 值同比增长 47.1%，达到 20.4 元 / 月 • 户。

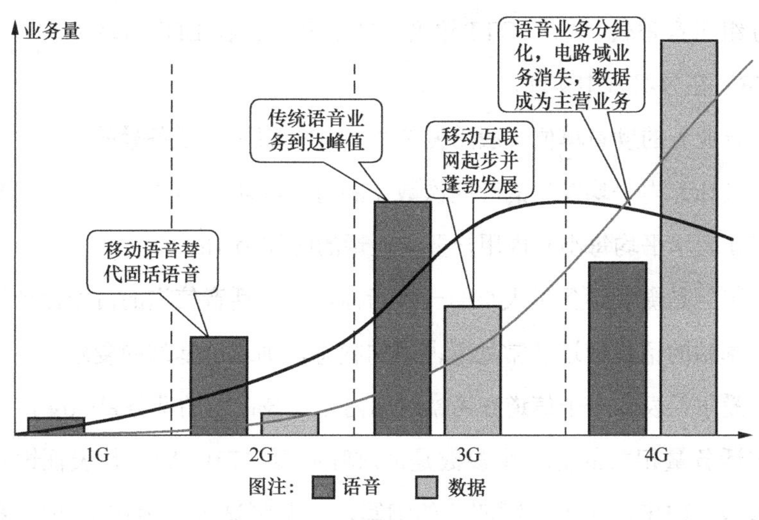

图 3-2 不同阶段的业务量对比

3.2 移动通信业务的分类

移动通信业务可以按照话音业务和数据业务分类，也可以根据实现方式分为电路域业务和分组域业务。按照客户感知，可以分为传统电信业务和新兴移动互联网业务。以下按照用户感知进行分类。

3.2.1 传统电信业务

传统电信业务，按照运营商的基本业务类型可以分为以下几种。

3.2.1.1 基本电信业务

（1）话音业务

在 GSM、cdma2000、WCDMA 和 TD-SCDMA 系统中，话音业务在电路域实现，一路通话语音占用一个语音信道。话音业务通话过程中包括呼叫、切换、释放等处理流程。在移动互联网高速发展的时代，传统的话音业务逐渐被分组语音替代，包括OTT语音、VoLTE等。在LTE网络中，话音业务（VoLTE）在分组域中实现。

话音业务的度量单位一般用爱尔兰（Erl）表示。话务量的大小取决于单位时间（1h）内平均发生的呼叫次数λ和每次呼叫平均占用信道时间S的乘积。1Erl表示平均每小时内用户要求通话的时间为1h。

爱尔兰是衡量话务量大小的一个指标，根据话音信道的占空比计算。如果某个基站的话音信道经常处于占用的状态，则这个基站的爱尔兰高。具体来说，爱尔兰表示一个信道在考察时间内完全被占用的话务量强度。

与话务量相关的另一个参数是忙时呼叫量（BHCA），是表征饱和呼叫量的参数。BHCA是忙时呼叫量的缩写，主要测试内容为在1h内，系统能建立通话连接的绝对数量值。测试结果是一个极端能力的反映，即设备的软件和硬件的综合性能。BHCA值最后体现为CAPS（每秒建立呼叫数量），CAPS乘以3600就是BHCA了。

爱尔兰B表是网络规划中常用的配置表，见表3-1，对应的是Erl-B公式。这个公式主要用于排队论中拥塞率的计算，通常话音业务适用于Erl-B公式，但是爱尔兰公式本身并不适用于计算，所以为了便于工程人员计算，专门绘制了表格，即爱尔兰B表。通过爱尔兰B表，可以计算和反映出通信系统的呼损率*B*、信道数*n*和总话务量*A*三者的关系，已知*B*、*n*、*A*中的任意两个，即可查出第三个。爱尔兰B表多用于传输网中继电路的计算，或者用于移动通信系统中信道容量的计算。

表3-1 爱尔兰B表（部分）

N	1.0%	1.2%	1.5%	2%	3%	5%	7%	10%
1	0.0101	0.0121	0.0152	0.0204	0.0309	0.0526	0.0753	0.111
2	0.153	0.168	0.19	0.223	0.282	0.381	0.47	0.595
3	0.455	0.489	0.535	0.602	0.715	0.899	1.06	1.27
4	0.869	0.922	0.992	1.09	1.26	1.52	1.75	2.05

（续表）

N	1.0%	1.2%	1.5%	2%	3%	5%	7%	10%
5	1.36	1.43	1.52	1.66	1.88	2.22	2.5	2.88
6	1.91	2	2.11	2.28	2.54	2.96	3.3	3.76
7	2.5	2.6	2.74	2.94	3.25	3.74	4.14	4.67
8	3.13	3.25	3.4	3.63	3.99	4.54	5	5.6
9	3.78	3.92	4.09	4.34	4.75	5.37	5.88	6.55
10	4.46	4.61	4.81	5.08	5.53	6.22	6.78	7.51
11	5.16	5.32	5.54	5.84	6.33	7.08	7.69	8.49
12	5.88	6.05	6.29	6.61	7.14	7.95	8.61	9.47
13	6.61	6.8	7.05	7.4	7.97	8.83	9.54	10.5
14	7.35	7.56	7.82	8.2	8.8	9.73	10.5	11.5
15	8.11	8.33	8.61	9.01	9.65	10.6	11.4	12.5
16	8.88	9.11	9.41	9.83	10.5	11.5	12.4	13.5
17	9.65	9.89	10.2	10.7	11.4	12.5	13.4	14.5
18	10.4	10.7	11	11.5	12.2	13.4	14.3	15.5
19	11.2	11.5	11.8	12.3	13.1	14.3	15.3	16.6
20	12	12.3	12.7	13.2	14	15.2	16.3	17.6
21	12.8	13.1	13.5	14	14.9	16.2	17.3	18.7
22	13.7	14	14.3	14.9	15.8	17.1	18.2	19.7
23	14.5	14.8	15.2	15.8	16.7	18.1	19.2	20.7
24	15.3	15.6	16	16.6	17.6	19	20.2	21.8
25	16.1	16.5	16.9	17.5	18.5	20	21.2	22.8

其中，纵向 N 为信道数，横向 X% 为呼损，中间对应的数为话务量。

（2）紧急呼叫业务

如 119、120、110 等紧急呼叫业务。

（3）短消息业务（点到点）

短消息是通过移动通信系统的信令信道和信令网，传送文字或数字短信息，属于一种非实时的、非语音的数据通信业务，可以由移动通信终端（手机）始发，也可由移动网络运营商的短信平台服务器始发，还可由与移动运营商短信平台互联的网络业务提供商 SP 始发。

3.2.1.2 承载业务

（1）电路域承载业务

如语音保密通信业务。

（2）分组域承载业务

通常所说的数据业务是在分组域基本承载网络的基础上，增建某类特殊数据业务引擎实现的业务，如多媒体消息、位置、流媒体、下载、WAP 等业务以及将来可能发展的其他数据业务。分组域承载业务的发展，使得运营商逐步成为一个业务管道，高速低廉的分组数据业务管道也促成了移动互联网的蓬勃发展。

3.2.1.3 补充业务

补充业务是对基本业务的改进和补充，不能单独向用户提供，而必须与基本业务一起提供。同一补充业务可应用到若干个基本电信业务中，网络提供各种补充业务，主要包括呼叫前转、呼叫限制、来电显示、呼叫等待、多方通话等。

3.2.1.4 智能网业务

智能网业务是在基本承载网络的基础上增建移动智能平台提供的业务，主要包括以下两种。

（1）预付费业务；

（2）移动虚拟专用网业务。

3.2.1.5 语音增值业务

语音增值业务是在基本承载网络的基础上，增建特殊话音业务引擎实现的业务，主要包括以下 4 种。

（1）个性化回铃音业务；

（2）个性化背景音乐业务；

（3）移动声讯业务；

（4）话音信箱业务。

3.2.2　移动互联网业务

这里所说的移动互联网业务是从公众的角度划分的。按照运营商业务的划分，移动互联网业务都可以划入数据增值业务。数据增值业务是在基本承载网络的基础上，增建特殊数据业务引擎实现的业务，主要包括以下几类。

（1）分组话音业务（OTT 语音，VoLTE）；

（2）短消息类业务（点到应用、应用到点）；

（3）多媒体消息类业务；

（4）位置类业务；

（5）流媒体类业务；

（6）下载类业务；

（7）WAP 类业务；

（8）IM 类业务；

（9）其他业务。

移动互联网业务根据用途可以划分为个人通信、信息、娱乐、商务、个人生活应用、工业应用六大类。根据传播媒体可以划分为话音业务、短消息业务（SMS，主要表现为文本形式）、多媒体消息业务（MMS，可以采取各种媒体方式）、移动可视电话业务（视频、音频）等。根据技术实现方式又可以划分为移动上网业务（移动接入）、定位业务（采用定位技术）等。每种分类所属的各种业务是相互交错的，下面按照用途分类进行介绍。

3.2.2.1　个人通信类

凡是用于个人通信的业务都可以归为个人通信类业务，其中以即时通信（IM 类）为代表，是指能够即时发送和接收互联网消息等的业务。

即时通信自 1998 年面世以来，特别是近几年的迅速发展，即时通信的功能日益丰富，逐渐集成了电子邮件、博客、音乐、电视、游戏和搜索等多种功能。即时通信不再是一个单纯的聊天工具，它已经发展成集交流、资讯、娱乐、搜索、电子商务、办公协作和企业客户服务等为一体的综合化信息平台。

OTT（Over The Top）来源于篮球等体育运动，是“过顶传球”的意思，指的是篮球运动员在他们头上来回传送球而达到目的地。在这里 OTT 指互联网公司越过运营商，发展基于开放互联网的各种业务，强调服务与物理网络的无关性。OTT 语音和消息是承载在分组数据网的互联网公司的语音和消息业务，如微信视频和通话等。从目前国内的市场形势分析，一方面运营商网络利用率低，网络压力没有国外那么大，另一方面自身缺乏有效的数据业务拉动流量，再者 OTT 类业务对稳定 ARPU 有正面作用，因此国内运营商制衡 OTT 提供商的动力不足。

VoLTE（Voice over LTE）是一种 IP 数据传输技术，话音业务承载于 4G 网络上，实现数据与话音业务在同一网络下的统一。相对于现有的 2G/3G 网络，VoLTE 通过引入高清编解码等技术，可拥有比 2G/3G 和 OTT 话音业务更好的用户体验。同时，当终端离开 LTE 的覆盖区域时，VoLTE 能够将 LTE 上的语音呼叫切换到 2G/3G 网络上，保证语音呼叫的连续性。VoLTE 具有几点优势：第一，对于用户而言，VoLTE 能够带来更好的使用感受和更佳的用户体验，高清语音和视频编解码的引入将语音通话质量提升两倍。第二，VoLTE 基于 LTE 承载语音，能够充分利用 LTE 无线技术高频谱利用率、抗衰落性、高带宽、大容量的优点。第三，VoLTE 网络性能高于现网，其接续时间相比 2G/3G 网络可提高 50% 以上。在全球，VoLTE 发展最快的是韩国，韩国三大运营商引入 LTE 网络后，将 CDMA 网络的频段重耕，利用低频段、广覆盖的特点，建设了覆盖全国的 LTE 网络，并推出 VoLTE 业务。

3.2.2.2 信息类

用户通过移动通信的手段获得信息的业务可以归为信息类业务。信息类业务在移动业务引入期主要体现为短消息服务，包括天气预报、航班信息股票行情、新闻、广告、E-mail 通知等。在移动互联网业务成长期和成熟期，由于带宽的大幅提高，多媒体消息业务将得到广泛的应用，音频短信和视频短信也将获得更多的应用。

3.2.2.3　娱乐类

移动娱乐类业务以移动游戏为代表，可以让用户享受实时在线的一人或多人的游戏服务，如网络虚拟游戏、电子宠物、冒险游戏、有奖游戏等。在有线互联网上，聊天和游戏是极为流行的Internet应用，网络游戏已经为运营商带来大量的收入。移动视频业务随着移动互联网带宽的增加，业务量也快速增加。

3.2.2.4　商务类

移动商务类业务指的是由手机、PAD、笔记本电脑等移动通信设备与无线上网技术结合所构成的一个电子商务体系。移动电子商务因其快捷方便、无所不在的特点，已经得到了蓬勃发展。移动支付手段的日益多样和便捷，为电子商务的发展插上了腾飞的翅膀。

3.2.2.5　个人生活应用类

用于个人生活的业务种类繁多，包括家庭自动化、防火防盗、医疗保健、社会保险、照相摄影、交友以及基于位置的服务等。基于位置的服务成为最具特色的服务，这种应用需求的最大特点就在于其基于宽带移动性，是固定网难以替代的。目前设计的应用需求有路线查询服务、城市导游、住宿餐饮场所和娱乐场所的查询、驾车指南、路况信息和位置有关的紧急事件等，所有这些都是一种全新的应用需求，并且受到大众的欢迎。

3.3　移动数据业务的承载要求

3.3.1　业务类型

数据业务总体上可分为实时（Real Time，RT）和非实时（Non Real Time，NRT）两类。

实时业务：承载业务在整个持续期间内一直占用信道，分配的资源可以通过信道重配置过程而改变。

非实时业务：对于NRT业务，承载业务仅在传送数据期间占用信道，资源可在所有接纳的NRT业务间共享。NRT业务占有的信道资源是变化的，取决于当前可利用的网络资源，同时试图传送的数据包数量和NRT业务优先级。

根据对时延的敏感程度不同，将移动业务分为4个QoS传输等级：会话类、交互类、流类和后台类。其中会话类和流类业务属于实时业务，交互类和后台类属于非实时业务。4种移动业务类型特点见表3-2。

表3-2 移动业务类型特点汇总

业务类型	会话类	流媒体类	交互类	后台类
基本特征	会话模式，上行和下行对称或者基本对称	业务基本上是单向的，流的信息实体之间保持着时间关系	请求－响应模式，在确定时间内必须传送数据	透明传输机制
BLER要求	高	最高	较低	较低
延迟要求	很敏感	很敏感	较敏感	不太敏感
应用举例	话音、视频电话、互动游戏等	视频流、音频流、监控信息等	WAP浏览网页、即时消息等	后台E-mail、下载、短信等

3.3.2 业务承载要求

对于不同的业务，根据业务类型确定差异化的上/下行承载方式。3GPP根据业务带宽的大小给出了基本速率要求，见表3-3。

在移动网络中，不同数据业务的典型带宽需求、BHSA（忙时服务接入）要求、PPP占空比和会话时长要求见表3-4。

表3-3 业务承载

业务特性	业务类型	承载方式（上/下行）（kbit/s）
会话类	VoIP	64/64

（续表）

业务特性	业务类型	承载方式（上 / 下行）(kbit/s)
会话类	视频电话	64/64
流媒体类	音频流	64/128
流媒体类	视频流	64/384
交互类	图铃下载	64/128
交互类	WAP 浏览	64/128
交互类	WWW 浏览	64/128
后台类	E-mail	64/64
后台类	MMS	64/64
后台类	信息服务	64/64

表 3-4　数据业务的典型特性

业务名称	业务类型	下行带宽要求（kbit/s）	BHSA	PPP 占空比	PPP 会话时长（s）	平均业务流量（kbit/s）
VoIP	会话类	16	1.4	0.4	80	0.20
视频通话	会话类	700	0.2	1	70	2.72
在线游戏	会话类	125	0.2	0.4	1800	5.00
视频会议	流媒体类	700	0.02	1	1800	7.00
普通视频	流媒体类	700	0.3	1	180	10.50
高清视频	流媒体类	1400	0.2	1	1800	140.00
个人监控	流媒体类	64	0.02	1	180	0.06
楼宇监控	流媒体类	700	0.1	1	3600	70.00
WAP 浏览	交互类	400	0.6	0.05	600	2.00
即时消息	交互类	25	1	0.1	1200	0.83
E-mail	后台类	750	0.4	0.3	60	1.50
下载	后台类	750	0.2	1	300	12.50
短信	后台类	15	5	0.2	120	0.50

以上业务带宽要求只是针对业务的下行带宽，对于各种业务上 / 下行的流量比例，可以根据经验数据得出，见表 3-5。

表 3-5　业务的上下行比例

各类业务	上下行比例
话音	1:1.14
流媒体	1:5.42
互动游戏	1:2.37
视频	1:4.66
音频	1.3:89
监控信息	1:2.21
WAP 浏览	1:3.56
即时消息	1:2.38
E-mail	1:4.74
下载	1:9.05

3.4　移动通信业务质量要求

3.4.1　传统电信业务

3.4.1.1　话音业务

（1）网络接通率

网络接通率为用户应答、被叫用户忙、被叫用户不应答、终端拒绝和不可用的次数与总有效呼叫次数之比，其呼叫接续包括移动拨打固定、固定拨打移动和移动拨打移动。

（2）呼损率

呼损率指呼叫损失的概率，由于信道（包括话音和信令信道）出现拥塞导致业务失败的概率，反映电信服务对于用户通信需求的满足程度。一般要求在城区内不大于 2%，其他地域不大于 5%。

（3）掉话率

掉话率指在用户通话过程中，出现掉话的概率。移动网中的通话中断率包括所有原因（如用户侧原因）造成的掉话。在覆盖区内，掉话率一般应小于 2%。

3.4.1.2 短消息业务

（1）消息发送成功时延

消息发送成功时延是指从消息发送者发出消息到消息被接收方成功接收到的时间间隔。一般要求在 1s ～ 12h。

（2）误码率

误码率是指数据传送过程中，发生错误的比特数目与所有发送的比特数目的比值，一般要求小于 10^{-5}。

（3）单向时延

单向时延是指从系统发送消息到终端接收到消息之间的时间差，一般要求小于 4 ～ 5s。

3.4.1.3 彩铃业务

（1）放音准确率

指彩铃平台是否播放了用户设置的铃音，放音准确率 = 正确放音次数 / 总放音次数，一般要求达到 99.99%。

（2）接续速度

指从呼叫接入彩铃平台到用户听到播放彩铃的时间间隔，一般要求小于 500ms。

（3）接通成功率

指彩铃平台成功处理接入呼叫，并给用户播放铃音的成功率，取值为成功处理呼叫并放音的次数 / 接入的呼叫总次数，一般要求达到 99.25%。

3.4.2 移动互联网业务

对于各种移动互联网业务，网络通过 QoS 分级保证业务的质量。3GPP

协议定义了 1 ～ 9 个标准 QCI，并规定了可扩展的 128 ～ 254 的 QCI 值，包括业务类型、优先级、时延、抖动 4 项指标，具体见表 3-6。

表 3-6　标准 QCI 参数

QCI	资源类型	优先级	包延时（ms）	丢包率	典型业务
1	GBR	2	100	10^{-2}	会话类语音
2		4	150	10^{-3}	会话类视频（实时流）
3		3	50	10^{-3}	实时游戏
4		5	300	10^{-6}	非会话类视频（缓冲流）
5	Non-GBR	1	100	10^{-6}	IMS
6		6	300	10^{-6}	视频（缓冲流）、TCP 业务（如 E-mail、聊天、FTP、文件共享等）
7		7	100	10^{-3}	语音、视频（实时流）、交互类游戏
8		8	300	10^{-6}	视频（缓冲流）、TCP 业务
9		9	300	10^{-6}	视频（缓冲流）、TCP 业务

运营商提供的几种典型移动互联网业务的具体要求如下。

3.4.2.1　多媒体消息业务

（1）消息发送成功通知时延：一般要求在 1s ～ 12h；

（2）误码率：一般要求小于 10^{-5}；

（3）单向时延：一般要求小于 4s。

3.4.2.2　WAP 业务

单向时延：终端的一个网页下载请求到服务器返回所需等待的响应时间，一般要求小于 5s/page。

3.4.2.3　下载业务

（1）下载请求时延

下载请求时延指传递请求消息与传递回应消息之间的时间间隔，一般要求小于 1s。

（2）下载请求成功率

一般要求大于 98%。

3.4.2.4　流媒体业务

（1）媒体同步偏差

媒体同步偏差指音频、视频和其他媒体组件要保持同步的时间偏差，一般要求小于 200ms。

（2）码率

MPEG4 +AMR-NB 编码需要带宽在 50kbit/s 以上；

MPE4 AAC-LC 编码带宽在 32kbit/s 以上。

（3）最大传输延迟

端到端（含无线传输链路传输延迟）的最大传输延迟，一般小于 6s。

（4）终端通过缓冲平滑抖动的最大播出延时为 30s，平均播出延时一般为 15 ～ 20s。

（5）直播时采集压缩的最大延时应小于等于 1s。

（6）最大传输延迟抖动应小于等于 2s。

（7）误帧率小于 10^{-2}。

3.4.2.5　位置类业务

（1）响应时间

发起位置请求后，得到服务器返回的位置估计信息响应时间。

- 用户面终端发起小于 15s；
- 用户面网络侧发起小于 25s；
- 控制面小于 10s。

（2）位置精度

是指被定位的 UE 位置精度水平误差，MPC 可以根据不同的水平精度要求选择不同的定位方法。高精度定位水平位置精度为 10 ～ 50m，小区 ID 定位水平位置精度为小区半径。

3.5 移动互联网业务解决方案和技术

3.5.1 移动流媒体业务解决方案

所谓流媒体是指采用流式传输的方式在网络上传输的媒体格式。流媒体在播放前并不下载整个文件，只将开始部分的内容存入内存，在计算机中对数据包进行缓存并使媒体数据正确地输出。流媒体的数据流随时传送、随时播放。近几年来，基于宽带有线网络的流媒体技术应用获得了长足发展，基于移动通信网络的流媒体技术也日益走向成熟。

3.5.1.1 移动流媒体的应用形式

移动流媒体应用形式可以简单分为三类：点播型应用、直播型应用和会议型应用。

点播型应用：点播型应用中，一般点播内容存放在服务器上，根据需要进行播出。在同一时间可多点点播相同或不同的节目，即多个终端可在不同地点、不同时刻，实时、交互式地点播同一流文件，用户可以通过门户查看和选择内容进行点播。根据用户的需要，点播过程中还可以实现播放、停止、暂停、快进、后退等功能。

直播型应用：直播服务模式下，用户只能观看播放的内容，无法进行控制。

会议型应用：会议型应用类似于直播型应用，但是两者有不同的要求，如双向通信等。这对一般双方都要有包括媒体采集的硬件和软件，还有流传输技术，会议型的应用有时候不需要很高的音 / 视频质量。

3.5.1.2 影响移动流媒体应用的因素

影响移动流媒体应用的因素包括媒体编码处理和流技术、客户端 / 服务器技术、协议与标准的支持、应用的网络环境。另外该应用同样还要有一定的专用系统的支持，如管理技术和安全技术等。

媒体编码和处理技术主要是指音频和视频编码、编辑以及同步技术，还包括差错恢复和差错掩盖等后处理技术。编解码技术要解决的问题是如何进行高效编解码，包括高质量的高压缩比算法和快速的编码器，还有一定的纠错性能的要求。不同的流媒体服务要求有不同的编码器性能，如点播服务主要考虑数据量，需要高质量的高压缩比算法；直播服务的编码速度更为重要，要求实时编码。视频编码还应该考虑网络的适应性。

客户端 / 服务器技术包括 QoS（服务质量）保证机制、缓冲技术和提供交互等。服务器方面还包括分级存储、高吞吐量和具有一定差错恢复能力的存储系统，而客户端还要采用后处理技术以提高质量。通常人们通过专用协议提供的功能，利用反馈信息了解网络参数的变化情况，并进行 QoS 控制。

流媒体技术采用相应的传输协议、控制协议、系统协议以及媒体编码标准等。通常流媒体系统中使用的传输协议有 RTP/RTCP、UDP/IP、TCP、RTSP，还有一些公司自己开发的专用协议。视频流传输中最为重要的编解码标准有国际电联的 H.261、H.263、H.264，运动静止图像专家组的 M-JPEG 和国际标准化组织运动图像专家组的 MPEG 系列标准。此外在互联网上被广泛应用的还有 Real-Networks 的 RealVideo、微软公司的 WMV 以及 Apple 公司的 QuickTime 等。而在音频方面，通常采用的是 MPEG 里面的音频标准 MP3 和 AAC（先进音频编码）等。

应用网络环境指流媒体应用支持的网络和接入方式。移动流媒体业务一般通过终端接入网络，终端对移动流媒体业务推广和使用具有决定性的影响。

实用和商用的系统中还需要管理技术和安全技术的支持，通常包括网络安全、准入控制、用户账户管理和计费等功能。

3.5.1.3　移动流媒体的传输方式

移动流媒体的传输方式有两种：顺序流传输（Progressive Streaming）和实时流传输（Real-time Streaming）。

顺序流方式：顺序流传输方式是顺序下载，边下载边播放前面已下载的部分，顺序下载方式不具备交互性。顺序流方式是早期在 IP 网上提供流服务的方式，通常采用的是 HTTP（超文本传输协议）通过 TCP 发送，用标准的 HTTP 服务器就可以提供服务，不需要特殊的协议。除了要忍受延迟外，因为是无损下载，所以播放的质量比较高，网络状况的影响基本上表现在等待时间上。顺序流传输方式的缺点是不适合传输比较长片段的媒体，也不提供随机访问功能。

实时流方式：在实时流传输方式下流媒体能够实时播放，并提供 VCR 功能，具备交互性，可以在播放的过程中响应用户的快进或后退等操作。一般来说，实时流方式需要专门的协议如 RTSP，还需要专用的流媒体服务器。由于是实时播放，网络的状况对播放质量的影响表现得比较直接。当网络阻塞和出现问题的时候，分组的丢失导致视频质量变差，播放出现断断续续甚至停顿的现象。实时流方式的优点是具有更多的交互性，缺点是需要特殊的协议和专用的服务器，配置和管理更为复杂。

3.5.1.4　移动流媒体业务的系统结构

典型的移动流媒体业务系统结构主要包括流媒体终端（客户端）、移动通信接入网、移动通信分组核心网、IP 网络、流媒体内容服务器、流媒体内容缓冲服务器、直播内容采集服务器、用户终端档案服务器、接入门户、综合业务管理平台、DRM（数字版权管理）服务器等。其中，流媒体内容服务器（包括媒体制作和内容管理）、内容缓冲服务器和直播内容采集服务器是移动流媒体系统的核心功能实体，而用户终端档案服务器、综合业务管理平台（或业务管理服务器）、DRM 服务器以及接入门户等作为公共的业务功能实体，构成了流媒体服务器的外围功能实体。移动流媒体业务的系统结构如图 3-3 所示。

内容服务器为移动流媒体业务平台的服务器，是提供移动流媒体业务的核心设备，主要负责移动流媒体内容的保存、编辑、格式转换等，功能还应包含 SP/CP 和用户的管理等方面。

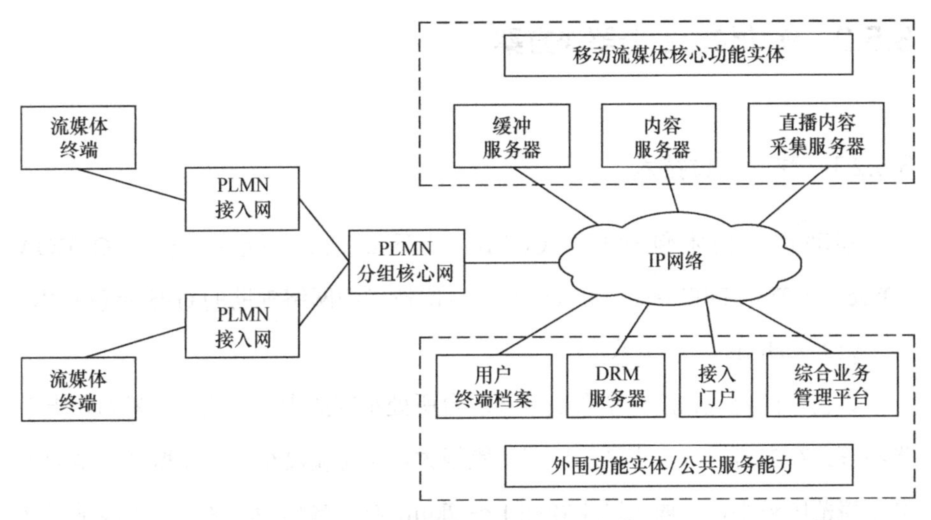

图 3-3　移动流媒体业务解决方案

缓冲服务器用于在运营商无法直接提供内容，而需要在用户访问的时候向流媒体内容服务器获取内容并进行缓存。在用户访问并播放远端的流媒体内容时，内容缓冲服务器使得媒体内容更靠近用户，可以平滑 IP 网络造成的时延抖动。

直播内容采集服务器对电视信号或实时监控信号进行编码，将需要传送的内容自动制作编码成符合用户使用要求的流媒体数据流，并转发给流媒体终端。它可与内容服务器合设，也可单独设置。

用户终端档案也可以称为用户设备能力数据库，主要用于终端的流媒体业务支持能力协商。

DRM 服务器（数字版权管理）负责流媒体内容的数字版权管理，可以是移动流媒体业务专用的 DRM 服务器，也可以作为公共的 DRM 服务器为其他业务提供数字版权管理的功能。

综合业务管理平台负责 SP/CP 的管理，包括鉴权和认证等。

接入门户可实现用户浏览移动流媒体内容的入口和导航功能，可进行用户个性化设置、QoS 设置等，并可实现业务推荐和排行、流媒体业务预览和查询界面等功能，还可为不同类型的终端提供不同的业务界面和业务集合。

3.5.2 移动位置业务解决方案

3.5.2.1 移动定位技术

移动定位技术包括基于 Cell ID（小区识别）的定位技术、OTDOA（Observed Time Difference Of Arrival）定位技术和网络辅助的 GPS 定位技术。

（1）Cell ID 定位技术

该技术的定位精度完全取决于移动台所处小区的大小，从几百米到几十千米不等。在农村地区，小区的覆盖范围很大，定位精度很差。而城区环境的小区覆盖范围较小，一般小区半径在 1 ～ 2km，对于繁华的城区，有可能采用微蜂窝，小区半径可能到几百米，此时 Cell ID 的定位精度将相应提高为几百米。

Cell ID 基本上不需要对现有设备做很大改动，只要增加简单的信令接口就可以。

（2）OTDOA 定位技术

该技术的定位精度相比 Cell ID 方法要高，但它的精度受到环境的影响，在郊区和农村可以将移动台定位在 10 ～ 20m；在城区由于高大建筑物较多，电波传播环境不好，信号很难直接从基站到达移动台，一般要经过折射或反射，下行导频信号的 TOA 也就出现了误差，因此定位精度会受到影响，定位范围为 100 ～ 200m。

OTDOA 定位技术涉及的网络设备需要对现有设备及信令接口等做大量改动，包括 NodeB、RNC 等承载网设备都需要做复杂的改动，改造成本较大。

（3）A-GPS 定位技术

在可以忽略多径效应的开阔的环境中，如城郊或乡村，该技术的定位精度能够达到 10m 甚至更优。如果移动台处于城区环境，无遮挡并且多径不严重，定位精度将在 30 ～ 70m；如果移动台在室内或其他多径和遮挡严重的区域，此时移动台难以捕获到足够的卫星信号，A-GPS 将无法完成定位，这是其最大局限性。

A-GPS 定位技术需要另外建设相对独立的 GPS 参考网，还需要在 RNC

增加GPS Receiver的接口模块和SMLC，通过IP网与GPS参考网相连。当前智能手机对A-GPS支持良好，很多基于位置的应用得到普及，这成为移动互联网业务不同于固定互联网业务的特点所在。

3.5.2.2 移动位置业务的网络架构

在移动系统中，实现LBS应用的网络模型如图3-4所示。

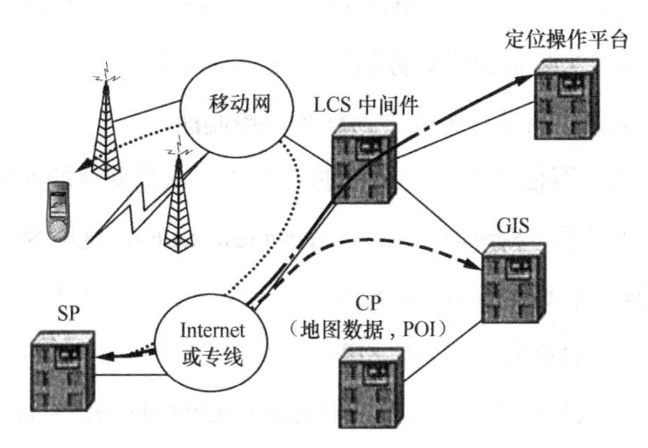

图3-4 实现移动位置业务的网络架构

从图3-4可以看出，实现LBS涉及多个实体。

（1）定位操作平台。通过各种定位技术获取移动台的位置信息。

（2）LCS业务中间件。向SP提供定位服务接口，SP通过LCS中间件访问运营商的定位资源（GIS），以及完成对LBS的计费、管理等功能。

（3）GIS。提供各种基于LBS应用的地理信息服务，包括地图服务、路径搜索、目录查询等。

（4）SP。面向最终用户提供LBS。

（5）CP。文中CP专指提供电子地图数据、POI（兴趣点）信息的内容提供商。

（6）终端。需要与网络交互完成定位操作（获取终端经纬度），通过WAP/Java/BREW等方式与SP交互得到最终服务。对于矢量地图服务，终端需要内置矢量地图浏览器。

3.5.3 开放业务体系结构

OSA（Open Service Architecture，开放业务体系结构）是3GPP组织提出的用于快速部署业务的开放业务平台。OSA着眼于为移动通信用户提供业务，希望将业务部署和承载网络分离开来，成为独立部分以便第三方业务提供商有机会参与竞争，有利于多厂商互通和快速地部署新业务。OSA实现方式是采用一种开放的、标准的、统一的网络应用编程接口API（Application Program Interface），为第三方厂商提供业务加载手段。通过这些API，业务应用程序可以方便地利用承载网络的业务能力，如呼叫控制能力、用户信息查询能力等，而又不必了解承载网信令细节。OSA的API中，承载网络的业务能力被抽象成一组业务能力特征（Service Capability Features，SCF），这些SCF由业务能力服务器（Service Capability Servers，SCS）提供和支持。OSA的目标是提供一种可扩展的结构，它有能力随时添加SCF或SCS。当移动通信网络向3G演进时，利用OSA的架构提供业务，可以最大限度地避免网络的演进对原有业务和新业务的冲击和影响。

OSA体系结构分为三部分。

（1）业务层（Application）：业务层的业务应用程序可以是第三方开发的业务，也可以是网络运营者自己提供的业务，如VPN业务、多方会议业务、基于定位的业务等。这些业务可以在一个或多个应用服务器（Application Server）上实现。

（2）框架部分（Framework）：框架为业务层提供一些基本运作机制，使业务应用程序可以利用承载网络的业务能力，其部分典型的运作机制为鉴权和发现机制。业务应用程序使用下层承载网络前，必须与框架部分进行鉴权，之后才可以由框架部分提供的发现机制帮助业务应用程序找到适合SCS中SCF的业务服务器。OSA的业务能力特征及框架提供的运行机制都是用API定义的。

（3）业务能力服务器：SCS向业务应用程序提供承载网的服务能力特征，

这些 SCF 是下层网络能力的抽象定义，如呼叫控制、用户定位等都被抽象成 SCF。相同的 SCF 有可能由不同的 SCS 提供，如呼叫控制可以由 CAMEL 的 SCS 提供，也可以由 MExE 的 SCS 提供。SCS 是逻辑概念，可以分布在不同的物理节点上，如用户定位、呼叫控制等可以在一个物理节点实现，也可以分布在不同的物理节点中实现，SCS 是承载网络实体及上层业务之间的粘合剂。

3.5.4　虚拟归属环境

移动网络基础设施的逐步完善以及带宽的不断增加，为各种移动业务（语音、数据和多媒体等）的广泛应用提供良好的基础环境。与此同时，移动计算技术的研究与开发也进步显著，许多嵌入式移动计算设备交替出新，使得移动计算能力的瓶颈被逐步突破，交互手段也日趋多样化。移动科技的进步，使用户可以通过便携机、移动电话、个人数字助理，在各种场合、以多种方式灵活地访问网络中的信息和资源。因此，在以移动和网络融合为特征的下一代网络中，实现虚拟归属环境（VHE）概念必将成为用户对业务提供商的基本要求。

VHE 是一个关注于业务移动性的概念，它允许终端用户自定义业务需求，并支持用户从任何地方、使用任何终端（受限于终端能力）都能接入其在归属地定购的业务。VHE 具有面向网络和终端的异构性特点，其核心思想体现在跨越不同网络和终端的个性化业务的可携带性，具体是指在 VHE 中，无论用户处于何种网络、使用何种终端、身处何地，用户始终能获得相同的个性化特征、用户化接口和服务，用户可享受的具体配置仅受限于网络和终端的能力。VHE 的业务提供方法包含了对开放融合、个性化适配的业务特征需求的支持。VHE 技术在移动业务平台中的应用，使得业务的提供独立于终端类型和底层网络，因此大大减轻了业务提供商的负担。

按照 3GPP 的建议，VHE 要保证用户在任何异构网络中使用任意终端始终能获得与在归属网络中已签约的个性化业务相一致的服务。因此，移动网业务体系结构应该是一种分层的结构，即网络层和应用层通过开放的标准化接口相分离，业务的开发和提供独立于终端类型和底层网络，如图3-5所示。

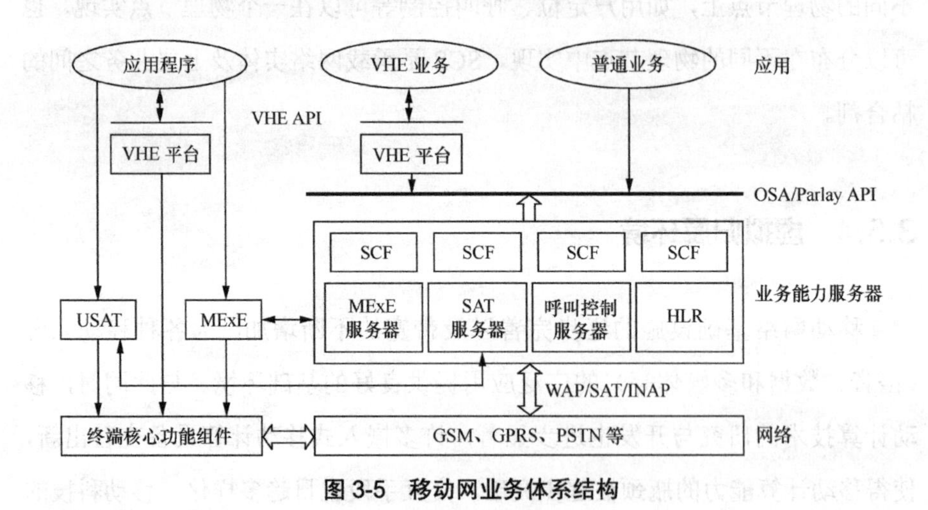

图 3-5　移动网业务体系结构

在这个系统中，异构的承载网络的功能被抽象划分为一系列业务能力服务器，即网络中用以提供构建业务功能的服务器，并通过叠加在它上面的业务能力特征使不同承载网络中的SCS能够通过OSA/Parlay API向上层提供业务能力。

3.5.5　分布式计算架构及技术

Internet在电信系统的发展尤其是业务提供方面正产生越来越大的影响，以分布式计算架构为主的平台技术成为移动业务的支撑技术之一。业务能力开放API与CORBA、Web服务的结合可以看作是一个开始。终端的环境化和分布化将引入更多的分布式平台提供互操作和融合的功能特性。业务的统一部署和分布式协同将促进面向服务架构的主流化。Web服务、P2P网络甚至网格系统都有可能对移动互联网业务的提供、部署进行支撑。分布式计算架构和技术将推进网络、终端、业务的融合，提高业务体系的性能和提供更有吸引力的个性化业务。

3.5.6　智能技术

随着业务的发展，更多智能处理将被引入到业务应用中，以支持个性化、普适化、环境感知等特征，智能处理技术将成为未来移动通信系统业务提供的亮点。这些技术将覆盖人工智能的诸多领域，包括机器学习、识别感知、数据融合、知识表示、语义逻辑、本体论、决策等。来源于人工智能研究领域的智能代理技术将结合这些智能技术在个性化业务提供、适配的实现上广泛地使用。这些技术目前大都处于研究阶段，仅在语义、本体论方面有系统应用或标准化的阶段性成果，如语义网络（Semantic Web）、资源描述框架（RDF）、Web 本体语言（OWL）等。随着技术的成熟及它们的综合运用，未来移动业务的智能化、个性化和适配性将得到大幅提升。

3.5.7　轮廓数据技术

在 B3G 时代，业务个性化、环境感知乃至业务的适配，需要足够的数据信息的支持，包括用户信息、用户偏好定制、终端信息、网络信息、环境上下文等。轮廓（Profile）数据技术主要涵盖以下方面的研究：规范机器可识别和理解的表达方式，提供轮廓数据在异构环境下按需分布和一致性管理操作的平台，支持环境上下文等元数据的融合、理解、匹配、建模等，这些都是提供智能化业务必须解决的重要课题。

在轮廓数据表示上，语义和本体论技术将得到广泛应用。统一建模语言（UML）或者 XML 可以为轮廓数据中不同的信息集定义语义，而本体论（Ontology）面向更动态变化的结构。现有的技术如 Semantic Web、OWL、RDF 等都将对轮廓数据表示的规范提供良好的参照。轮廓数据在异构环境下的分布式管理操作平台的研究目前主要面向用户轮廓数据，而且尚处于研究阶段，如通用用户轮廓数据（GUP）、个人业务环境等，旨在提供用户信息、用户定制的统一管理和访问的机制，以支持不同场合下用户个性化业务环境的构建。

3.6 未来移动互联网业务发展趋势

随着更新的接入和传输技术的使用，网络系统的传输带宽和服务质量大幅提高，成本则大幅降低，为高速、高质量的多媒体业务的繁荣创造了条件。系统将面对丰富的异构网络和平台，如通用移动通信系统、数字视频广播、公共交换电话网、Internet 以及广泛部署在用户生活、个人域网（PAN）、家庭网（HAN）、车域网（VAN）等智能终端网络。这些网络拥有各自的平台和业务资源，并在 IP 的基础上形成一个融合互补的、无所不在的移动通信业务环境，为用户提供个性化的业务体验。未来商业模型将拥有更丰富的内部关联，其价值链条将引入更灵活的角色和环节，从而提供广阔的市场空间。移动通信系统的演进将构建一个包括网络提供商、接入提供商、业务提供商、软件开发商、内容提供商甚至用户本身在内的灵活、良性互动的业务环境。该业务环境具有以下特点：一是新颖的业务提供方式，如对等方式（P2P）；二是用户将体验更丰富多彩、更智能的个性化业务；三是集成更多的创新力量（第三方软件商、用户）快速开发业务应用；四是业务将以更高效的、更易接受的方式运营和部署。

未来通信业务特征可以根据其演进趋势从两个角度进行分析得到：一是以用户为中心，在业务提供上注重用户业务体验的增强；二是面向市场，在业务运营、开发、部署上要满足构建具有创新性和增值空间的价值链的需求。这些业务的特征有以下几点。

多媒体化的直观特征。对通信感官体验的追求使多媒体成为主流的信息表示和交互方式，而高传输带宽和质量为多媒体铺平了道路，未来移动通信系统中多媒体业务将大量涌现。

个性化、环境感知和适配性的智能化特征。普适（Ubiquitous）的业务提供方式，以用户为中心，主动感知上下文及用户偏好，智能适配业务行为，提供更自然的交互方式，从而使用户的注意力更集中到任务本身，增强用户的业务体验。

带来丰富的创新资源的开放性特征。作为Internet在业务多样性和创新性上的成功经验，开放分层的架构思想将为移动业务的提供带来丰富的创新资源，也为异构系统提供了融合的契机。开放性特征主要体现在通过标准接口开放网络的能力，从而允许第三方利用开放的网络能力和资源灵活快速地开发和部署业务。

未来移动通信系统必然面对一个异构的网络环境，不同无线技术和接入网络将以互补的方式共存。不论是为了在异构环境下保持个性化业务的一致提供，还是为了高效利用异构网络资源进行业务开放部署，未来移动通信系统不仅在网络层面上要实现互通，而且在业务和应用层面上也要实现无缝融合。增强用户体验和面向市场产业的需求在“无缝融合”这一点上获得了统一。

思考题

1. 简述2G、3G和4G业务的主要特点。

2. 简述话音业务量单位爱尔兰的含义，20个信道在2%呼损下的信道容量是多少？

3. 简述移动互联网数据业务的分类和特点。

4. 话音业务的质量要求有哪些？

5. 简述VoLTE的业务特点和优势。

第4章 移动通信业务模型与业务预测

4.1 移动通信业务预测的目的和主要内容

业务预测是网络规划的前提，是整个规划的定量数据和定性发展的基础和依据，其准确程度将直接影响到规划的规模、发展和实用性。业务预测既要反映客观需要，又要考虑现实条件的可能性。面对日益复杂的网络建设和日益激烈的通信运营商之间的竞争，要正确确定网络建设的容量规模，果断确定市场运作的重点和方向，必须以可靠的业务预测为依据。移动通信必须按照覆盖、容量、质量三个目标规划网络，而业务预测就是无线网络容量规划的基础。

业务预测有不同的分类方式。

（1）**按预测期限分类**

按预测期限可分为近期预测、中期预测和远期预测。

近期预测：也称短期预测，一般为 2 ～ 5 年，用于指导日常运营和实施近期计划，对于局所规划、选址、确定容量和进行管道、光缆设计等都是必不可少的。

远期预测：年限为 10 ～ 20 年，甚至更远，用于指导企业的长远发展战略规划。

中期预测：年限约为 10 年，兼有近期预测和远期预测两方面的作用。

（2）**按预测结果的属性分类**

定性预测、定量预测。

（3）**按预测的范围分类**

宏观预测、微观预测。

（4）**按预测的性质分类**

判断性预测、历史资料延伸性预测、因果性预测。

（5）**按预测区域分类**

按预测区域可分为全国、全省（市）、本地网和小区通信业务预测等。

（6）**按预测的主要性质分类**

按预测的业务性质可分为电话业务预测和其他数据业务预测。

移动通信的业务预测主要内容包括用户预测、业务量预测和业务分布预测等。

- 用户预测，即对用户的数量、类型和分布等进行预测。
- 业务量预测，即对网络的整体业务量进行预测，包括各类业务，如话音业务、分组数据业务。
- 业务分布预测，根据总的用户规模和用户业务量，预测业务的分布情况。移动网用户业务分布并不均匀，无线网络是蜂窝网，需要根据业务分布情况去配置网络。

4.2 用户和业务预测方法

用户和业务预测主要包括以下步骤。

（1）为了科学地研究和预测通信业务发展的客观规律，首先必须确定预测对象，深入调查、收集预测对象的发展数据以及对其产生影响的各种因素的资料，并认真地加以整理，为预测工作打好基础。

（2）对已掌握的资料进行预测分析，找出预测对象过去的发展规律，选出可用的预测方法，预测方法是否适当对预测结果有很大影响。

（3）建立数学模型，验证模型的合理性，通过具体计算得出有一定参考价值的预测值，这样得到的结果比非解析方法得到的结果要科学，且方法简便。

（4）对以上得出的预测值进行综合分析、判断和评价，并根据掌握情况进行必要的调整和修正以确定最后的预测结果，作为网络规划的基础。

业务预测中需要注意以下一些问题。

- 在收集历史数据时，应注意各种历史数据在不同时期的统计背景和口径问题。
- 为提高预测的准确性，一般采用两种或两种以上的预测方法进行预测，如预测结果相近，则认为预测结果可行；否则应进行分析，找出原因，选取较为合理的结果。
- 需要对预测结果进行定期跟踪、观察和修正，保证业务预测工作的长期性，不断提高业务预测结果的准确性。

4.2.1　用户预测

影响用户规模的直接因素有网络的质量、业务的种类、终端的价格、LTE 业务的资费等，用户数还受到各类增值数据业务使用普及程度的制约。运营商对业务的市场定位和推广策略也影响到用户的发展趋势。目前常用的用户预测方法有以下几种。

（1）移动平均数模型：一次移动平均、二次移动平均等；

（2）加权移动平均；

（3）指数平滑模型；

（4）回归分析模型；

（5）组合预测。

4.2.2 业务量预测

在测算移动通信系统的业务量时，需要对近期每用户的忙时业务量进行数据调查统计，然后再根据具体的方法预测未来某一时间段内该地区的话务量。单用户业务模型是业务量预测的基础。

测算每用户业务量时，应注意两方面。

一是用户统计口径。用户统计口径包括通信用户和在网用户，通信用户指统计周期内有业务量产生的用户总数，在网用户指占用号码资源的用户总数。在测算时应采用通信用户数。

二是数据采集时间。在分析每用户话务量时应收集非特殊日系统忙时的数据进行统计，如采用特殊日（春节、中秋等）的数据，将会虚增忙时全网平均每用户话务量，增加无线网络话务需求，造成网络利用率偏低。

4.2.3 业务分布预测

对预测区域内的业务量分布（业务密度）进行预测，经常使用的方法有地区分类法、线性预测法、瑞利分布综合计算法、泰森多边形分布预测法。

泰森多边形分布预测法是基于现网基站分布的较精细的业务分布预测方法，需要借助计算机辅助工具。

4.3 业务模型

完成用户预测之后，要对业务模型进行估计。业务模型是对用户使用业务行为的统计性表征，所表征的是用户使用业务的强度的统计量，是宏观特性的体现。业务模型分析是为了进行网络容量的规划，了解用户的业务行为对系统资源占用的需求。业务模型的准确性将直接影响到网络规模和设备需求的估算。

按照移动通信承载类型，移动业务分为电路域业务和分组域业务。

4.3.1 CS 业务模型

电路域业务一般是话音业务或者实时数据业务，如可视电话等。电路域业务话务量主要与预期用户总数、业务的渗透率、忙时呼叫次数及其持续时间等因素有关，在规划时需要综合考虑。见公式（4-1）。

$$某CS话务量（Erl/user）=\frac{BHCA\times 平均呼叫持续时间}{3600} \tag{4-1}$$

BHCA 为某业务的单用户忙时平均呼叫次数。

平均呼叫持续时间（s）是指某业务的单次通话平均持续时间。

一般把话音业务考虑成一种对称型的业务，话音用户上行和下行方向上的平均忙时数据流量各为总吞吐量的一半。对于话音业务，每用户忙时话务量一般在 0.01 ～ 0.03Erl。

3G 网络中的可视电话虽然承载在 CS 上，但在用户使用上有着类似 PS 业务的行为特征。对电路交换的数据业务，业务模型是恒定的比特速率模型，具有 100% 的激活性；对于可视电话业务，每用户忙时话务量取值范围为 0.001 ～ 0.01Erl。

随着移动网络用户发展的逐步稳定，基于市场的 MOU（Minutes Of Usage，平均每户每月通话时间）业务模型折算法，直接从市场用户参数预测用户业务量，比较贴近用户的实际情况，见公式（4-2）。

$$忙时话务量（Erl）=用户MOU（min）\times 忙日集中系数\times 忙时集中系数/60（min） \tag{4-2}$$

忙日集中系数是一个月中出现忙日的概率，一般取 1/30，但是由于在节假日期间话务较平时高，集中系数可以适当放大。基于 MOU 业务模型折算举例见表 4-1。

忙时集中系数是一天中忙时业务量占全天24h业务总量的比例，可根据网络一天24h内各时段的业务量统计获得。如图4-1所示。

图4-1中，f_{max} 占全天业务量的比重即为忙时集中系数。

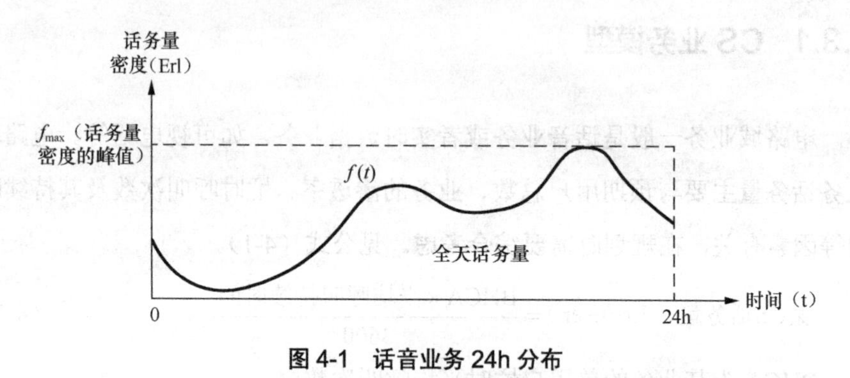

图4-1　话音业务24h分布

表4-1　基于MOU业务模型折算举例

月使用量（min）	忙日集中系数	忙时集中系数	忙时吞吐量（Erl）
300	0.033	0.125	0.021

4.3.2　PS业务模型

当前，移动互联网数据业务众多，大体可分为几类：消息交互类、浏览类、下载/上传类、普通流媒体点播/直播类、高清流媒体点播/直播类、服务应用类、P2P类。其中，消息交互类常见的应用有QQ、微博、微信等；浏览类有网页类（IE、UC Web）、新闻应用类（百度新闻、新浪新闻）等；下载/上传类有普通下载（HTTP、FTP）、云存储等；普通流媒体点播/直播类有风行、爱奇艺、CNTV等；高清流媒体点播/直播类有搜视高清、CNTV高清等；服务应用类有大众点评、悠悠导航、支付宝等；P2P类有PPS、迅雷、电驴等。

PS业务模型相对复杂。业务维度确定模型需逐个分析和统计各类业务的特点和用户使用业务的习惯，与各类业务忙时使用次数、每个会话呼叫次数、每次呼叫的数据量、传输效率因子、忙时单用户流量及上下行平衡因子等因素有关。这个方法对业务的统计要求较高，数据收集相对复杂，而且，未来移动互联网还会不断涌现新的业务，模型的业务类别需不断地调整更新。

考虑到网络规模是满足所有业务的总需求，而手机终端和数据卡在用户使用业务的行为上有所区分，因此目前普遍选择以终端为维度的业务模型分类。终端使用的业务按业务总量统计，可以简化规模测算模型。终端维度包括手机终端、数据卡等终端。

移动通信网络步入了流量经营的时代，运营商以流量使用作为计费的基础。基于流量的数据业务模型成为更加直观的业务模型分析方法。用户忙时吞吐量的计算见公式（4-3）。

用户忙时吞吐量（kbit/s）= 月使用量（GB）× 忙日集中系数 × 忙时集中系数 × 忙时业务峰均比 ×8×1000000/3600 （4-3）

其中：忙日集中系数是一个月中出现忙日的概率，一般取 1/30。由于在节假日、周末期间，业务较平时高，集中系数可以适当放大。此外，在月底，由于业务套餐余量将过期失效，也会出现业务上升的现象。

忙时集中系数是一天中忙时业务量占全天 24h 业务总量的比例，根据网络一天 24h 内各时段的业务量统计获得。图 4-2 是一个 24h 数据业务量的分布百分比。

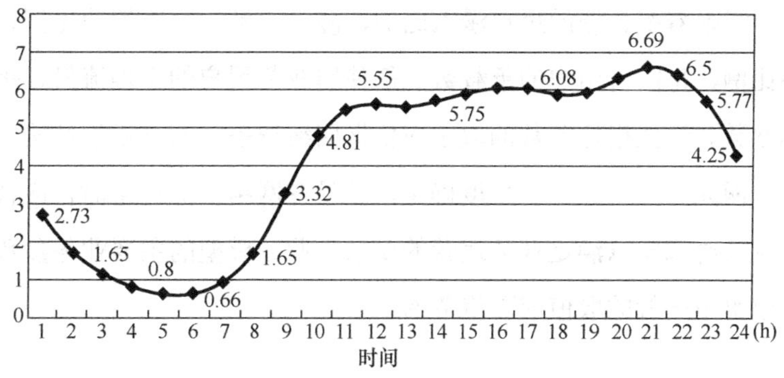

图 4-2 数据业务 24h 分布

从图 4-2 可以看到，全天忙时在晚上 20:00-22:00，忙时业务量占全天的 7% 左右。

忙时业务峰均比，是指在忙时数据业务量峰值跟平均值的比，用户发起的数据业务在时间轴上的分布具有明显的泊松分布特点。从统计看，数据业务强度存在较大的波动性，如果按照平均值设计系统，则大的波动性意味着系统可能出现瞬间的质量恶化，使得整个忙时的 QoS 小于系统设计。因此，需要在基于业务量泊松分布的基础上，考虑一个峰值和平均值的系数。根据泊松分布的特征，可以取系数 2.0 ～ 2.5 作为忙时峰均比。

表 4-2 为典型的用户忙时吞吐量值。

表 4-2 数据业务模型计算举例

月使用量（GB）	忙日集中系数	忙时集中系数	忙时业务峰均比	忙时吞吐量（kbit/s）
0.5	0.04	0.07	2	6.2
1	0.04	0.07	2	12.4
3	0.04	0.07	2	37.3

数据业务的吞吐量包含下行和上行的业务量。上下行业务的比例，可以根据现有网络的业务统计获得，也可以从各个业务的上下行比例和业务的占比计算获得。一般情况下，全网上下行业务比例在 1:3 ～ 1:5。

以手机终端、数据卡为维度的终端模型，模型的主要参数包括用户开机率、网络附着率、漫游用户漫入比例、漫出比例、附着签约比例、同时使用业务比例、每附着用户的承载数、每使用业务用户的平均流量、平均包长等指标参数。这些指标参数的取定应依据网络覆盖、网络组织结构、用户使用行为、网元测试结论等多角度确定，并且在网络实际运营时，应根据网络运营情况及时调整以满足业务运营的要求。业务模型的主要业务参数见表 4-3，表中仅给出一般的取值或取值范围。

表 4-3 网络业务模型

业务参数	数据卡	智能手机终端
开机率	0.4 ～ 0.6	0.7 ～ 0.9
漫入比例	5% ～ 20%	5% ～ 20%
漫出比例	5% ～ 20%	5% ～ 20%
每附着用户的承载数（含默认承载、专有承载）	1.0 ～ 1.2	1.0 ～ 2.0（VoLTE 需专有承载）
同时使用业务用户比例	15% ～ 40%	10% ～ 30%
每使用业务用户平均流量（kbit/s）	100 ～ 500	10 ～ 100
平均包长（含包头开销）（B）	512	512

4.4 业务量分解

由于经济发展水平不平衡、地理环境不相同等因素，在规划区域范围内，业务量的分布并不均匀，业务量分解的任务就是解决业务总量在规划区内如何分布的问题。绝大部分大中城市都存在几个用户高密度区，高密度区内信道拥塞严重，每信道承载的话务量甚至在 0.9Erl 以上，而周边基站的利用率往往并不充分。这种状况说明，在以往的规划设计中只重点考虑了覆盖与干扰的需求，而忽视了话务密度的分布，过于均匀地布置基站，造成了设备投资的巨大浪费，同时也无法及时满足高密度区用户发展的需求。只有准确地掌握话务密度分布，合理地做好预测工作，较好地确定基站分布及载波配置，才能在实际规划中较好地满足用户发展的需求。业务量分解的合理性直接关系到规划结果的准确性。

业务量分解是指根据一定的原则将用户和业务预测总量按比例分配到服务区内，得到用户和业务的地理分布密度。话务量密度预测是无线网络规划的关键步骤之一，其目的是预测出目标规划区内各点上的话务密度，以此可以确定任一服务区域的业务量，也可以知道基站数量、位置以及信道配置是否合理，并对其进行调整，直至网络达到最佳状态。网络的用户和业务总量分解可按以下步骤进行。

（1）根据区域分类的结果和以下原则，计算每一区域块内业务量比例。

① 参考现有移动网络的业务量比例；

② 参考其他移动运营商的业务量比例；

③ 参考各区域的业务收入比例；

④ 参考各区域的人口比例；

⑤ 参考各区域的经济总量比例。

区域块内业务量比例可以综合以上各个参考量，通过数学加权组合，形成最终的区域业务量分解比例。

（2）根据步骤（1）得到的业务量比例和区域块面积，按公式（4-4）计算每一区域块内每种业务的业务密度。

业务密度=(用户预测总数 × 业务比例 × 每用户业务量)/区域面积　（4-4）

从严格意义上讲，计算的话务密度图是准静态话务密度图。由于移动用户具有移动性，用户分布是随着时间变化的，不同时间段会呈现出不同的话务分布，所以在规划过程中应充分考虑忙时与忙区的变化。在实际网络规划中，业务预测和分布应具有一定的弹性以适应话务量的变化。地区分类越细、现有基站数量越多，得到的结果越准确。

扩容网络的业务量分解主要依据网管对现网业务的统计以及对未来的业务发展预测，对于超忙的小区，通过扩容或者小区分裂、新建分布系统的方法，充分吸收话务量。

用户和业务的分布，历来是网络分析中难以获取的数据。目前，运营商2G、3G网络的用户数据较为详尽，因此，利用现有网络的基站业务数据，用泰森多边形可推算人口和业务的分布。

泰森多边形是荷兰气候学家A·H·Thiessen提出的一种根据离散分布的气象站的降雨量计算平均降雨量的方法，即将所有相邻气象站连成三角形，作这些三角形各边的垂直平分线，于是每个气象站周围的若干垂直平分线便围成一个多边形。用这个多边形内包含的一个唯一气象站的降雨强度表示这个多边形区域内的降雨强度，并称这个多边形为泰森多边形。

从几何角度来看，两基站的分界线是两点之间连线的铅直等分线，将全平面分为两个半平面，各半平面中任何一点与本半平面内基站的间隔都要比到另一基站间隔小。当基站数量在二个以上时，全平面会划分为多个包罗一个基站的区域，区域中任何一点都与本区域内基站间隔最近，这些区域可以看作是基站的覆盖区域，将这种由多个点将平面划分成的图称为泰森多边形，又称为 Voronoi 图，如图 4-3 所示。

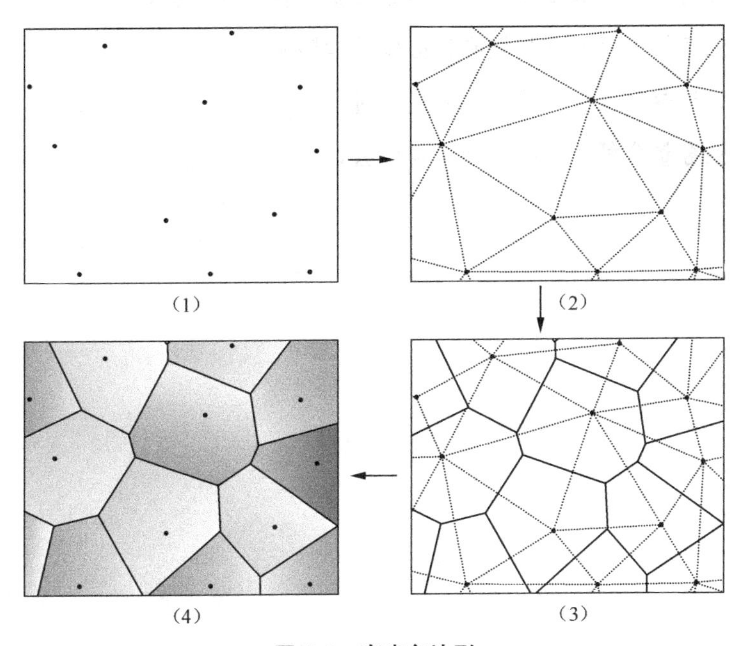

图 4-3　泰森多边形

泰森多边形的特性是：

（1）每个泰森多边形内仅含有一个基站；

（2）泰森多边形区域内的点到相应基站的距离最近；

（3）位于泰森多边形边上的点到其两边的基站的距离相等。

泰森多边形可用于定性分析、统计分析、邻近分析等，可以用离散点的性质描述泰森多边形区域的性质，可用离散点的数据计算泰森多边形区域的数据。利用泰森多边形推算手机用户分布，就是利用了上述这些特点，支持泰森多边形的网络规划典型的工具有 Mapinfo 等。

思考题

1. 业务预测的内容及预测方法有哪些？
2. 忙时话音业务量和忙时数据吞吐量的含义是什么？
3. 业务模型对网络规划有什么作用和影响？
4. 简述数据业务流量模型的建立过程。
5. 业务量分解的原则和步骤是什么？

第5章 GSM无线网络

5.1 GSM网络概述

5.1.1 GSM网络发展历史

GSM数字移动通信系统起源于欧洲。20世纪80年代，欧洲已有几大模拟蜂窝移动系统在运营，如北欧多国的NMT（北欧移动电话）、英国的TACS（全接入通信系统），西欧其他各国也提供移动业务。当时这些系统有以下缺点。

（1）各系统都是国内系统，系统间没有公共接口，不能在国外使用。

（2）很难开展数据承载业务。

（3）频谱利用率低，无法适应大容量的需求。

（4）安全保密性差，易被窃听，易做假机。

为了克服上述缺点，方便全欧洲统一使用移动电话，需要一种公共的系统。1982年，北欧国家向CEPT（欧洲邮电行政大会）提交了一份建议书，要求制订900MHz频段的公共欧洲电信业务规范。在这次大会上成立了一个在欧洲电信标准学会（ETSI）技术委员会下属的“移动特别小组（Group Special Mobile，GSM）”，制订有关的标准和建议书。

1990年完成GSM900规范，含12系列130项建议书。

1991年在芬兰打通第一个GSM电话；同年GSM被更名为全球移动通信系统（Global System for Mobile Communication）。

1991年制订DCS1800规范，扩展了GSM频段，后来扩展到1900MHz和800MHz。

1992年开始GSM系统商用，同年成功传送第一条短信（SMS）。

1993年欧洲第一个DCS1800系统投入运营。

1994年制订GSM Phase 2规范，支持数据和传真。

1994年，当时的邮电部长吴基传打通了中国第一个GSM电话。

2000年第一次提供GPRS服务。

2002年成功传送第一条彩信（MMS）。

2003年开通第一个EDGE网络。

2004年全球GSM用户达10亿户。

2006年全球GSM用户达20亿户。

2008年全球GSM用户达30亿户。

2011年全球GSM用户达40亿户。

2013年GSM用户数量出现了史上第一次下滑。

目前，面临3G、4G网络的迅猛发展，虽然部分2G网络已经关闭，但GSM网络仍有很强的生命力，预计在相当长的时间内，GSM仍然会持续存在。

5.1.2 GSM用户发展状况

GSM商用以后，全球GSM用户迅速发展，第一个5亿用户历经10年时间，第二个5亿用户历经3年，从2004年开始每年增长5亿用户。截至2008年年底，全球GSM用户数量已达30亿户。2009年开始，GSM用户的增速有所放缓，并在 2013 年出现了史上第一次下滑。全球 GSM 用户发展状况如图 5-1 所示。

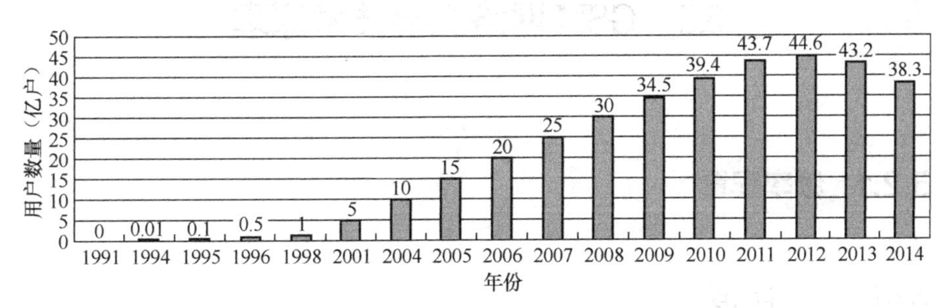

图 5-1　全球 GSM 用户发展状况（数据来源：GSM Association 网站及行业数据统计分析）

中国 GSM 用户数量从 2001 年开始井喷，每年增加的用户数均在 5000 万以上；2007 年增长 6400 万户，2008 年增长 10200 万户；2009 年 1 月，中国 3G 牌照发放，GSM 用户数量增长开始放缓， 2009—2014 年，中国 GSM 用户的增量持续下降；2013 年开始，GSM 用户也已出现减少的情况，2014 年，中国 GSM 用户数量减少 1.1 亿户，是 2013 年的近 2 倍。中国 GSM 用户发展状况如图 5-2 所示。

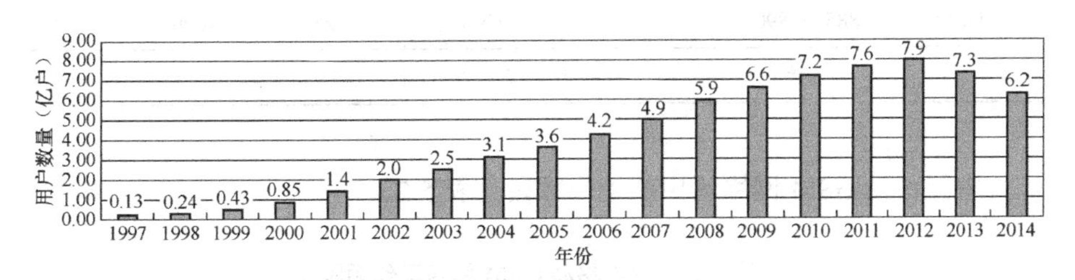

图 5-2　中国 GSM 用户发展状况（数据来源：各期《通信行业数据统计与分析》）

可以看出，2009 年之前，无论是在全球还是在中国，GSM 用户均处于迅猛发展之中。但随着 3G、4G 的迅速普及和高速发展，传统的 GSM 用户增长在 2013 年达到拐点，首次从巅峰开始下滑。

但由于在全球大部分地区，GSM 手机仍然是主要的通话工具，另外，GSM 网络的价格也很便宜，一些电信商仍在利用 GSM 的通话、短信和上网功能，推出各种服务。因此 GSM 网络仍有很强的生命力，预计在相当长的时间内，GSM 仍然会持续存在。

5.2 GSM网络主要技术原理

5.2.1 频率配置

5.2.1.1 工作频段

根据工业和信息化部无 [2002]479 号《关于第三代公众移动通信系统频率规划问题的通知》，我国 GSM 网络工作频段见表 5-1。

表 5-1 我国 GSM 网络工作频段

频段	上行（MHz）	下行（MHz）	带宽（MHz）	频率数（对）	对应频率号
GSM900	890 ～ 915	935 ～ 960	2×25	124	1 ～ 124
GSM1800	1710 ～ 1755	1805 ～ 1850	2×45	225	512 ～ 736
EGSM	885 ～ 890	930 ～ 935	2×5	25	1000 ～ 1023、0
合计			2×75	374	—

中国移动 GSM 网络可用的工作频段见表 5-2。

表 5-2 中国移动 GSM 网络工作频段

频段	上行（MHz）	下行（MHz）	带宽（MHz）	频率数（对）	对应频率号
GSM900	890 ～ 909	935 ～ 954	2×19	95	1 ～ 95
GSM1800	1710 ～ 1735	1805 ～ 1830	2×25	125	512 ～ 636
EGSM	885 ～ 890	930 ～ 935	2×5	25	1000 ～ 1023、0
合计			2×49	245	

中国联通 GSM 网络可用的工作频段见表 5-3。

表 5-3　中国联通 GSM 网络工作频段

频段	上行（MHz）	下行（MHz）	带宽（MHz）	频率数（对）	对应频率号
GSM900	909 ～ 915	954 ～ 960	2×6	29	96 ～ 124
GSM1800	1735 ～ 1755	1830 ～ 1850	2×20	100	637 ～ 736
合计			2×26	129	—

5.2.1.2　频道间隔

相邻频道间隔为 200kHz，每个频道采用 TDMA 方式，分为 8 个时隙，即 8 个信道。

5.2.1.3　双工间隔

GSM900 系统双工收发频率间隔为 45MHz；GSM1800 系统双工收发频率间隔为 95MHz。

5.2.1.4　频率复用

频率复用也称频率再用，就是重复使用频率，在 GSM 网络中频率复用就是使同一频率覆盖不同的区域（一个基站或该基站的一部分（扇形天线）所覆盖的区域），这些使用同一频率的区域彼此需要相隔一定的距离（称为同频复用距离），以满足将同频干扰抑制到允许的指标以内。

根据原邮电部颁布的《900MHz TDMA 数字公用陆地蜂窝移动通信网技术体制》，若采用定向天线，建议采用 4×3 复用方式，业务量较大的地区，根据设备的能力还可以采用其他复用方式，如 3×3 复用方式、2×6 复用方式等。

无论采用哪种复用方式，基本原则考虑不同的传播条件、不同的复用方式及多个干扰等因素后，必须满足干扰保护比的要求。

同频道干扰保护比：C/I（载波 / 干扰）≥ 12dB（不开跳频）；

$C/I \geqslant 9dB$（开跳频）。

邻频道干扰保护比：$C/I \geqslant -6dB$。

载波偏离 400kHz 时的干扰保护比：$C/I \geqslant -38dB$。

5.2.1.5 频谱重整

频谱重整（Spectrum Refarming）是从已分配的频谱中分配一段给UMTS 或 LTE 使用，包括对已有网络（如 GSM 网络）的重新规划和 UMTS或 LTE 新建网络的部署，实现在不增加频谱资源的情况下，部署 3G/4G 网络，提升数据业务能力，同时保证对原有网络的影响最小。

5.2.2 多址技术与无线信道

5.2.2.1 GSM 多址技术

在 GSM 系统中，无线接口采用时分多址（TDMA）与频分多址（FDMA）相结合的方式。用户在不同频道上通信，且每一频道（TRX）上可分成 8 个时隙，每一时隙为一个信道，因此，一个 TRX 最多可供 8 个全速率（或 16 个半速率）移动客户同时使用。

5.2.2.2 帧结构

在 GSM 帧结构中，每个载频被定义为一个 TDMA 帧，相当于 FDMA系统中的一个频道，每帧包括 8 个时隙（TS0 ～ 7）。

TDMA 帧：1 个 TDMA 帧包括 8 个时隙，持续时间为 60/13=4.615ms。

复帧：26 或 51 个 TDMA 帧构成一个复帧。26 帧构成的复帧持续时间为 120ms，51 个这样的复帧组成一个超帧，这种复帧用于携带 TCH（或SACCH+FACCH）；51 帧构成的复帧持续时长 235.38 ms，26 个这样的复帧组成一个超帧，这种复帧用于携带 BCH 和 CCCH。

超帧：由 51 或 26 个复帧构成，包含 1326 个 TDMA 帧，持续时间为 6.12s。

超高帧：由 2048 个超帧构成，包含 2715648 个 TDMA 帧，持续时间为 12533.76s，即 3h 28min 53.76s。

GSM 中的 TDMA 帧号是 0 ～ 2715647。

5.2.2.3　无线信道

GSM 中的无线信道分为物理信道和逻辑信道，一个物理信道就为一个时隙，而逻辑信道是根据 BTS 与 MS 之间传递信息种类的不同定义的，这些逻辑信道映射到物理信道上传送。从 BTS 到 MS 的方向称为下行链路，相反的方向称为上行链路。

逻辑信道又分为两大类：业务信道和控制信道。

业务信道（TCH）：用于传送编码后的话音或客户数据，在上行和下行信道上，点对点（BTS 对一个 MS 或反之）方式传播。

控制信道：用于传送信令或同步数据。根据所需完成的功能又把控制信道定义成广播、公共及专用三种控制信道。

（1）广播信道（BCH）包括频率校正信道、同步信道和广播控制信道。

频率校正信道（FCCH）：携带用于校正 MS 频率的消息，下行信道，点对多点（BTS 对多个 MS）方式传播。

同步信道（SCH）：携带 MS 的帧同步（TDMA 帧号）和 BTS 的识别码（BSIC）的信息，下行信道，点对多点方式传播。

广播控制信道（BCCH）：广播每个 BTS 的通用信息（小区特定信息），下行信道，点对多点方式传播。

（2）公共控制信道（CCCH）包括寻呼信道、随机接入信道、允许接入信道。

寻呼信道（PCH）：用于寻呼（搜索）MS，下行信道，点对多点方式传播。

随机接入信道（RACH）：MS 通过此信道申请分配一个独立专用控制信

道（SDCCH），可作为对寻呼的响应或 MS 主叫 / 登记时的接入，上行信道，点对点方式传播。

允许接入信道（AGCH）：用于为 MS 分配一个独立专用控制信道（SDCCH），下行信道，点对点方式传播。

（3）专用控制信道（DCCH）包括独立专用控制信道、慢速随路控制信道、快速随路控制信号。

独立专用控制信道（SDCCH）：用于在分配 TCH 之前的呼叫建立过程中传送系统信令，如登记和鉴权在此信道上进行，上行和下行信道，点对点方式传播。

慢速随路控制信道（SACCH）：与一个 TCH 或一个 SDCCH 相关，是一个传送连续信息的连续数据信息，如传送移动台接收到的关于服务及邻近小区的信号强度的测试报告，这对实现移动台参与切换功能是必要的；它还用于 MS 的功率管理和时间调整，上行和下行信道，点对点方式传播。

快速随路控制信道（FACCH）：与一个 TCH 相关，工作于借用模式，即在话音传输过程中，如果突然需要以比 SACCH 能处理的高得多的速度传送信令信息，则借用 20ms 的话音（数据）传送。这一般在切换时发生，由于语音译码器会重复最后 20ms 的话音，因此这种中断不被用户察觉。

5.2.3 数据传输

5.2.3.1 源数据传输过程

由于 GSM 系统是一个全数字系统，语音和数据的传输都要进行数字化处理。为了将源数据转换为最终信号并通过无线电波发射出去，需要经过几个连续的过程。相反，在接收端需要经过一系列的反过程重现原始数据。话音传输过程如图 5-3 所示。

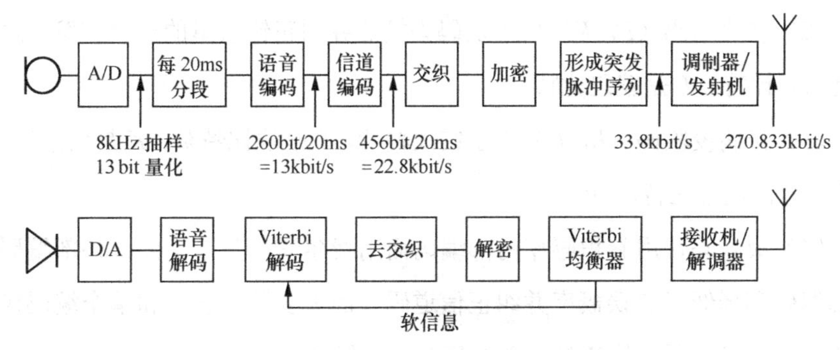

图 5-3　GSM 源数据传输过程示意

5.2.3.2　语音编码

GSM 数字蜂窝移动系统中的语音编码技术采用的是混合编码，即规则脉冲激励长期预测（RPE-LTP）编码，其速率为 13kbit/s，语音质量等级达到 4 分。这种编码把波形编码和参量编码结合起来，既有波形编码的高质量优点又有参量编码的低速率优点。

进行混合编码的器件称为语音编码器，其输入信号是模拟信号的脉冲编码调制（PCM）信号，对移动台来讲，抽样速率为 8000Hz，采用 13bit 均匀量化，则速率为 8000×13=104kbit/s。在编码器中，编码处理是按帧进行的，每帧为 20ms，即对 104kbit/s 语音数据流取 20ms 一段，然后分析并编码，编码后形成 260bit 的净语音数据块，编码后的速率为 260/20ms=13kbit/s。

5.2.3.3　信道编码

当遇到干扰、多径衰落、多普勒频移时，信道编码能改善传输质量。结果虽然误码率和误帧率或误字率降低了，但吞吐量也降低了。GSM 中采用 4 种信道编码。

（1）卷积码（L，K）用于纠正随机错误：K 是输入块位数，而 L 是输出块位数。在 GSM 中卷积码有 3 种不同码率：1/2 码率（L/K=2），1/3 码率（L/K=3），以及 1/6 码率（L/K=6）。

（2）将费尔码（*L*，*K*）作为块码去检测并纠正错误里的单个突发，这里*K*是信息比特，*L*是编码比特。

（3）奇偶校验码（*L*，*K*）用于错误检测，*L*是块比特数，*K*是信息比特，*L-K*是奇偶校验比特。

（4）级联码使用卷积码作内部编码而用费尔码作外部编码，外部编码和内部编码都降低了错误概率并纠正信道码中的大多数错误。和单个编码操作相比，使用级联码的优势是实现的复杂性降低了。

GSM 的语音编码发送速率是 13kbit/s，这表示在每 20ms 的语音块中有 260bit。经过信道编码之后，每 20ms 的语音块中包含 456bit，即信道编码后的速率是 22.8kbit/s。

5.2.3.4 交织

在 GSM 系统中，信道编码后进行交织，交织分为两次，第一次交织为内部交织，第二次交织为块间交织。

话音编码器和信道编码器将每一 20ms 话音数字化并编码，提供 456bit。首先对它进行内部交织，即将 456bit 分成 8 帧，每帧 57bit。

如果将同一 20ms 话音的 2 组 57bit 插入到同一普通突发脉冲序列中，那么如果该突发脉冲串丢失，则会导致该 20ms 的话音损失 25% 的比特，显然信道编码难以恢复这么多丢失的比特。因此必须在两个话音帧间进行二次交织，即块间交织。

二次交织是把每 20ms 话音 456bit 分成的 8 帧为一个块，8 帧分别插入 8 个不同的普通突发脉冲序列中，然后一个一个突发脉冲序列发送，发送的突发脉冲序列首尾相接处不是同一话音块。这样即使在传输中丢失一个脉冲串，只影响每一话音比特数的 12.5%，而这能通过信道编码加以校正。

二次交织经得住丧失一整个突发脉冲串的打击，但增加了系统时延。因此，在 GSM 系统中，移动台和中继电路上增加了回波抵消器，以改善由于时延而引起的通话回音。

5.2.3.5　调制和解调

调制和解调是信号处理的最后一步。GSM 采用的是 BT=0.3 的 GSMK（高斯最小频移键控）调制方式，其调制速率为 270.833kbit/s，使用维特比（Viterbi）算法进行解调。

5.2.4　不连续发射

在一个通信过程中，平均仅有 40% 的时间是在通话，如果没有话音进入麦克风，也就没有信息在无线信道上发送。不连续发射功能（DTX）是仅在探测到连接中有话音时才发射，在没有话音时，系统仅传送“舒适噪声”。

GSM 系统通过 VAD（话音激活检测）技术检查手机是否在通话，即在每 20ms 话音块时间内产生一组门限值，用于判决下一个 20ms 是话音还是噪声。

不连续发射的主要作用是：

（1）减少整个系统的干扰；

（2）提高频谱利用率；

（3）延长手机电池工作时间。

不连续发射仅用于 TCH 载波，而不能用于 BCCH 载波。

5.2.5　功率控制

在 GSM 中，对上行链路和下行链路都可以分别使用功率控制，而且可对每个处在专用模式下的移动台独立进行。规范中，上行链路的移动台功率控制范围为 20 ～ 30dB，步长为 2dB。下行链路的功率控制范围由设备制作商决定。虽然是否采用上下行的功率控制功能由网络运营商来决定，但所有移动台和基站设备必须支持这一功能，上下行的功率控制都是由 BSS 管理。

上行功率控制分为初始调整阶段和稳态调整阶段。初始调整用于呼叫接续最开始的时刻，稳态调整是功率控制算法执行的常规方式；上行功率控制的周期是 104 个 TDMA 帧（约 480ms）。初始阶段和稳态阶段功率控制的差别有：期望的上行链路接收电平及接收质量的不同、滤波器长度不同、初始阶段仅进行向下调整等。

下行功率控制仅使用稳态功率控制算法。下行功率控制分为静态功率控制和动态功率控制，静态功率控制级别在小区参数中定义，动态功率控制在静态功率控制的基础上根据环境进行调整。假定参数定义规定的静态功率控制最大输出功率值为 P_n，动态功率控制级别数为 15，则对应的动态功率控制的范围为（P_n-30dB）～ P_n。当动态功率控制范围无法满足要求时，应通过调整静态功率控制级别满足。

5.2.6 跳频技术

跳频技术是为了确保通信的秘密性和抗干扰性，首先被用于军事通信，后来在 GSM 标准中也被采纳。GSM 系统每秒跳频 217 次，低于调制速率，属于慢速跳频。

跳频功能主要是以下两方面。

（1）频率分集：可获得 3 ～ 7dB 的频率分集增益，有利于慢速移动台对抗瑞利衰落。

（2）干扰源分集：某一频点受到干扰的情况下，若不跳频则该路的通话质量是无法忍受的；若跳频则通过纠错和交织处理恢复大部分数据，事实上是将干扰平均化了。

GSM 系统中的跳频分为基带跳频和射频跳频两种。

基带跳频：每个发信机工作在一个不变的频率，同一话路的突发脉冲被有效地送入各个发射机，跳频是基于基带信号的切换实现的。由于每一个收发信机工作频率不变，因此既可以用混合合路器，也可以用腔体合路器。

射频跳频：发信机的工作频率按照一定的规律改变。一个发信机处理一个通话的所有突发脉冲所用的频点是通过合成器频率的改变实现的，而不是经过基带信号的切换实现。由于收发信机的工作频率要不断变化，因而只能用混合合路器。

5.2.7　小区选择与重选

5.2.7.1　小区选择

当移动台开机后，它会试图与 SIM 卡允许的 GSM PLMN 取得联系，因此移动台将选择一个合适的小区，并从中提取控制信道的参数和其他系统信息，这种选择过程称为“小区选择”。

如果移动台并无存储的 BCCH 消息，它将首先搜索完所有的 124 个 RF 信道（如果为双频手机还应搜索 374 个 GSM1800 的 RF 信道），并在每个 RF 信道上读取接收的信号强度，计算出平均电平，整个测量过程将持续 3 ～ 5s，在这段时间内将至少分别从不同的 RF 信道上抽取 5 个测量样点。

移动台将调谐到接收电平最大的载波上，判断该载波是否为 BCCH 载波（通过搜寻 FCCH 突发脉冲）。若是，移动台将尝试解码 SCH 信道与该载波同步并读取 BCCH 上的系统广播消息。若移动台可正确解码 BCCH 的数据，并当数据表明该小区属于所选的 PLMN、参数 $C1>0$、该小区并未被禁止接入、移动台的接入等级并未被该小区禁止时，移动台方可选择该小区。否则，移动台将调谐到次高的载波上直到找到可用的小区。

若移动台在上次关机时存储了 BCCH 载波的消息，它将首先搜索已存储的 BCCH 载波，若未找到则执行以上过程。

参数 $C1$ 为供小区选择的路径损耗准则，服务小区的 $C1$ 必须大于 0，其公式：

$$C1=RXLEV-RXLEV\_ACCESS\_MIN-MAX((MS\_TXPWR\_MAX\_CCH-P),0)$$

其中，*RXLEV* 为移动台接收的平均电平；*RXLEV_ACCESS_MIN* 为允许移动台接入的最小接收电平；*MS_TXPWR_MAX_CCH* 为移动台接入系统时可使用的最大发射功率电平；*P* 为移动台的最大输出功率。

为了避免移动台在接收电平很低的情况下接入系统（此时接入后的通信质量往往很差，以至于无法保证正常的通信过程），而无法提供用户满意的通信质量，GSM 规范规定移动台在接入网络时其接收电平必须大于参数 *RXLEV_ACCESS_MIN* 所定义的值。

当减小该值时，将扩大小区允许接入的范围（其下限是移动台接收灵敏度），但在边缘地带的通话质量会很恶劣，易引起掉话，而且此时由于上下行信号很弱，会导致在功率控制下移动台以最大功率发射，从而增加上行信号干扰。

当该值设置过大时会使小区的有效覆盖范围随之缩小，在小区交接处人为地造成盲区。

5.2.7.2 小区重选

当移动台选择某小区为当前服务小区后，在各种条件变化不大的情况下，移动台将驻留在所选的小区中，并根据服务小区的 BCCH 系统消息所指示的小区，重选邻小区频点配置表，开始监测该表中所有 BCCH 载波的接收电平和同步消息；移动台记录下接收电平最高的 6 个邻小区，并从中提取每个邻小区的各类系统消息和控制消息。当满足一定条件时，移动台将重新选择其中一个邻小区作为服务小区，这个过程称为小区重选。所谓一定的条件包含多方面的因素，如小区的限制（由 Cell_bar 和 Cell_bar_qualify 决定）、小区是否被禁止接入等。

小区重选采用 *C2* 算法，计算公式如下。

当 *PENALTY_TIME* 不等于 11111 时：

C2=C1+CELL_RESELECT_OFFSET−TEMPORARY_OFFSET×H(PENALTY_TIME−T)。

当 *PENALTY_TIME* 等于 11111 时：

C2=C1−CELL_RESELECT_OFFSET。

其中：

当 $X<0$ 时，函数 H(x)=0；当 $X \geqslant 0$，函数 H(x)=1。

T 是一个定时器，它的初始值为 0，当某小区被移动台记录在信号电平最大的 6 个邻小区时，则对应该小区的计数器 T 开始计时，当该小区从移动台信号电平最大的 6 个邻小区表中去除时，相应的定时器 T 被复位。

CELL_RESELECT_OFFSET 为小区重选偏移量，可人为地调整 *C2* 值的大小。

TEMPORARY_OFFSET 为临时偏移量。

PENALTY_TIME 为惩罚时间，从移动台发现某一小区的信号出现后，定时器 T 开始置位到定时器 T 的值到达 *PENALTY_TIME* 规定的时间之前，将按照 *TEMPORARY_ OFFSET* 所定义的值给该小区的 *C2* 算法一个负偏置的修正，这种做法是用来防止当移动台在快速移动时选择一个微蜂窝或覆盖较小的小区作为服务小区的情况。如果时间未超过 *PENALTY_TIME* 仍收到该小区的信号；反之，若时间超过了 *PENALTY_TIME* 所定义的时间后，将不考虑临时偏移量。在高速公路等覆盖区可使用惩罚时间。

在这里值得注意的是，仅当小区重选指示（*CELL_RESELECTION_INDICATION*）激活时，*C2* 算法这几个参数才起作用，否则移动台将不考虑 *CELL_RESELECT_ OFFSET*、*TEMPORARY_OFFSET* 和 *PENALTY_TIME* 的设置情况，因而此时 *C2=C1*。

当发生以下情况时，将触发小区重选。

（1）移动台计算某小区（与当前小区属同一个位置区）的 *C2* 值超过移动台当前服务小区的 *C2* 值连续 5s;

（2）移动台计算某小区（与当前小区不属同一个位置区）的 *C2* 值超过移动台当前服务小区的 *C2* 值与小区重选滞后值（*CELL_SELECTION_HYSTERESIS*）之和连续 5s;

（3）当前服务小区被禁止；

（4）移动台监测出下行链路故障；

（5）服务小区的 $C1$ 值连续 5s 小于 0。

5.2.8 位置更新及切换

5.2.8.1 位置更新

GSM 移动系统中位置更新的目的是使移动台与网络保持联系，以便移动台在网络覆盖的范围内的任何一个地方都能接入到网络内，或者说网络能随时知道移动台所在的位置，以使网络可随时寻呼到移动台。

GSM 系统的位置更新包括三个方面的内容：第一，移动台开机时的位置登记；第二，位置区（LA）变动引起的位置更新，当移动台从一个位置区进入一个新的位置区时，移动系统所进行的通常意义下的位置更新；第三，周期性位置更新，在特定时间内，网络与移动台没有发生联系时，移动台自动地、周期地（以网络在广播信道发给移动台的特定时间为周期）与网络取得联系，核对数据。

（1）移动台开机时的位置登记

当一个新的移动用户在网络服务区开机登记时，其登记信息通过空中接口送到网络端的 VLR 中，并在此进行鉴权登记。通常情况下 VLR 是与移动交换中心（MSC）集成在一起的。另外，网络端的归属寄存器也要随时知道 MS 所在的位置，因此在网络内部 VLR 和 HLR 要随时交换信息，更新它们的数据。所以在 VLR 中存放的是用户的临时位置信息，而在 HLR 中要存放两类信息：一类是移动用户的基本信息，是用户的永久数据；另一类是从 VLR 得到的移动用户的当前位置信息，是临时数据。

当网络端允许一个新的用户接入网络时，网络要对新的移动用户的国际移动用户识别码（IMSI）的数据做“附着”标记，表明此用户是一个被激活的用户，可以入网通信了。移动用户关机时，移动用户要向网络发送最后一次消息，其中包括分离处理请求，MSC/VLR收到“分离”消息后，就在该用户对应的IMSI上做“分离”标记，去“附着”。

（2）**位置区变动引起的位置更新**

移动系统通常意义下的位置更新（Location Updating）是指移动用户从一个位置区到达另外一个位置区时，系统所进行的位置更新操作，这种位置更新涉及了两个VLR。

通常移动用户处于开机空闲状态时，它被锁定在所在小区的广播信道（BCCH）载频上，随时接收网络端发来的信息。这个信息中包括了移动用户当前所在小区的位置识别信息，为了确定自己的所在位置，移动台要将这个位置识别信息（ID Identification）存储到它的数据单元中。当移动台再次接收到网络端发来的位置识别信息时，它要将接收到的ID与原来存储的ID进行比较。若两个ID相同，则表示移动台还在原来的位置区域内；若两ID不同，则表示移动台发生了位置移动，此时移动台要向网络发出位置更新请求信息。网络端接收到请求信息后，便将移动台注册到一个新的位置区域，新的VLR区域。同时用户的归属寄存器要与新的VLR交换数据得到移动用户新的位置信息，并通知移动台所属的原先的VLR，删除用户的有关信息。这一位置更新过程如图5-4所示。

（3）**周期性位置更新**

周期性位置更新发生在当网络在特定的时间内没有收到来自移动台的任何信息，比如在某些特定条件下由于无线链路质量很差，网络无法接收移动台的正确消息，而此时移动台还处于开机状态并接收网络发来的消息，在这种情况下网络无法知道移动台所处的状态。为了解决这一问题，系统采取了强制登记措施，例如，系统要求移动用户在一特定时间内，假设1h登记一次，这种位置登记过程就叫作周期性位置更新。

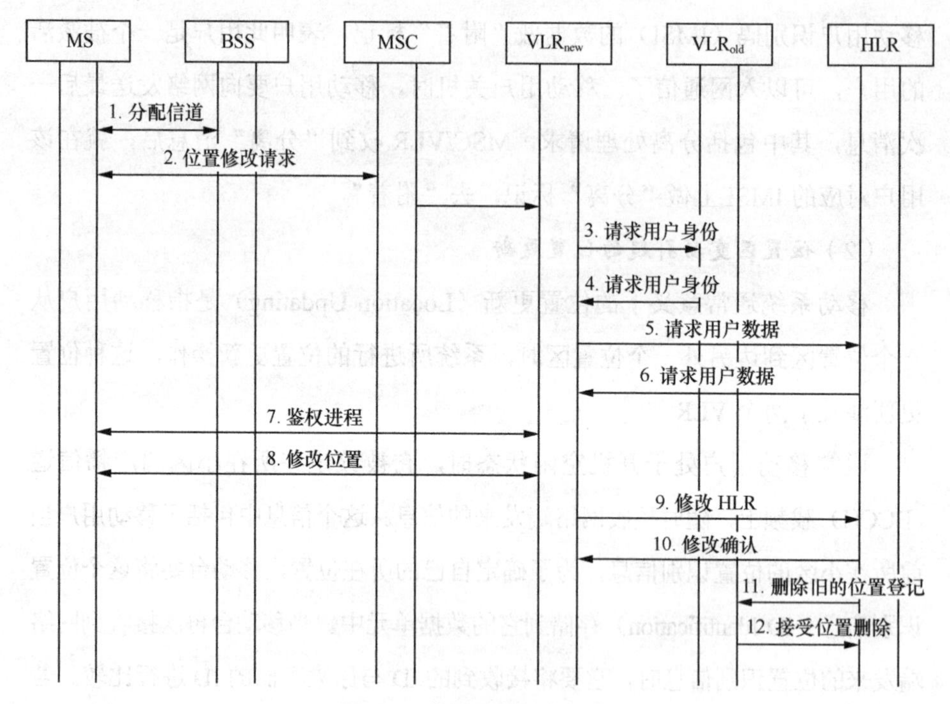

图 5-4　位置更新过程示意

周期性位置更新是由一个在移动台内的定时器控制的，其定时器的定时值由网络在 BCCH 上通知移动用户。当定时值到时，移动台便向网络发送位置更新请求消息，启动周期位置更新过程。如果在这个特定时间内网络还接收不到某移动用户的周期位置更新消息，则网络认为移动台已不在服务区内或移动台电池耗尽，这时网络对该用户进行去“附着”处理。周期位置更新过程只有证实消息，移动台只有接收到证实消息才会停止向网络发送周期位置更新请求消息。

5.2.8.2　切换

GSM 切换包括同一 BSC 内的切换、不同 BSC 间的切换、小区内切换、SDCCH 切换、不同 MSC 间的切换等情况。

（1）**同一 BSC 内的切换**

如图 5-5 所示，在通话期间，手机不断测试它所在 TCH 的信号强度和信号质量以及相邻小区的信号强度，并评估出一个平均值。

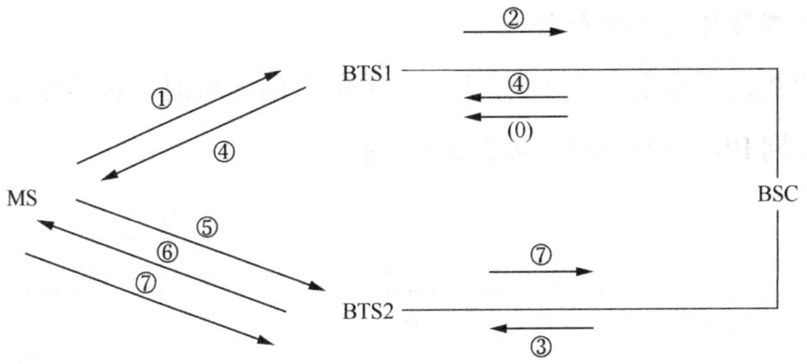

图 5-5　同一 BSC 内的切换流程示意

同一 BSC 内的切换流程如下。

① 每隔 2s，手机向基站发送一份报告，内容包括对所在小区及相邻最佳小区的测试报告。

② 基站加上自身对 TCH 的测试情况一起发送给 BSC，BSC 根据质量的好坏和干扰的严重性决定是否要切换到相邻的小区。

③ 如果需要切换，BSC 将通知新的 BTS 准备好 TCH。

④ BSC 通过原来的 BTS 将新的频率、时隙、输出功率发送给手机。

⑤ 手机调谐到新的频率并在相应时隙上发送切换接入突发脉冲。这时手机没有采用 " 时间提前 "，该切换接入脉冲仅包含 8bit 信息。

⑥ BTS 检测到该切换接入脉冲，将时间提前送给手机。这个信令信息在快速相关信令信道（FACCH）上发送，工作于盗用模式。在话音脉冲流上会有一个 Flag 标志，指明哪些比特的位置被盗用供信令使用。

⑦ 当手机发送回切换完成信息后，BSC 会从 BTS 那儿收到切换成功信息。

⑧ 交换系统话音通路发生变化，BSC 让原 BTS 将原 TCH 及 SACCH 去活。

在同一 BSC 内切换过程中，BSC 控制一切，MSC 没有任何参与，仅在切换完成后由 BSC 告知它这一信息。如果那两个 BTS 属于不同的 LAC，切换完成后，还需进行位置更新。

（2）**不同 BSC 间的切换**

当手机进入由另一个 BSC 所属小区覆盖的区域时，也需要进行切换，这时是不同 BSC 间的切换。如图 5-6 所示。

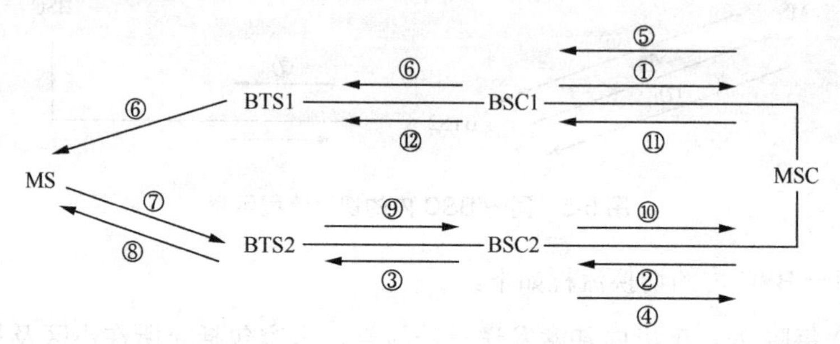

图 5-6　不同 BSC 间的切换流程示意

不同 BSC 间的切换流程如下。

① 由原 BSC 根据测量报告决定将呼叫切换到新 BSC 所属的小区信道上，这时原 BSC 向 MSC 发出切换请求信息以及新小区的识别号。在 CME20/CMS40 中，仅向 MSC 提供一个目标小区。

② MSC 知道新小区由哪个 BSC 控制，于是继续将切换请求发送到这个 BSC2。

③ 这时新 BSC 命令 BTS 激活一个空闲的话务信道。

④ 在 BTS 激活 TCH 后，BSC 将包含输出功率、时隙和频率的信息发送给 MSC。

⑤ MSC 又将该信息送给原 BSC。

⑥ 接着通知移动台换到新信道。

⑦ 移动台在新信道上发出切换接入脉冲。

⑧ 当 BTS 检测到该脉冲后，将“时间提前”信息发送给移动台。

⑨ 通知新 BSC，BTS 已经收到切换脉冲。

⑩ ～ ⑪ BSC 再通过 MSC 将该信息发送给原 BSC，并建立一条新的通路。

⑫ 原 TCH、SACCH 将被原 BTS 去活。

移动台在与新话务信道相关的 SACCH 上获得有关小区的信息，如果该小区属于新的位置区，移动台还必须在呼叫释放后进行位置更新。

（3）小区内切换

小区内切换使在通话中切换到同一小区的另一信道成为可能。当信道质量不是因为信号强度的原因而变得较差时，需要使用“小区内切换”，它与信道在哪个频率上激活无关。

（4）SDCCH 切换

以上介绍的各种切换情况，都是在话务信道上切换。当向一个空闲手机发送短消息时，要用到 SDCCH 信道。这个信道可能会被占用很长时间，因此也有一个关于 SDCCH 的切换过程。SDCCH 信道的切换与 TCH 的切换相同；它也可用在呼叫建立期间，在分配 TCH 前，需用到 SDCCH 信道。

（5）不同 MSC 间的切换

不同 MSC 间的切换比较复杂，可对照前几种切换情况讨论，如图 5-7 所示。

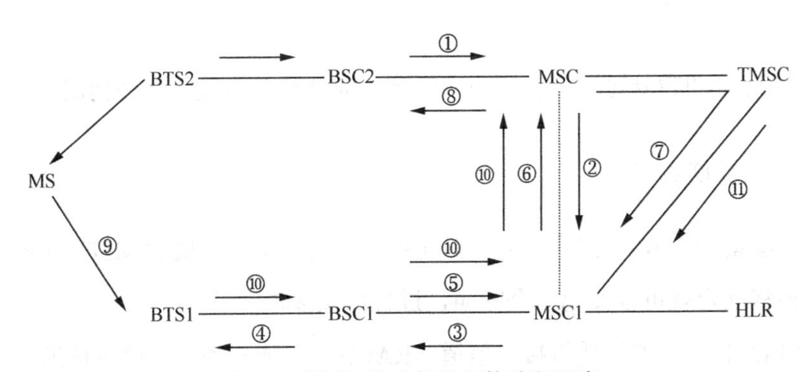

图 5-7　不同 MSC 间的切换流程示意

① 当前 BSC 发送“切换请求”给 MSC。

② 就像 BSC 间切换时一样，这时 MSC 要与目标 MSC 联系，请求配合。

③ 目标 MSC 分配切换号码，以对呼叫进行路由重选，并向新 BSC 发出“切换请求”。

④ 由相应 BTS 激活一条空闲的 TCH。

⑤ 新 MSC 收到关于新 TCH 的信息。

⑥ 将该信息以及切换号码传回原 MSC。

⑦ 建立一条到新 MSC 的话路。

⑧ 发送切换命令给手机，并告知在新小区使用哪个频率及时隙。

⑨ 手机在新 TCH 上发送“切换接入脉冲”。

⑩ 需通知原 MSC，经过新 BSC 和新 MSC。

⑪ 呼叫切入新话路，然后原 TCH 和 SACCH 被去活。

原 MSC 将继续控制这次通话，直到通话结束。这个 MSC 叫作“锚定” MSC，在 MSC 之间使用 MAP。

当通话结束后手机必须执行位置更新，因为它已进入了新的位置区。

一个 LA 只能属于一个 MSC，HLR 的数据将被更新，并发送一条信息给原 VLR，让其删除所有与切换用户有关的信息。

5.2.9 呼叫建立

GSM 呼叫建立过程可以分为移动台主叫和移动台被叫两种情况。

5.2.9.1 移动台主叫

当移动台接收到小区系统广播信息并已在该小区所属的 MSC/VLR 上登记，该移动台就可以发起一个呼叫，过程如图 5-8 所示。

（1a）移动台通过随机接入信道（RACH）申请一个专用信令信道。

（1b）移动台从 AGCH 信道上得到申请的专用信道信息。

（2）移动台指示要建立呼叫，MSC 对 IMSI 进行分析，并在 VLR 中将该移动台标记为“忙”。

（3）进行鉴权。

（4）进行加密。

（5）移动台将含有使用业务种类（话音、数据或传真业务）、被叫号码的“呼叫建立信息”发送给 MSC。MSC 判断手机是否有权呼出，呼出限制可由用户或运营商激活。如果手机有权使用，则呼叫建立过程继续进行。

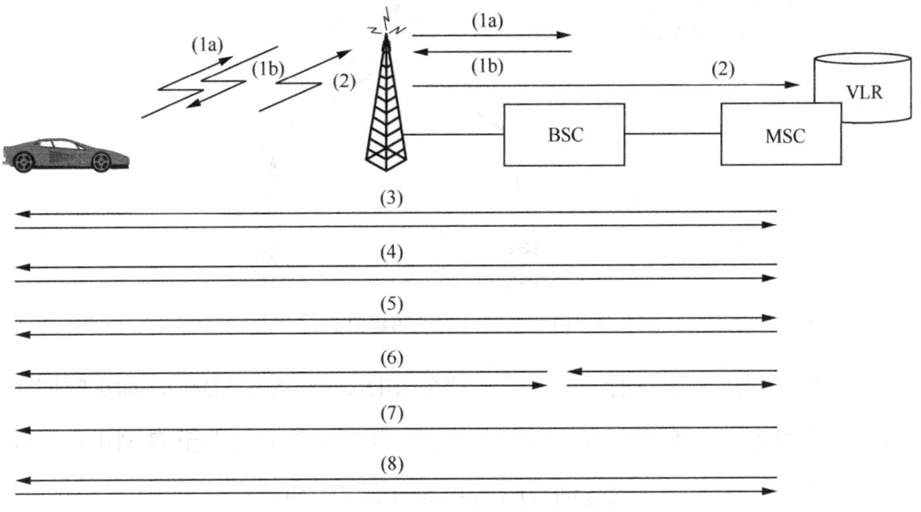

图 5-8　移动台主叫的呼叫建立过程示意

（6）在 MSC 和 BSC 之间建立一条话务链路，同时抓取一个 PCM 时隙，MSC 向 BSC 申请话务信道。BSC 判断是否存在空闲信道，如有则将它分配给这次呼叫，并通知 BTS 将信道激活，信道激活后，BTS 返回一个确认信息，并通知手机转向该 TCH。信道分配完成后 BSC 通知 MSC，话务控制子系统分析被叫号码，建立至被叫用户的连接。

（7）当对方电话振铃，对端送回铃音至本端手机，回铃音由被叫用户侧的交换机产生，这就是说，回铃音经空中接口传送，而不是由手机自己产生。

（8）当被叫用户摘机应答后，网络发送“连通信息”给手机，告诉它呼叫已经建立。手机收到后，向系统发送一个确认信息，这样整个呼叫建立过程结束。

5.2.9.2　移动台被叫

移动台被叫比移动台主叫复杂，这是因为主叫用户在发起呼叫时，并不知道被叫移动台的位置。呼叫建立过程如图 5-9 所示。

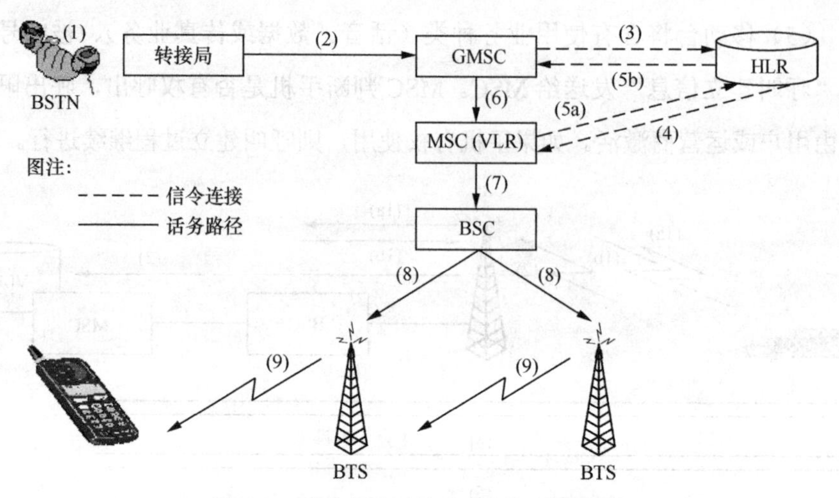

图 5-9　移动台被叫的呼叫建立过程示意

（1）主叫用户所拨的号码叫作移动台 ISDN 号（MSISDN），如果呼叫由公网用户发起，交换机会对号码进行分析，判断出这是一个至 G 网用户的呼叫，呼叫将被接续到被叫移动台归属 PLMN 的 GMSC。

（2）GMSC 是一个具备寻访和路由重选功能的 MSC，通过分析 MSISDN，GMSC 得知被叫移动台的归属 HLR。

（3）向 HLR 索要相关信息以找到用户当前所在的 MSC/VLR。通过 MSISDN，HLR 找到相对应的 IMSI 和用户的数据记录。IMSI 也是分配给用户的一个号码，仅在信令过程中使用，在用户登记时传回的 VLR 地址及 IMSI 都存储在 HLR 中。

（4）HLR 向 VLR 索要用户漫游号，漫游号是一个可用于话务接续的号码。

（5）VLR 将漫游号送回 HLR，HLR 再将它送至 GMSC。

（6）通过漫游号码，GMSC 进行路由重选，将呼叫接续到相关 MSC，同时 GMSC 将从公网收到的信息送给 MSC。

（7）MSC 中存储被叫移动台登记的位置区域（LA），并向该 LA 的 BSC 发送寻呼信息。

（8）BSC 再将寻呼信息送给该 LA 内的所有 BTS。

（9）BTS 用 IMSI 或 TMSI 寻呼移动台。

移动台在收到寻呼信息后会申请一个信令信道；MSC 进行鉴权并加密，将关于用户业务的信息，如数据、传真、话音等送给移动台；BSC 通知 BTS 激活一条话音信道并释放信令信道；移动台调谐到话音信道上并通知振铃；移动台回送回铃音；当被叫摘机后，移动台送出连通信息；网络完成接续，并向移动台送回反馈信息。

5.3　GSM 网络技术体制和设计规范

5.3.1　无线通信设计的一般要求

在无线通信设计中，应遵循以下国家标准或通信行业标准中的相关要求。

（1）无线通信设备的防震加固应符合 YD 5059—2005《电信设备安装抗震设计规范》的要求。

（2）无线通信设备的防雷接地系统应满足 GB 50689—2011《通信局（站）防雷与接地工程设计规范》的要求。

（3）无线通信局（站）采用的高频开关电源的电磁辐射防护限值，应符合 GB 8702—2014《电磁环境控制限值》的相关要求。

（4）通信机房设计应符合 YD 5184—2009《通信局（站）节能设计规范》的相关要求，基站设备选择需遵循节能、节材、节地、环保的原则。

（5）通信机房环境应符合 YD/T 1712—2007《中小型电信机房环境要求》及 YD/T 5003—2014《通信建筑工程设计规范》的有关规定。

（6）通信建筑的消防要求应满足现行国家标准 GB 50016—2014《建筑设计防火规范》及通信行业标准 YD 5002—2005《邮电建筑防火设计标准》的规定。

（7）通信工程建设应符合 YD 5039—2009《通信工程建设环境保护技术

暂行规定》的相关要求。

（8）通信工程生产应遵照 YD 5201—2014《通信建设工程安全生产操作规范》的相关安全规定。

在无线通信概预算编制中，需遵循以下的国家相关文件。

（1）工业和信息化部 [2008]75 号文“关于发布《通信建设工程概算、预算编制办法》及相关定额的通知及其附件：

附件 1 通信建设工程概算、预算编制办法；

附件 2 通信建设工程费用定额；

附件 3 通信建设工程施工机械、仪表台班费用定额；

附件 4 通信建设工程预算定额。

（2）工业和信息化部 [2011]426 号文“关于发布《无源光网络（PON）等通信建设工程》补充定额的通知及其附件：《无源光网络（PON）等通信建设工程补充定额》。

（3）计价格 [2002]10 号“国家计委、建设部关于发布《工程勘察设计收费管理规定》的通知”。

（4）发改价格 [2007]670 号“国家发展改革委、建设部关于印发《建设工程监理与相关服务收费管理规定》的通知”。

（5）工信厅通 [2009]22 号“关于停止计列通信建设工程质量监督费和工程定额测定费的通知”。

（6）工业和信息化部通函 [2012] 213 号《关于调整通信工程安全生产费取费标准和使用范围的通知》。

（7）财税 [2003]16 号《财政部、国家税务总局关于营业税若干政策问题的通知》。

以上强制性标准及国家相关文件中的要求，文中以下制式都应遵循，如国家标准或行业标准有所更新，请以最新的版本为准。

5.3.2 GSM 网络技术体制

5.3.2.1 基本系统结构

GSM 系统的基本系统结构如图 5-10 所示。GSM 系统基本结构由以下功能单元组成。

（1）移动台（MS）

包括移动设备（ME）和用户识别模块（SIM）。根据业务的状况，移动设备可包括移动终端（MT）、终端适配功能（TAF）和终端设备（TE）等功能部件。

（2）基站子系统（BSS）

基站子系统是在一定的无线覆盖区中，由移动业务交换中心（MSC）控制，与 MS 进行通信的系统设备，由基站控制器（BSC）以及相应的基站收发信机（BTS）组成，基站收发信机是为一个小区服务的无线收发信设备；基站控制器具有对一个或多个 BTS 进行控制以及相应呼叫控制的功能。

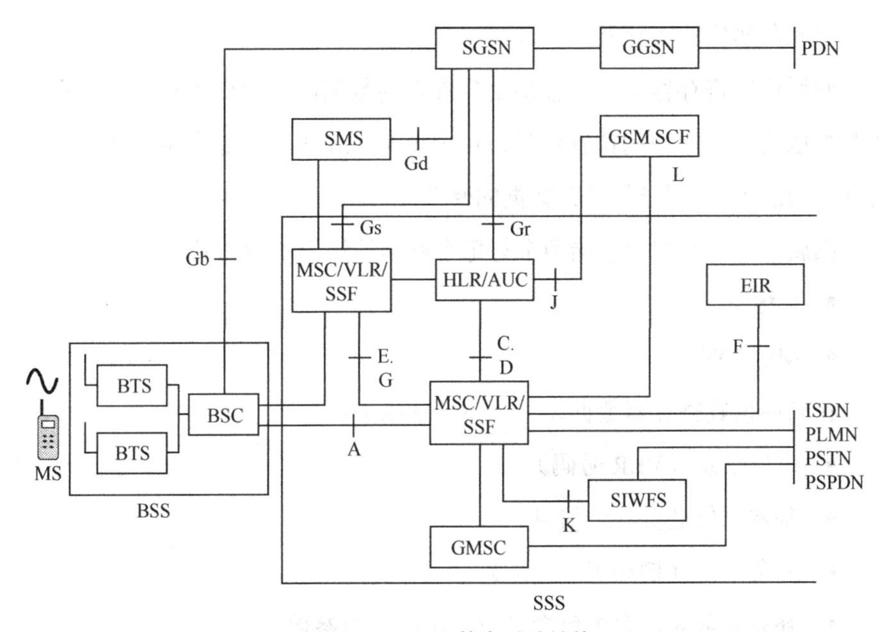

图 5-10 GSM 基本系统结构

（3）移动业务交换中心

移动业务交换中心是一个程控交换机，为位于其MSC覆盖地理区域内的移动台实现全部的交换功能，移动业务交换中心还参与分配无线资源，进行用户移动性管理，如位置登记程序、切换程序等。

（4）拜访位置寄存器（VLR）

拜访位置寄存器是一个动态数据库，负责所管辖区域内出现的移动用户的数据，包括处理用户建立、接收呼叫所需要的信息，可为移动用户分配MSRN、TMSI等，并在建立呼叫时能从MSC接收到的MSRN、IMSI或TMSI识别该MS。

拜访位置寄存器中主要包括下列信息单元：

- IMSI
- MSISDN
- TMSI
- MS登记所在的位置区
- 补充业务参数

（5）归属位置寄存器（HLR）

归属位置寄存器是负责移动用户管理的数据库，存储所有管辖用户的签约数据以及移动用户的位置信息，可为至某MS的呼叫提供路由信息。所有管理方面的干预，是对HLR数据的修改。

归属位置寄存器中存储两个与每个移动签约相依附的号码：

- IMSI
- MSISDN

在归属位置寄存器数据库中，还包括以下信息：

- 位置信息（VLR号码）
- 基本电信业务签约信息
- 业务限制（例如限制漫游）
- 补充业务表，表中包含了业务所涉及的参数

- GPRS 签约数据和路由信息

（6）设备识别寄存器（EIR）

设备识别寄存器存储有关移动台设备参数的数据库，主要完成对移动设备的识别、监视、闭锁等功能。

（7）鉴权中心（AUC）

鉴权中心为认证移动用户的身份和产生相应鉴权参数（随机数、符号响应、密钥）的功能实体。

通常，HLR、AUC 合设在一个物理实体中，VLR、MSC 合设于一个物理实体中，MSC、VLR、HLR、AUC、EIR 也可合设于一个物理实体中。

MSC、VLR、HLR、AUC、EIR 功能实体组成为交换子系统（SSS）。

（8）短消息中心（SMC）：短消息中心以标准的 MAP 信令与 PLMN 相连接，支持移动发起和终止的短消息，包括从 MSC 接收起呼短消息，接收其他 SMC 转发短消息。短消息中心可以直接连接 PSTN、PSPDN 的多种应用终端，可以连接多种短消息实体，以提供增值业务。

（9）共享的互通功能服务器（SIWFS）：共享的互通功能可以被同一 PLMN 中的任何 MSC 使用，为数据 / 传真呼叫提供互通功能。SIWF 适用于 GSM 第二阶段和第二阶段加的数据业务。SIWFS 为 PLMN 和其他网互通提供特定的功能，包括信令和业务信道相关的功能。

SIWFS 可以由一个 MSC（MSC/SIWFS）提供，也可以由另一个独立的网络单元提供。

（10）关口局 GMSC：GSM 系统可通过关口局 GMSC 实现与其他运营商多种网络的互通，包括 PSTN、ISDN、PLMN 和 PSPDN。

为了提供 GPRS，需要以下网元。

（11）服务 GPRS 支持节点（SGSN）：该功能实体提供移动性管理（位置跟踪）、安全管理功能和网络接入控制功能。

（12）网关 GPRS 支持节点（GGSN）：该功能实体提供和外部分组交换网络的互通、网络屏蔽和分组路由功能。

为了提供系统的管理功能，可能需要操作维护中心。

（13）操作维护中心（OMC）：操作维护系统中的各功能实体，依据厂商的实现方式可分为无线子系统的操作维护中心（OMC-R）和交换子系统的操作维护中心（OMC-S）。

5.3.2.2 接口与信令

GSM 数字蜂窝移动系统结构如图 5-10 所示，本体制所涉及的系统内及与其他公用通信网间接口的说明如下。

- Sm 接口：指用户与网络间的接口，主要包括用户对移动终端进行的操作程序，移动终端向用户提供的显示、信号音等。此接口还包括用户识别卡（SIM）与移动终端（ME）间接口的内容。
- Um 接口：此接口为无线接口，是移动台与基站间的接口。采用 900/1800MHz 频段，采用 FDMA/TDMA 方式，射频调制方式为 GMSK。
- A 接口：基站与移动业务交换中心间的接口，主要传递呼叫处理、移动性管理、无线资源管理等信息。
- D 接口：VLR 与 HLR 之间的接口，用于交换有关移动台位置和用户管理的信息，保证移动台在整个服务区内建立和接收呼叫。
- C 接口：MSC 与 HLR 之间的接口，用于传递路由选择和管理信息。
- E 接口：相邻区域不同 MSC 之间的接口，用于切换过程中交换有关切换信息以启动和完成切换。
- G 接口：VLR 间的接口。
- GSM 系统与其他公用电信网间的接口：GSM 系统通过 MSC 与其他公用电信网络互通，向用户提供话音业务。

与其他子系统之间的接口详见相关体制。

5.3.2.3 GSM 系统业务

GSM 系统可提供功能完备的业务，从信息类型分为话音业务和数据业务，从业务提供的方式可分为基本业务和补充业务。

基本业务包括电话业务、短消息业务、传真和数据通信业务等。

补充业务是对基本业务的改进和补充，它不能单独向用户提供，而必须与基本业务一起提供。补充业务主要包括号码识别类补充业务、呼叫提供类补充业务、呼叫限制类补充业务、呼叫完成类补充业务、多方通信类补充业务、集团类补充业务、计费类补充业务等。

5.3.3 GSM 网络设计规范

2006 年 7 月，信息产业部颁布了编号为 YD/T 5104—2005 的中华人民共和国通信行业标准《900/1800MHz TDMA 数字蜂窝移动通信网工程设计规范》，自 2006 年 10 月 1 日起实行，以下是该规范中与 GSM 无线网络相关的主要内容。

5.3.3.1 无线网络设计的一般原则

GSM 数字蜂窝移动通信网工程中无线网络设计应遵循的一般原则有以下两点。

（1）无线网络设计应满足数字蜂窝移动通信网服务区的覆盖质量和用户容量需求。

（2）无线网络设计应综合考虑工程在技术方案和投资经济效益两个方面的合理性。

5.3.3.2 无线覆盖区设计

（1）无线覆盖区设计应满足下列要求。

- 覆盖移动通信网的目标服务区。
- 满足网络服务质量指标和频道干扰指标。
- 兼顾频谱利用率与网络质量要求。

（2）数字移动网的无线网应按蜂窝结构规则进行设计。

（3）在无线覆盖去设计中，应根据满足覆盖需求、减少干扰的原则选择天线类型，并应在工程设计中对基站各小区天线的挂高、方向和俯仰角进行合理设置。

（4）对于需要覆盖而增设宏蜂窝基站的经济不发达的局部地区或基站区内的盲区，或为了增加系统容量，可采用直放站、微蜂窝、微微蜂窝、室内分布天线系统、塔顶放大器等方式满足覆盖或容量需求。

- 在应用直放站时，应满足频道干扰指标，并应充分考虑时延影响和隔离度指标。
- 微蜂窝可应用于室内或室外较小范围内无线覆盖，解决信号盲区，也可用于在用户密度较大的区域增加系统容量。
- 微微蜂窝主要用于解决重点场所室内覆盖。
- 室内分布系统一般配合宏蜂窝、微蜂窝或者直放站的使用，主要用于解决某些有一定话务量潜力的大型建筑的室内覆盖。
- 塔顶放大器可用于改善小区上下行无线链路平衡，或者用于边远地区进行低成本大面积覆盖。

（5）在双频网的设计中，应注意双频网间的话务均衡。

（6）在省界或国界地带，当双方均采用 GSM 系统工作时，除了应进行频道分配的协调外，还应针对边界的具体情况采取必要的工程措施，做好邻边地带无线覆盖去控制的设计，使得无线覆盖区和行政区划分尽量保持一致。

5.3.3.3　无线网络扩容

（1）无线网络扩容首先应对覆盖区内的话务密度进行调查和预测，得出今后一定时期内的话务密度分布预测结果，作为选择不同扩容方式的依据。

（2）可采用下列方法扩容无线网网络容量：

- 增加新的频道；
- 进行蜂窝分裂，增加新的基站或小区；
- 提高频率复用系统；
- 采用微蜂窝和微微蜂窝；
- 采用双频网；
- 采用半速率编码。

在设计上应对以上方法进行技术和经济上的比较。

5.3.3.4　系统间干扰协调

（1）工程设计中应充分考虑到与其他各电信业务经营者相同或相近频段无线网络的干扰协调，除了要考虑必要的保护频带外，工程设计中还可合理利用地形地物、空间隔离、天线方向去耦或加装滤波器满足隔离度要求。

（2）与广播电视系统干扰协调。基站不宜与广播电视系统同址建设，在同址的情况下，应对干扰进行计算，并实地测试，做好系统间干扰协调。

5.3.3.5　无线网网络质量指标

（1）数字移动电话网的无线可通率应满足覆盖区内的移动台在 90% 的位置和 99% 的时间可以接入网络。

（2）不包括区内无线可通率的影响，无线频道的呼损率应不大于 5%，在话务密度高的地区应不大于 2%。当考虑可通率时，实际呼损率的计算见公式（5-1）。

$$\text{实际呼损率}=1-(1-r\%)F_u \tag{5-1}$$

F_u 表示无线可通率；$r\%$ 表示无线频道呼损率。

（3）接收机输入端射频信号电平的最低容限值 P_{rmin} 宜采用表 5-4（900MHz）和表 5-5（1800MHz）的值。

表 5-4　900MHz TDMA 系统接收机输入端射频信号电平的最低容限值 P_{rmin}

FR 信号测试点电平最低容限（dBm）	适用条件	测试条件	
		收端	发端
−70	大城市市区、高层建筑物室内，手持机接收	建筑物室外、道路中间、车外、标准接收机	天线在有一定高度的建筑物或铁塔上，天线和发射机具有一定的精度和稳定度并经过校正
−80	车内、市区一般建筑物内，手持接收机		
−92[1]	市区有车顶天线之车载台		
−92[2]	室外屋顶或塔上之基地台		

注：1. 市区以外的区域可放宽到 −94dBm；

2. 发射端为手持机并位于室内或车内时，手机发射功率应减去相应的建筑物、车体的穿入损耗值

表 5-5　1800MHz TDMA 系统接收机输入端射频信号电平的最低容限值 P_{rmin}

FR 信号测试点电平最低容限(dBm)	适用条件	测试条件	
		收端	发端
−68	大城市市区、高层建筑物室内，手持机接收	建筑物室外、道路中间、车外、标准接收机	天线在有一定高度的建筑物或铁塔上，天线和发射机具有一定的精度和稳定度并经过校正
−78	车内、市区一般建筑物内，手持接收机		
−90[1]	市区有车顶天线之车载台		
−90[2]	室外屋顶或塔上之基地台		

注：1. 市区以外的区域可放宽到 −92dBm；

2. 发射端为手持机并位于室内或车内时，手机发射功率应减去相应的建筑物、车体的穿入损耗值

5.3.3.6　基站站址选择

（1）基站站址宜选择在规则蜂窝结构的基站位置附近，其偏离范围应以不影响频道干扰指标为原则，具体由工程条件决定。

（2）站址选在非电信专用房屋时，应根据基站设备重量、尺寸及设备排

列方式等对楼面荷载进行核算，以便决定采取何种必要的加固措施。

（3）选择站址时宜避免几个基站覆盖的重叠区位于移动用户集中的地区。

（4）站址宜选在有可靠电源和适当高度的建筑物或铁塔可资利用的地点。如果建筑物的高度不能满足基站天线高度要求时，应有屋顶设塔或地面立塔的条件，并征得城市规划或者土地管理部门的同意。

（5）不宜在大功率无线电发射台、大功率电视发射台、大功率雷达站和具有电焊设备、X 光设备或产生强脉冲干扰的热合机、高频炉的企业附近设站。

（6）基站的目标覆盖区应视野开阔，其附近没有高于基站天线高度的高大建筑物阻挡。

（7）应在安全的环境内设站。不应选择在易燃、易爆的仓库和材料堆积场，以及在生产过程中容易发生火灾和爆炸危险的工业、企业附近设站。

（8）郊区基站应避免选择雷击区，出于覆盖目的在雷击区建设的基站，应符合有关防雷和接地的规定。

（9）基站站址选择应符合国家有关电磁辐射的环保和防护规定。

（10）除上述规定外，基站站址的选择应执行 YD/T 5003—2005《电信专用房屋设计规范》的有关规定。

5.4 GSM 网络技术演进

GSM 的技术演进路线如图 5-11 所示。GSM 到 GPRS、EDGE/EDGE+，无线网络部分的数据传送能力随着网络的演进大幅度增强，GSM 网络后续还可以平滑过渡到 WCDMA/UMTS（3G）网络。

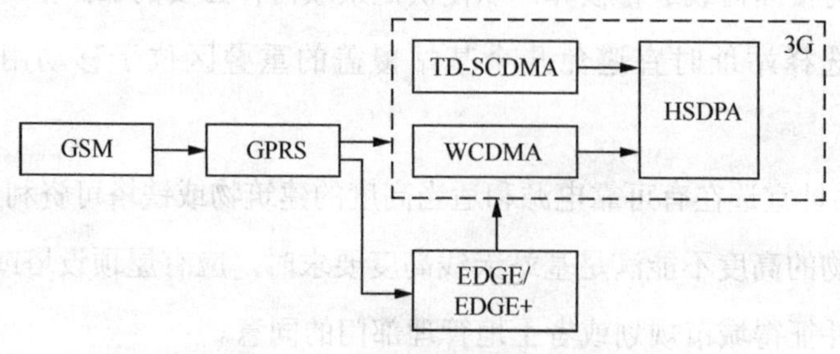

图 5-11　GSM 技术演进示意

5.4.1　GPRS

GPRS（General Packet Radio Service，通用分组无线业务），允许在电路交换的基础上增加数据包交换，从 GSM 系统升级到 GPRS+GSM 系统，需要在 GSM 系统中增加 3 个主要部件：SGSN（GPRS 服务支持结点）、GGSN（GPRS 网关支持结点）、PCU（分组控制单元），如图 5-12 所示。

在 GPRS 系统中，定义了新的 GPRS 无线信道，并且信道的分配方式十分灵活，可以在每一个 TDMA 帧中分配 1 ～ 8 个无线时隙。GPRS 的编码方案见表 5-6，CS-1/CS-2/CS-3/CS-4 可以支持不同的数据传送速率，这样也就能够根据不同的 QoS 要求提供给用户多样的服务。

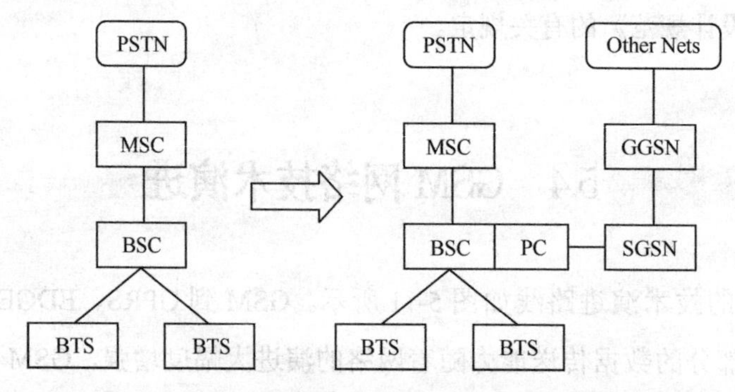

图 5-12　GSM 网络升级到 GSM+GPRS 网络示意

表 5-6 GPRS 编码方案

编码策略	编码比特（bit）	每时隙最大速率（kbit/s）
CS-1	456	9.05
CS-2	588	13.4
CS-3	676	15.6
CS-4	456	21.4

GPRS 提供的多编码策略能够给不同的 QoS 需求提供不同的业务速率，具有较大的灵活性。GPRS 系统能够根据终端与基站的距离、无线链路的状况和 QoS 要求动态地选择编码方案，大大优化了无线网络资源，能自动给用户提供最优的服务。

5.4.2 EDGE 及 EDGE Evolution

5.4.2.1 EDGE

EDGE（Enhanced Data rates for GSM Evolution）是一种基于 GSM/GPRS 网络的数据增强型移动通信技术，EDGE 的一个主要目标就是提供比 GPRS 更高的传输速率、更高的频谱利用率。为了实现这一目标，在 EDGE 中采用了三种关键技术，即 8PSK 调制方式、自适应调制编码技术和递增冗余。

在 GSM 和 GPRS 网络中，使用的是 GMSK 调制方式。在 EDGE 中，为了提高数据传输速率，引入了 8PSK 调制方式。由 8 种不同相位表示 3 个比特的信息量（000 ～ 111），传输速率提高到 GSM/GPRS 系统采用的 GMSK（高斯最小移频键控，为两相键控）的三倍，其符号速率保持在 270kbit/s，每个时隙可以得到最大 59.2kbit/s 的有效载荷速率。

在 EDGE 中，共支持 9 种调制编码方案和速率，见表 5-7。采用 MSC-9 编码方案，每时隙最大速率达 59.2kbit/s，在 GPRS 的基础上速率有较大幅度的提高。较之使用单一调制技术的 GPRS 提供的 4 种编码方案，EDGE 可以适应更恶劣、更广泛的无线传播环境。

表 5-7 EDGE 编码方案

编码方案	每时隙最大速率（kbit/s）	调制类型	编码速率（bit/s）
MCS-9	59.2	8PSK	1.0
MCS-8	54.5	8PSK	0.92
MCS-7	44.8	8PSK	0.76
MCS-6	29.6	8PSK	0.49
MCS-5	22.4	8PSK	0.37
MCS-4	17.6	GMSK	1.0
MCS-3	14.8	GMSK	0.8
MCS-2	11.2	GMSK	0.66
MCS-1	8.8	GMSK	0.53

增量冗余是 EDGE 在重发信息中加入更多的冗余信息从而提高接收端正确解调的概率。当接收端检测到故障帧时，GPRS 会删除收到的故障数据块，并要求发送端再次重发相同的数据块（使用相同的 CS）。EDGE 在前后相继的若干个数据块中加入的冗余纠错比特具有部分相关性，EDGE 会在接收端存储故障数据块而不是删除，发送端重发一个同组内使用不同 MCS 数据块，接收端综合前次故障数据块中的信息比特、冗余信息、本次信息比特、冗余信息等多方信息进行综合纠、检错分析后进行相关解调接收，以“冗余”的信息量提高接收成功率。

5.4.2.2 EDGE Evolution

为了进一步提高话音和视频多媒体业务的服务质量，3GPP 还提出了 EDGE 演进方案（EDGE Evolution）。

EDGE Evolution 是一系列新技术的合集，其总体目标是期望在 EDGE

的基础上，将下行接收灵敏度提高 3dB，峰值速率提高 1 倍，接近 1Mbit/s，典型比特率达到 400kbit/s，频谱利用率至少提高 1 倍，同时降低承载面延时，使 RTT 低于 100ms。

EDGE Evolution 的关键技术主要包括以下几种。

（1）下行更高符号速率、更高阶调制和 Turbo 编码（REDHOT）及上行性能增强（HUGE）。

该技术在上下行采用比 EDGE 更高阶的调制方式 QPSK、16QAM 和 32QAM，同时采用更高的符号速率，从而提高了频谱效率和峰值速率（比 EDGE 提高 1 倍）。引入性能更好的 Turbo 编码进一步改善抗干扰、抗衰落能力。

（2）下行双载波（DCDL）

该技术在下行链路采用双载波技术也就是将载波带宽从 200kHz 扩大到 400kHz，使每个用户的下行可用带宽翻倍，从而实现峰值比特率翻倍。

（3）移动台接收分集（MSRD）

该技术通过在终端使用两个接收机同时工作，实现终端的分集接收功能，为链路预算获得 3 ～ 5dB 的增益，提升系统下行接收灵敏度，从而为系统采用更高阶的调制方式，提升频谱利用率或增大覆盖范围创造条件。

（4）改进 ACK/NAK（FANR）以及减小 TTI（RTTI）

这两项技术的目的均为实现减小承载面延时。FANR 通过减小数据多次重传之间的间隔时间达到降低系统最大时延和时延抖动的目的，实现快速 ACK/NACK 响应。RTTI 则通过减少 TTI 的方法降低系统基本的端到端的延时。

5.4.3 多载波基站

传统 GSM 基站使用单载波技术，使用窄带功率放大器（带宽为 200kHz），每一个载波对应一个独立的射频通道（包含基带处理模块、数模转换模块和窄带功放)。在以往的2G网络建设中,为满足大容量需求,一个小区要配置多个载波,多个载波的信号通过模拟合路器进行合路后输送到天线发射,达到节省天线的目的。由于模拟合路器引入了较大的插入损耗(–3dB/2载波合路),为满足覆盖要求,基站必须提高发射功率。同时传统基站还存在载波集成度低、单站容量受限、无法支持网络后续演进等问题,制约了GSM网络的进一步发展。

多载波结构的收发信机在GSM BTS上的应用,可以使一个收发信机分别在上、下行同时处理多个载波,实现硬件上的共享。多载波基站把3G宽带功放技术应用于2G基站,实现了射频宽带化(15MHz)。为解决采用宽带功放之后产生的信号非线性和功率效率问题,多载波基站综合采用了数字中频合路技术、数字预失真(DPD)、多哈里(Doherty)技术。单载波基站与多载波基站的技术对比见表5-8。

表5-8 单载波基站和多载波基站的技术对比

项目	单载波基站	多载波基站
功放	窄带功放200kHz	宽带功放15MHz
合路	模拟合路	数字中频合路
线性化技术	FF(前置反馈)	DPD(数字预失真)
提高功放效率技术	无	Doherty(多哈里技术)
集成电路技术	DSP + FPGA	ASIC

多载波基站具有以下优点:

(1)更优的功放效率;

(2)合路损耗小,更有效地节省能源;

(3)可通过网络实现载波调整,节省运营成本;

(4)集成度高,减小设备体积,节约机房空间;

(5)使用软件无线电技术,可使网络平滑地向EDGE甚至LTE演进,有效保护运营商投资。

多载波基站由于具有诸多优点,受到了运营商和设备制造商的普遍关注。

思考题

1. GSM网络采用何种多址技术？
2. GSM无线网络中，频率复用的目的和原则是什么？
3. 频谱重整是指什么？有什么作用？
4. 简述移动台主叫时，GSM呼叫建立的过程。
5. 无线通信设计应遵循的一般要求主要有哪些？
6. 简述GSM网络的技术演进路线。

第 6 章 cdma2000 无线网络

6.1 cdma2000 网络概述

6.1.1 cdma2000 网络结构

cdma2000 是一个 3G 移动通信标准，国际电信联盟（ITU）的 IMT-2000 标准认可的无线电接口，也是 2G CDMA 标准（IS-95）的延伸，依据的信令标准是 IS-2000。cdma2000 与另一个主要的 3G 标准 WCDMA 不兼容。

cdma2000 移动网络系统功能结构如图 6-1 所示。

cdma2000 移动网络由移动终端（MS/AT）、无线接入网（AN）和核心网（CN）三个部分构成。

（1）移动终端（MS/AT）

移动终端是用户接入移动网络的设备。

（2）无线接入网

无线接入网实现移动终端接入到移动网络，主要逻辑实体包括 1x 基站（1x BTS）、1x 基站控制器（1x BSC）、HRPD 基站（HRPD BTS）、HRPD 基站控制器（HRPD BSC）、接入网鉴权、授权、计费服务器（AN-AAA）和分组控制功能（PCF）。

1x 基站：采用 cdma2000 1x Rev.0 版本的空中接口技术，提供无线收发信息功能。

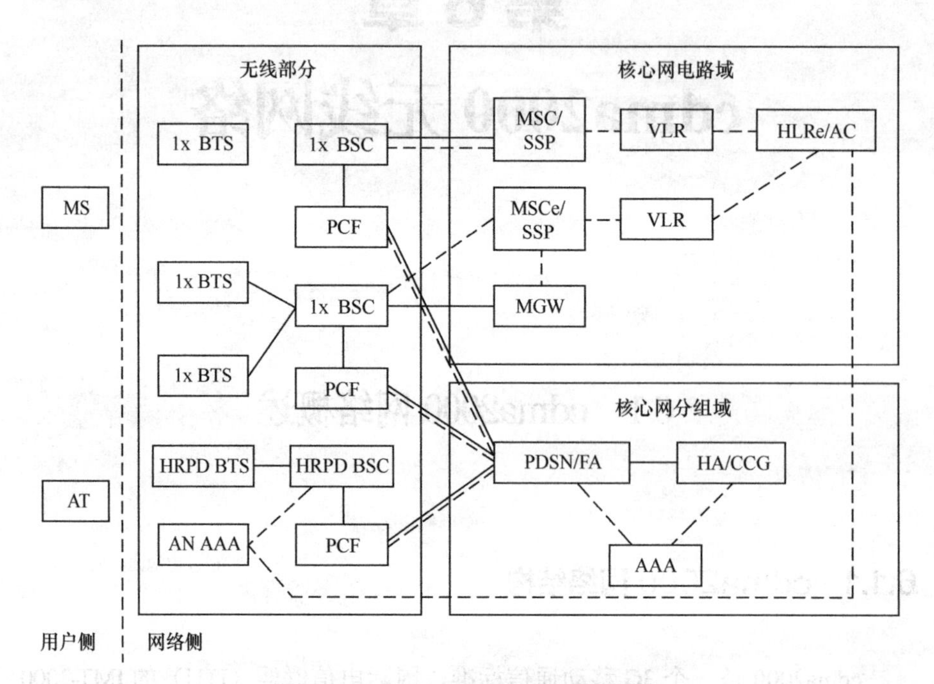

图 6-1 cdma2000 移动网络系统结构

1x 基站控制器：管理多个 1x 基站，提供话音、数据业务的资源管理、会话管理、路由转发、移动性管理等功能。

HRPD 基站：采用 cdma2000 HRPD 空中接口技术，提供无线收发信息功能。

HRPD 基站控制器：管理多个 HRPD 基站，提供语音、数据业务的资源管理、会话管理、路由转发、移动性管理等功能。

接入网鉴权、授权、计费服务器：提供接入网级的接入认证功能。

分组控制功能：与 1x 基站控制器或 HRPD 基站控制器配合，提供与分组数据有关的无线信道控制功能。

（3）核心网

核心网负责移动性管理、会话管理、认证鉴权、基本的电路和分组业务的提供、管理和维护等功能，包括核心网电路域和核心网分组域两个部分。

- 核心网电路域

核心网电路域分为两种，即TDM电路域和软交换电路域。

TDM电路域采用ANSI41标准，主要逻辑实体包括移动交换中心、拜访位置寄存器、归属位置寄存器和鉴权中心等。

移动交换中心：提供对所管辖区域的移动终端进行呼叫控制、移动性管理、电路交换等功能。

拜访位置寄存器：存储与呼叫处理有关数据的数据库，用于完成呼叫接续。

归属位置寄存器：管理移动用户信息的数据库，包括用户识别信息、签约业务信息以及用户的当前位置信息。

鉴权中心：产生鉴权参数并对用户进行认证鉴权。

软交换电路域采用了控制与承载相分离的网络架构，控制平面提供呼叫控制、承载控制和路由解析等信令功能，承载平面提供语音和媒体流的传递和转换功能，主要网元包括移动软交换（MSCe）和媒体网关（MGW）。

移动软交换：提供呼叫控制和承载控制功能。

媒体网关：提供媒体控制功能。

- 核心网分组域

核心网分组域主要逻辑实体包括分组数据服务节点（PDSN）、认证授权和计费服务器（AAA）、归属代理（HA）、拜访代理（FA）。

分组数据服务节点：为用户提供分组数据业务，具体功能包括管理用户通信状态和转发用户数据。

鉴权、授权、计费服务器：提供管理用户的权限、开通的业务、认证信息、计费信息等功能。

归属代理：提供移动IP地址分配、路由选择和数据加密等功能。

拜访代理：提供移动IP注册、反向隧道协商以及数据分组转发等功能。

6.1.2 无线网元功能

无线子系统是设于某一地点、服务于一个或几个蜂窝小区的全部无线设备及无线信道控制设备的总称，由基站控制器、分组控制单元和基站收发信机共同组成。

基站控制器通过 A 接口与移动交换中心相连。BSC 的主要功能是无线信道控制、Abis 接口信道控制、呼叫控制、移动性管理和无线资源管理，并将话音和数据分别转发给 MSC 和 PCF。一个 BSC 可以控制多个 BTS。

基站主要负责收发空中接口的无线帧，完成空中接口物理层的功能，通过空中接口（Um）建立与移动台之间的通信。

在 EV-DO 的系统中，可以将由基站控制器和基站组成的接入网络看作是一个网元，即接入网络（AN）。

分组控制单元主要负责与分组数据业务有关的无线资源的控制。PCF 用于转发无线子系统和 PDSN 分组控制单元之间的消息，和 PDSN 通过支持移动 IP 协议的 A10、A11 接口互联，可以支持分组数据业务的传输，可以看作分组域的一个组成部分。但大多数设备厂商在进行产品研发的时候，经常与 BSC 集成在一起。

操作维护中心的主要功能是完成网络管理功能的远控。它与基站子系统的连接可以通过 A 接口，也可以通过独立的 OMC 接口。

6.1.3 系统接口与信令

按照技术体制，CDMA 1x 基站系统中涉及的接口有 A1/A2、A3/A7、A8/A9、A10/A11 等，如图 6-2 所示。

（1）Um 接口

Um 接口是移动台与基站间的接口，无线收发载频间隔为 45MHz，CDMA 频道间隔 1.23 MHz。采用 CDMA/FDMA 混合多址方式。

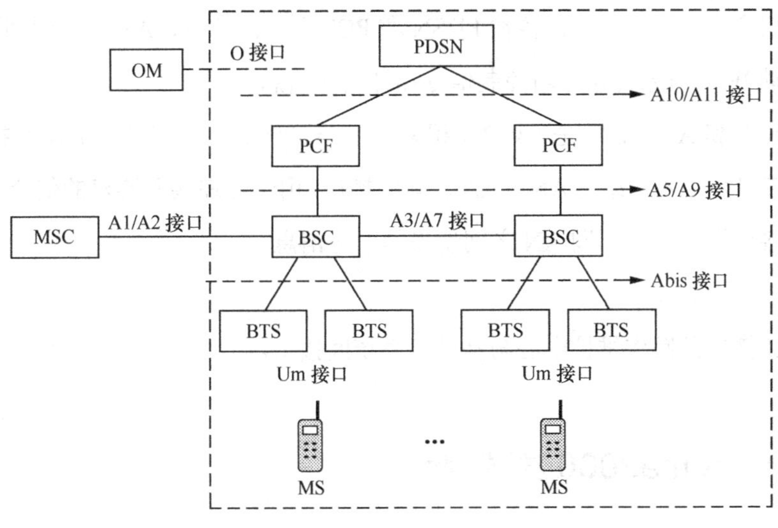

图 6-2 cdma2000 系统接口示意

（2）A 接口

A 接口是无线接入网和核心网之间的接口，在 cdma 2000 系统中 A 接口包括 A1/A2 接口、A5 接口、A3/A7 接口、A8/A9 接口、A10/A11 接口、A12 接口和 A13 接口。

A1/A2 接口是 MSC 与 BSC 之间的接口，A1 接口负责传输话音；A2 接口负责传输信令，用以建立地面电路，传输 MS 和核心网之间的登记、鉴权参数，并实现部分移动性管理功能。在某些厂商的设备中，A1/A2 接口属于内部接口。

A5 接口主要承载基站侧 SDU 与 IWF 之间电路数据的传输。

A3/A7 接口是 BSC 与 BSC 之间的接口，该接口用于 BSC 之间的软切换。A7 接口用于传输 BSC 之间的信令，以建立 A3 信令子信道的连接。A3 接口由 A3 信令子信道和 A3 业务子信道组成，其中 A3 信令子信道用于传输源 BSC 与目标 BTS 之间的信令，建立 BSC 中 SDU 与 BTS 之间的用于传输用户话音和数据的业务连接。

A8/A9 接口是 BSC 与 PCF 之间的接口，其中 A8 接口用于传输用户数据，A9 接口用于传输信令。目前绝大多数设备厂商没有开放该接口。

A10/A11 接口（R-P 接口）是 PCF 和 PDSN 之间的接口。A10 接口用于传输用户数据。A11 接口传输 PDSN 和 PCF 之间的信令，A11 接口上采用基于移动 IP 的消息传输呼叫控制信令和计费等信息。

A12 和 A13 接口是 EV-DO 相对于 cdma2000 1x 新增加的两个接口。A12接口是接入网络与AN-AAA之间的接口，用于传递接入鉴权的信令消息。A13 接口用于传递不同 AN 之间切换的信令消息。

（3）O 接口

O 接口是操作维护中心与基站子系统间接口。

6.1.4 cdma2000 发展现状

cdma2000 系统分为 cdma2000 1x 和 cdma2000 1x EV-DO 两个空中接口系列标准，核心网和无线接入网独立向前发展。其中 cdma2000 1x 可以提供话音和低速数据服务，EV-DO 可以提供高速分组数据服务，两者皆可单独组网或混合组网。

cdma2000 1x EV-DO 标准国际规范分为 Rev.0、Rev.A、Rev.B 等多个版本。0 版本可以支持非实时、非对称的高速分组数据业务，上下行速率可达 2.4Mbit/s/153.6kbit/s；A 版本可以同时支持实时、对称的高速分组数据业务，上下行速率可达 3.1/1.8Mbit/s；B 版本通过对 A 版本的多载波扩展，从而获得更高的峰值传输速率和系统吞吐量。目前中国电信 3G 网络采用 CDMA 制式，广泛使用的是 Rev.A 版本。

在国际上，CDMA 网络经历了发展的辉煌阶段。韩国曾经是 CDMA 发展最快的国家，在全球第一个推出 CDMA 1x 商用网络，在全球第一个推出 1x EV-DO 网络。在 2002 年世界杯推出的 1x EV-DO 商用服务，向全世界展示了 CDMA 丰富多彩的 3G 应用。正是由于韩国的成功，在全球电信行业发展速度最快的亚太市场，CDMA 已经形成新潮流。环太平洋地区的中、美、加、墨、日、韩、澳、新、印度、泰国、印度尼西亚、越南、马来西亚以及中国台湾地区也开展 CDMA 网络业务。由于高通的独家技术垄断和高昂的专利费用，以及 CDMA 网络后续发展演进乏力，CDMA 网络的竞争劣势逐渐显现出来。现在各CDMA运营商正逐步退出或考虑退出运营。韩国曾经是发展CDMA最快的国家，境内CDMA网络已经全部退出运营。目前全球尚在运营且规模较大的CDMA网络运营商有中国电信、美国Verzion，日本KDDI。

6.2 cdma2000网络主要技术原理

6.2.1 CDMA通信原理

CDMA（Code Division Multiple Access，码分多址）技术，其基础在于扩频技术。将需要传送的具有一定信号带宽的信息数据，用一个远大于信号带宽的高速伪随机码进行调制，使原有数据信号的带宽被扩展，再经过载波调制并发送出去。接收端使用完全相同的伪随机码，对接收的信号进行相关处理，将宽带信号转换成原信息数据的窄带信号，以实现信息通信。

如果扩频信号是不同的扩频码序列，即使码序列的长度相同，只要码序列的互相关系为0(这样的码序列称为正交)，或互相关系数很小（这样称为准正交)，则相关后输出信号为0或极小，不能接收。只有与本地码序列完全一致才能被解扩（相关）接收，这就是码分多址的原理。

与FDMA和TDMA相比，CDMA具有许多独特的优点，其中一部分是扩频通信所固有的，另一部分则是由软切换和功率控制等技术所带来的。CDMA移动网络由扩频、多址接入、蜂窝组网等多种技术结合而成，因此与其他系统相比，具有抗干扰性强，抗多径衰落、系统容量大、频谱利用率高等显著优势。

6.2.2 CDMA信道结构

CDMA系统从传输方向上把信道分为前向信道和反向信道两大类。从物理信道是针对多个移动台还是针对某个特定移动台来看，分为公共信道和专用信道两大类。CDMA 系统的前向信道结构如图 6-3 所示，反向信道结构如图 6-4 所示。

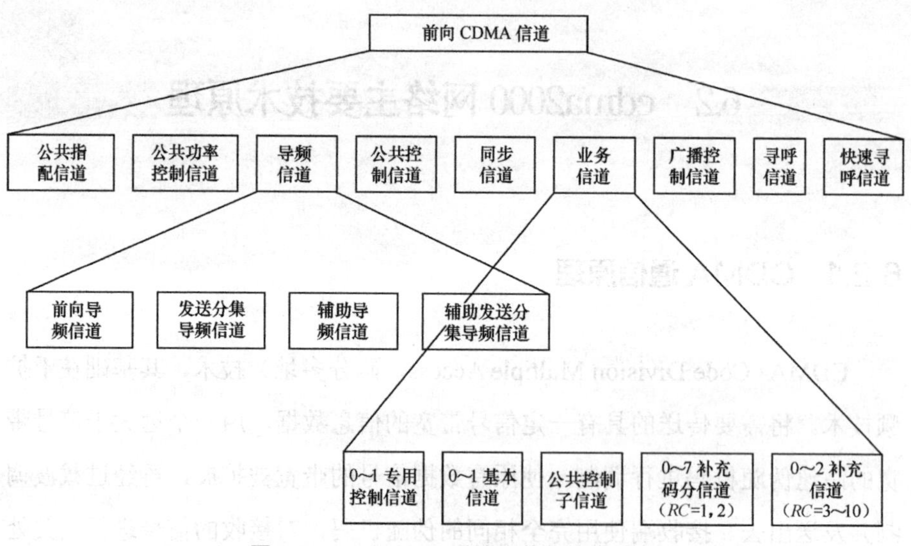

图 6-3　cdma2000 系统的前向信道结构

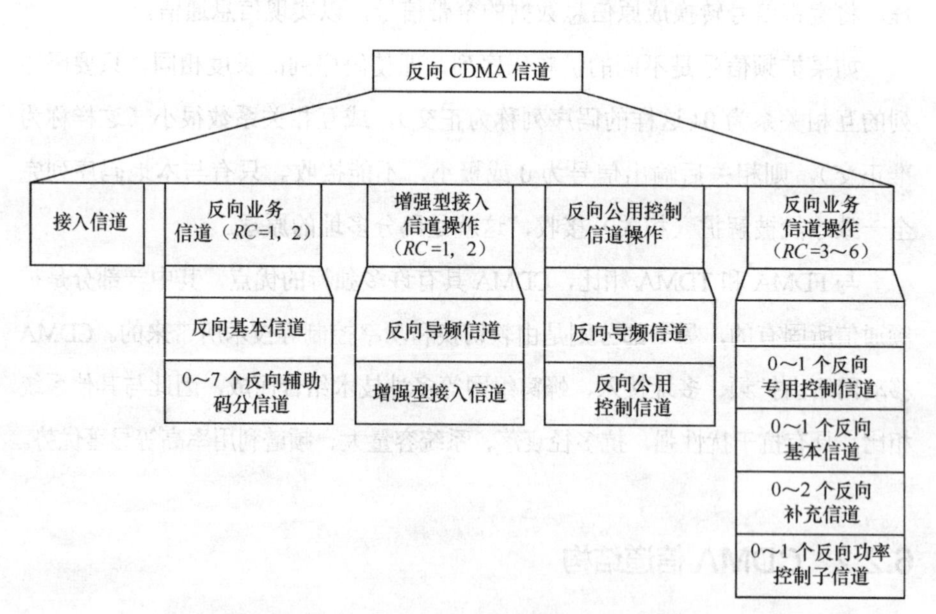

图 6-4　cdma2000 系统的反向信道结构

6.2.3 cdma2000 1x 关键技术

6.2.3.1 功率控制技术

功率控制（Power Contol）技术用于动态地调整发射机的发射功率，是CDMA系统的关键技术之一，精确和稳定的功率控制对于提高CDMA系统的容量、保证服务质量有着至关重要的作用。

CDMA用户采用相同的频率，因此CDMA系统是一个自干扰系统。由于CDMA系统的扩频码近似正交，互相关性不为零，造成每个用户的信号都是其他用户的干扰。由于各个用户与基站的距离不同造成基站接收的信号强弱不同，强信号会对弱信号造成干扰，形成“远近效应”。再者，CDMA系统是一个干扰受限系统，即干扰对系统的容量有直接影响。当干扰达到一定程度后，每个用户都无法正确解调自己的信号，此时系统的容量也达到了极限。因此，如何克服和降低多址干扰就成为CDMA系统的主要问题之一。通过功率控制，使发射功率尽可能的小，从而有效地限制多址干扰。

cdma2000系统采用的功率控制技术可分为三种：开环功率控制、闭环功率控制和外环功率控制。

开环功率控制根据用户接收功率与发射功率之积为常数的原则，先测量接收功率的大小，并由此确定发射功率的大小。开环功率控制用于确定终端的初始发射功率，或在终端接收功率发生突变时调节其发射功率。开环功率控制未考虑到上、下行链路的不对称性，因而其精确性难以得到保证。

闭环功率控制可以较好地解决上述问题，通过对接收功率的测量值与信干比（*S/I*）门限值的比较，确定功率控制比特信息。然后通过信道把功率控制比特信息传送到发射端，并据此调节发射功率的大小。

外环功率控制通过对接收误帧率的计算，调整闭环功率控制所需的信干比门限，通常需要采用变步长方法，以加快信干比门限的调整速度。

在 cdma2000 系统中，反向链路采用开环、闭环和外环功率控制相结合的技术，主要解决“远近效应”问题，保证所有信号到达基站时都具有相同的平均功率；前向链路则采用闭环和外环功率控制相结合的技术，主要解决同频干扰问题，可以使处于严重干扰区域的移动台保持较好的通信质量，减小对其他移动台的干扰。以下将着重介绍几种功率控制的特点。

（1）**前向功率控制**

手机接收前向业务信道帧，根据误帧率的情况，在反向功控子信道上发送前向误帧率测量结果，BSC 根据此消息判断前向增益，控制 BTS 调整该前向链路的发射功率。前向功率控制根据模式可以分为基于测量报告的功控、EIB 功控和前向快速功控。其中前向快速功控由外环和内环功控组成，如图 6-5 所示。

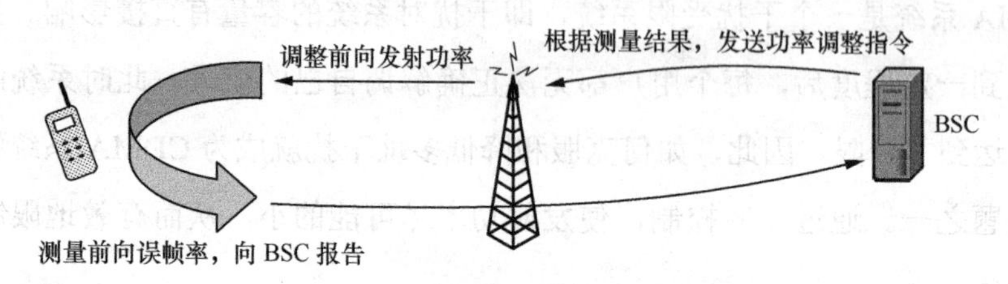

图 6-5　前向功率控制原理示意

（2）**反向开环功率控制**

反向开环功率控制的特点如下。

① 移动台根据接收功率的变化，迅速调节发射功率。

② 开环功率控制仅有移动台参加，无需对前向链路进行解调，只需测量前向接收功率。

③ 是对移动台发射功率的粗略估计。

④ 前反向链路不均衡，会导致出现较大误差。

开环功率控制的目的是试图使所有移动台发出的信号在到达基站时有相同的标称功率，降低对其他用户的干扰，这是一种完全由移动台单方进行的功率控制。

开环功率控制的作用是补充平均路径损耗的变化、阴影和拐弯效应，所以它必须有一个大的动态范围（CDMA 空中接口标准中规定其调整范围是 -32 ～ 32dB），如图 6-6 所示。

图 6-6　反向开环功率控制原理示意

（3）反向闭环功率控制

反向闭环功率控制使基站对移动台的开环功率估计迅速做出纠正，以使移动台保持最理想的功率，解决了前向链路和反向链路间增益、传输损耗不匹配的问题。反向闭环功率控制原理与前向快速功率控制类似，如图 6-7 所示。

闭环功控指基站接收移动台信号后，将其强度与闭环门限相比，如果高于该门限，向移动台发送“降低发射功率”的功率控制指令，反之则发送“增加发射功率”的指令。移动台则根据前向信道上接收到的功控指令快速调整反向发射功率。基站接收机测量所有移动台信号的周期为 1.25ms，即功控调整的频率为 800Hz。

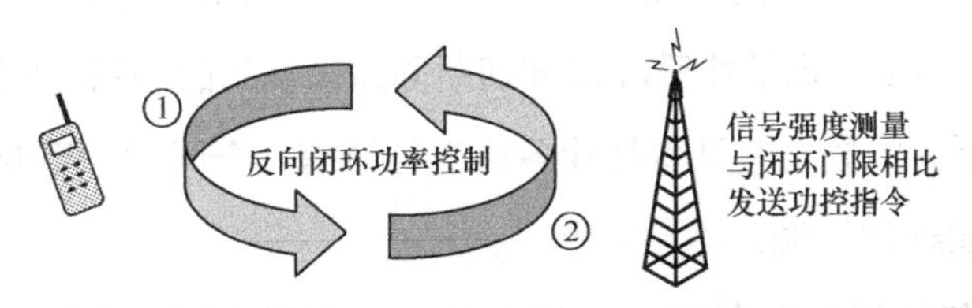

图 6-7　反向闭环功率控制原理示意

（4）外环功率控制

外环功控的作用是对内环门限进行调整，这种调整是根据基站接收到反向业务信道的指令指标（FER）的变化进行的，并提供给内环功控；外环功率控制有 BSC 参与。外环功控原理如图 6-8 所示。

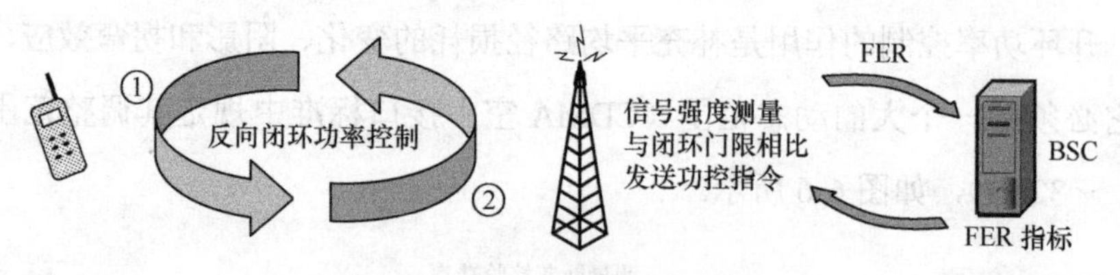

图 6-8　外环功率控制原理示意

6.2.3.2　切换技术

cdma2000 1x 系统支持多种切换方式。如果按照移动台所处系统状态的不同，可将切换分为空闲切换、接入切换、业务信道状态的切换。如果按照移动台与网络间连接建立释放的情况以及频率占用情况可以分为硬切换、软切换（小区间切换）、更软切换（扇区间切换）。

（1）**硬切换**

cdma2000 1x 系统中发生硬切换的情况包括不同频率之间的切换，不同系统之间的切换，不同 BSC/MSC 之间，并且两者之间没有建立软切换通路（A3/A7）和不同 CDMA 网络运营商的基站或者扇区之间的切换。

（2）**软切换**

软切换（Soft HandOff，SHO）是指 MS 在两个或多个基站的覆盖边缘区域进行切换的过程中，在中断与源小区的联系之前，先用相同频率建立与新的小区的联系，MS 同时接收多个基站的信号，几个基站也同时接收 MS 的信号，直到满足一定条件后，MS 才切断同原来基站的联系。在切换过程中，MS 同时与所有的候选基站保持业务信道的通信，会同时占用两个基站的信道单元和 Walsh 码资源。

软切换仅能用于具有相同频率的 CDMA 信道之间。软切换会带来更好的话音质量，实现无缝切换，减少掉话可能，且有利于增加反向容量，但占用系统资源较大。

（3）**更软切换**

更软切换（Softer HandOff）是指发生在同一基站具有相同频率的不同扇

区之间的切换，实际上是相同信道板上的导频之间的切换。更软切换则不用占用新的信道单元（同一基站不同扇区间是资源池的结构），只需要在新扇区分配 Walsh 码，从基站送到 BSC 的只是一路语音信号。

（4）**切换方式比较**

软切换和更软切换的区别在于：更软切换发生在同一基站里，MS 同时向多个扇区发送相同的信息，分集信号在 BTS 做最大增益比合并；而软切换发生在两个基站之间，MS 同时向多个基站发送相同的信息，基站内的声码器 / 选择器都收到同一个帧的多个复制，分集信号在 BSC 做选择合并。

（5）**导频集**

导频即导频信道，在 CDMA 系统中利用导频信道引导接入和切换信道，MS 通过处理导频信道来确认最强的信号部分。

CDMA 系统中有 4 类导频集合：有效导频集、候选导频集、相邻导频集、剩余导频集。在一个导频集合中，所有的导频具有相同的频率，只是它们的时间偏置不同。

① 有效导频集（Active Set）：有时也称作激活集，是指当前手机正在保持连接的业务信道所对应的导频的集合。

② 候选导频集（Candidate Set）：导频信号强度足够，手机可以成功解调，随时可以接入。

③ 相邻导频集（Neighbour Set）：当前不在有效或候选集里，但可能会进入候选集的导频的集合。

④ 剩余导频集（Remaining Set）：包含当前系统中除了有效集、候选集、相邻集外所有可能的导频集合。

6.2.3.3　Rake 接收机

cdma2000 系统传输的信号是宽带信号，其带宽远大于移动信道的相干带宽，因而可以采用具有良好自相关特性的扩频信号，在时间上分辨出较细微的多径分量。对分辨出的多径信号分别进行加权调整，使合成之后的信号得以增强，从而可在较大程度上降低多径衰落信道造成的负面影响。相应地，把最佳接收机称为 Rake 接收机，它是 cdma2000 系统中实现多径分集接收的核心部件。

为了实现相干形式的 Rake 接收，在 cdma2000 系统的上行链路和下行链路中均采用了连续的公共导频信道进行信道估计，使得接收机能够在确知已发数据的条件下，估计出衰落信道中时变参数的幅度和相位信息，从而实现相干方式的最大比合并，获得合并增益。

6.2.3.4 高效的信道编译码技术

在 cdma2000 1x 系统中，由于传输信道的容量远大于单个用户的信息量，所以特别适于采用高冗余度的前向纠错编码技术。其上行链路和下行链路中均采用了卷积编码，同时采用交织技术将突发错误分散成随机错误，两者配合使用，从而更加有效地对抗移动信道中的多径衰落。

为了适应高速数据业务的要求，在 cdma2000 1x 系统中还采用了 Turbo 编码技术。

6.2.3.5 前向发射分集技术

cdma2000 1x 系统采用了前向发射分集技术，改善在室内瑞利衰落环境和慢速移动环境下系统的性能。cdma2000 1x 系统中具体采用的发射分集技术有两种：OTD（Orthogonal Transmit Diversity，正交发射分集）方式和 STS（Space Time Spread，空时扩展分集）方式。在 OTD 方式下，两根天线上发送的信号采用相互正交的 Walsh 码加以隔离；在 STD 方式下，两根天线上发送的信号采用不同的空时编码方案，实现信号的隔离。

6.2.3.6 多用户检测技术

CDMA 系统是一种自干扰系统，当同时通信用户数较多时，多址干扰成为最主要的干扰。多址干扰不仅严重影响系统的抗干扰性能，也严重限制了系统容量的提高。CDMA 系统采用了多用户检测技术抵抗和消除多址干扰，它通过消除小区内或小区间的干扰改进接收性能，增加系统容量。

6.2.4　cdma2000 1x EV-DO 关键技术

6.2.4.1　时分复用

EV-DO 充分利用分组业务的不对称性和实时性要求不高的特点，前向链路采用时分复用的方式，避免了码分复用时同扇区的多用户干扰，某一时隙、某个用户将得到前向 EV-DO 载波的全部功率，改善了码分时高低速用户分享系统功率导致资源利用率下降的情况。

6.2.4.2　自适应调制编码

自适应调制编码技术按照数据速率选择编码和调制方案。具体的实现方法是：根据移动台测量的前向导频的信噪比（SINR），确定前向链路所能支持的最大传送速率，并通过 DRC 信道上报给基站；基站根据调度算法选择被服务的用户，按照该用户请求的数据速率灵活选择合适的调制编码方式。

影响自适应调制编码性能的主要因素有以下两个。

（1）前向链路质量估计不准确。若对前向导频 SINR 的估计过高，会导致重传比率上升；若对前向导频 SINR 的估计过低，会导致无线信道资源的浪费。

（2）多时隙传送期间，前向链路质量发生变化，会降低质量测试报告的可靠性，也会导致传送速率与前向链路实际支持的速率失配，而且由于蜂窝系统干扰的时变性，也增加了测量的误差。

6.2.4.3　HARQ

EV-DO 系统采用了融合前向纠错技术与传统 ARQ 技术的混合自动重传

（H-ARQ）技术。

（1）Type-I HARQ：对收到的数据帧译码和纠错，如果有错误但能纠错，就接收该数据帧；否则，丢弃该数据帧，同时发送NAK应答，请求重发该数据帧。这种方式较简单，未能充分利用所丢弃的出错数据帧中包含的有用信息。

（2）Type-II HARQ：保存未能纠错的数据帧，并与收到的重传数据帧联合译码，充分利用出错帧中的未错信息，提高正确译码的概率。实现这种方式需要在接收端增加存储和合并处理能力。

考虑到Type-II HARQ重传的数据帧与首次传送的数据帧完全相同，其纠错能力提高有限，为了适应复杂无线链路条件下的可靠性传送要求，EV-DO的HARQ技术在Type-II HARQ的基础上，引入了递增冗余机制。先发送冗余度小的经编码的帧，若未能正确接收，则降低编码速率以增大冗余度重传该数据帧；接收端将多次收到的相同信息的数据帧联合译码，以提高正确译码的概率。

由于Turbo码的译码复杂度高，多次重传时会带来较大的处理时延，因此，HARQ技术在用于实时性业务传送时存在一定的局限性。

在EV-DO Rev.0中，HARQ用于前向业务信道，而在Rev.A中，反向业务信道也引入了HARQ，该技术有效降低了反向功率控制的速率，提高了反向链路资源。

6.2.4.4 多用户调度

时隙资源是EV-DO前向链路最宝贵的资源，为了提高时隙资源的利用率，EV-DO系统前向采用先进的多用户调度技术，根据多用户调度算法来决定如何将时隙分配给用户，可以获得较高的多用户分集增益，并提高系统的吞吐量，这样也有效提高了时隙资源的利用率。

常用的多用户调度准则包括等时间轮询（Equal Time RoundRobin，ETRR）准则、最大载干比（*C/I*）准则和比例公平准则等。其中，轮询准则能保证多个用户获得相同的系统服务时间，实现简单，但系统吞吐量不高。最大载干比调度准则可以使系统吞吐量达到最大，但由于时隙优先分配给C/I值高的用户，对于C/I值差的用户，服务的公平性难以保证，容易造成少数靠近基站或信号强的用户独占系统资源，而小区边缘的用户获得系统服务的概率低。比例公平调度准则使每个用户得到的时隙资源和自身C/I情况成反比，使所有用户达到相同的吞吐量，但整个系统的吞吐量低。

6.2.4.5 功率控制

EV-DO前向链路以时分为主，码分为辅，不存在功率控制。

EV-DO反向链路以码分为主，以时分为辅，要求采用功率控制以抑制多用户之间的相互干扰。

（1）**前向链路功率分配**

对于EV-DO前向链路功率分配而言，系统先将固定百分比的基站功率分配给RA子信道，剩余功率在多个RPC子信道之间按比例分配；系统再根据每个激活用户的DRC请求速率计算出前向信道的信噪比，并由信噪比计算出各RPC子信道的发射功率占系统剩余功率的百分比。

（2）**反向链路功率控制**

EV-DO反向链路功率控制包括开环功控、内环功控和外环功控等，其原理和算法与cdma 2000 1x的反向链路功控相似，可参考相关章节。

6.2.4.6 虚拟软切换

为了支持非对称的高速突发分组业务，在设计EV-DO系统时，一方面要保证突发数据传送所需要的较高的瞬时带宽，另一方面要通过多个用户分时共享基站发射的全功率以提高系统容量。因此，在综合平衡系统容量和降低信令开销等性能要求后，EV-DO系统采用了虚拟软切换技术。

虚拟软切换的原理是：在每个时隙内，移动台连续测量激活集内所有导频的信噪比，从中选择信噪比最大的基站作为自己的当前服务基站。移动台发送 DRC 信道，该 DRC 信道由所选定服务基站的标识 DRCCover 调制，激活集中的所有基站从中获悉移动台的当前服务基站信息。若当前基站为自身，则为移动台提供相应的服务。在每个时隙内，移动台只能与当前服务基站进行数据通信，但是它与导频激活集内的所有基站之间都存在控制通路，这就是虚拟软切换的“数据硬切，控制软切”。

与软 / 更软切换相比，虚拟软切换降低了切换信令开销，但无法提供与软 / 更软切换类似的宏分集增益。在 Rev.0 中，虚拟软切换可能会在切换时造成数据服务的短暂中断。为了降低传送高速实时性业务分组时虚拟软切换所带来的切换延迟和服务中断，Rev.A 引入了 DSC 信道（数据源控制信道），通过该信道在切换前通知目标基站进行数据准备，从而避免或改善虚拟软切换带来的服务中断和切换延迟。

6.3 cdma2000 技术体制和设计规范

6.3.1 cdma2000 技术体制

cdma2000 标准由 3GPP2 组织制定，cdma2000 1x 标准的国际规范分为 Rev.0、Rev.A、Rev.B、Rev.C、Rev.D 5 个版本。国际上商用较多的是 Rev.0 版本，也有部分商用 Rev.A 版本，在中国目前使用 Rev.A 版本，Rev.C 和 Rev.D 版本指 EV-DV，本书不做介绍。Rev.A 版本协议分为以下 6 个部分。

- IS-2000-1.A：cdma2000 标准整体的简要介绍。
- IS-2000-2.A：cdma2000 物理层标准描述，主要包括空中接口的各种信道的调制结构和参数，是整个标准的关键部分。
- IS-2000-3.A：cdma2000 第二层标准中的媒体接入控制子层的描述。
- IS-2000-4.A：cdma2000 第二层标准中的链路接入控制子层的描述。

- IS-2000-5.A：cdma2000 第三层信令标准的描述。
- IS-2000-6.A：对模拟工作方式的规定，用以支持双模的移动台和基站。

2001 年 EV-DO 被 cdma2000 演进（cdma2000 Evolution）接受为 cdma2000 协议组的一员，被 3GPP2 组织制订为 C.S0024 号协议，由于其制订的目的是作为分组数据传输协议，因此被称为 cdma2000 1x EV-DO（Data Optimized）。其中 Rev.0、Rev A 空口标准对应的 3GPP2 标准分别如下。

- C.S0024-0 v4.0，cdma2000 高速分组数据（HRPD）空中接口标准，2002/10。
- C.S0024-A v3.0，cdma2000 高速分组数据空中接口标准，2006/09。

国家规范是指我国政府、各部委、行业协会等出台的技术标准，与无线网络有关的主要有以下几种。

- Um 接口的规范见 YD/T 1026—2001《800MHz CDMA 数字蜂窝移动通信网接口技术要求：移动交换中心与基站子系统间接口》。
- YD/T 1028—1999《800MHz CDMA 数字蜂窝移动通信系统设备总技术规范：移动台部分》。
- YD/T 1029—1999《800MHz CDMA 数字蜂窝移动通信系统设备总技术规范：基站部分》。
- YD/T 1108—2001《CDMA 数字蜂窝移动通信网无线同步双模（GPS/GLONASS）接收机性能要求及与基站间接口技术规范》。
- YD/T 1030—1999《800MHz CDMA 数字蜂窝移动通信网接口技术要求：空中接口》。

cdma2000 的主要技术特点如下。

（1）基站同步方式：网络采用 GPS 同步。

（2）工作频段：825 ～ 835（上行）/870 ～ 880MHz（下行），包括 283、201、242、160、119、78、37 共 7 个频道号。针对 cdma2000 1x 业务，由高至低依次启用 283、201、242、160 等频道；针对 cdma2000 HRPD 业务，由低至高依次使用 37、78、119、160 等频道。

（3）信号带宽为 1.25MHz；码片速率为 1.2288Mchip/s。

（4）前向发射分集：OTD、STS。

（5）信道编码：卷积码和 Turbo 码。约束长度为 9，速率为 1/2、1/3、1/4、1/6 的卷积码；上级约束长度为 4，速率为 1/2、1/3、1/4 的 Turbo 码；cdma2000 1x EV-DO 最高支持 3.1Mbit/s。

（6）调制方式：上行 BPSK，下行 QPSK。

（7）功率控制：快速前向和后向功率控制，可变帧长为 5ms、10ms、20ms、40ms、80ms，开环和 800Hz 的快速闭环功率控制。

（8）解调方式：前后向同时采用导频辅助相干解调；支持 F-QPCH，延长手机待机时间。

（9）语音编码：可变速率编码。

（10）信道化码：Walsh 码和长码（上行链路），Walsh 码或准正交码（下行链路）。

（11）扰码：长 *m* 序列码和短 PN 码。

（12）导频结构：上行为码分专用导频，下行为公用码分导频和 / 或专用辅助导频。

6.3.2 cdma2000 设计规范

与 cdma2000 网络设计相关的规范主要有：

- YD 5110—2009《800MHz/2GHz cdma 2000 数字蜂窝移动通信网工程设计暂行规定》。
- YD/T 5172—2009《800MHz/2GHz cdma2000 数字蜂窝移动通信网工程验收暂行规定》。
- YD/T 1596—2007《2GHz cdma2000 数字蜂窝移动通信网直放站技术要求和测试方法》。

其中，cdma2000 的服务质量要求如下。

6.3.2.1　cdma2000 1x 服务质量指标

（1）误帧率（FER）应符合以下要求：

① 话音业务 $FER \leqslant 1\%$。

② 数据业务 $FER \leqslant 5\%$。

（2）无线可通率应满足覆盖区内的移动台在 90% 的位置可接入网络。

（3）电路呼损率应符合以下要求。

① 无线信道呼损率应不大于 5%，在话务密度高的地区不大于 2%。

② 中继电路呼损率应符合以下要求。

- 长途及其他基于路由的呼损指标应不大于 1%。
- 低呼损直达路由的呼损指标应不大于 1%。
- MSC 至 BSC 间及其中继间呼损应不大于 0.5%。

③ 无线信道的通信概率 = 可通率 ×（1- 呼损率）。

6.3.2.2　cdma2000 1x EV-DO（HRPD）服务质量指标

（1）前反向传输误包率（PER）的目标值均应不高于 1%。

（2）导频强度（C/I）：要求 90% 覆盖区内的 $C/I \geqslant -6\text{dB}$。

（3）接续时延应符合下列要求。

① 回话建立时延小于 7s（在 90% 的概率情况下）。

② 重激活时间应符合以下要求。

- 由系统 AN 发起的建立时间小于 6s（在 90% 的概率情况下）。
- 由终端 AT 发起的建立时间小于 1.5s（在 90% 的概率情况下）。

③ PPP 建立时间小于 3s（在 90% 的概率情况下）。

6.3.2.3　分组数据业务服务质量指标

（1）网络服务质量指标由延迟、抖动和丢包率等一组可测量的参数表征。

（2）分组网服务质量应符合以下要求。

① 从进分组网到出分组网的总延迟不超过 120ms。

② 从进分组网到出分组网的时延抖动不超过 80ms。

③ 从进分组网到出分组网的丢包率不超过 5%。

cdma2000 工程设计应遵循下列要求。

① 遵循国家及行业管理部门的相关技术要求和规范。

② 要适应我国地域广大、经济发展不平衡、用户及业务分布不均匀的特点，采取不同的建设原则。

③ 要适应电信业务经营者的企业发展、业务发展、技术发展和发展规模，并考虑网络的可持续发展。

④ 保证和其他网络的互联互通。

⑤ 建网要技术先进、经济合理、安全可靠、结构清晰。

⑥ 应采用先进的技术手段实现基础设施的资源共享。

⑦ 在充分进行多方案比较的基础上确定最终方案。

cdma2000 的工程设计应包括以下主要内容。

① 工程设计目标。

② 业务预测与业务模型的确定。

③ 核心网网络设计。

④ 无线网网络设计。

⑤ 编号计划和拨号方式。

⑥ 计费和网管要求。

⑦ 同步方式。

⑧设备配置说明。

⑨ 局、站址选择。

⑩ 设备安装及工艺要求。

⑪ 环保和节能要求。

⑫ 工程概预算与投资分析。

当电信业务经营者的网络从现有移动通信网向 cdma2000 通信网演进时，应保证现网业务的安全性和现网资源的合理利用。

6.4 cdma2000技术演进

如本章前面内容所述，cdma2000 1x是由IS-95A/B演进而来的，并与现有的IS-95A/B系统后向兼容。与IS-95A/B相比，cdma2000 1x在信道类型、物理信道结构和无线分组接口功能上都有很大的增强；网络部分则根据数据传输的特点引入了分组交换机制，支持简单IP和移动IP业务，支持QoS（Quality of Service，服务质量），这些技术特点都是为了适应更多、更复杂的第三代业务。

cdma2000 1x技术的后续演进，目的在于根据数据业务的突发性特点，增加控制保持状态和新的增强接入模式，在数据业务QoS和系统资源占用之间寻求折衷与平衡。针对支持高速无线互联分组数据的传输需进行优化，进一步提高无线频谱资源的利用效率。基于以上需求，cdma2000技术的后续演进路线如图6-9所示。

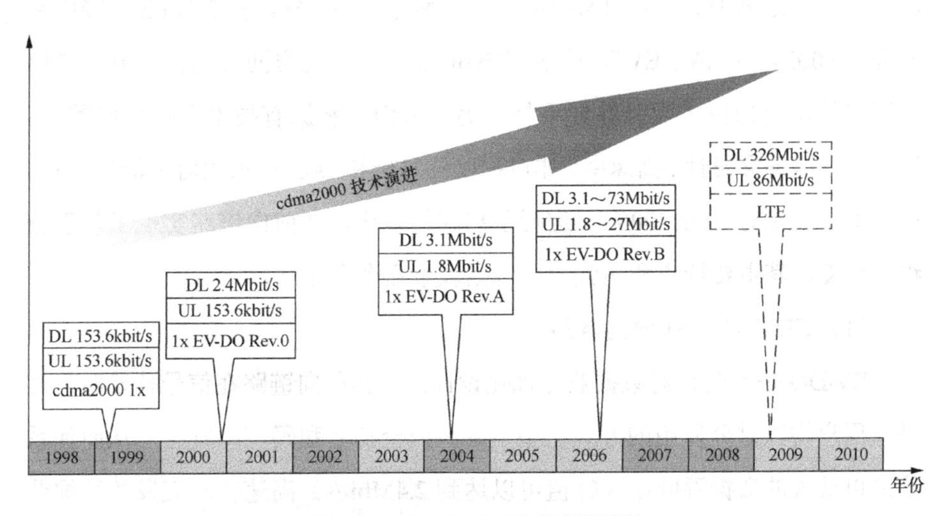

图6-9 cdma2000技术演进路线

cdma2000 1x EV-DO（以下简称EV-DO）是cdma2000 1x的增强型技术，

EV-DO 标准现有三个版本：C.S0024 Rev.0、Rev.A 和 Rev.B。EV-DO Rev.0 的标准化工作由 3GPP2 在 2000 年 9 月完成，并颁布为 C.S0024 系列标准。在 2001 年 6 月的国际电联 ITU-R WP8F 会议上，EV-DO 被正式批准成为 IMT-2000 标准的一部分。EV-DO 中 Rev.0 和 Rev.A 可支持前反向峰值速率分别为 2.4Mbit/s/153.6kbit/s 和 3.1/1.8Mbit/s，而在 Rev.B 中则可支持最高达 73.5/27Mbit/s 的峰值速率（使用 20MHz 带宽，对应 15 个 1.25MHz 载波）；对应 Rev.B 的 3x（即三载波），支持的最大数据速率为 14.7/5.4Mbit/s。下面分别介绍 cdma2000 1x 演进的后续演进 Rev.0 和 Rev.A 版本及其关键技术。

6.4.1 EV-DO Rev.0 技术

1997 年，Qualcomm 公司针对高速分组数据的传输，提出了 HDR（High Data Rate）技术。2000 年 3 月 3GPP2 成立了针对 HDR 的工作组并开始标准化工作，1xEV 的名称是在制定标准的过程中得到的。2000 年 10 月，EV-DO 的标准获得通过，在 TIA/EIA 标准中编号为 IS-856，在 3GPP2 标准中编号为 C.S0024。所谓“EV”，代表“Evolution”，有两方面含义，一方面是比原有的技术容量更大而且性能更好，另一方面是和原有技术保持后向兼容。针对数据服务突发性、高速率、非对称以及时延和 QoS 要求相对灵活的特点，EV-DO Rev.0 对 cdma2000 1x 进行了相应的优化，在前向链路实现了基于分组的调度，其主要特点和增强特性包括以下几个方面。

（1）CDMA/TDM 前向链路

EV-DO 是专门针对数据业务优化设计的，其前向链路在信号传输时，对每一用户均以时分复用的方式在整个扇区内全功率和码空间发送，从而使系统能以最大的数据吞吐率（峰值可以达到 2.4Mbit/s）高速传输突发的数据业务，并提高信号的传输质量。EV-DO 与 cdma2000 1x 的前向链路功率示意如图 6-10 所示。

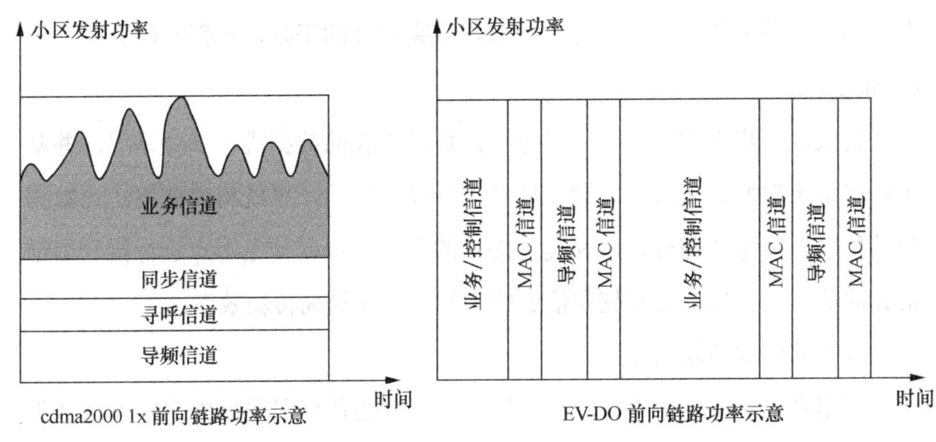

图 6-10 EV-DO 与 cdma2000 1x 的前向链路功率示意

（2）自适应编码调制

终端基于通信过程中无线导频信道的变化情况，将定期上报请求（速率最高可达 600Hz）与当前前向链路信道条件匹配的服务速率（38.4kbit/s～2.4Mbit/s），每种服务速率将对应不同的调制方式（QPSK/8PSK/16QAM）和编码速率（Turbo 编码，码率为 2/3、1/3、1/5 等）组合。

自适应编码调制结合优化的调度算法使基站可以根据整个系统的实际情况（信道质量及终端请求的数据速率）确定每一用户的服务时间和实际传输速率，合理匹配各终端的当前物理信道情况以服务其业务请求。由于多个用户的信道衰落具有相对独立性，系统在调度过程中可以利用多用户分级增益（Multiple User Diversity）达到更高的传输效率。

（3）混合自动请求重传技术（HARQ）

用户的移动和干扰的随机性使系统在服务用户与用户上报时的物理信道情况可能存在误差，这使用户在上报请求服务的数据速率时相对保守，以保证数据包的可靠传输。EV-DO Rev.0 在前向信道引入了 HARQ 机制，保证系统数据传输时匹配用户当前物理信道的同时，达到更高的传输效率。

首先，系统在数据传输时引入了交织（Interlace）机制，系统在传输数据包时基于 Turbo 码可以将编码后的数据包分为若干子数据包，每个子信息包中包括数据或校验数据，子数据包传输时使用非连续的时隙，从而使系统在传输同一数据包所属数据时，可以规避突发性的干扰，获得时间分级增益（Time Diversity）。

其次，用户接收每个子信息包后，将对接收的数据进行部分译码，并基于译码结果对发送端进行反馈。如果部分译码成功，系统将提前终止该数据包的传输。增量式部分译码和提前终止的引入，可以使在用户进行接收信道估计的情况下，保证对系统和信道的匹配，从而提高传输效率。

（4）前向虚拟软切换

当用户在DO系统中移动时，用户将选择当前信号最好的扇区进行数据传输；当用户检测到服务扇区发生变化时，将及时向系统进行指示并进行虚拟软切换，切换服务扇区。虚拟软切换的引入消除了由于系统软切换带来的系统负载，同时可以保证系统在给定相同的前向功率条件下达到最高的传输效率。

6.4.2 EV-DO Rev.A 技术

EV-DO Rev.A 是 EV-DO Rev.0 的演进，除了在前、反向链路数据传输能力的增强之外，尤其值得一提的是 EV-DO Rev.A 针对各种实时业务及应用，如广播、VoIP、可视电话、在线游戏、实时多媒体业务等，进行了专门的设计和优化，可以充分有效地支持上述业务。目前中国电信的商用3G网络采用的就是 EV-DO Rev.A 技术，EV-DO Rev.A 的主要特点和增强特性包括以下几点。

（1）前、反向峰值速率大幅度提高

与 EV-DO Rev.0 相比，在 EV-DO Rev.A 中不仅前向链路峰值速率从 2.4Mbit/s 提升到 3.1Mbit/s 的新高度；更重要的是反向链路得到了质的提升。随着增量传送、灵活的分组长度结合、Hybrid ARQ 和更高阶调制等技术在反向链路的引入，EV-DO Rev.A 实现了反向链路峰值速率从 EV-DO Rev.0 的 153.6kbit/s 到 1.8Mbit/s 的飞跃。

（2）小区前、反向容量均衡

通过在手机中采用双天线接收分集技术和均衡技术，EV-DO Rev.A 的前向扇区平均容量可以达到 1500kbit/s，较 EV-DO Rev.0（平均小区容量 850kbit/s）提高了 75%。EV-DO Rev.A 的反向平均小区容量也得到大幅度提升，从 EV-DO Rev.0 的 300kbit/s 增加了 100%，达到 600kbit/s。如果基站上采用 4 分支接收分集技术，反向平均小区容量还可进一步提高至 1200kbit/s。

（3）全面支持 QoS

与 EV-DO Rev.0 相比，EV-DO Rev.A 在 QoS 支持方面也进行了优化，取得了显著提高，具体体现在以下方面。

- 灵活有效的 QoS 控制机制

EV-DO Rev.A 中引入了多流机制，使系统和终端可以基于应用不同的 QoS 要求，对每个高层数据流进行资源分配和调度控制；同时，EV-DO Rev.A 中还提高了反向活动指示信道的传输速率，使终端可以实时跟踪网络的负载情况。在系统高负载时，保证低传输时延数据流的数据传输。此外，EV-DO Rev.A 还引入了更多的数据传输速率和数据包格式选择，使系统可以更灵活地进行调度。总之，EV-DO Rev.A 在保证系统稳定性的前提下，可以灵活而有效地满足不同数据流的传输要求，从而在一部终端上可以同时支持实时和非实时等多种业务。

- 低接入时延

EV-DO Rev.A 对接入信道和控制信道均进行了优化。首先，在接入信道上可以支持更高的传输速率和更短的接入前缀，使用户可以在发起服务请求时更快地接入网络；其次，在控制信道上可以支持更短的寻呼周期，使用户可以较快地响应来自网络的服务请求。此外，EV-DO Rev.A 高层协议中引入了三级寻呼周期机制，使终端可以在适配网络服务情况的同时，降低功耗，延长待机时间。这对支持需要频繁建立和释放信道的业务，如即按即讲（PTT）和即时多媒体通信（IMM）等非常重要。

- 低传输时延

在进行数据传输时，EV-DO Rev.A 引入了高容量模式和低时延模式。在低时延模式下可以采用不同的功率传输某数据包的各子信息包，对首先传输的子信息包采用较高功率发射，从而使该数据包提前终止传输的概率提高，降低了平均传输时延。这对支持如 VoIP 和可视电话等实时业务十分重要。

- 低切换时延

EV-DO Rev.A 中引入了 DSC 信道，使终端在基于信道情况选择其他服务小区时，可以向网络进行预先指示，提前同步数据传输队列，大大降低了前向切换时延。这对支持 VoIP 和可视电话等实时业务十分重要且效果显著。

思考题

1. cdma2000 1x 的关键技术有哪些？
2. cdma2000 1x EV-DO 的关键技术有哪些？
3. 简述 cdma2000 的功控技术分类及原理。
4. 简述软切换的原理及特点。
5. 简述 cdma2000 技术演进的方向和主要演进版本。

第 7 章 WCDMA 无线网络

WCDMA（Wideband Code Division Multiple Access）是由 3GPP 具体定义的 3G（第三代移动通信系统）标准，是 3G 的 4 种主流传输制式之一。在世界范围内，WCDMA 已经成为被广泛采纳的标准。本章主要讲述 WCDMA 无线网络工程设计的方法，包括的主要内容有 WCDMA 网络结构、各网元功能、原理与关键技术、WCDMA 技术的演进等。

7.1 WCDMA 网络概述

7.1.1 网络结构

WCDMA 网络结构的基本特点是核心网的定义源于 GSM，从 GSM/GPRS 的核心网逐步演进和过渡，通过与 GSM 相同的网元与 ISDN、PSTN 和因特网等其他类型的网络相连；而无线接入网则存在革命性的完全不同于 GSM 的变化，这主要是基于 WCDMA 采用的新的无线技术的需要。

WCDMA 系统网络结构由三部分组成：CN（核心网）、UTRAN（无线接入网）和 UE（移动台），如图 7-1 所示。其中 CN 与 UTRAN 接口定义为 Iu 接口；UTRAN 与 UE 之间的空中接口定义为 Uu 接口。

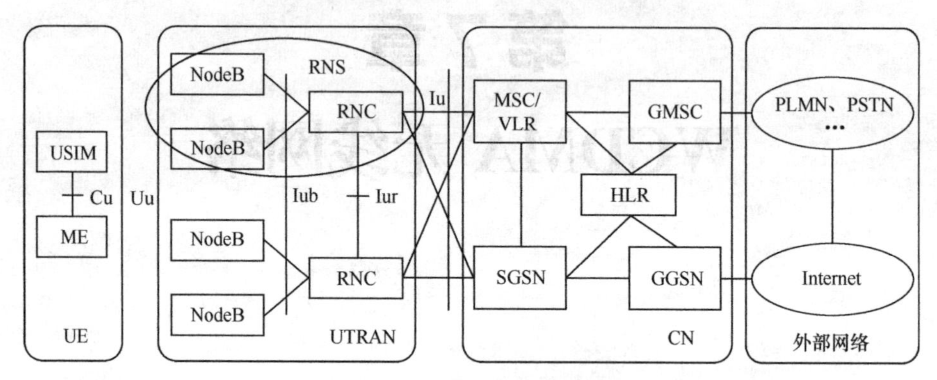

图 7-1　WCDMA 网络结构

其中，UTRAN 由多个负责控制所属各小区资源的无线网络子系统（RNS）组成，每个 RNS 包括 1 个无线网络控制器（RNC）和一个或多个 NodeB，每个 NodeB 包括一个或多个小区。在 RNS 内部，NodeB 和 RNC 之间通过 Iub 接口相连。RNC 与 RNC 之间通过 Iur 接口（可选）相连，RNC 分别通过 Iu-CS 和 Iu-PS 接口与 CN 的电路域和分组域相连。Iu、Iub 和 Iur 接口控制平面的传输承载都采用 ATM AAL5，而用户平面，在 Iub 和 Iur 接口上都采用 AAL2，在 Iu 接口上则对电路域采用 AAL2，对分组域采用 AAL5。下面简单介绍一下网络中各个网元的功能。

UE 包含两部分：

- ME（移动设备）是通过 Uu 接口进行无线通信的终端设备，同时通过 Cu 接口与 USIM 交互信息；
- USIM 是 UMTS 用户的识别模块，是一张智能卡，记录用户标识、可执行鉴权算法，并存储鉴权、密钥及终端所需的一些预约信息。

UTRAN 也包含两部分：

- NodeB 在 Iub 和 Uu 接口之间传输数据流；
- RNC（无线网络控制器）拥有并控制其管辖范围内的无线资源。

CN 主要包括以下几部分：

- HLR（归属位置寄存器）是位于用户本地系统的一个数据库，存储用户业务特征描述的主备份；
- MSC/VLR（交换中心拜访位置寄存器）为 UE 提供电路交换业务；
- GMSC（移动业务交换中心网关）是 PLMN 与外部电路交换网络连接处的设备，所有呼入和呼出的电路交换连接都要经过；
- SGSN（服务 GPRS 支撑节点）功能与 MSC 类似，不同的是用于 PS 业务；
- GGSN（GPRS 支撑节点网关）功能与 GMSC 类似，也仅用于 PS 业务。

7.1.2 接口

UMTS R99 网络与 GSM 和 GPRS 网络结构相比，接口以及协议具有一定的继承性，同时由于 WCDMA 技术的采用，空中接口和无线接口发生了革命性的变化。下面以空中接口、无线接口、与外部网络接口和各子系统内部接口为例加以说明。

7.1.2.1 空中接口

如图 7-1 所示，WCDMA 规范定义的空中接口——Uu 接口，是 WCDMA 系统中 RNS 和 WCDMA 移动终端之间的接口。Uu 接口是开放的接口，参考协议标准为 3GPP TS 25.3XX 系列协议，采用物理信道到传输信道、传输信道到逻辑信道的三层映射关系，可以实现不同厂商的 UE 与 NodeB 的互联。其功能包括广播、寻呼以及 RRC 连接的处理、切换和功率控制的判决执行、无线资源的管理和控制信息、基带和射频处理信息。

另外，还定义了 GSM BSS 和 WCDMA 移动终端之间的接口——Um 接口，它继承 GSM 规范对其的定义，主要用于 WCDMA 移动终端与 GSM 无线接入系统之间的互通，传递的信息包括无线资源管理、移动性管理和呼叫控制管理等，通过该接口，GSM 网络可以向 WCDMA 移动终端提供服务。

7.1.2.2 无线接入网和核心网之间的接口

WCDMA规范定义的无线网络和核心网之间的接口有A接口、Gb接口和Iu接口，A接口和Gb接口是GSM BSS和WCDMA CN之间的接口，继承了GSM规范对其的定义；Iu接口是WCDMA系统内部RNS和CN之间的接口，该接口是3GPP定义的接口，和原有的GSM/GPRS接口相比发生了革命性的变化。因此下面主要介绍Iu接口。

Iu接口是一个开放的、标准的接口，可实现多厂商的设备兼容，Iu接口支持建立、维护和释放无线接入承载的程序，可以完成系统内切换、系统间切换和SRNS重定位程序，支持小区广播业务等。从逻辑角度来说，面向核心网的通信对象不同，该接口分成Iu-CS和Iu-PS。所以从实现上来说，可能提供的只有一条物理Iu端口，但内部的逻辑通路上既可以为话音呼叫建立到MSC的Iu-CS逻辑端口，也可以为数据呼叫建立到SGSN的Iu-PS端口。Iu-CS和Iu-PS并不是具体的物理体现，只是这个端口上向不同的核心网域的逻辑功能。

7.1.2.3 无线接入网内部的接口

无线网络内部接口包括RNC之间的接口（Iur接口）和NodeB、RNC之间的接口（Iub接口）两种，这两种接口都是标准接口，可以实现不同厂商的设备互联。接口的开放性使组网方式变得非常灵活。

Iub接口负责进行传输资源的管理、NodeB资源配置和性能的管理、特定的运营维护信息的传送、系统信息管理、公共信道和专用信道的流量管理以及定时同步管理等功能。

Iur连接选择ATM的骨干网，不同RNC之间遵循的是网络形式的互联。Iur接口的提供是为了支持软切换，软切换时，在空中接口上会建立多条无线链路，多条无线链路上的业务信息都会通过DRNC（目标RNC）送往SRNC（服务RNC），这就需要用到Iur端口。在整个软切换执行过程中，没有信令消息涉及到核心网，作为Iur端口，目的就是使得在执行空中接口的切换过程中，信令消息不会涉及到核心网。而在二代系统中，跨BSC之间的切换需要通过 MSC，涉及到核心网的信令，由于加大了处理时延，多系统之间配合问题的存在，使 BSC 间切换的成功率较低。所以 Iur 端口的提出，使空中接口的切换无论在触发、执行还是在切换结束，都不再涉及核心网信令消息的传递。至于跨 MSC 之间的切换，在三代系统中，切换类别是分开的，作为切换的概念只存在于无线接口上。所以跨 MSC 之间的切换，首先要完成新的无线链路的添加，通过 Iur 接口选择新的目标小区，执行及完成空中接口切换。至于 Iu-CS 接口上的切换过程，是前面所述的 RNC 重定位过程。所以在三代系统中，相当于将原来跨 MSC 之间切换的一个过程分成二步完成，一步是空中接口的切换，另一步是核心网端口的重定位。所以 Iur 的提出，提高了系统的性能。

7.1.2.4 核心网内部的接口

核心网内部的电路域和分组域接口，是核心网内部为完成交换功能在各个功能实体之间的接口。

7.1.3 网元功能

7.1.3.1 基站

基站在 WCDMA 中称为 NodeB，是在标准制订的时候被临时采用的名称，后沿用至今。NodeB 通过标准的 Iub 接口与 RNC 互联，通过 Uu 接口与 UE 进行通信，其主要功能是进行空中接口 L1 层处理，包括前面提到的信道编码和交织、速率匹配、扩频等。除此之外，它也执行一些基本的无线资源管理操作，如内环功率控制。在逻辑上，它对应于 GSM 的基站。

一般情况下，NodeB 主要由控制子系统、传输子系统、射频子系统、中频 / 基带子系统、天馈子系统等部分组成。

传输子系统的主要功能是提供与 RNC 的接口，实现传输网络层的相关功能，完成基站与 RNC 之间的信息交互。物理接口上一般以 E1/T1、STM-1

等形式出现，为了节约传输带宽和提高传输的可靠性，ATM IMA（反向复用）通常会被采用。

中频/基带子系统的主要功能包括数模转换、下行发送、上行接收的物理层处理过程以及物理层的闭环处理过程；中频子系统完成数模转换、模数转换、上下变频；基带子系统完成信道解扩解调、编译码、扩频调制功能，其工作过程如下。

下行发送处理过程：基带子系统接收到来自传输子系统的FP（帧协议包），根据3GPP 25.212协议要求完成编码，包括传输块、循环冗余校验（CRC）和码块分段、信道编码（如卷积码、Turbo码）、速率匹配、交织、传输信道复用与物理信道映射等。根据3GPP 25.213、3GPP 25.211协议要求完成传输信道映射、物理信道生成、组帧、扩频调制、发送分集控制、功控合路等功能，将下行数据发送到中频子系统，TRX完成数字成形滤波、插值滤波、数模转换，传递到射频子系统。

上行接收器处理过程：中频子系统接收来自射频子系统的信号，通过模数转换、抽取升余弦滤波、接收匹配滤波等处理，得到数字基带信号，并传送到基带子系统。基带子系统对上行基带数据进行接入信道搜索解调和专用信道解调，包括相关、信道估计、频率跟踪和Rake合并等，得到解扩解调的软判决符号；然后经过译码（卷积码或Turbo码）处理、FP处理传递给传输子系统。

物理层的闭环处理过程：包括接入标识信息的闭环处理、上下行物理层闭环功率控制处理、下行的闭环发射分集处理。这些闭环过程都是从上行接收的信息中解调得到相关的控制信息，然后将这些信息传给下行发送通道，下行发送通道再按要求使用这些信息。

射频子系统一般由收发信机、双工模块、功率放大模块等组成，主要功能包括上行完成接收滤波、低噪声放大、进一步的射频小信号放大滤波和下变频，然后完成模数转换、数字中频处理和升余弦滤波等；下行完成升余弦滤波、数字中频处理和数模转换，经过射频滤波、放大、上变频处理，经线性功率放大器放大后经过发送滤波至天馈。

收发信机模块完成上下变频、信号放大、滤波处理、A/D 转换、D/A 转换，可以支持功率控制命令，一般收发信机用两套收发通道支持收发分集。双工模块包含双工器和 LNA（低噪声放大器），LNA 对信号起前级放大作用；功率放大模块的主要作用是放大收发信机输出的下行信号功率。为了支持多载波应用，一般射频子系统还集成小信号合、分路模块。通过分路器，将双工模块放大的上行信号分路，送到不同的收发信机，支持上行多载波；通过合路器，将多个收发信机输出的下行信号合路，送到功率放大模块进行放大，支持下行多载波应用。

天馈子系统由天线、馈线、天馈避雷器、塔顶放大器（可选）等组成，完成 NodeB 空中接口信号的输入和输出。WCDMA 系统的核心频段为上行 1920 ～ 1980MHz，下行 2110 ～ 2170MHz。塔放的主要作用是将来自天线的接收信号进行放大，补偿由于馈线引入的损耗，提高系统的上行覆盖范围，同时可有效降低手机的发射功率，减小系统内的干扰噪声，提高通话质量。

控制子系统一般完成如下功能：完成 NBAP 信令处理、资源管理和操作维护功能；产生并提供整个基站的同步时钟，并对整个基站的运行和周边环境状况进行检测和监控。

7.1.3.2　无线网络控制器

RNC（无线网络控制器）负责控制 UTRAN 无线资源的网络元素，它与 CN 相连。通常要连接 CN 中的一个 MSC 和一个 SGSN，并且负责终止定义移动台和 UTRAN 间的消息和进程的 RRC（无线资源管理）协议。RNC 在逻辑上与 GSM 的 BSC 相对应。由一个 RNC 管理的多个基站组成的接入系统就称为 RNS（无线网络子系统）。

控制一个 NodeB（如终止通向该 NodeB 的 Iub 接口）的 RNC 叫作该 NodeB 的 CRNC（控制 RNC）。CRNC 负责其所属小区的负载和拥塞控制，还要为这些小区中要建立的新的无线连接进行接纳控制和码字分配。

如果一个移动用户到 UTRAN 的连接使用多于一个 RNS 的资源，涉及的 RNC 有两个独立的逻辑功能（就该连接而言）。

SRNC（服务RNC）。一个移动用户的SRNC负责终止传送用户数据和终止相应的传向或来自CN的RANAP信令的Iu连接（这个连接被称为RANAP连接）。SRNC也负责终止无线资源控制信令，这是UE和UTRAN间的信令协议，它负责对来自/流向无线接口的数据进行L2处理。SRNC执行基本无线资源管理操作，例如，将无线接入承载参数转化为空中接口传输信道参数、切换判决以及外环功率控制。SRNC也可以作为一些用于移动终端和UTRAN相连的NodeB的CRNC。

DRNC（目标RNC）。DRNC是除SRNC之外的其他的任何RNC，控制该移动终端使用的小区。如果需要，DRNC可以进行宏分集合并和分裂，除非UE正在使用一条公共或共享传输信道，DRNC不进行用户平面数据的L2处理，而在Iub和Iur接口间透明地为数据选择路由。一个UE可能有0、1个或多个DRNC。

注意，一个实际的RNC通常包括所有的CRNC、SRNC和DRNC的功能。

7.1.3.3 无线网络操作维护中心

OMC-R（无线网络操作维护中心）是RAN（无线接入网络）的操作维护中心，通过OMC-R，电信业务经营者能够实现对RAN系统的集中监控、集中维护、统一规划，提高通信网络管理的效率，降低企业运营的成本。

OMC-R主要完成对网络设备RNC、NodeB以及OMC-R自身的操作维护，提供包括配置管理、告警管理、性能管理、软件管理、日志管理、安全管理等功能，能够在系统开通过程中对网络设备进行数据配置，在系统运行过程中监控网络的运行状况和质量，并提供系统软件和数据升级功能。

7.2 WCDMA网络主要技术原理

WCDMA作为3G的三大主流技术之一，是基于GSM/MAP，通过引进

CDMA 技术演变而来的。无线网络的演进主要是通过采用高阶调制方式和各种有效的纠错机制等技术，不断增强空中接口的数据吞吐能力；而核心网络主要利用控制与承载、业务与应用相分离的思路，逐步从传统的 TDM 组网方式向全IP组网方式演进。最终使无线网络和核心网络全部走向IP化，在整个技术演进过程中保证了业务的连续性、完善的 QoS 机制和网络的安全性。

7.2.1 WCDMA 技术特点

WCDMA 主要参数见表 7-1。

表 7-1 WCDMA 的主要参数

多址接入方式	直扩码分多址（DS-CDMA）
双工方式	频分双工
基站同步	异步方式
码片速率	3.84Mchip/s
帧长	10ms
业务复用	有不同服务质量要求的业务复用到一个连接中
多速率概念	可变的扩频因子和多码
检测	使用导频符号或公共导频进行相关检测
多用户检测、智能天线	标准支持，实际应用可选

WCDMA 是一个宽带直接扩频码分多址（DS-CDMA）系统，即将用户数据同由 CDMA 扩频码得来的伪随机比特（称为码片）相乘，从而把用户信息比特扩展到很宽的带宽上去。为支持高的比特速率，还须具备扩频因子可变和多码连接的功能。

WCDMA 码片速率为 3.84Mchip/s，通过滚降因子为 0.22 的升余弦滤波器进行脉冲成形后，形成了大约 5MHz 的载波带宽。这也使得 WCDMA 能够支持更高的速率和某些更好的性能，如多径分集的增加。

WCDMA 支持各种不同的用户数据速率，换句话说，它能够很好地支持带宽需求的概念。

WCDMA 支持两种基本的运行模式：频分双工（FDD）和时分双工（TDD）。在 FDD 模式下，上行链路和下行链路分别使用两个独立的 5MHz 的载波，在 TDD 模式只使用一个 5MHz 载波，这个载波在上下行链路之间分时共享。

WCDMA 支持异步基站操作，这样就不用像同步的 CDMA（如 IS-95）系统那样需要使用 GPS 进行同步，开发室内小区和微小区基站就变得简单了。

WCDMA 空中接口设计包含一些先进的 CDMA 接收机理念，如多用户检测和智能天线，电信业务经营者可以开发和使用这些功能，并作为提高系统容量和覆盖范围的选择方案。

7.2.2 物理信道的帧结构及传输信道与物理信道的映射

WCDMA 系统的物理信道可以分为上行信道和下行信道，也可以分为专用信道和公共信道，下面分别加以介绍。

7.2.2.1 上行专用物理信道

WCDMA 有两种上行专用物理信道，上行专用物理数据信道（上行 DPDCH）和上行专用物理控制信道（上行 DPCCH）。DPDCH 和 DPCCH 在每个无线帧内是 I/Q 码复用。

上行 DPDCH 用于传输专用传输信道（DCH），在每个无线链路中可以有 0 个、1 个或几个上行 DPDCH。

上行 DPCCH 用于传输层 1 产生的控制信息。层 1 的控制信息包括支持信道估计以进行相干检测的已知导频比特、发射功率控制指令（TPC）、反馈信息（FBI），以及一个可选的传输格式组合指示（TFCI）。TFCI 将复用在上行 DPDCH 上的不同传输信道的瞬时参数通知给接收机，并与同一帧中要发射的数据相对应起来。在每个层1连接中有且仅有一个上行DPCCH。

图7-2显示了上行专用物理信道的帧结构。

图7-2中的参数k决定了每个上行DPDCH/DPCCH时隙的比特数。它与物理信道的扩频因子SF有关，$SF=256/2^k$。上行DPDCH扩频因子的变化范围为4～256，DPCCH扩频因子一直等于256，即每个上行DPCCH时隙有10bit。

上行专用物理信道可以进行多码操作。当使用多码传输时，几个并行的DPDCH使用不同的信道化码进行发射。值得注意的是，每个连接只有一个DPCCH。

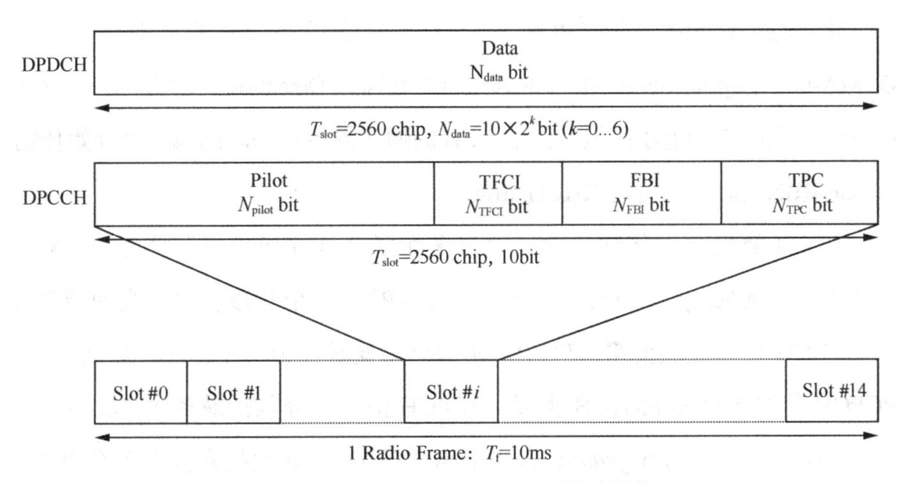

图7-2　上行DPDCH/DPCCH的帧结构

上行DPDCH开始发射前的一段时期上行DPCCH发射（上行DPCCH功率控制前缀）被用来初始化一个DCH。功率控制前缀的长度是一个高层参数N_{pcp}，由网络通过信令方式给出。

除了正常的传输模式之外，还有另外一种模式就是压缩模式。在压缩模式下，每帧发送的时隙会比正常模式下少2～3个，以便空出时间进行测量。

7.2.2.2　上行公共物理信道

物理随机接入信道（PRACH）用来传输RACH。随机接入信道的传输是基于带有快速捕获指示的时隙 ALOHA 方式。UE 可以在一个预先定义的时间偏置开始传输，表示为接入时隙。每两帧有 15 个接入时隙，间隔为 5120chip。当前小区中哪个接入时隙可用，是由高层信息给出的。

PRACH 的发射包括一个或多个长为 4096chip 的前缀和一个长为 10ms 或 20ms 的消息部分。PRACH 的前缀部分长度为 4096chip，是对长度为 16chip 的一个特征码（Signature）的 256 次重复，总共有 16 个不同的特征码。PRACH 的消息部分和上行 DPDCH/DPCCH 相似，但控制部分只有 TFCI 和 Pilot 两项。其中，数据部分包括 10×2^kbit，k=0，1，2，3，分别对应着扩频因子为 256，128，64 和 32。导频为 8bit，TFCI 的比特总数为 15×2=30bit。

物理公共分组信道（PCPCH）的传输是基于带有快速捕获指示的 DSMA-CD（Digital Sense Multiple Access-Collision Detection）方法，UE 可在一些预先定义的与当前小区接收到的 BCH 的帧边界相对的时间偏置处开始传输，接入时隙的定时和结构与 RACH 相同。

CPCH 随机接入传输包括一个或多个长为 4096chip 的接入前缀 [A-P]，一个长为 4096chip 的冲突检测前缀（CD-P），一个长度为 0 时隙或 8 时隙的 DPCCH 功率控制前缀（PC-P）和一个可变长度为 N×10ms 的消息部分。PCPCH 前缀部分和 PRACH 类似，PCPCH 消息部分包括最多 *N_Max_frames* 个 10ms 的帧（*N_Max_frames* 为一个高层参数），其数据和控制部分是并行发射的。数据部分包括 10×2^kbit，k=0，1，2，3，4，5，6，分别对应于扩频因子 256，128，64，32，16，8 和 4。

7.2.2.3　下行专用物理信道

在一个下行 DPCH 内，专用数据在层 2 以及更高层产生，即专用传输信道（DCH），是与层 1 产生的控制信息（包括已知的导频比特、TPC 指令和一个可选的 TFCI）以时间复用的方式进行传输发射，如图 7-3 所示。

图 7-3 中的参数 k 确定了每个下行 DPCH 时隙的总比特数，它与物理信道的扩频因子有关，即 SF=$512/2^k$。因此扩频因子的变化范围为 4 ～ 512。

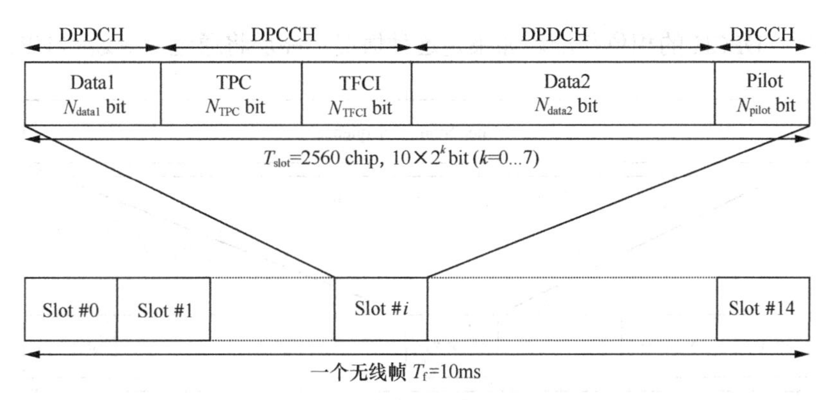

图 7-3　下行 DPDCH/DPCCH 结构

和上行信道一样，下行 PDPCH 中每个域的长度由高层参数确定。

下行链路可以使用多码发射，即一个 CCTrCH 可以映射到几个并行的使用相同的扩频因子的下行 DPCH 上。在这种情况下，层 1 的控制信息仅放在第一个下行 DPCH 上。在对应的时间段内，属于此 CCTrCH 的其他的下行 DPCHs 发射 DTX 比特。

当映射到不同 DPCH 的几个 CCTrCH 发射给同一个 UE 时，不同 CCTrCH 映射的 DPCH 可使用不同的扩频因子。

7.2.2.4　下行公共物理信道

（1）公共导频信道（CPICH）

CPICH 为固定速率（30 kbit/s，SF=256）的下行物理信道，用于传送预定义的比特 / 符号序列。CPICH 的结构如图 7-4 所示。

在小区的任意一个下行信道上使用发射分集（开环或闭环）时，两个天线使用相同的信道化码和扰码发射 CPICH。在这种情况下，对天线 1 和天线 2 来说，预定义的符号序列是不同的。

CPICH 又分为主公共导频信道（P-CPICH）和辅公共导频信道（S-CPICH），它们的用途不同，区别仅限于物理特性。P-CPICH 为如下信道提供相位参考：SCH、PCCPCH、AICH、PICH、AP-AICH、CD/CA-ICH、CSICH 和 传 送 PCH 的 SCCPCH。S-CPICH 信道可以作为只传送 FACH 的 S-CCPCH 信道和

/ 或下行 DPCH 的相位基准。如果是这种情况，高层将通过信令通知 UE。

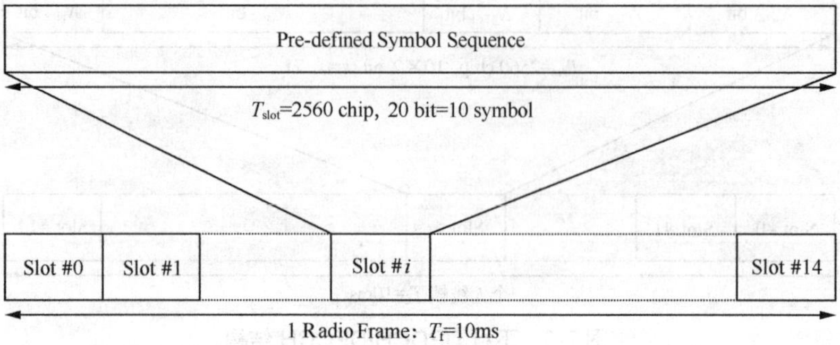

Pre-defined Symbol Sequence
T_{slot}=2560 chip, 20 bit=10 symbol
Slot #0
Slot #1
Slot #i
Slot #14
1 Radio Frame: T_f=10ms

图 7-4　CPICH 帧结构

（2）主公共控制物理信道（P-CCPCH）

PCCPCH 为一个固定速率（30kbit/s，SF=256）的下行物理信道，用于传输 BCH。与下行 PDPCH 的帧结构的不同之处在于没有 TPC 指令，没有 TFCI，也没有导频比特。在每个时隙的前 256 chip 内，P-CCPCH 不发射。在这段时间内，将发射同步信道 SCH，其帧结构如图 7-5 所示。

256 chip
(Tx OFF)
Data
18 bit
T_{slot}=2560 chip, 20 bit
Slot #0
Slot #1
Slot #i
Slot #14
1 Radio Frame: T_f=10ms

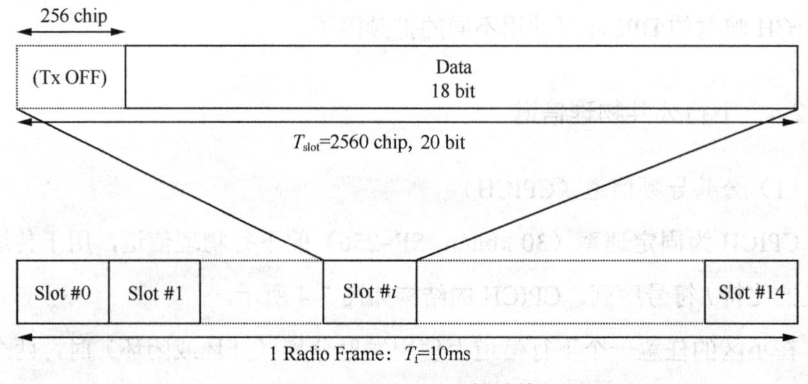

图 7-5　P-CCPCH 帧结构

（3）辅公共控制物理信道（S-CCPCH）

S-CCPCH 用于传送 FACH 和 PCH，其帧结构如图 7-6 所示。

其中，参数 k 确定了每个下行辅 CCPCH 时隙的总比特数，它与物理信道的扩频因子 SF 有关，SF= $256/2^k$，扩频因子 SF 的范围为 4 ～ 256。

FACH 和 PCH 可以映射到相同或不同的 S-CCPCH。如果 FACH 和 PCH

映射到相同的 S-CCPCH，它们可以映射到同一帧。P-CCPCH 和 S-CCPCH 的主要区别在于，P-CCPCH 采用预先定义的固定速率，而 S-CCPCH 可以通过包含 TFCI 支持可变速率。而且，P-CCPCH 是在整个小区内连续发射的，S-CCPCH 可以采用与专用物理信道相同的方式以一个窄瓣波束的形式发射（仅对传送 FACH 的 SCCPCH 有效）。

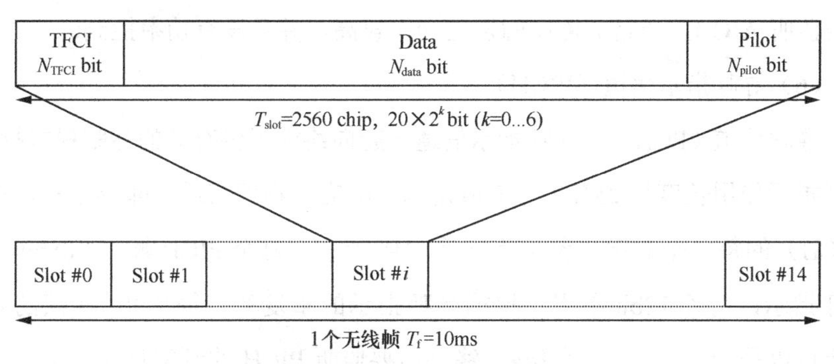

图 7-6　S-CCPCH 帧结构

（4）同步信道（SCH）

SCH 是一个用于小区搜索的下行链路信号。SCH 包括两个子信道，主同步信道（P-SCH）和辅同步信道（S-SCH）。SCH 的帧结构如图 7-7 所示。

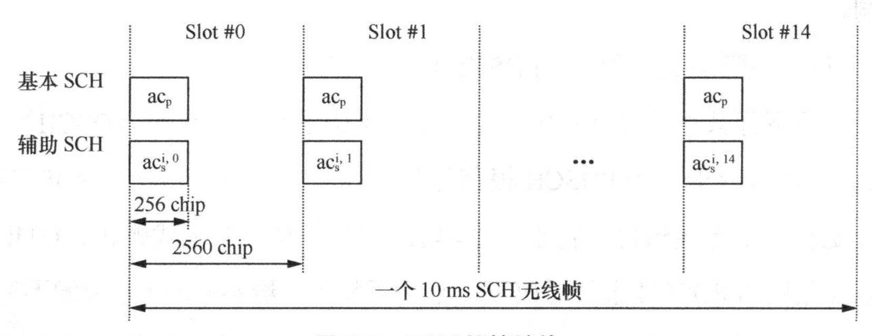

图 7-7　SCH 的帧结构

P-SCH 包括一个长为 256chip 的调制码，用 C_p 表示，每个时隙发射一次，系统中每个小区的 P-SCH 是相同的。S-SCH 重复发射一个有 15 个序列的调制码，每个调制码长为 256 chip，与 P-SCH 并行进行传输。

（5）捕获指示信道（AICH）

AICH 用来指示基站接收到了上行随机接入信道的特征序列。AICH 在

RACH 所属的基站的下行链路上使用与 RACH 相同的特征序列，一旦基站检测到随机接入尝试的前导，AICH 就用与前导相同的特征序列回应。因为 AICH 的结构与 RACH 前导的结构相同，它也使用 256 的扩频因子和 16 个符号的特征序列。AICH 可同时确认 16 个特征符号并设置这些特征符号。

终端检测到 AICH，就会从公共导频信道获取相位参考。所有的终端都需要监听 AICH，通常 AICH 的发送功率较高，并且没有功率控制。

（6）寻呼指示信道（PICH）

寻呼信道（PCH）与寻呼指示信道一起向终端提供有效的休眠模式操作。寻呼指示使用长度为 256bit 的信道化码。响应的物理信道，即寻呼指示信道（PICH）的每一个时隙上都会有一个寻呼指示。每个 PICH 帧由 288bit 传送寻呼指示，另外 12bit 不用。根据寻呼指示的重复率，每个 PICH 帧的寻呼指示可以是 18、36、72 或 144。终端需要监听 PICH 的频率是参数化的，精确监听的时刻取决于运行的系统帧编号（SFN）。

终端检测到 PICH，就会从公共导频信道获取相位参考。同 AICH 一样，所有的终端都需要监听 PICH，通常 PICH 的发送功率较高，并且没有功率控制。

（7）物理下行共享信道（PDSCH）

物理下行共享信道（PDSCH），用于传送下行共享信道（DSCH）。一个 PDSCH 对应于一个 PDSCH 根信道码或下面的一个信道码。PDSCH 的分配是在一个无线帧内，基于一个单独的 UE。在一个无线帧内，UTRAN 可以在相同的 PDSCH 根信道码下，基于码复用，给不同的 UE 分配不同的 PDSCH。在同一个无线帧中，具有相同扩频因子的多个并行的 PDSCH，可以被分配给一个单独的 UE，这是多码传输的一个特例。在相同的 PDSCH 根信道码下的所有的 PDSCH 都是帧同步的，在不同的无线帧中，分配给同一个 UE 的 PDSCH 可以有不同的扩频因子。

对于每一个无线帧，每一个 PDSCH 总是与一个下行 DPCH 相伴。随路的 DPCH 的 DPCCH 部分发射所有与层 1 相关的控制信息，PDSCH 不携带任何层 1 信息。PDSCH 与伴随的 DPCH 并不需要有相同的扩频因子，也不需要帧对齐。PDSCH 的帧结构如图 7-8 所示。

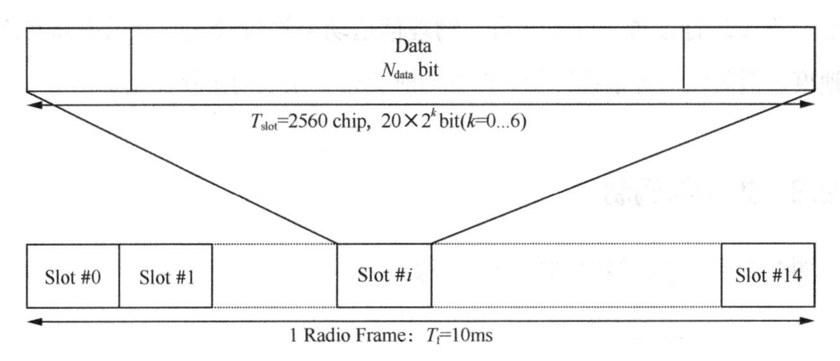

图 7-8　PDSCH 帧结构

PDSCH 允许的扩频因子范围为 4 ～ 256。

7.2.2.5　传输信道与物理信道的映射

传输信道至物理信道的映射关系如下。

传输信道	物理信道
DCH	专用物理数据信道（DPDCH）
	专用物理控制信道（DPCCH）
RACH	物理随机接入信道（PRACH）
CPCH	物理公共分组信道（PCPCH）
	公共导频信道（CPICH）
BCH	基本公共控制物理信道（P-CCPCH）
FACH	辅助公共控制物理信道（S-CCPCH）
PCH	
DSCH	物理下行共享信道（PDSCH）
	同步信道（SCH）
	捕获指示信道（AICH）
	接入前缀捕获指示信道（AP-AICH）
	寻呼指示信道（PICH）
	CPCH 状态指示信道（CSICH）

其中，SCH、CPICH、AICH、PICH、AP-AICH、CSICH、CD/CA-ICH 和 CA-ICH 不承载任何传输信道的数据传输，只作为物理层的控制使用。

需要注意的是，在设计过程中，主要需要对导频信道 CPICH 功率进行设置，其他下行物理信道功率一般按照设备厂商设定的功率偏置自动根据导频信道功率进行设置，而上行随机接入信道功率特别是前导功率通常需要在网络接入速度与上行干扰之间进行折中设置。专用信道等其他物理信道的功率一般不需要进行设置。通常而言，物理信道功率设置较大，可以提高网络接入速度、覆盖能力等系统性能，但是同时会带来系统内干扰的增加。

7.2.3 扩频与调制

图 7-9 是一个直接序列扩频的示意。

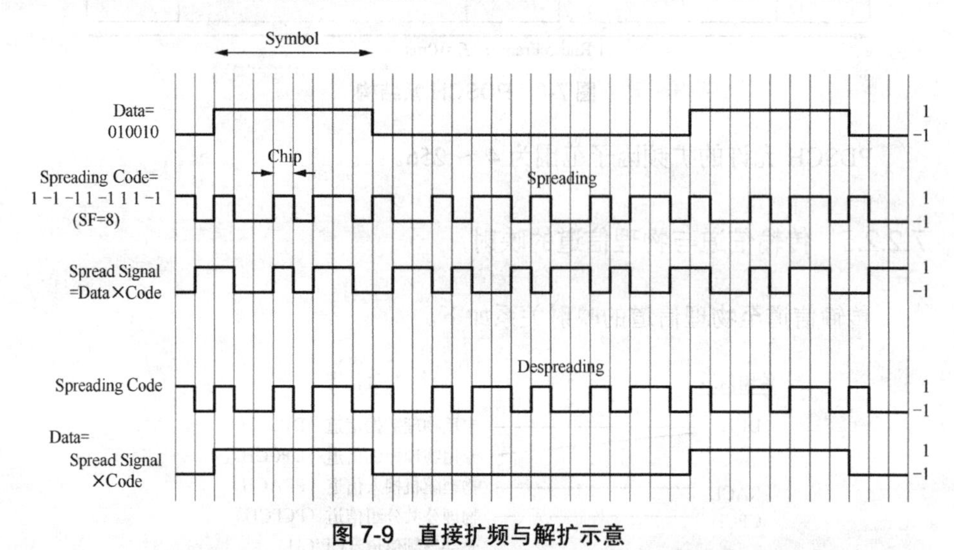

图 7-9 直接扩频与解扩示意

可以看出，通过与扩频码相同的码进行解扩，能够无失真地还原数据。有兴趣的读者可以尝试了解采用与扩频码正交的码（如 1，–1，–1，1，1，–1，–1，1）进行解扩后的情况。

如图 7-10 所示，物理信道的处理包括了两个过程，第一个是扩频或信道化处理，它将每一个数据符号与信道化码相乘转换为若干码片，同时增加了信号的带宽。第二个过程是加扰，将扩频后的码片与扰码对应码片相乘，这个过程不改变信号带宽。

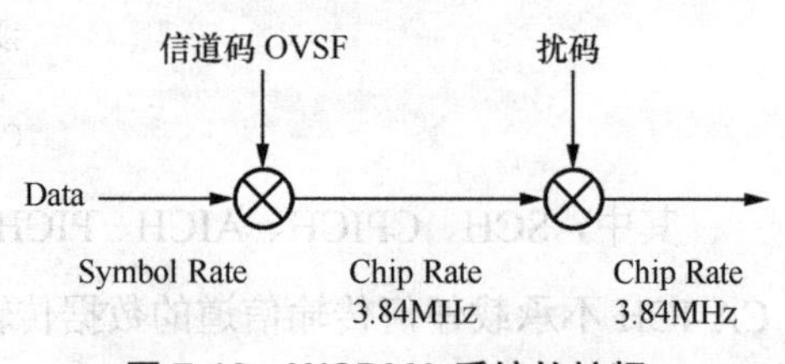

图 7-10 WCDMA 系统的扩频

信道化码采用 OVSF（正交可变扩频因子）码，OVSF 码可以用图 7-11 所示的码树定义生成。

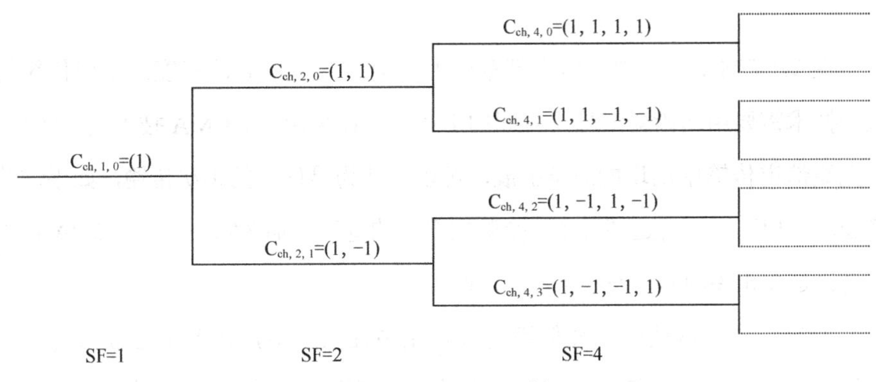

图 7-11 OVSF 码树

在图 7-11 中，信道化码被唯一地定义为 $C_{ch,SF,k}$，这里 SF 是码的扩频因子，k 是码的序号，$0 \leqslant k \leqslant SF-1$。

信号经过扩频产生的复数值码片序列要经过 QPSK 调制，调制过程如图 7-12 所示。

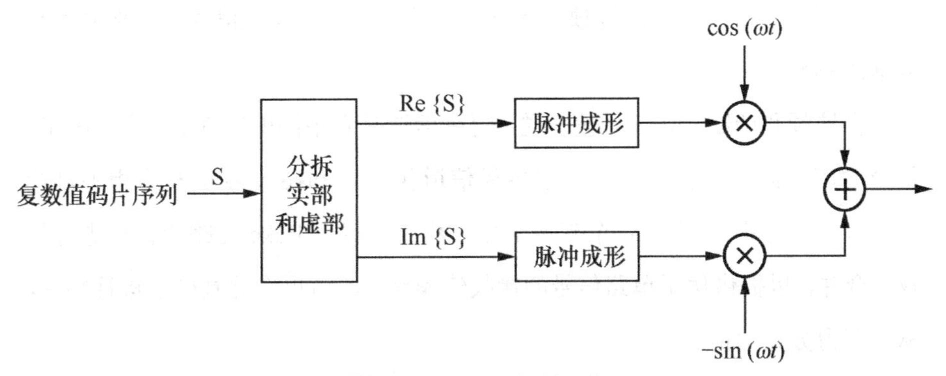

图 7-12 QPSK 调制示意

下行过程的扩频与调制与上行相逆。

在上述过程中使用到的扰码和信道码统称为 WCDMA 的特征码，WCDMA 系统中每个载频内的所有用户共享频率、时间和功率资源，用特征码对信号做统计处理区分信道，因此码字规划也是 WCDMA 网络设计需要考虑的问题之一。

7.2.4 Rake 接收机

在 WCDMA 系统中，信道带宽远大于信道的平坦衰落宽度。采用传统的调制技术需要用均衡器消除符号间的干扰，而在采用 WCDMA 技术的系统中，在无线信道传输中出现的时延扩展，可以被认为是信号的再次传输，如果这些多径信号相互间的时延超过了一个数据符号的宽度，那么它们将被 CDMA 接收机看作是非相关的噪声而不再需要均衡了。

扩频信号非常适应多径信道传输。在多径信道中，传输信号被障碍物如建筑物和山等反射，接收机就会接收到多个不同时延的码片信号。如果码片信号之间的时延超过一个码片，接收机就可以分别对它们进行解调。实际上，从每一个多径信号的角度看，其他多径信号都是干扰并被处理增益抑制，但是对于 Rake 接收机则可以对多个信号进行分别处理合成而获得，因此 CDMA 的信号很容易实现多路分集。从频率范围看，传输信号的带宽大于信号相关带宽，并且信号频率是可选择的（例如，仅仅信号的一部分受到衰落的影响）。

在扩频和调制后，信号被发送，每个信道具有不同的时延 τ 和衰落因子，每个对应不同的传播环境，经过多径信道传输。Rake 接收机利用相关器检测出多径信号中最强的 M 个支路信号，然后对每个 Rake 支路的输出进行加权、合并，以提供优于单路信号的接收信噪比，然后再在此基础上进行判决，从而获得分集增益。

对于具体的合并技术来说，通常有三类，即选择性（Selection Diversity）、最大比合并（Maximal Ratio Combining）和等增益合并（Equal Gain Combining）。

7.2.4.1 选择性合并

所有的接收信号送入选择逻辑，选择逻辑从所有接收信号中选择具有最高基带信噪比的基带信号作为输出。

7.2.4.2 最大比合并

这种方法是对M路信号进行加权，再进行同相合并，最大比合并的输出信噪比等于各路信噪比之和。所以，即使各路信号都很差，以至于没有一路信号可以被单独解调时，最大比方法仍能合成出一个达到解调所需信噪比要求的信号。在所有已知的线性分集合并方法中，这种方法的抗衰落性是最佳的。

7.2.4.3 等增益合并

在某些情况下，由最大比合并的需要产生可变的加权因子并不方便，因而，出现了等增益合并方法。这种方法也是把各支路信号进行同相后再相加，只不过加权时各路的加权因子相同。这样，接收机仍然可以利用同时接收到的各路信号，并且，接收机从大量不能够正确解调的信号中合成一个可以正确解调信号的概率仍很大，其性能只比最大比合并略差，但比选择性分集好不少。

7.2.5 HSDPA原理与关键技术

基于3GPP R99/R4标准的3G网络已经实现数据业务的承载，下行已经可以支持峰值速率为384kbit/s的数据业务。但是由于信道码资源的限制，每小区最多只能支持7个用户同时在线，而且业务速率与其他系统，如WLAN、cdma2000 1x EV-DO、WiMAX等相比较低。因此在3GPP R5标准中引入了HSDPA（High Speed Downlink Package Access）技术，旨在提供下行高速数据业务，并且提高同时在线的用户数量，大大提高了用户感受。

HSDPA即高速下行链路分组接入技术，通过在原有R99/R4基站中引入新的信道和技术，增强了下行移动数据传输的速率和覆盖。HSDPA的物理层最高速率可以达到14.4Mbit/s，网络时延可降低到100ms以下。

HSDPA和WCDMA R99/R4版本相比具有以下的优点。

- 提高了频谱利用率；
- 增强了移动数据业务的业务质量保证，提高用户满意度；

- 可承载更多种类的丰富多彩的数据业务；
- 能大幅提升下行数据吞吐量与用户吞吐率。

HSDPA 对系统吞吐量的提升主要是根据信道实时测量和反馈，快速调整传输参数适应信道的当前特征实现的，因此一些功能（如快速链路适配、快速调度等）应尽可能地靠近空中接口，即放置在 NodeB。由于在 R99/R4 的 WCDMA 体系结构中，调度、传输格式选择和重传都由 RNC 控制执行，因此需要调整结构，将这些功能从 RNC 移植到 NodeB 中，从而在 NodeB 中形成一个新的实体，即 MAC-HSDPA。

图 7-13 是引入 HSDPA 后的网络结构和功能示意。图中左侧 NodeB 为标准 R99/R4 协议下的基站，右侧 NodeB 为具有 HSDPA 功能的基站。

由图 7-13 可以看到，从网络结构上来说，HSDPA 的引入并没有改变 R99/R4 的网络架构，不会对 R99/R4 的物理网络结构产生影响。

为了实现 HSDPA 的功能特性，HSDPA 在物理层新增了 3 条信道，分别是高速下行物理共享信道（HS-PDSCH）、高速共享控制信道（HS-SCCH）和高速专用物理控制信道（HS-DPCCH）。

7.2.5.1 高速下行物理共享信道（HS-PDSCH）

此信道用于承载下行链路的用户数据，扩频因子 SF 固定为 16，单小区单载波最大可用码道数目为 15，HSDPA 用户可以通过时分复用和码分复用共享 HS-PDSCH 信道。时分复用按每帧 TTI（2ms，包含 3 个时隙）将 HS-PDSCH 信道码每次只分配给一个用户使用，码分复用是在码资源有限的情况下，用码分复用方式在同一时刻为多个用户传输数据。

7.2.5.2 高速共享控制信道（HS-SCCH）

此信道为下行信道，扩频因子 SF 固定为 128，主要负责传输 HS-DSCH 信道解码所需的控制信息，包括 UE 的识别、HARQ 相关信息以及 HS-DSCH 传输格式等参数，以确保对 HS-DSCH 上的数据进行正确解码。一个终端最多可检测 4 个 HS-SCCH 信道。规范没有定义小区可配置 HS-SCCH 的最大数目，但通常每个小区配置 HS-SCCH 信道数目不超过 4 个。

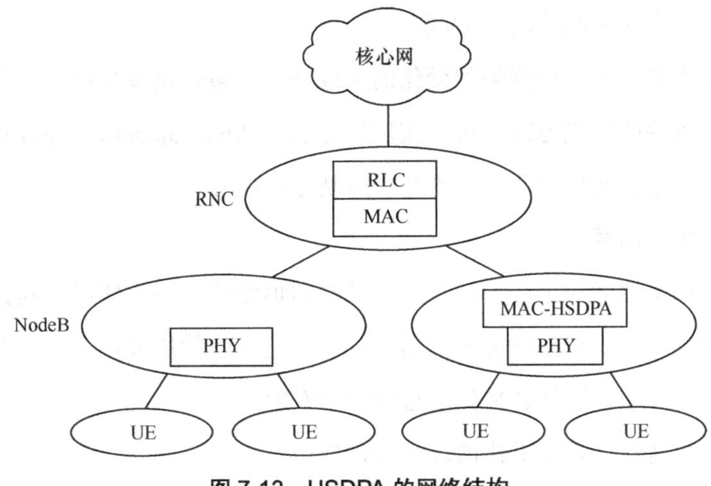

图 7-13 HSDPA 的网络结构

7.2.5.3 高速专用物理控制信道（HS-DPCCH）

此信道为上行信道，扩频因子 SF 固定为 256，主要传输上行链路所需的控制信令，即 HARQ 确认和下行无线链路质量反馈信息（CQI）。NodeB 根据 UE 反馈 CQI 值实时调整下行物理共享信道 HS-PDSCH 的调制方式、发射功率、传输块大小以及 HS-PDSCH 信道数目，进而控制 UE 的下行速率。

HSDPA 通过采用下列技术实现下行链路速率的大幅度提高。

（1）共享信道传输

在 R5 的 NodeB 物理层中引入新的下行传输信道 HS-DSCH，对应物理信道为 HS-PDSCH，用于支持增强的交互类、后台类及流媒体类接入承载服务，使信道码和功率资源得到更加有效地使用。

（2）高阶调制

除了 QPSK 调制方式以外， HSDPA 的 HS-PDSCH 可以使用 16QAM 调制方式提供更高的数据速率，并且更加有效地利用频谱。

（3）采用 2ms 短帧

共享资源中的信道码和功率资源可以以最短每 2ms（1 个短帧）进行一

次动态分配，减少了环路时间（RTT），可以更快速地跟踪信道变化，极大地提高链路适配性能。

（4）自适应调制编码（AMC）

自适应调制编码根据瞬间变化的无线环境调整传输参数和采用不同的自适应信道条件的调制方式，可以实现快速链路适配，系统以这种方式处理短时间内数据速率变化的业务，比功率控制方式更为有效。

（5）快速调度

快速调度性能决定在给定时间内共享信道给哪个用户使用，其目的是将信道资源分配给无线条件最好的用户，使系统吞吐量最大化。基本的调度算法包括轮询算法、比例公平算法与最大 *C/I* 算法。

（6）快速混合自动重传请求（HARQ）

利用快速混合自动重传请求（Hybrid ARQ）性能，在原有的 RLC 层重传的基础上增加了 MAC 层重传，减少了重传的环回时延。而且与 RLC 层重传会丢弃原有数据包，不同的是 HARQ 将多次重传数据包进行软合并，进一步提高容错能力。

7.2.6 HSUPA 原理与关键技术

3GPP R5 标准中引入的 HSDPA 大幅提升了下行的峰值速率，而上行仍与 R4 版一致，即仅仅可以支持峰值速率为 384kbit/s 的数据业务。为了提高上行数据速率，在 3GPP R6 标准中引入了 HSUPA（High Speed Uplink Package Access）技术，从而大大改善用户感受，并提高同时在线的用户数量。

HSUPA 即高速上行链路分组接入技术，3GPP 的称呼是增强专用信道（E-DCH）。HSUPA 的物理层最高速率可以达到 5.76Mbit/s，网络时延可降低到 100ms 以下。

HSUPA 为了实现上行链路速率的提高，主要采用了下列技术。

7.2.6.1　增强专用信道传输

HSUPA 引入了新的下行传输信道 E-DCH，对应物理信道为 E-DPDCH，并增加了其他相关信道。与 HSDPA 不同的是，HSUPA 并非共享信道而是专用信道。与 R99 的专用信道类似，具有可变扩频因子、快速功率控制、软切换等特性，而 HSDPA 不具有这些特性。

7.2.6.2　调制方式

HSUPA 在 R6 版本仅支持 QPSK 调制方式，R7 版本的 HSPA+ 则支持 16QAM 调制方式，提供更高数据速率。

7.2.6.3　采用 10ms、2ms 两种 TTI

HSUPA 支持两种 TTI，10ms 为必选功能，目的是保证广覆盖的需要和小区边缘的性能。2ms 短帧能够支持数据速率超过 2Mbit/s 的高速数据流，减少环路时间（RTT）。

7.2.6.4　快速调度

与 HSDPA 相同，HSUPA 的 MAC 调度下移到 NodeB，其机制参见 HSDPA 部分。

7.2.6.5　快速混合自动重传请求（HARQ）

HSUPA 的 HARQ 机制与 HSDPA 相似，不再赘述。

7.2.6.6　多码传输

HSUPA 支持终端占用多个上行码道进行传输，并根据终端的多码能力定义终端类型。类型 6 终端最大支持 2×SF2+2×SF4，在 2ms TTI 情况下，最大数据速率可达 5.76Mbit/s。

7.3 WCDMA网络技术标准和设计规范

7.3.1 标准化进程

第三代伙伴计划（3GPP）自从1998年12月成立以后，一直致力于包括WCDMA和TD-SCDMA标准的国际技术规范的制定和完善。随着技术的不断进步和发展，3GPP逐渐明确了WCDMA系统的整体演进方向，即网络结构向全IP化发展；业务向多样化、多媒体化和个性化方向发展；无线接口向高速传输分组数据发展；小区结构向多层次、多制式、重复覆盖方向发展；用户终端向支持多制式、多频段方向发展。为了保证系统的兼容性和一致性，3GPP推出了不同版本的WCDMA标准实现技术演进，包括R99、R4、R5、R6、R7、R8、R9、R10、R11等多个版本，R11之后版本主要针对4G技术，WCDMA/HSPA无线技术已无大的演进。各版本冻结时间和无线接入网主要特征见表7-2。

表7-2 3GPP标准不同版本无线接入网特征

版本号	版本冻结时间	无线接入网主要特征
R99	2000.3	核心网在逻辑上分为CS（电路域）和PS（分组域）； 无线接入部分采用了全新的WCDMA无线技术
R4	2001.3	核心网和接入网之间的Iu接口基于ATM和IP技术； 核心网电路域结构发生变化，由MSC Server、GMSC Server和MGW构成，采用ITU新定义的BICC信令实现了网络的分层化，即控制和承载相分离
R5	2002.3-6	RAN向IP方向发展，引入HSDPA对下行分组域数据传输增强
R6	2004.12-2005.3	引入HSUPA，用于对上行分组域数据速率的增强； 增强空中接口，支持不同频率的UMTS，包括UMTS850、UMTS800、UMTS1.7/2.1GHz，增强了不同频率和不同系统间的测量
R7	Stage1：2005.9 Stage2：2006.9 Stage3：2007.12	完善HSDPA和HSUPA技术标准，引入MIMO技术，包括多种MIMO实现技术等；在HSDPA中引入64QAM；在HSUPA中引入16QAM
R8	Stage1：2008.3 Stage2：2008.6 Stage3：2008.12	引入LTE，用于对分组域数据速率的增强；引入SAE全新的全分组架构；引入HomeNodeB、eNodeB；在HSDPA中引入64QAM和MIMO的组合应用

（续表）

版本号	版本冻结时间	无线接入网主要特征
R9	Stage1：2008.12 Stage2：2009.6 Stage3：2009.12	HomeNodeB、eNodeB 的增强；RAN 功能增强，扩展支持的频段；双小区 HSDPA/HSUPA；LTE 功能增强；自组织网络技术
R10	2011.3	多载波 HSDPA 技术（4C-HSDPA），与 MIMO 的结合；引入 LTE-Advanced，载波聚合（CA）、无线中继、下行 8×8 MIMO、上行 4×4 MIMO、CoMP、异构网

7.3.2 技术参数

WCDMA 的主要技术参数如下。

（1）工作频段：上行 1920 ～ 1980MHz，下行为 2110 ～ 2170MHz。

（2）码片速率：3.84Mchip/s。

（3）帧长：10ms。

（4）扩频调制：可变扩频因子（OVSF）码字。

（5）功率控制：开环和快速闭环功率控制。

（6）导频结构：上行随机接入信道前导，下行公共导频信道。

（7）基站同步：异步。

7.3.3 技术体制和设计规范

中国联通于 2013 年 11 月 15 日推出最新版本的《中国联通 GSM/WCDMA 数字蜂窝移动通信网技术体制（V6.0）》，标准号为 QB/CU 148—2013。

工业和信息化部于 2009 年 1 月 8 日推出第一版 WCDMA 工程设计暂行规定《2GHz WCDMA 数字蜂窝移动通信网工程设计暂行规定》，标准号为 YD 5111—2009。近年进行了修订即将颁布正式设计规范《数字蜂窝移动通信网 WCDMA 工程设计规范》，标准号为 YD 5111—2015。

该规范主要包括 WCDMA 网络设计的一般要求、核心网电路域网络设计、核心网分组域网络设计、无线网络设计、中继线路、信令和接口设计要求、编号方式、计费与网管、同步要求、局址和站址选择、设备安装工艺要求、绿色节能与共建共享等内容。

该规范规定的无线网服务质量指标如下。

（1）无线可通率应满足覆盖区内的移动台在90%的位置、99%的时间可以接入网络。

（2）不考虑区内无线可通率的影响，无线电路信道的呼损率应不大于5%，在话务密度高的地区应不大于2%。当考虑可通率时，实际呼损率可用下式计算：

$$实际呼损率=1-(1-r\%)\times Fu$$

其中，Fu 表示无线可通率；$r\%$ 表示无线信道呼损率。

（3）各类业务目标BLER宜符合以下要求。

话音：≤ 1%；

CS64k数据：≤ 0.3%；

PS数据：≤ 10%；

其他业务指标根据工程具体情况确定。

（4）WCDMA小区边缘速率宜符合以下要求。

CS 64kbit/s吞吐速率；对于业务量稀少区域，小区边缘接入速率至少应满足CS 12.2kbit/s；

在HSDPA或HSPA+覆盖的小区边缘，宜提供不低于128kbit/s的下行速率连接。

7.4 WCDMA网络技术演进

在3GPP R7标准中对HSDA技术做了较大的扩展，即HSPA+技术。R7中对于上行链路引入16QAM高阶调制方式，下行链路引入了64QAM高阶调制方式，并引入多输入多输出（Multiple Input Multiple Output，MIMO）天线技术。在R8中又进行了一定增强和完善，支持高阶调制和MIMO综合使用，引入了双载波技术，在R9中引入了DC-HSDPA+MIMO技术及双频段双载波技术（DB-DC-HSDPA），引入了上行双载波技术（DC-HSUPA），在R10中引入了4载波技术，进一步提高了数据传输峰值速率。

7.4.1 高阶调制方式

HSPA+下行引入64QAM调制方式，每个调制符号可以承载6bit，从而使得下行峰值速率可以达到21Mbit/s。

HSPA+上行引入16QAM调制方式，每个调制符号可以承载4bit，从而使得上行峰值速率可以达到11Mbit/s。

7.4.2 MIMO天线技术

多输入多输出天线技术是在传统的接收分集、发射分集的基础上进一步发展而成的多天线技术。接收分集和发射分集又称为单输入多输出（Single Input Multiple Output，SIMO）系统和多输入单输出（Multiple Input Single Output，MISO）系统。根据市区环境系统的仿真结果，1×2的MIMO系统可提高数据传输速率20%，2×2的MIMO系统可提高数据传输速率50%。HSPA+下行采用2×2 MIMO技术，可使下行峰值速率达到28.8Mbit/s。

7.4.3 多载波技术

采用多载波技术可提升数据速率数倍，与载波数成正比。在采用2个载波即Dual-Cell HSDPA情况下，下行容量可达到成倍提升。此时下行配置两个小区，一个服务小区和一个次服务小区，上行还是一个小区，服务小区有相应的上行小区，而次服务小区没有相应的上行小区。

在组合使用MIMO和高阶调制技术情况下，HSPA+上行峰值速率可达到11Mbit/s，而下行峰值速率可达到42Mbit/s。

在组合使用2×2 MIMO、64QAM、Dual-Cell HSDPA情况下，下行峰值速率可达到84Mbit/s。

在R10中引入4载波技术（4C-HSDPA），支持一个频段内多个连续载波或不同频段的多个载波部署多载波技术（最多4个），与下行MIMO技术结合可支持下行最大速率为168Mbit/s。

7.4.4 Femto

Femto全称为Femtocell，是Femtoforum根据移动宽带化趋势推出的超小型化移动基站。Femtoforum成立于2007年，是积极推进Femto产品化的组织，会员包括阿尔卡特朗讯、AT&T、英国电信、思科、爱立信、华为、中兴、摩托罗拉、NEC、三星、沃达丰等电信运营商和设备制造商。

Femto使用IP，通过用户已有的ADSL、LAN等宽带电路连接，远端由专用Femto网关实现从IP网到移动网的联通。它的大小与ADSL调制解调器相似，具有安装方便、自动配置、自动网规、即插即用的特点。Femto的概念适用于CDMA、GSM、WCDMA、LTE等各种标准。

Femtocell工作于与运营商大网相同的频段，其发射功率较小，一般为毫瓦级，因此覆盖半径也较小，一般为20～50m。一个Femtocell的接入设备一般支持4～6个移动用户，其空中接口符合3GPP或3GPP2标准，因此适用于现有的移动终端。Femtocell借助于固定宽带接入作为其回程网络，由网络侧的Femtocell网关汇聚并提供标准的面向移动核心网的接口。WCDMA网络中Femtocell的基本架构如图7-14所示。

Femto具有以下优点：① 显著改善室内信号覆盖质量，提高用户的宽带接入速率和话音服务质量；② 增加网络容量，每个Femto就是一个小型基站，增加了全网的容量；③ 体积小、重量轻、安装简便、耗电少、对配套设施几乎无要求，便于快速部署扩容网络；④ 减少建设成本，每台Femto价格仅在千元人民币左右，并且使用用户的宽带接入电路，减少了无线设备和相应传输网络的投资；⑤ 减少运营成本，由于 Femto 放置在用户家中，节省了机房、铁塔、天面、电源、空调和电路维护等运行成本；⑥ 增加用户黏性，由于 Femto 具有很好的室内覆盖特性和带宽，再配合运营商提供相应的家庭服务套餐，可以给用户提供很好的业务体验，从而增加用户黏性和吸引他网用户转网。

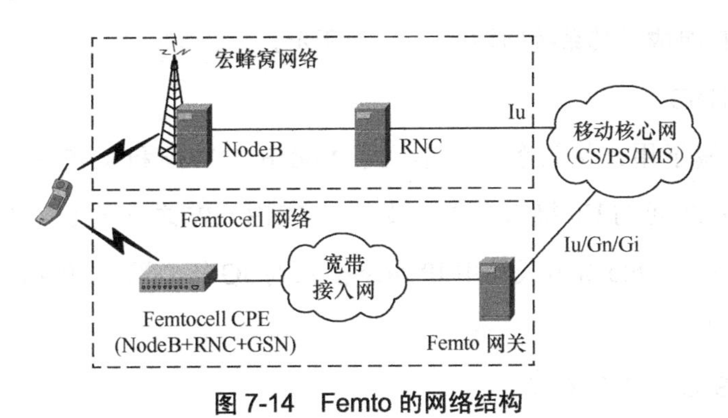

图 7-14　Femto 的网络结构

7.4.5　Home NodeB

Femtoforum 本身并不制订 Femto 技术规范，具体的产品规范是由 3GPP 等组织制订。在 3GPP 协议中，Femto 的正式名称是 Home NodeB。3GPP 协议 R8 版本中制订了完善的 Home NodeB 产品规范，WCDMA 网络中商用的 Home NodeB 基于 R8 标准。中国联通已经为 Home NodeB 制订了企业标准，标准号为 QB/CU 081—2013。

Home NodeB 又称家庭基站，是一种低发射功率，小范围覆盖，以固定宽带接入网络为回程，主要面向家庭客户应用的家庭基站设备。Home NodeB 技术作为 WCDMA 宏蜂窝的补充，能够使运营商以更低的代价为家庭用户提供良好的语音及宽带数据业务。Home NodeB 通常分为两类。

家庭级 Home NodeB：主要面向家庭应用采用 WCDMA 技术的无线接入设备，它以固定宽带等接入方式为回程，一般发射功率在 20mW 左右，通常能同时支持 4 个左右的语音用户。

企业级 Home NodeB：主要面向企业应用采用 WCDMA 技术的无线接入设备，它以固定宽带等接入方式为回程，最大发射功率为 250mW。当在室内独立布放时，最大发射功率为 100mW。通常能同时支持 8～16 个语音用户，并且支持 Home NodeB 之间的移动性。

HNB 系统由 HNB、HNB GW、HMS、SeGW、AAA Server 等功能实体及相关接口组成，其系统结构如图 7-15 所示。

（1）HNB

HNB 属于用户端设备。它集成了 NodeB 的功能和 RNC 的主要功能，支持与 UE 之间的 Uu 接口功能，支持与 HNB GW 之间的 Iuh 接口，并以 DSL、LAN、Cable 等方式经由 IP 网络接入到 3G 核心网（遵循 Iu-CS 和 Iu-PS 接口协议）。

（2）SeGW/HNB GW

SeGW 和 HNB GW 为 HNB 网元和 3G 核心网之间的新增功能实体。其中，SeGW 负责建立 IPsec 安全隧道，保障 HNB 从 IP 网接入的安全性；HNB GW 负责对 HNB 和 3G 核心网之间的信令和数据进行汇聚和分发，并负责对 HNB 和 UE 的注册和接入控制。

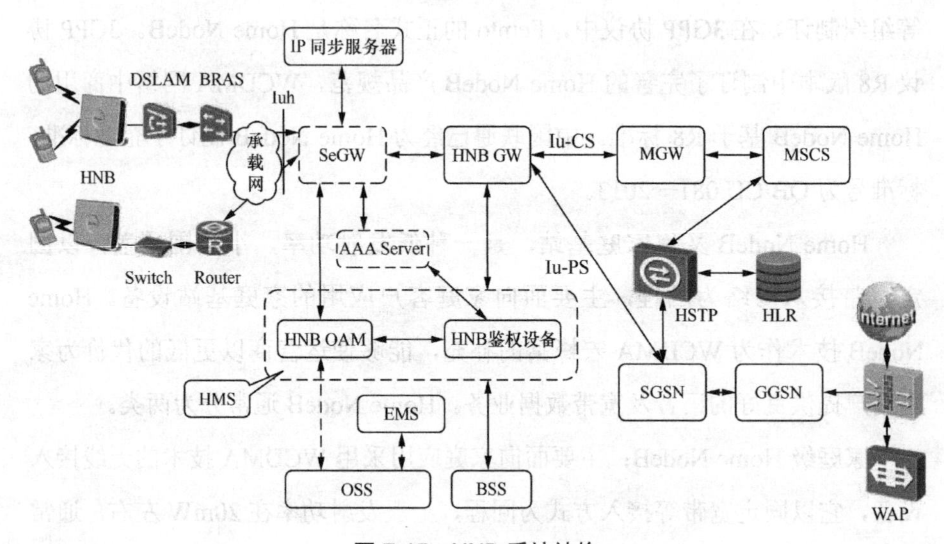

图 7-15　HNB 系统结构

SeGW可以集成在HNB GW，也可以作为独立网元存在。SeGW和HNB GW尽量集中部署；HNB GW可以与RNC同机房，或与3G核心网网元同机房。

（3）Iuh接口

Iuh是HNB网元与HNB GW之间的功能接口，要求支持HNB AP和RUA两个应用层协议，其中，HNB AP负责HNB和UE的注册，RUA负责RAN AP的适配和传送。

（4）HMS

HMS主要提供HNB网元管理和参数配置功能。它支持HNB初始化过程中的HNB GW发现功能；为HNB网元提供初始配置数据；对HNB网元进行位置信息验证，并为HNB网元分配合适的服务单元（包括SeGW和HNB GW）。此外，HMS还可用于HNB网元设备的鉴权，存储HNB网元设备与用户数据，并产生HNB鉴权的安全信息（根据网络部署需求，HNB网元鉴权功能也可以集成在HLR中）。HMS与HNB网元之间的接口遵循TR069系列标准，HMS与综合网管之间的接口采用CORBA/SNMP；HMS与BSS之间的接口采用SOAP。

HNB发展初期，HMS可设置在省会城市，后期根据用户发展规模的变化情况，可以将HMS设置在地市。

（5）AAA Server/HNB鉴权

AAA Server主要功能是对HNB认证与授权，AAA Server和HMS尽量集中部署。

（6）其他网元

除上述网元之外，在实际应用中还需要一些网元，如IP同步服务器等，用于时钟同步；EMS网元管理系统等，用于HNB GW等网元的管理。

除此以外，HSPA+下行链路还采用了先进UE接收机、波束赋形等新技术，上行链路采用了A-Rake接收机、干扰抑制合并、波束赋形、多用户检测等新技术。

思考题

1. WCDMA 系统中无线网络子系统的组成及主要功能？
2. 请简要阐述 WCDMA 系统主要的网络接口？
3. 物理信道包括哪些，简要说明各信道的用途？
4. WCDMA 上下行链路扩频和调制方式是什么，简要说明其过程？
5. HSDPA 和 HSUPA 的优势是什么？它对网络结构有什么要求？
6. 请简要说明 HSDPA 引入的新技术。
7. 请简要说明 HSUPA 引入的新技术。

第 8 章 TD-SCDMA 无线网络

8.1 TD-SCDMA 网络概述

8.1.1 标准化进展

TD-SCDMA 是中国政府提出的第三代移动通信技术标准的 TDD 模式技术，现在已经冻结的 TD-SCDMA 标准主要有 R4、R5、R6 以及 R7，此外 3GPP 成立了 3GPP LTE（Long Term Evolution）项目组，致力于制定 3GPP LTE 版本演进的需求和技术规范。TD-SCDMA 标准的版本主要演进过程可以分为三个阶段，各个阶段的版本及演进特点如下。

第一阶段（2002—2004 年），基本版本，主要基于 3GPP R4 标准体系下的产品和技术的规划和表述。

第二阶段（2005—2007 年），增强版本，主要针对 3GPP R5/R6/R7，在 2005—2007 年实现标准化。在 R5 版本中，主要增加了 HSDPA 功能，接入网（RNS）部分也采用全 IP，核心网部分主要是引入了 IMS 域，实现了 IMS 基本功能和业务；在 R6 版本中，主要是对 HSUPA 功能的进一步完善，对 IMS 功能的完善（主要包括网络互通、安全性等方面的内容），此外完成了 MBMS 的标准化；在 R7 版本中，主要增加了 HSUPA 功能，定义了 CSI 技术和 VCC 技术用于实现 CS 和 IMS 业务的结合和切换，此外对 MBMS 提出新需求。

第三阶段（2005—2008 年），完成长期演进版本 3GPP（LTE）标准的制订工作，主要是针对扁平网络结构、OFDM 技术、MIMO 技术、改进的编码和调制技术，提出未来 TD-SCDMA LTE 解决方案。

TD-SCDMA 各版本的主要特性见表 8-1。

表 8-1 TD-SCDMA 各版本的主要特性及冻结时间

标准版本	技术特征	冻结时间
R4	• R4 版本向下兼容 R99 网络，分组域基本保持一致，只是增加了 QoS 控制级别； • CS 承载与控制分离，MSC Server+MGW； • 电路域引入移动软交换技术； • 集中设置控制设备 MSC Server，降低 OPEX； • 分布设置实现话务承载的 MGW（媒体网关），网络部署灵活； • 引入 TrFO/TFO 功能（节省传输资源，提高语音质量，降低 TC 单元成本）； • 支持通过软件升级，向全 IP 网络过渡； • 支持 *N* 频点技术	2001 年 3 月
R5	• 无线接入网引入 HSDPA； • IMS：主要定义 IMS 的核心结构、网元功能、接口和流程	2002 年 6 月
R6	• WCDMA 的 HSUPA； • 多媒体广播和组播业务（MBMS）提出； • IMS：功能的加强和完善	2005 年 3 月
R7	• TD-SCDMA 的 HSUPA； • 多媒体广播和组播业务（MBMS）加强； • IMS：加强了对固定、移动融合的标准化制订	2007 年 6 月

8.1.2 网络结构

TD-SCDMA 系统由 3GPP 组织制订、维护标准，与 WCDMA 具有一致的网络架构，如图 8-1 所示。

由图 8-1 可知，UMTS 的结构比较简单，包含三个部分、两个接口。三个部分是核心网（Core Network，CN）、接入网（UMTS Terrestrial Radio Access Network，UTRAN）和终端（User Equipment，UE）。两个接口是 CN 与 UTRAN 间的 Iu 接口和 UTRAN 与 UE 间的 Uu 接口。Uu 接口从底向上分接入层、非接入层，接入层为非接入层提供服务。接入层主要包括物理层、MAC/RLC 层和 RRC 层。

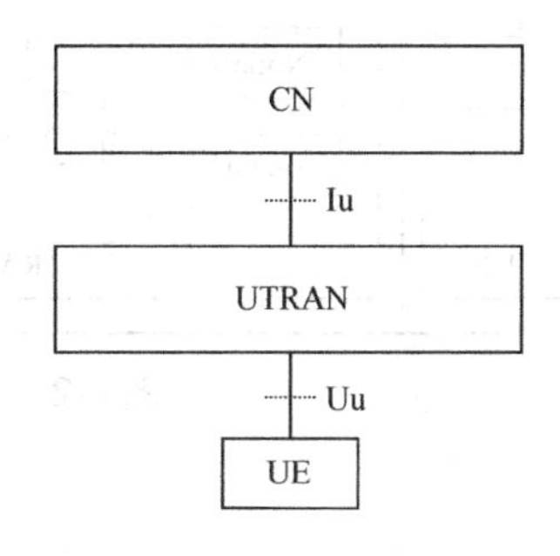

图 8-1 TD-SCDMA 系统网络构架

这里的终端是网络为用户提供服务的最终平台，终端既包含完成与网络间无线传输的移动设备和应用，也包含用来进行用户业务识别并鉴定用户身份的用户识别单元（USIM）。

R4 版本的接入网部分主要包括基站和无线网络控制器两部分。接入网负责为业务分配无线资源并与终端设备建立可靠的无线连接以承载高层的用户应用。

核心网包括支持网络特征和通信业务的物理实体，提供包括用户合法信息的存储、鉴权；位置信息的管理、网络特性和业务的控制、信令和用户信息的传输机制等功能。通常 R4 版本的核心网又分电路域和分组域两部分，话音、视频电话等业务由 CS 提供服务，而 FTP、Web 浏览等业务由 PS 提供服务。TD-SCDMA 系统网络结构如图 8-2 所示。

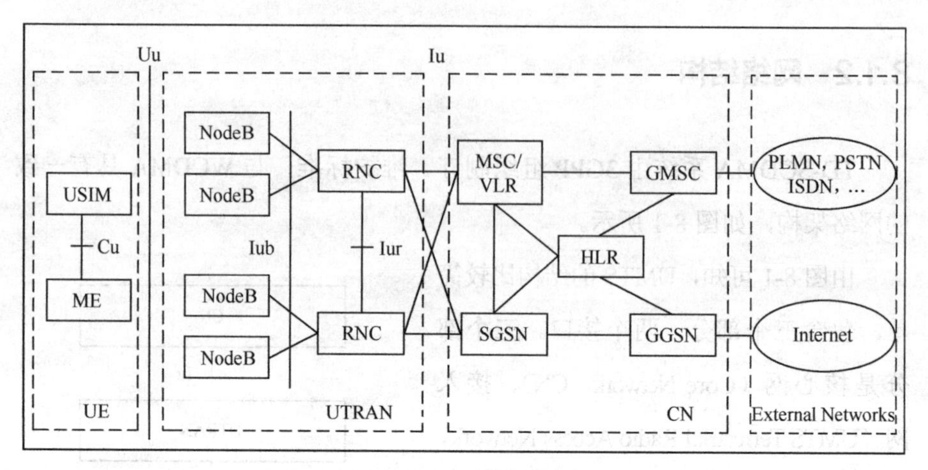

图 8-2　TD-SCDMA 系统网络结构

8.1.3　网元功能

由 TD-SCDMA 系统网络结构框图可知，核心网部分包括以下几个网元实体：HLR、VLR、MSC、MSC GW、MGW、SGSN、GGSN、AUC 和 EIR，这些网元实体的基本功能如下。

HLR：用于存储用户业务基本特征主备份的数据库，包括开通业务的信息、禁止漫游区域、补充业务信息、UE 在 VLR 和 / 或 SGSN 一级的位置信息、IMSI、MSISDN 等用户标识、PDP Address 和 LCS 业务信息等。

VLR：用于存储用户业务基本特征副本和位置信息的数据库，包括 IMSI/MSISDN/MSRN/TMSI 等用户标识、用户所在位置区的标识、用户所在 SGSN 的标识（如果支持 Gs 接口）、补充业务参数和为用户分配新的 TMSI 等。

MSC Server：主要功能是处理电路域呼叫相关的信令，包括电路域呼叫控制与移动性控制；终结 User-Network 信令，并将其转换为相应的 Network-Network 信令；与 CS-MGW 相关联的呼叫状态控制等。

AUC：这是与鉴权和加密相关的网元实体，主要是存储用户用于 IMSI 鉴权的数据；存储用户用于空中接口加密的数据；存储用户的 Identity Key；用于生成 IMSI 鉴权所使用的数据；用于生成空中接口加密的密钥等。

EIR：存储 IMEI 标识的数据库。

GMSC Server：处理 GMSC 相关的信令，包括呼叫控制与移动性控制；路由控制；与 CS-MGW 相关联的呼叫状态控制等。

MGW：处理电路域呼叫的用户数据，包括承载控制；与 MSC Server/GMSC Server 交互，进行资源控制；拥有并处理 Echo Canceller 等资源；可能需要有 Codec；与移动性相关的功能（如 SRNS 重定位）等。

SGSN：和 VLR/MAC 的功能相似，但是主要是处理 PS 的，存储用户分组业务的基本特征副本和位置信息，包括 IMSI/P-TMSI/PDP Address 等标识；用户所在路由区的标识；用户所在 VLR 的标识（如果支持 Gs 接口）；GGSN 地址信息（针对每个激活的 PDP 上下文）；为用户分配新的 P-TMSI；分组业务网关功能等。

GGSN：主要是完成用户分组业务的位置注册功能，包括 IMSI/PDP Address 等标识；用户所在 SGSN 的地址信息；分组业务网关功能等，其功能与 GMSC Server 相似，处理的主要是 PS 业务。

8.1.4　TD-SCDMA 新技术应用

8.1.4.1　TFFR

在任何一个 CDMA 系统中，同频干扰都是一个比较关键的问题。对于 TD-SCDMA 系统，由于采用了下行同步、上行同步、智能天线和联合检测等增强技术，这些技术可以有效地降低和抑制小区内的同频干扰。对小区间的同频干扰，理论上说，也可以通过多小区联合检测技术进行抑制。但是在实际中，由于受基站和UE的硬件处理能力等的限制，系统中已经实现的多小区联检，也是难以满足现网复杂的环境需求。尤其是在下行链路，实现有效的多小区联合检测仍有很多的困难。而小区间同频干扰最严重的区域为小区的边沿，尤其是两小区之间的切换带内。TFFR软覆盖算法，正是为了有效抑制小区间同频干扰，尤其是小区间切换带内的同频干扰而设计的，可以有效提升TD-SCDMA系统的网络性能。

为了减少小区之间的同频干扰，TFFR软覆盖算法考虑收缩业务载波的覆盖范围，在小区内进行不同频率的不同覆盖，其原理示意如图8-3所示，基本思路如下。

- 通过算法收缩内圆载频覆盖，缩小甚至消除小区间的同频干扰带，在两邻小区覆盖的边界处实现一个“同频隔离带”。
- 内圆载波吸收内圆的业务，外圆载波解决覆盖问题，对小区边沿用户提供服务。
- 小区的外环载波至少采用1:3的频率复用度，实现小区间的异频切换。
- RNC结合小区内信道重配置、DCA和小区间的异频切换解决移动性问题，在内外圆之间采用小区重配置保证UE的移动性，小区间用全异频切换彻底消除同频切换带来的掉话隐患。
- 内外之间的边界不是一个硬边界，当外环载波负载较高时，UE移动时RNC将不再将UE切到外环载波，而是保持业务直到小区边界后，直接将其切换到邻区，此所谓“软覆盖”。因此在最坏情况下，用户业务集中在外环载波上时，软覆盖算法对同频干扰抑制效果最差，此时网络容量、掉话率等性能仍然与关闭软覆盖时的网络性能相当。
- 根据不同的话务模型，在N频点的小区组网中，一个小区内的外圆载波可以是一个（主载波），也可以是多个。

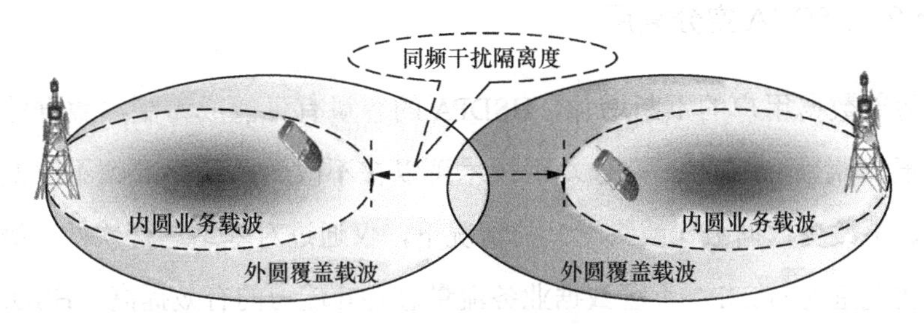

图 8-3 TFFR 原理示意

TFFR 软覆盖算法的移动性管理如图 8-4 和图 8-5 所示，具体说明如下。

- RNC 结合小区内信道重配置和小区间异频切换解决 UE 移动性问题。
- 内外圆之间采用小区内异频重配置保证 UE 的移动性。
- 小区间采用异频切换彻底消除同频切换带来的掉话隐患。

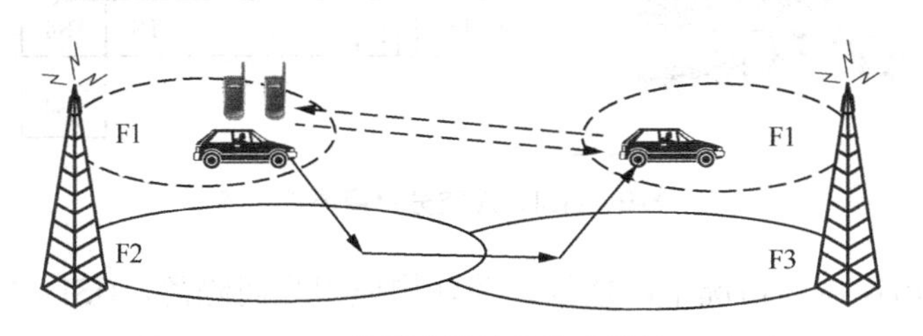

图 8-4 TFFR 软覆盖算法的移动性管理（一）

- UE 移动时，若外圆载频负载较高，RNC 可以不将 UE 切到外圆载频，保持业务直到小区边界后，直接将其切换到邻区。
- 最坏情况下用户业务集中在外圆载波，网络容量、掉话率等性能与关闭软覆盖时的网络性能相当。

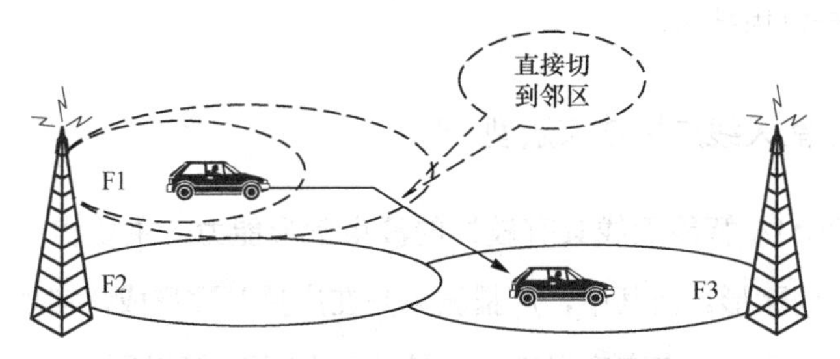

图 8-5 TFFR 软覆盖算法的移动性管理（二）

8.1.4.2 HSDPA 空分复用

随着数据用户的不断增加，HSDPA 的容量有可能成为制约数据业务深度开展的瓶颈。HSDPA 空分复用技术可以在不改变系统标准、不改变网络结构、不改变数据卡（或终端）的情况下，仅通过对基站进行软件升级，就能够实现室内 HSDPA 小区数据业务流量总吞吐能力的有效提高。HSDPA 空分复用原理如图 8-6 所示。

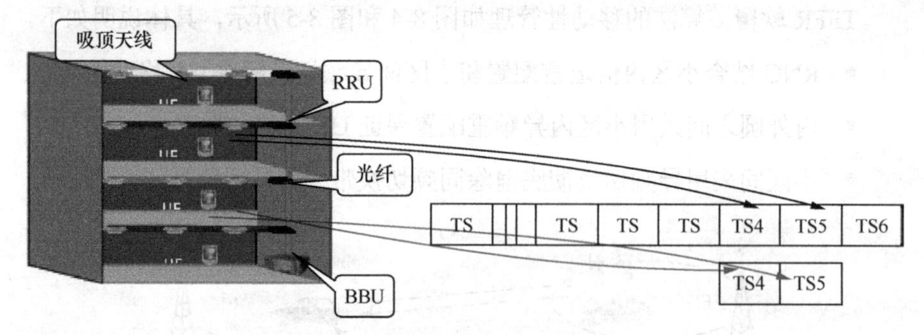

图 8-6　HSDPA 空分复用原理示意

在室内覆盖的情况下，楼板、墙体构成用户间隔离，HSDPA 空分复用技术利用这种隔离，可有效实现不同用户无线资源的重用。

HSDPA 空分复用技术主要应用于具有多个通道、且通道间隔离水平较好的室内分布系统。一般的应用场景为商业写字楼、高档住宅小区等，对于大型体育场馆、会展中心 / 会议中心、民航机场 / 火车站 / 大型汽车站等场景，无线传播条件好，信号为视距传输，无线环境比较空旷，不建议采用 HSDPA 空分复用技术。

8.1.4.3 智能天线广播波束赋型

TD-SCDMA 智能天线具有较好的波束赋形能力，主要实现了广播波束和业务波束的赋形。而其中，广播波束是在广播时隙形成，实现对整个小区的广播，所以要求波束宽度很宽，尽量做到小区无缝隙覆盖。

广播波束的赋形，可以改变波束宽度，而需要注意的是旁瓣的抑制问题。

可以改变广播波束的形状，形成特殊场景需要的覆盖形状，如马鞍形（如图 8-7 所示）。

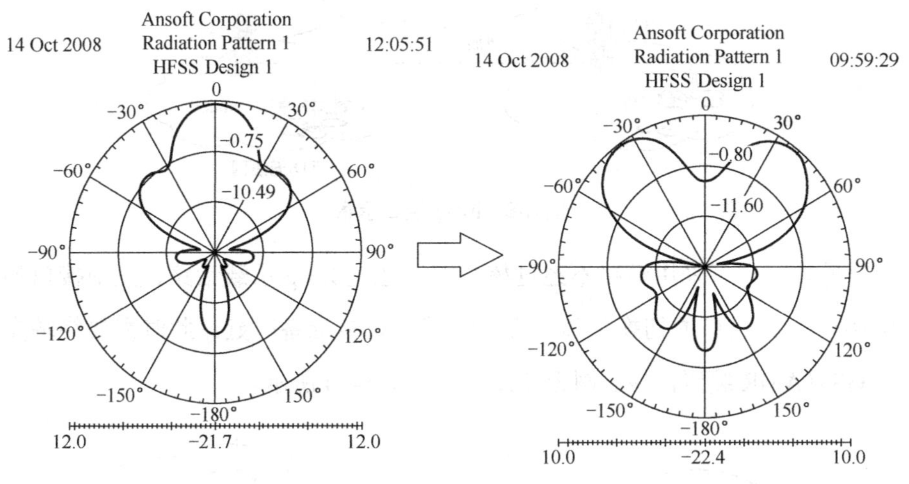

图 8-7 广播波束赋型示意

广播波束的赋形不但能够规避智能天线在应用中存在的重大隐患，并能够发挥出 TD-SCDMA 智能天线的“智能化”作用。在日常的网络规划优化中，根据覆盖场景的不同选取不同的权值，能够更加灵活地优化小区的覆盖范围，提高网络规划方案的效率和质量，在大幅提高 TD-SCDMA 无线网络质量的同时，还能降低 TD-SCDMA 网络优化的工作量。

8.1.4.4 Iur-g 接口

为实现 TD 和 2G 核心网融合，使具有双模终端 2G 的用户可以使用 TD 网络，应充分利用现有 2G 网络的质量和覆盖优势，提高 TD/2G 切换成功率。因此提出了 RNC 与 BSC 之间新增 Iur-g 接口，如图 8-8 所示。

TD-SCDMA 网络和 GSM 邻区和负荷信息通过 Iur-g 接口实时同步，可提升切换成功率。在 TD/2G 切换中，如图 8-9 所示，可通过 Iur-g 接口完成资源预留过程，话路经过核心网，缩短 3G 到 2G 切换准备时延，此时核心网和终端无需升级。

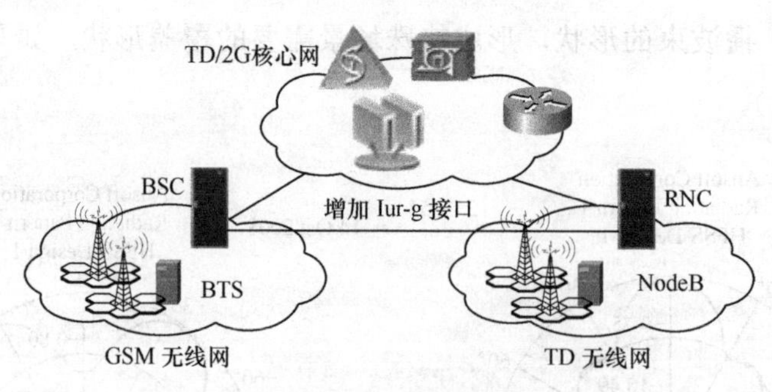

图 8-8 Iur-g 接口示意

另外，也可采用话路不经过核心网，通过 Iur-g 承载话路、空中接口的切换和 Iu/A 接口的切换分离，进一步缩短切换准备时延。此时需要终端支持 GSM AMR 编码，核心网无需改变。如图 8-10 所示。

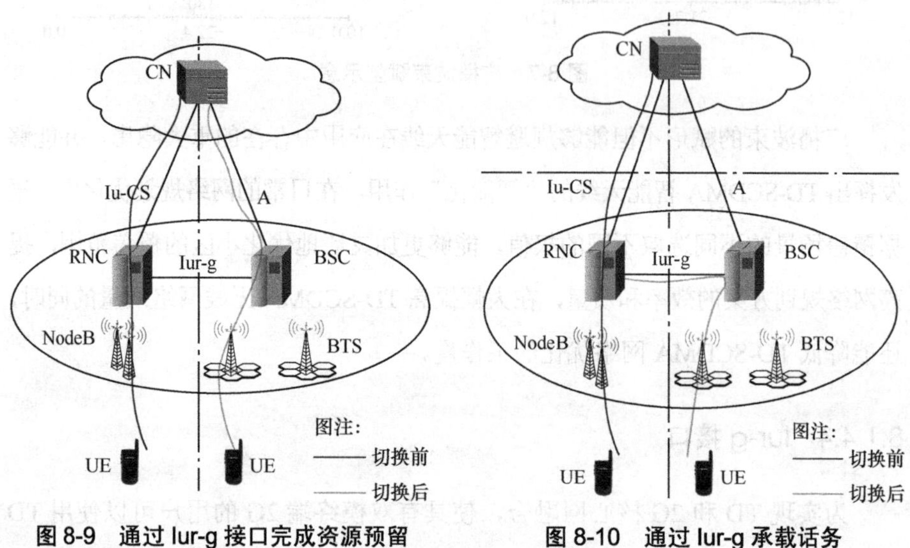

图 8-9 通过 Iur-g 接口完成资源预留　　图 8-10 通过 Iur-g 承载话务

通过 Iur-g 接口可实现不同厂商、不同系统的 RNC/BSC 互联，进一步优化基于负载的切换，实现 TD-SCDMA/GSM 网络接入网侧的融合，从而提升 TD-SCDMA 用户的感知度。

8.1.4.5 一体化天线

一体化天线由天线和定位连接件组成，通过合理安排天线耦合盘及滤波器位置，去掉 RRU 与天线间的所有线缆馈线，RRU、耦合盘和天线接口采用硬连接，将连接、防水、固定操作“三合一”，大大减少现场装配时间，同时降低安装材料成本、安装人力成本和维护人力成本。一体化天线不需要改动软硬件设计，减少了 18 个防水接头（等于减少了 18 个故障点），而且还可提高 1.2 ～ 1.5dB 的实际覆盖增益。一体化天线安装示意如图 8-11 所示。

通过采用一体化天线，工程人员可调整天线的悬挂位置，保障天线倾角的自由调整，一定程度上解决了传统方式的 TD 天线和 RRU 的诸多问题，包括工程安全性低、环境适应性低、安装维护及固定困难、需特殊防水加固处理等。

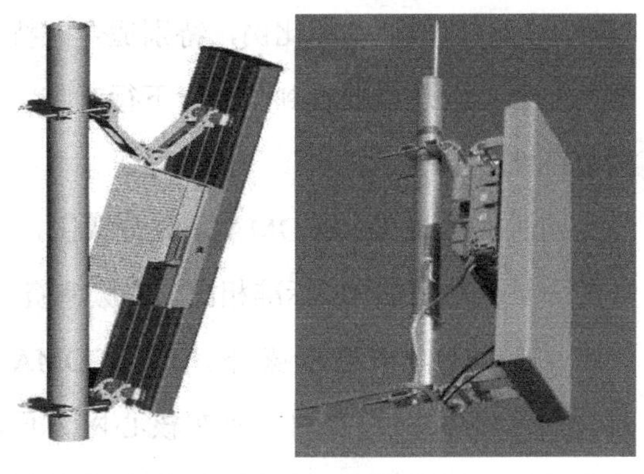

图 8-11　一体化天线安装示意

8.2　TD-SCDMA 网络主要技术原理

8.2.1　技术概述

TD-SCDMA（Time Division-Synchronous Code Division Multiple Access）时分同步码分多址），是 ITU 批准的三个第三代无线通信的技术标准之一。

TD-SCDMA 是中国制订的 3G 标准，从而使世界通信标准体系中第一次出现了由我国自己提出并主导制订完成的通信系统标准，这在我国通信史上具有划时代的意义。1999 年 6 月 29 日，中国原邮电部电信科学技术研究院（现大唐电信科技股份有限公司）向 ITU 提出了该标准。TD-SCDMA 标准中融汇了智能天线、同步 CDMA 和软件无线电（SDR）等诸多新技术。

TD-SCDMA由于采用时分双工，上行和下行信道特性基本一致，因此基站根据接收信号估计上行和下行信道特性比较容易。此外，TD-SCDMA使用智能天线技术有先天的优势，而智能天线技术的使用又引入了SDMA的优点，可以减少用户间干扰，从而提高频谱利用率。

另外，TD-SCDMA系统可以灵活设置上行和下行时隙的比例而调整上行和下行的数据速率的比例，特别适合因特网业务中上行数据少而下行数据多的场合。但是也要看到，上行下行时隙转换点的可变性给组网增加了一定的复杂性。

同时，由于TD-SCDMA是时分双工，不需要成对的频带。因此，和另外两种频分双工的3G标准相比，在频率资源的划分上更加灵活。

在3GPP的体系框架下，TD-SCDMA主要在空中接口的物理层与WCDMA存在较大差别。而在核心网方面，TD-SCDMA与WCDMA采用完全相同的标准规范，包括核心网与无线接入网之间采用相同的Iu接口等，在空中接口高层协议栈上，TD-SCDMA与WCDMA二者也完全相同。这些共同之处保证了两个系统之间的无缝漫游、切换、业务支持的一致性、QoS的保证等，也保证了TD-SCDMA和WCDMA在标准技术的后续演进上实现一致性。

8.2.2 TD-SCDMA系统的帧结构

TD-SCDMA系统子帧结构如图8-12所示，5ms子帧共包括7个普通时隙以及3个特殊时隙。第一个时隙固定分配给下行链路，在该时隙上不采用波束赋行天线，通常承载公共控制信道，如PCCPCH等信道就承载在该时隙上，并且占用两个码道。第一个特殊时隙是下行同步时隙（DwPTS，96chip），最后一个特殊时隙是上行同步时隙（UpPTS，160chip），二者之间是保护间隔（GP，96chip）。

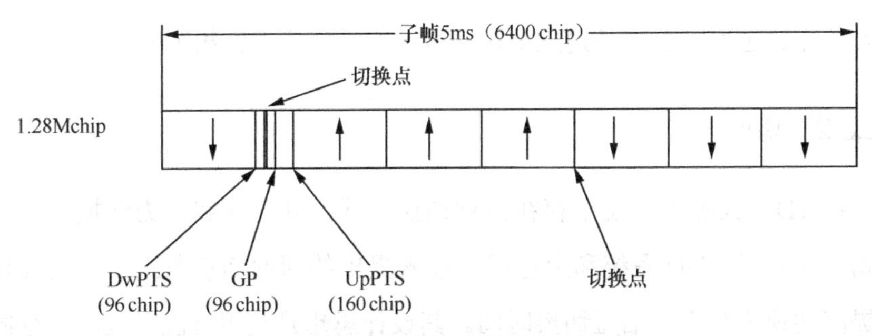

图 8-12　TD-SCDMA 系统子帧结构

8.2.3　TD-SCDMA 系统物理层过程

8.2.3.1　接入过程

在 TD-SCDMA 系统中，当 UE（终端）开启电源之后，将进行 DwPCH 的同步过程以及解读 DwPCH 上的内容，直到找到一个合适的小区，并且驻留在该小区中，最终进入空闲模式。在空闲模式下，终端将监视自己的寻呼消息以及驻留小区的系统消息是否发生改变。如果系统消息发生改变，则终端及时更新系统消息的内容，尽快和小区广播的系统消息保持一致。在整个过程中，为了接收寻呼和系统消息，终端实时和小区保持下行同步状态。

虽然终端和网络保持下行同步关系，由于终端的移动，使得终端和网络之间的距离是不确定的。所以如果终端需要发送消息到网络，则必须经过随机接入过程，建立上行同步，并需要实时进行上行同步的维持管理，直到过程的完成。随机接入过程的目的就是建立和网络上行同步关系以及请求网络分配给终端专用资源，进行正常的业务传输，图 8-13 是一个随机

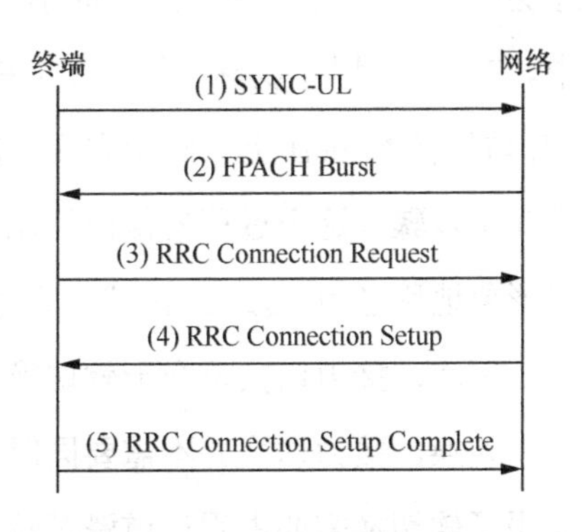

图 8-13　接入过程信令流程

接入的完整过程，首先是建立上行同步过程，然后进行相关资源的请求。

8.2.3.2 切换

在 TD-SCDMA 系统中存在两种切换方式：硬切换和接力切换，其中接力切换是基于 TDD 系统和上行同步技术提出的新的切换方式，其主要目的是提高切换成功率和缩短切换时间。其设计思想是利用智能天线和上行同步技术，在对 UE 的距离和方位进行定位的基础上，把 UE 方位和距离作为辅助信息判断目前 UE 是否移动到了可进行切换的相邻区域。如果 UE 进入切换区，则 RNS（Radio Network Subsystem）通知该基站做好切换准备，从而达到快速、可靠和高效切换的目的。

硬切换是“先断后连”的切换方式，这种切换方式的好处是信道利用率相对较高，一个终端在切换中只占用一个信道，而不会同时占用多个小区的信道，但是弊端是容易造成切换掉话，现网掉话统计显示多数为切换掉话造成。而软切换是一个终端可以同时接收多个小区的信号，从而减少了切换掉话，但是这种方式对无线资源的浪费较大，并且会增加系统负荷。

接力切换则避免了上述硬切换和软切换存在的问题。首先，由于采取了上行预同步技术，由 UE 侧对目标小区进行预同步，此时不占用目标小区的码道资源，只有当收到原服务小区下发的“DCCH 物理信道重配置”信令时，才会先把上行链路接入到目标小区中，随后把下行链路也接入到目标小区中。在此过程中，实际上经过了 UE 测量、RNC 判决、目标 NodeB 波束赋形、UE 与目标 NodeB 上行同步完成、UE 切换至目标 NodeB、原 NodeB 释放信道几个步骤。这个过程就像田径比赛中的接力赛跑传递接力棒一样，因而可以形象地称之为“接力切换”。接力切换原理如图 8-14 所示。

因此，接力切换是介于软切换和硬切换之间的一种新的切换方法。相对于软切换，接力切换并不需要同时有多个基站为一个移动台提供服务，因而克服了软切换需要占用信道资源较多、信令复杂导致系统负荷加重，以及增加下行链路干扰等缺点。而与硬切换相比，两者都具有较高的资源利用率，较为简单的算法，以及系统相对较轻的信令负荷等优点。不同之处在于接力切换断开原基站和与目标基站建立链路几乎是同时进行的，因而克服了传统硬切换掉话率较高、切换成功率较低的缺点。

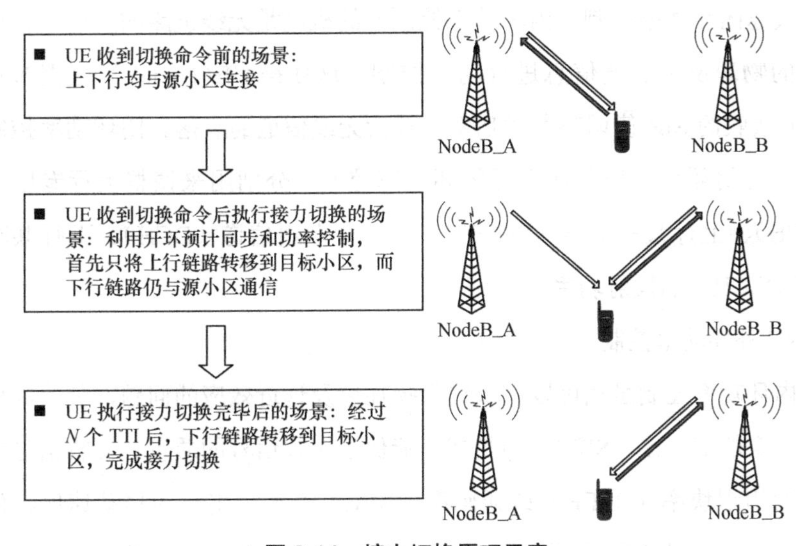

图 8-14 接力切换原理示意

8.2.3.3 功率控制

TD-SCDMA 系统作为一个 CDMA 系统，由于“远近效应”，其容量也必然受到系统内各移动台和基站间的干扰影响。若每个移动台的信号到达基站时都能达到保证通信质量所需的最小信噪比并且保持系统同步，TD-SCDMA 系统的容量将会达到最大。

功率控制就是为了克服“远近效应”而采取的一项措施。它是在对接收机端的信号强度或信噪比等指标进行评估的基础上，适时改变发射功率补偿无线信道中的路径损耗和衰落，从而既维持了信道的质量，又不会对同一无线资源中其他用户产生额外的干扰。

TD-SCDMA 的功率控制技术主要包括开环、闭环和外环功率控制三部分。

- 开环功率控制

由于 TD-SCDMA 系统的上、下行链路的平均路径损耗存在相关性，因此可利用此特点在UE接入网络建立无线链路时，能够根据下行链路的路径损耗估计初始发射功率，这一过程称为开环功率控制。

- 闭环功率控制

快速闭环功率控制（内环功率控制）的机制是无线链路的发射端根据接收端的物理反馈速度信息进行功率控制，这使得UE（NodeB）根据NodeB（UE）接收的SIR值调整发射功率，补偿无线信道的衰落。闭环功率控制又分为上行闭环功率控制和下行闭环功率控制，分别用来调整上行专用信道（DPCH）、上行共享信道（PUSCH）和下行专用信道（DCH）、下行共享信道（PDSCH）的发射功率。

- 外环功率控制

内环功率控制虽然可以解决路径损耗以及远近效应的问题，使接收信号保持固定的信干比（SIR），但是却不能保证接收信号的质量。接收信号的质量一般用误块率（BLER）或误码率（BER）表征。用户的移动速度、信号传播的多径和迟延等环境因素对接收信号的质量有很大的影响。当信道环境变化时，接收信号的SIR和BLER的对应关系也相应的发生变化。因此需要根据信道的环境变化，调整接收信号的SIR目标值，这就是外环功率控制的目的。外环功率控制和内环功率控制组合实现闭环功率控制，所以其性能可以通过闭环功率控制的性能体现。

8.2.3.4 动态信道分配

动态信道分配的引入是基于TD-SCDMA采用了多种多址方式—CDMA、TDMA以及FDMA。当同小区内或相邻小区间用户发生干扰时，可以将其中一方移至干扰小的其他无线单元（不同的载波或不同的时隙）上，达到减少相互间干扰的目的。动态信道分配（DCA）包括两部分：慢速DCA、快速DCA。

慢速DCA对小区中的载频、时隙进行排序，排序结果供接纳控制算法参考。设备支持静态的排序方法、动态的排序方法，其中静态的排序方法可以起到负荷集中的效果，动态的排序方法可以起到负荷均衡的效果。具体排序方法的选择，可以由运营商定制。

快速DCA对用户链路进行调整。在N频点小区中，当载波拥塞时，通过快速DCA可以实现载波间负荷均衡。当用户链路质量发生恶化时，也会触发用户进行时隙或者载波调整，从而改善用户的链路质量。

8.2.3.5 N频点技术

考虑到单个TD-SCDMA载频所能提供的用户数量有限，要提高热点地区的系统容量覆盖，必须增加系统的载频数量。TD-SCDMA系统中，多载频系统是指一个小区可以配置多于一个载波频段的系统，并称这样的小区为多载频小区。通常多载频系统将相同地理覆盖区域的多个小区（假设每个载频为一个小区）合并到一起，共享同一套公共信道资源，从而构成一个多载频小区，称这种技术为N频点技术，主要特点如下。

- 一个小区可配置多个载频，仅在小区/扇区的一个载频上发送DwPTS和广播信息，多个频点使用一个共同的广播信道。
- 针对每一小区，从分配到的N个频点中确定一个作为主载频，其他载频为辅助载频。承载P-CCPCH的载频称为主载频，不承载P-CCPCH的载频称为辅载频。在同一个小区内，仅在主载频上发送DwPTS和广播信息（TS0）。对支持多频点的小区，有且仅有一个主载频。
- 主载频和辅助载频使用相同的扰码和基本Midamble。
- 公共控制信道DwPCH、P-CCPCH、PICH、SCCPCH、PRACH等规定配置在主载频上，信标信道总在主载频上发送。
- 同一用户的多时隙配置应限定为在同一载频上。
- 同一用户的上下行配置在同一载频上。
- 辅载频的TS0暂不使用。
- 主载频和辅载频的时隙转换点应为相同配置。

8.3 TD-SCDMA 网络技术体制和设计规范

8.3.1 技术体制

系统结构：TD-SCDMA 技术体制以 3GPP R4 版本和 HSDPA/HSUPA 技术为基础。基于 R4 版本的 TD-SCDMA 网络基本系统结构如图 8-15 所示，由无线网络（RNS）、核心网络（CN）以及终端和卡组成。

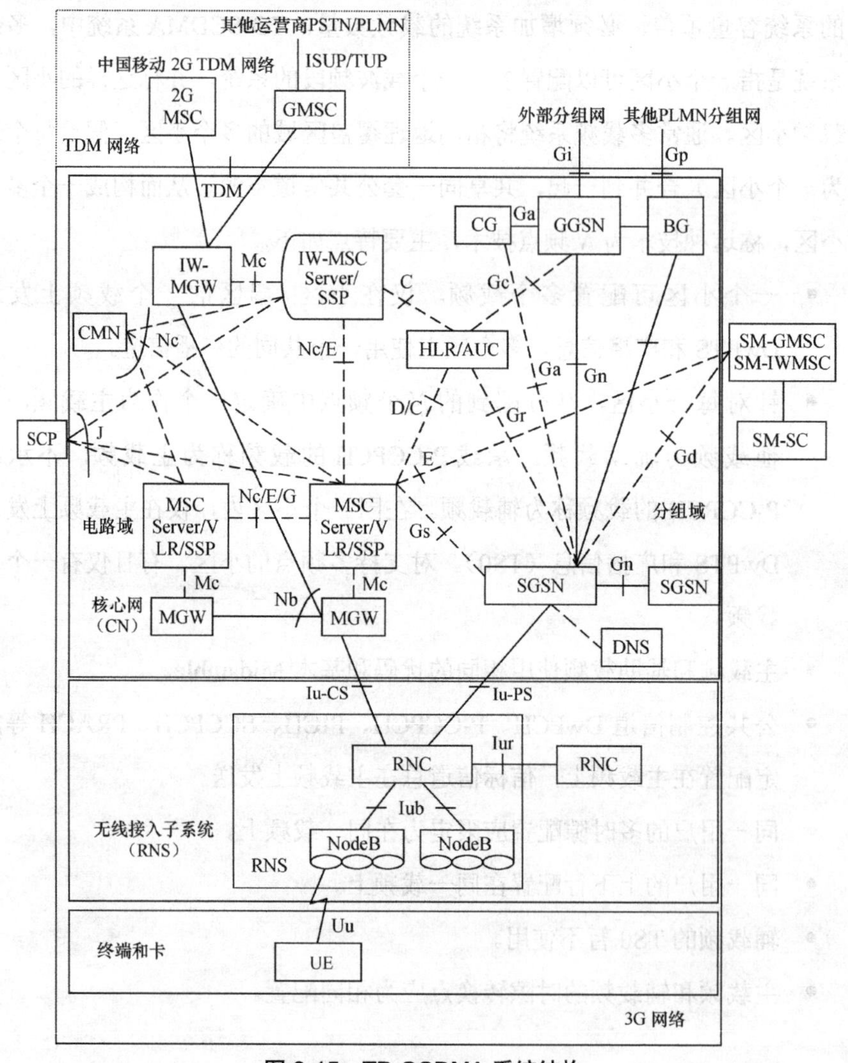

图 8-15 TD-SCDMA 系统结构

业务要求：3G 业务是对 GSM/GPRS 业务的继承和发展，继承了 GSM 网中的基本业务、补充业务和增值业务，增强了 GPRS 网的数据业务，并引入了可视电话及其增值业务等 3G 标志型业务。

网络组织：TD-SCDMA 网络由终端和卡、无线网络子系统和核心网组成，TD-SCDMA 核心网又可分为核心网电路域和核心网分组域。

编号：TD-SCDMA 移动用户 MSISDN 号码应符合 E.164 建议，其号码结构如图 8-16 所示。

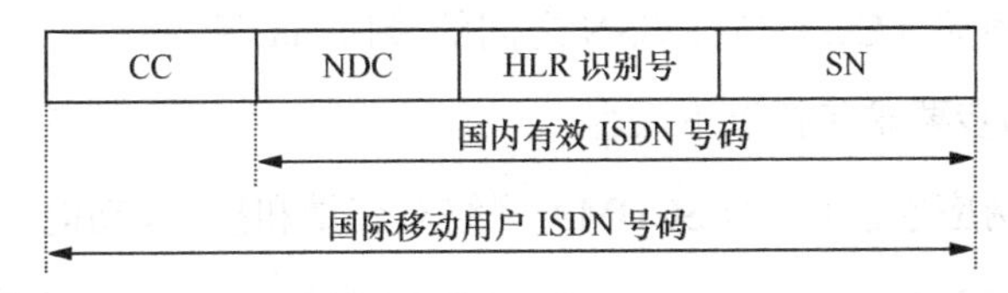

图 8-16 号码结构示意

服务质量与性能指标：服务质量包括传输质量和接续质量。

- 传输质量应满足 3GPP TS43.005 和 TS43.050 的要求。AMR 语音编码载荷端到端的基本传输质量应符合 3GPP TR 26.975 的要求；ISO MPEG-4 以及 ITU-T H.263 视频编码载荷端到端的基本传输质量应符合 3GPP TR 26.912 的要求。
- CS 业务质量要求包括覆盖区内无线可接通率、电路呼损、接续时延。PS 业务质量要求包括覆盖区内无线可提供业务率、接续时延、传输时延、吞吐速率。

接口与信令主要包括以下内容。

- 人机接口 UI；
- SIM 卡与终端接口 Cu；
- 移动终端与 RNS 子系统间接口 Uu；
- RNS 子系统内部接口（包括 NodeB 与 RNC 间接口 Iub，RNC 之间的接口 Iur）；
- RNS 子系统与核心网之间的接口（包括 RNC 与 MSC Server/VLR 间

的接口 Iu-CS，RNC 与 SGSN 之间的接口 Iu-PS)；

- 核心网内部接口（包括 MAP 接口、CAP 接口、Mc 接口、Nc 接口、Nb 接口)；
- GMSC 至其他运营商关口局的接口；
- MSC Server 与短消息服务中心的接口；
- SGSN 与 GGSN 之间的接口 Gn/Gp；
- GGSN 与外部数据网之间的接口 Gi；
- 计费网关（CG）与各 GSN 之间的接口 Ga 等。

传输与同步要求包括以下内容。

- 传输网应能满足 TD-SCDMA 网络对容量和接口、功能和性能的要求。
- TD-SCDMA 核心网络的时钟同步要求与 GSM/GPRS 网的同步要求相一致，TD-SCDMA 无线子系统 UTRAN 采用主从同步方式。
- TD-SCDMA 在核心网部分相对于 2G GSM 无新增时间同步要求，无线子系统时间同步要求相邻基站间空口同步信号相对时间误差小于 3μs。

频率计划内容如下。

- TD-SCDMA 收发信机以时分双工方式工作，上下行使用相同的载频。
- TD-SCDMA 网络采用工业和信息化部无线电管理局分配的频率。
- 目前 TD-SCDMA 的载频间隔为 1.6MHz。
- 信道栅格为 200kHz，表示载波中心频率为 200kHz 的整数倍。
- 码片速率为 1.28Mchip/s。
- 相邻小区不能使用相同 DwPTS 码，相邻小区不能使用规范中规定的同扰码组的码字。

网络安全要求：TD-SCDMA 网络的安全应综合考虑无线空口安全、核心网安全、承载网安全、支撑系统接入安全、业务系统接入安全及用户卡、终端安全等环节，在充分考虑各环节存在的安全威胁的基础上采取相应的安全防护技术要求。

8.3.2 设计规范

8.3.2.1 服务质量指标

（1）TD-SCDMA 数字蜂窝移动通信网的无线可通率应满足覆盖区内的移动台在 90% 的位置可以接入网络。

（2）不包括区内无线可通率的影响，无线电路信道的呼损率应不大于 5%，在话务密度高的地区宜不大于 2%。当考虑可通率时，实际呼损率的计算见公式（8-1）。

$$实际呼损率=1-(L-r\%)Fu \quad (8\text{-}1)$$

其中：*Fu* 表示无线可通率；

r% 表示无线信道呼损率。

（3）各类业务目标 BLER 宜符合以下要求。

话音：<1%；

CS 64k：≤ 0.1% ～ 0.5%；

PS 数据：≤ 10%；

其他业务指标根据工程具体情况确定。

（4）核心网服务质量指标包括电路域服务质量指标和分组域接续质量指标。

电路域服务质量指标应符合以下要求。

- 网络接通率应不小于 85%；
- 网络建设初期掉话率宜不大于 3%，后期应不大于 1%；
- 中继电路呼损应不大于 1%；
- 移动终端所在地的 MSC Server 从接到呼叫至寻呼到该终端的时延应少于 4s（一次寻呼）或 15s（多次寻呼）；
- 端到端的业务处理时延要求不超过 300ms。其中，用户终端与核心网 Iu-CS 接口之间的时延应不超过 90ms；核心网络内任意两台 MGW 之间的包处理时延应不超过 120ms。

分组域接续质量指标应符合以下要求。

- 移动用户从开机至用户附着成功的时延应不超过 10s；
- 移动用户发起 PDP 激活到激活完成时延应不超过 4s；
- PDP 上下文激活成功率应不小于 95%；
- 长时间保持通信成功率应不小于 95%。

8.3.2.2 网络设计的一般要求

（1）TD-SCDMA 系统结构包括移动台（UE）、无线接入网络系统（RNS）和核心网（CN）系统，系统结构如图 8-17 所示。

- 用户终端设备包括移动设备（ME）和用户识别模块（USIM）。
- 陆地无线接入网包括基站（NodeB）和无线网络控制器（RNC）
- 核心网包括电路交换网络（CS）和分组交换网络（PS），其中电路域设备包括 MSC 服务器（MSC Server）、GMSC 服务器（GMSC Server）、媒体网关（MGW）、信令网关（SG）、拜访位置寄存器（VLR）、归属位置寄存器（HLR）、鉴权中心（AUC）等；分组域设备包括服务 GPRS 支持节点（SGSN）、网关 GPRS 支持节点（GGSN）、计费网关（CG）、边界网关（BG）和域名服务器（DNS）等。

（2）TD-SCDMA 系统的接口包括以下内容。

- USIM 卡和 ME 之间为电气接口。
- 陆地无线接入网接口包括 UE 与网络之间的无线接口 Uu、NodeB 与 RNC 之间的 Iub 接口、RNC 之间的 Iur 接口、RNC 与核心网之间的 Iu 接口（包括面向核心网电路域的 Iu-CS 接口和面向核心网分组域 Iu-PS 接口）。
- 核心网内电路域主要接口包括（G）MSC Sever 之间的 Nc 接口、（G）MSC Sever 与 MGW 之间的 Mc 接口、MGW 之间的 Nb 接口，其他 MAP 接口与 GSM 网络相同。
- 核心网内分组域主要接口包括 GSN 之间的 Gn 接口、GGSN 与 PDN 之间的 Gi 接口、SGSN 与 HLR 之间的 Gr 接口等。

（3）TD-SCDMA 工程设计应遵循下列要求。

- 遵循国家及行业管理部门的相关技术要求和规范。

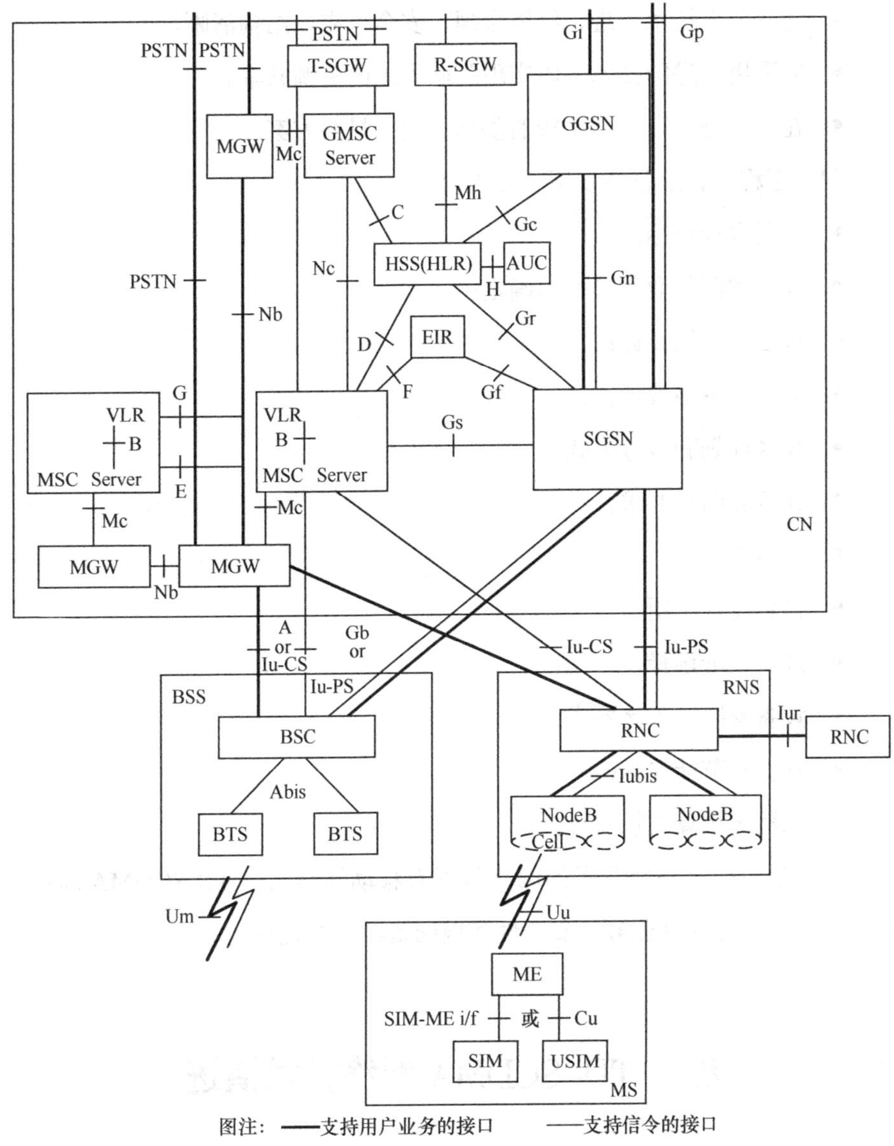

图 8-17　TD-SCDMA 系统结构

- 要适应我国地域广大、经济发展不平衡、用户及业务分布不均匀的特点，采取不同的建设原则。
- 要适应电信业务经营者的企业发展、业务发展、技术发展和发展规模，并考虑网络的可持续发展。

- 保证和其他网络的互联互通。
- 建网要求技术先进、经济合理、安全可靠、结构清晰。
- 应采用先进的技术手段实现基础设施的资源共享。
- 在充分进行多方案比较的基础上确定最终方案。

（4）工程设计应包括以下主要内容。

- 工程设计目标；
- 业务预测与业务模型的确定；
- 核心网网络设计；
- 无线网网络设计；
- 编号计划和拨号方式；
- 计费和网管要求；
- 同步方式；
- 设备配置说明；
- 局、站址选择；
- 设备安装及工艺要求；
- 环保和节能要求；
- 工程概预算与投资分析。

（5）当电信业务经营者的网络从现有移动通信网向 TD-SCDMA 通信网演进时，应保证现网业务的安全性和现网资源的合理利用。

8.4 TD-SCDMA 网络技术演进

8.4.1 1.4MHz 压缩载波带宽

对于目前 TD-SCDMA 系统可规模商用的 2010 ～ 2025MHz 频段来说，总共15MHz的频率资源较为紧张，网络同频干扰问题突出，一定程度上影响了TD-SCDMA的网络质量、用户感知以及TD-SCDMA网络的发展。为此，中国移动提出了通过压缩TD-SCDMA载波带宽增加载波资源的方法，以缓解目前频率资源不足和干扰突出的问题。

未来TD-SCDMA载波带宽压缩至1.4MHz后，在现有分配的35MHz总带宽的基础上可增加3个载波，频谱利用率提高约14%，具体见表8-2。

表8-2　TD-SCDMA载波带宽压缩前后对照

频段	带宽（MHz）	1.6MHz带宽载波数量	1.4MHz带宽载波数量	增加频点数量	增加百分比
B	15	9	10	1	11.11%
A	20	12	14	2	16.67%
合计	35	21	24	3	14.29%

因此，通过TD载波带宽压缩方式，在相同频率资源的条件下，提供了更多的载波数量，提高了无线资源的频谱利用率，将带来较大的经济效益。

8.4.2　TD-SCDMA系统的MBMS

多媒体广播组播业务（Multimedia Broadcast/Multicast Service，MBMS）是3GPP R6版本中引入的一项重要功能，其目的是支持广播业务，在同一时间为大量用户提供高速率数据业务。在不改变网络结构的基础上，实现网络资源共享。除了移动核心网和接入网资源，MBMS还可以共享更为紧张的空中接口资源，以提高无线资源的利用率。MBMS的优势在于不仅能实现纯文本、低速率的消息类组播和广播，还能实现高速率、多媒体数据业务的组播和广播，从而弥补IP组播技术不能使多个移动用户共享移动网络资源的不足。

在带宽方面，MBMS最大可以使用256 kbit/s的速率进行下载和流媒体的传送。在互动方面，MBMS本身没有定义特别的上行信道，但可以利用已有上行控制信道进行业务订阅、业务加入等业务控制流程，同时利用上行业务信道实现与下行广播 / 组播配合的一些交互类业务。

在容量方面，MBMS 提供点到多点传送多媒体的发送机制，资源消耗与用户数的增长无关，从而节省了空口资源和 Iub 接口传输资源。

MBMS 的网络参考模型如图 8-18 所示。

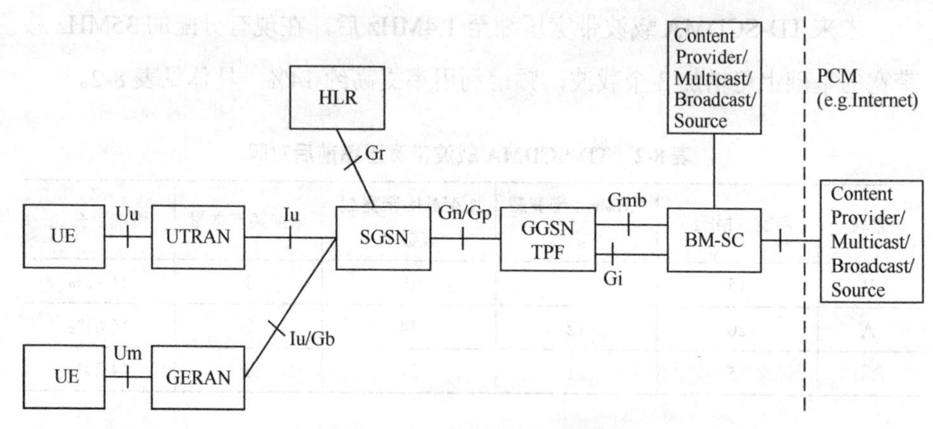

图 8-18　TD-MBMS 参考模型

TD-SCDMA 系统中的 MBMS 采用同时隙网（Union Time-slot Network，UTN）的组网方式。采用 UTN 组网，小区中不同频点间 MBMS 占用时隙可以相同或不同，但相邻小区相同频点的 MBMS 时隙分配必须是相同的。在该时隙上，参与广播的多个基站发送相同的信号，UE 可以将接收到来自于不同基站的信号视为多径信号，这样就大大提高了频谱利用率，如图 8-19 所示。

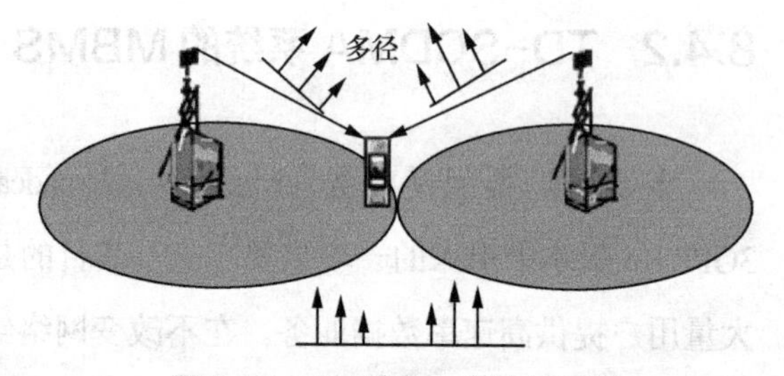

图 8-19　UE 接收多径信号示意

UTN 模式下，MBMS 时隙使用公共的 Midamble 码、扰码，通常 TS6 不用作 MBMS 时隙，否则，当手机在辅频点接收 MBMS 业务时，由于射频器件的限制，没有足够的时间切换到主频点的 TS0 上。

需要注意的是，虽然在 TD-SCDMA 系统中采用了智能天线的波束赋型消除干扰。但是对 MBMS 业务而言，将不进行波束赋型而是采用广播方式在小区内进行全覆盖。这样，在非 MBMS 业务小区内的用户，将会受到提供 MBMS 业务的相邻小区的干扰。因此，在非 MBMS 小区和 MBMS 小区之间必须设置一定距离的隔离带，以避免干扰。

由于 MBMS 技术可极大地提高网络资源利用率，尤其是宝贵的空口资源，可实现多种丰富的视频、音频和多媒体应用业务，因此仍可能是运营商主要关注的应用业务之一。但是，在其他手机电视技术（如 CMMB 技术）的冲击下，MBMS 业务的发展前景还有待进一步观察。

8.4.3 TD-SCDMA系统的HSPA+

3GPP R5 及其后续的版本中，UMTS 引入了 HSDPA 和 HSUPA 技术（以下合称为 HSPA 技术），分组域业务的数据吞吐率有较大幅度的提高。为了获得更高的 QoS 保证和吞吐量性能满足数据业务的发展要求，HSPA 技术也需要有增强型技术以满足上述要求。

TD-SCDMA HSPA+ 技术是针对原有 HSPA 系统的升级，主要为了提升系统的用户容量和吞吐量，以及优化对“Always On（永远在线）”数据业务的支持，这很好地解决了上述的市场需求。

（1）HSPA+ 提高了频谱利用效率，提升了系统的吞吐量

HSPA+ 引入了 MIMO 技术和 64QAM 技术，理论上能够将频谱利用效率提高 3 倍，相对于原有的 HSPA 网络，在系统吞吐量上有大幅度提升。

（2）HSPA+ 优化了对“Always On”数据业务的支持

HSPA+ 采用了分组数据业务的持续连接（CPC）技术、Cell-FACH 增强技术、层 2 增强技术，优化了对“Always On”业务的支持，具体措施为减少了单个数据业务占用的无线资源，从而提高了在线用户数；采用 HSPA DTX/DRX 技术，从而延长了终端的电池续航时间；改善用户对数据业务的响应速度，从而提高了用户对数据业务的体验满意度。

HSPA+ 是在 HSPA 网络上的平滑升级，升级成本较低的同时向后兼容

HSPA 用户，降低了现网用户流失的风险。

HSPA 的频谱效率、峰值数据速率以及时延等性能继续得到提高，与 LTE 在 5MHz 带宽条件下的性能相当。

HSPA+ 优化对“Always On”数据业务的支持。

HSPA+ 能够后向兼容，支持 HSPA+ 的终端与不支持 HSPA+ 的终端可以共用一个载波，而不会导致性能下降。

当前的系统设备只需要简单的软件升级就能支持 HSPA+。

TD-SCDMA HSPA+ 系统和 HSPA 系统的性能比较见表 8-3。

表 8-3　TD-SCDMA HSPA+ 系统与 HSPA 系统性能对比

项目	HSPA	HSPA+
下行频谱利用效率	1.75bit/s/Hz	5.25bit/s/Hz
覆盖范围	与 R4 网络同覆盖	与 R4 网络同覆盖
用户容量	16 用户 / 载频	32 用户（Cell-DCH 状态）/ 载频；Cell-FACH 状态用户数量没有限制
峰值速率（单载频 2:4 时隙配置）	上行 560kbit/s 下行 1.68Mbit/s	上行 560kbit/s 下行 5.04Mbit/s
峰值速率（单载频 3:3 时隙配置）	上行 1.12Mbit/s 下行 1.12Mbit/s	上行 1.12Mbit/s 下行 3.36Mbit/s

8.4.4 TD-SCDMA 系统的家庭基站

家庭基站，又称毫微微蜂窝基站（Femtocell），部署在室内场景中，提供标准的 Uu 空中接口，发射功率为毫瓦级，覆盖半径为 10 ～ 50m。当移动终端从室外进入室内后，服务网络自动从宏基站转入家庭基站，由家庭基站提供全部移动网络相关服务，通过传输设备汇聚到 Femto 网关后，再由标准的 Iu 接口接入到移动核心网中。家庭基站在对已有的移动终端和移动核心网无任何影响的条件下，高性价比地实现了 TD-SCDMA 的室内纵深覆盖，极大改善了家庭场景中无线信号覆盖质量，在为室内用户提供高速数据、语音和多媒体业务方面具有明显的优势。

TD-SCDMA 系统的 Femto 基站采用 Iu-Based 组网方式，如图 8-20 所示。通过引入 Femto 网关设备基于标准 Iu 接口适配 TD-SCDMA 核心网，对 TD-SCDMA 核心网基本无额外改造要求。

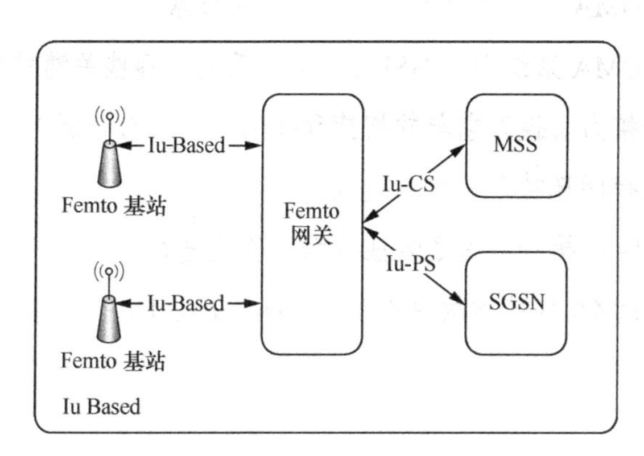

图 8-20 Iu-Based 组网方式示意

TD-SCDMA 系统的 Femto 基站研发进展与其他制式的 Femto 基站相比起步较晚，为实现 TD-SCDMA Femto 基站的成功商用，还需解决 TD-SCDMA 系统时钟同步、与室外宏基站间干扰控制、自配置和自优化、网络接入以及网络安全等关键问题。

2004 年 11 月，3GPP 启动了 LTE 的标准化工作以满足用户不断增长的业务需求，2007 年 11 月 7 日，3GPP RAN1 会议通过了中国移动与 27 家公司联合署名的 LTE TDD 融合帧结构的建议。由于 LTE TDD 帧结构是基于我国 TD-SCDMA 的帧结构，因此能够方便地实现 TD-LTE 系统与 TD-SCDMA 系统的共存和融合。

思考题

1. TD-SCDMA 系统主要使用了哪些关键技术？
2. TD-SCDMA 系统中的 HSPA ＋主要采用了哪些关键技术？
3. 什么是接力切换？它与软切换和硬切换有什么分别？
4. 简述上行闭环功率控制的过程。
5. 3GPP R4 的核心网做了哪些技术上的改进？
6. TD-SCDMA 的帧结构中的 TS0、DwPTS、UpPTS 的作用是什么？

第 9 章
LTE 无线网络

LTE（Long Term Evolution）是由 3GPP 定义的 UMTS 演进技术，归类为第四代移动通信系统标准，是原三种 3G 技术（WCDMA、TD-SCDMA、cdma2000）演进的方向，LTE 已经被众多运营商广泛采纳。本章主要内容有 LTE 网络结构、各网元功能、原理与关键技术、标准化进程、技术体制、设计规范以及下一步演进等。

9.1 LTE 网络概述

9.1.1 网络结构

3GPP 制定的 LTE 网络称为 EPS（Evolved Packet System），其目标是将所有的业务与应用集成在一个简单而通用的网络架构上，为用户提供更丰富、更高质量、更无缝的业务体验，同时为运营商提供更加灵活可靠的控制机制。EPS 的系统架构与 UMTS 相比，发生了革命性的变化，取消了电路域，成为一个纯分组域的全 IP 架构。核心网实现了业务层和承载控制层彻底分离，增强了 IMS 对整个网络的业务控制能力。无线接入网（Evolved UTRAN，E-UTRAN）简化了原来 UMTS 中由 RNC 和 NodeB 实体构成的两层结构，采用了更为扁平化的系统架构，只有一层 eNodeB 实体组成，总体网络架构如图 9-1 所示。

在 E-UTRAN 网络结构中，相邻 eNodeB 之间底层采用 IP 传输，逻辑上通过 x2 接口互联，构成网状网络，即 Mesh 型网络，从而保证 UE 在整个网络内的移动性，实现无缝切换。每个 eNodeB 通过 S1 接口与一个或多个 MME/S-GW 连接，也采用了全部或部分 Mesh 型的连接方式。

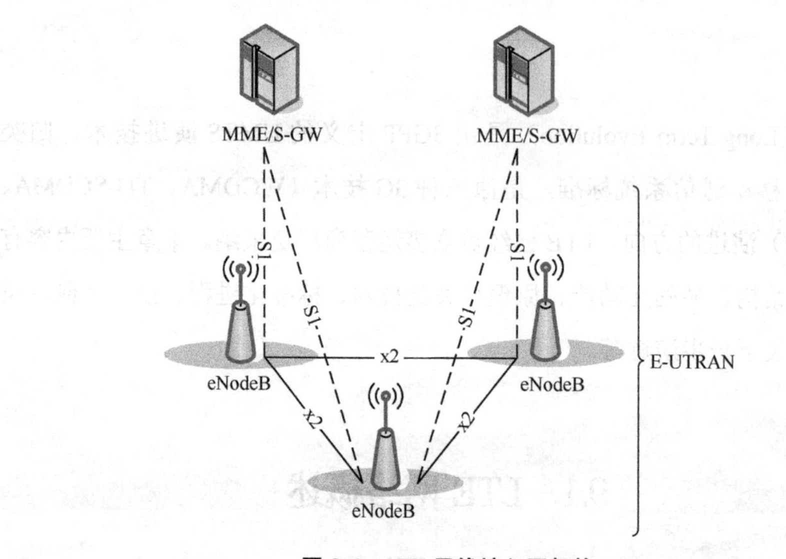

图 9-1　LTE 无线接入网架构

与 UMTS 网络比较，E-UTRAN 不再存在 Iub 接口，而 x2 接口类似于 UMTS 中的 Iur 接口，S1 接口类似于 Iu 接口，但有了一定简化。S1 接口逻辑上分为 S1-MME 和 S1-U，S1-MME 是 E-UTRAN 与 MME 间的逻辑接口，用于各种控制信令的传输，基于 S1-AP。S1-U 是 E-UTRAN 与 S-GW 间的逻辑接口，用于用户数据的传输，以及用于 eNodeB 间的通路切换，基于 GTP-U。

E-UTRAN 新的网络架构有以下特点。

（1）网络扁平化。扁平化能够减少系统时延，改善用户体验。

（2）接口及承载全 IP 化。顺应了网络 IP 化趋势，提高了可靠性、灵活性，降低了成本。

（3）网元类型单一。取消了 RNC 的集中控制，避免单点故障，提高了网络可靠性；只有一种网元也使得网络部署简单快捷，便于维护。

9.1.2　网元功能

E-UTRAN 将 NodeB 和 RNC 融合为一个网元 eNodeB，因此 eNodeB 具有现有 NodeB 的全部和 RNC 的大部分功能，实现接入网的全部功能。主要包括物理层、MAC、RLC、PDCP 功能、RRC 功能、资源调度和无线资源管理、无线接入控制及移动性管理功能。eNodeB 通过用户平面接口 S1-U 和 S-GW 连接，用于传送用户数据和相应的用户平面控制帧；通过控制平面接口 S1-MME 和 MME 连接，采用 S1-AP，类似于 UMTS 网络中的无线网络层的控制部分，主要完成 S1 接口的无线接入承载控制、操作维护等功能；通过空中接口与 UE 连接，用于建立、配置、维持及释放各种无线承载业务。

9.1.3　空中接口协议框架

LTE 系统的空中接口是 UE 和 E-UTRAN 之间的接口，包括层 1、层 2 和层 3。其中，层 1 在 TS 36.200 系列规范中定义，层 2 和层 3 在 TS 36.300 系列规范中定义。

LTE 系统的空中接口协议栈分为用户平面协议栈和控制平面协议栈。用户平面协议栈与 UMTS 相似，包括物理层（PHY）、媒体访问控制层（MAC）、无线链路控制层（RLC）、分组数据汇聚层（PDCP）4 个层次，这些子层在网络侧终止于 eNodeB 实体，如图 9-2 所示。控制平面协议栈从上至下包括非接入层（NAS）、无线资源控制层（RRC）、PDCP、RLC、MAC、PHY 层，如图 9-3 所示。各层的主要功能如下。

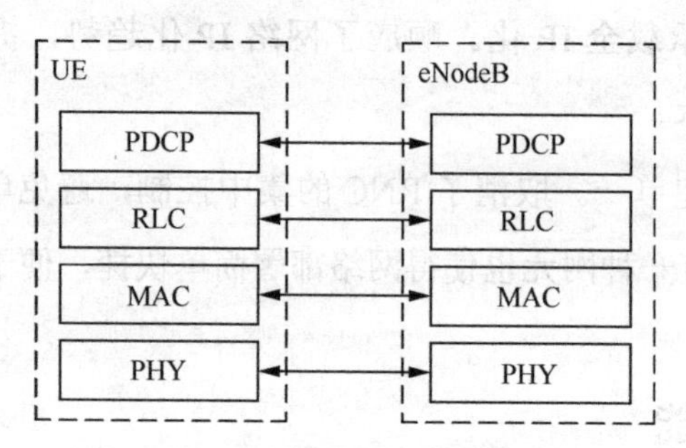

图 9-2　LTE 空中接口用户平面协议栈

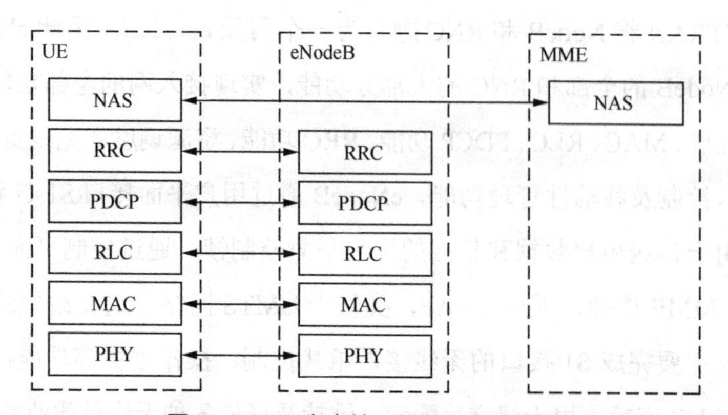

图 9-3　LTE 空中接口控制平面协议栈

NAS 层：NAS 层协议终止于 MME，主要实现 EPS 承载管理、鉴权、空闲状态下的移动性管理、寻呼消息的产生及安全控制等功能。

RRC 层：RRC 层协议终止于 eNodeB，主要实现广播、寻呼、RRC 连接管理、无线承载控制、移动性管理、UE 测量上报和控制等功能。

PDCP 层：负责提供加密 / 解密和完整性保护功能，以及执行头压缩、解头压缩以减少无线接口传送的比特流量。对于一个终端，每个无线承载有一个 PDCP 实体。

RLC 层：RLC 层在控制平面和用户平面执行功能相同，负责分段与连接、重传处理，以及对高层数据的顺序传送。RLC 层以无线承载的方式为 PDCP

层提供服务，每个终端的每个无线承载配置一个 RLC 实体。

MAC 层：MAC 层在控制平面和用户平面执行的功能相同，负责处理 HARQ 重传与上下行调度，MAC 层以逻辑信道方式为 RLC 层提供服务。

PHY 层：负责处理编译码、调制解调、多天线映射及其他典型物理层功能，物理层以传输信道的方式为 MAC 层提供服务。

9.2　LTE 网络主要技术原理

9.2.1　物理层主要技术参数

3GPP 规范定义的 LTE 系统的物理层关键技术参数如下。

（1）系统带宽

LTE 系统子载波间隔为 15kHz，上下行最小的资源块为 180kHz，即 12 个子载波宽度。数据到资源块的映射可采用集中式（Localized）或分布式（Distributed）两种方式。通过合理配置资源块数量，系统可支持 1.4 ～ 20MHz 的可变信道带宽配置，相应地传输带宽配置 N_{RB} 数量为 6 ～ 100，详见表 9-1。

表 9-1　系统带宽

Channel Bandwidth BWChannel（MHz）	1.4	3	5	10	15	20
Transmission Bandwidth Configuration N_{RB}	6	15	25	50	75	100

（2）多址方式

LTE 系统的下行多址方式采用正交频分多址（OFDMA），上行多址方式采用单载波频分多址（SC-FDMA），参见本节第 6 部分。

（3）双工方式

LTE 系统支持两种基本的工作模式，即频分双工（FDD）和时分双工（TDD）。

（4）调制方式

LTE 系统上下行都支持的调制方式：QPSK、16QAM、64QAM。

（5）信道编码

LTE 系统采用的信道编码方案为 Turbo 编码，编码速率为 R=1/3，3/4，5/6。使用 24bit 长的循环冗余校验（CRC）支持误码检测。

（6）多天线技术

LTE 系统引入了 MIMO 技术，下行基本 MIMO 配置是 2×2 个天线，也可考虑更多的天线配置（最大 4×4）；上行 MIMO 配置是 1×2 个天线。下行 MIMO 技术包括发射分集、空间复用、空分多址、预编码等，上行则采用虚拟 MIMO 技术以增大容量。

9.2.2 物理层帧结构

下行和上行传输均采用帧长 10ms 的无线帧。系统支持两种无线帧结构，类型 1 和类型 2 分别适用于 FDD 工作模式和 TDD 工作模式。

类型 1 帧结构如图 9-4 所示。每个 10ms 的无线帧等分为 10 个子帧，每个子帧等分为 2 个时隙。对于 FDD 模式，在每个 10ms 区间内 10 个子帧可用于下行传输，同时 10 个子帧可用于上行传输，上行和下行传输在频域分开。

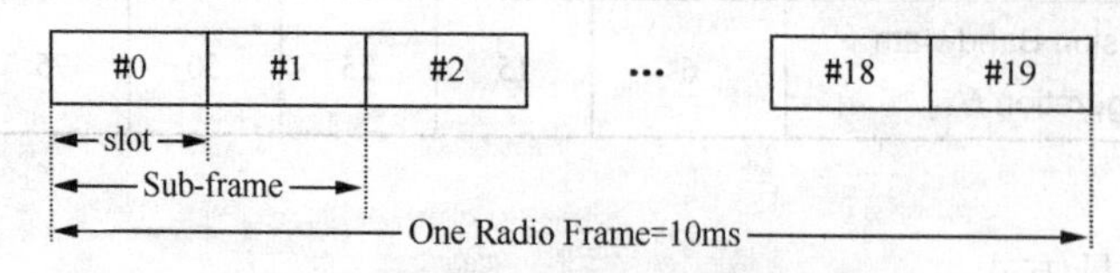

图 9-4 类型 1 帧结构

类型 2 帧结构如图 9-5 所示。每个 10ms 无线帧由 2 个 5ms 的半帧组成，每个半帧由 5 个 1ms 的子帧组成，每个子帧除第二个外分为 2 个 0.5ms 的时隙，第二个子帧由 3 个特殊时隙组成：DwPTS（下行同步与小区搜索）、GP（上/下行保护间隔）、UpPTS（上行同步、随机接入）。在 DwPTS、GP 和 UpPTS 总时长为 1ms 的前提下，DwPTS 和 UpPTS 是可变的。

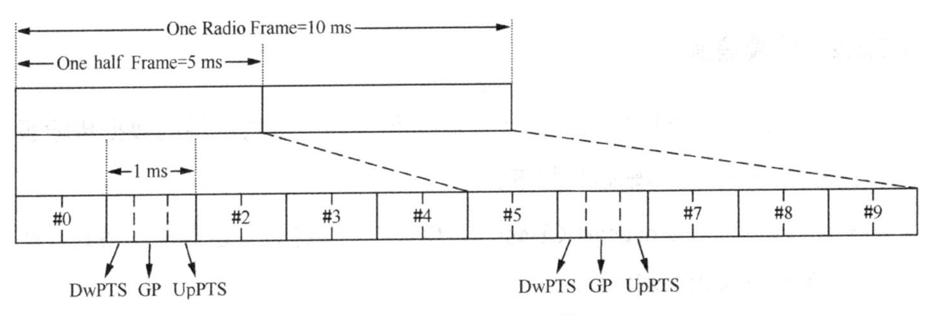

图 9-5　类型 2 帧结构

对于 TDD 模式，GP 保留用于下行到上行的切换，其他子帧/时隙分配用于下行或上行的数据传输。上行和下行传输在时域分开。

9.2.3　物理信道与传输信道

9.2.3.1　物理信道

LTE 系统的下行物理信道如下。

- 物理下行共享信道（Physical Downlink Shared CHannel，PDSCH）
- 物理广播信道（Physical Broadcast CHannel，PBCH）
- 物理多播信道（Physical Multicast CHannel，PMCH）
- 物理下行控制信道（Physical Downlink Control CHannel，PDCCH）
- 物理控制格式指示信道（Physical Control Format Indicator CHannel，PCFICH）
- 物理 HARQ 指示信道（Physical HARQ Indicator CHannel，PHICH）

LTE 系统的上行物理信道如下。

- 物理上行共享信道（Physical Uplink Shared CHannel，PUSCH）
- 物理上行控制信道（Physical Uplink Control CHannel，PUCCH）
- 物理随机接入信道（Physical Random Access CHannel，PRACH）

9.2.3.2 传输信道

传输信道负责通过什么样的特征数据和方式实现物理层的数据传输服务，LTE 系统的下行传输信道如下。

- 广播信道（Broadcast CHannel，BCH），固定的预定义传输格式，在整个小区内广播。
- 下行共享信道（DownLink Shared CHannel，DL-SCH），在整个小区覆盖区域发送；支持 HARQ；能够通过各种调制方式、编码方式、发射功率实现链路自适应；支持波束赋形；支持动态或半静态资源分配；支持 UE 的非连续接收（DRX）以减少 UE 耗电。
- 寻呼信道（Paging CHannel，PCH），在整个小区覆盖区域发送；可映射到用于业务或其他动态控制信道使用的物理资源上；支持 UE 的非连续接收（DRX）以减少 UE 耗电。
- 多播信道（Multicast CHannel，MCH），在整个小区覆盖区域发送；对于单频点网络（MBSFN）支持多小区的 MBMS 传输合并；使用半静态资源分配。

LTE 系统的上行传输信道如下。

- 上行共享信道（UpLink Shared CHannel，UL-SCH），支持通过各种调制方式、编码方式、发射功率实现链路自适应；支持波束赋形；支持 HARQ；支持动态或半静态资源分配。
- 随机接入信道（Random Access CHannel，RACH），可承载有限的控制信息，支持冲突碰撞解决机制。

9.2.3.3　传输信道与物理信道的映射

LTE 系统中传输信道与物理信道的映射关系分别如图 9-6 和图 9-7 所示。

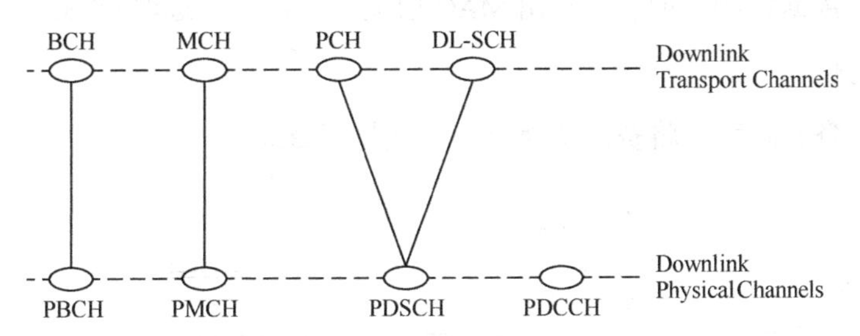

图 9-6　下行传输信道与物理信道的映射

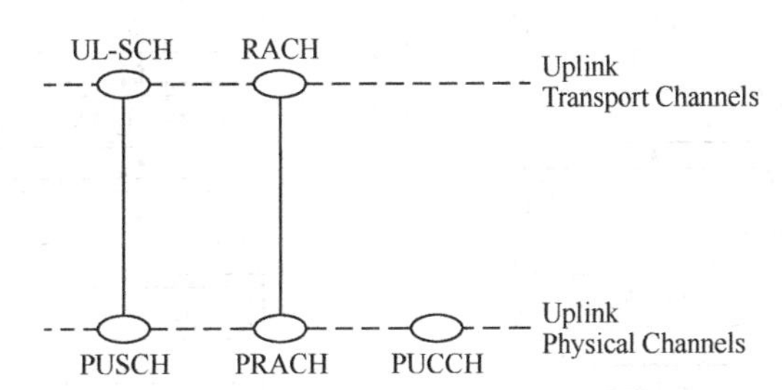

图 9-7　上行传输信道与物理信道的映射

9.2.4　物理信道处理流程

9.2.4.1　上行物理信道处理流程

以上行共享信道 PUSCH 为例，简要介绍上行物理信道处理流程，如图 9-8 所示。

图中阴影块表示的步骤表示该处理是可配置的，根据高层的信令动态变化，将来自高层的数据以大小可变的数据块形式传送给物理层，每个 TTI 一个数据块。

物理层对于每一个数据块，进行如下处理。

（1）CRC 插入。24bit CRC 检错码计算出来添加到每个上行链路传输数据块中。

（2）信道编码和速率适配。进行 Turbo 编码和速率适配。

（3）交织。进行比特级加扰。

（4）数据调制。调制方式由 MAC 层调度器决定，选取 QPSK、16QAM、64QAM 其一。

（5）资源映射。将资源块映射到频域物理资源。

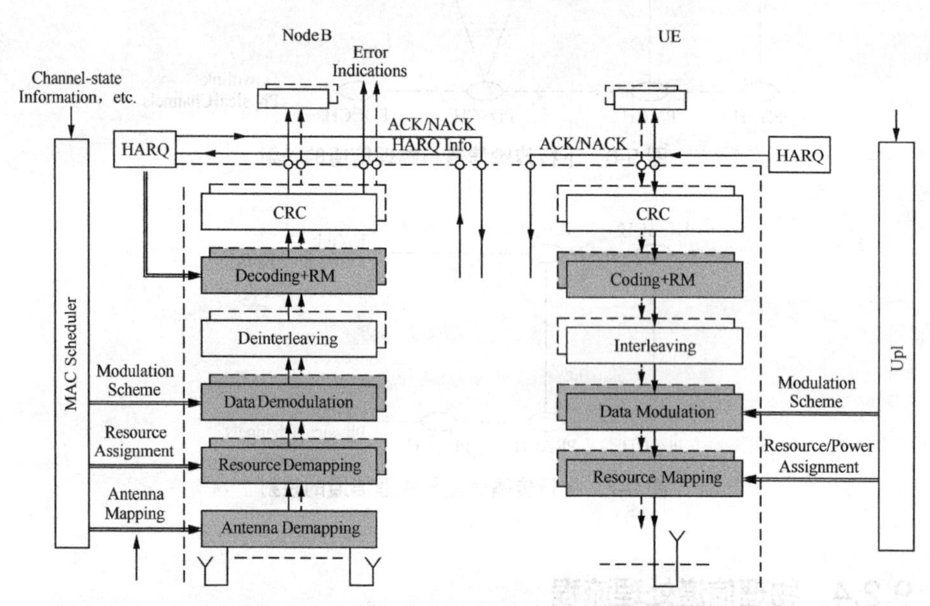

图 9-8　上行共享信道 UL-SCH 物理层模型

9.2.4.2　下行物理信道处理流程

以下行共享信道 PDSCH 为例，简要介绍下行物理信道处理流程，如图 9-9 所示。

图中阴影块的步骤表示该处理是可配置的，根据高层的信令动态变化，将来自高层的数据以大小可变的数据块形式传送给物理层，与上行不同的是每个 TTI 可传送一个或两个数据块。在单天线配置时，每个 TTI 只能传送一个数据块；在多天线配置时，每个 TTI 至多能够传送两个数据块。

物理层对于每一个数据块，进行如下处理。

（1）CRC 插入。24bit CRC 检错码计算出来添加到每个下行链路传输数据块中。

（2）信道编码和速率适配。进行 Turbo 编码和速率适配。

（3）交织。进行比特级加扰。

（4）数据调制。调制方式由 MAC 层调度器决定，选取 QPSK、16QAM、64QAM 其一。

（5）资源映射。包括层映射和预编码，并将数据处理结果映射到频域和天线域中。

（6）天线映射。将资源块映射到指定的天线。

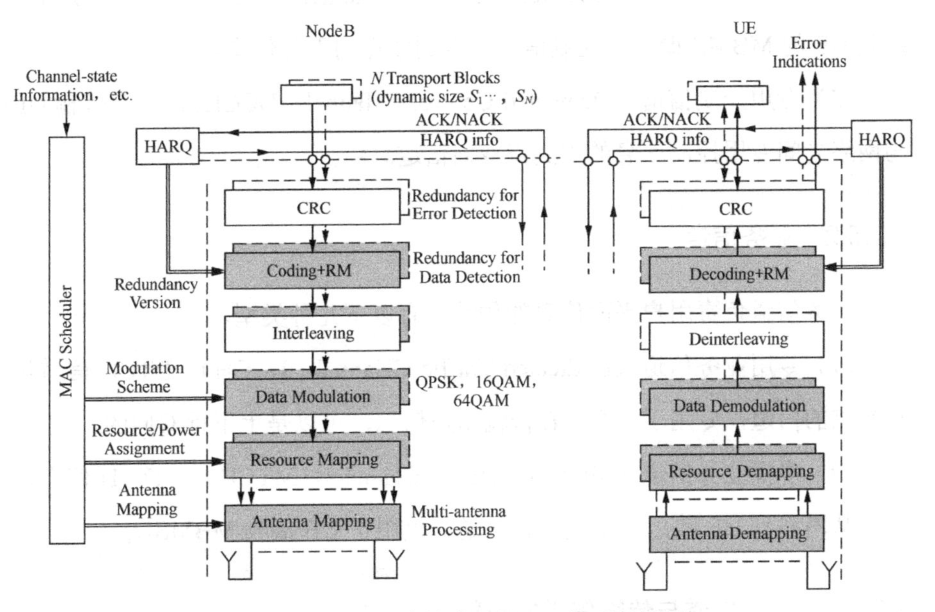

图 9-9 下行共享信道 DL-SCH 物理层模型

9.2.5 逻辑信道

逻辑信道根据功能分为控制信道和业务信道两大类。

9.2.5.1 控制信道

控制信道负责控制平面信息的传输，有以下几种类型。

（1）广播控制信道（Broadcast Control CHannel，BCCH），用来广播系统控制信息的下行信道。

（2）寻呼控制信道（Paging Control CHannel，PCCH），用来传输寻呼信息的下行信道。

（3）公共控制信道（Common Control CHannel，CCCH），用来传输 UE 与网络之间控制信息的上下行双向信道。

（4）多播控制信道（Multicast Control CHannel，MCCH），用来传输网络到 UE 的 MBMS 调度和控制信息的点到多点的下行信道。

（5）专用控制信道（Dedicated Control CHannel，DCCH），用来传输 UE 与网络之间专用控制信息的点到点双向信道。

9.2.5.2 业务信道

业务信道负责用户平面信息的传输，有以下几种类型。

（1）专用业务信道（Dedicated Traffic CHannel，DTCH）。DTCH 信道是点到点的信道，专用于一个 UE 传输用户信息，可以是上下行双向的。

（2）多播业务信道（Multicast Traffic CHannel，MTCH）。MTCH 信道是负责从网络到 UE 的点到多点下行信道，仅用于 UE 接收 MBMS。

9.2.5.3 逻辑信道与传输信道的映射

LTE 系统中的逻辑信道和传输信道比 UMTS 大为减少，映射关系较为简单。上行和下行的映射关系分别如图 9-10 和图 9-11 所示。

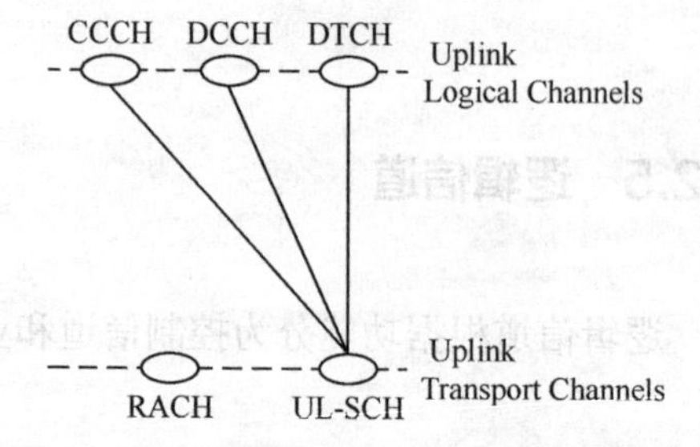

图 9-10 上行逻辑信道与上行传输信道的映射

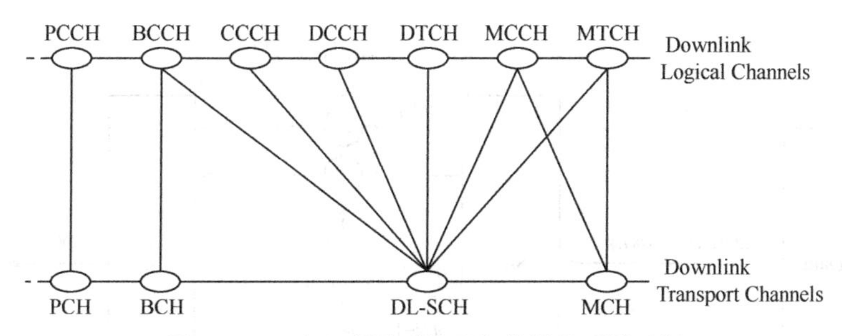

图 9-11　下行逻辑信道与下行传输信道的映射

9.2.6　关键新技术简介

LTE 作为一种准 4G 技术，在无线传输技术上采用了多项新技术，尤其在多址技术上发生了革命性的演进，放弃了 UMTS 采用的码分多址方式，采用了正交频分多址方式。新引进的技术还有小区间干扰协调技术、网络自组织技术等，其他在 UMTS 已经使用的技术包括多天线技术、自适应技术、调度算法、重传机制等也进行了增强和改进。

9.2.6.1　正交频分多址技术

（1）OFDM 技术原理

OFDM 技术是一种多载波调制技术，已经在 ADSL、WiMAX 系统中得到成功应用。其工作原理是在可用频带内，将信道分成许多正交子信道，在每个子信道上使用一个子载波进行调制，从而将高速数据信号转换成并行的低速子数据流，调制到每个子信道上进行传输，在接收端采用相关技术分开正交信号。OFDM 发送原理如图 9-12 所示，OFDM 时域和频域载波示意如图 9-13 所示。

OFDM 技术具有以下优点。

① 频谱利用率高。各子载波互相正交，其频谱利用率接近 Nyquist 极限，消除小区内干扰。

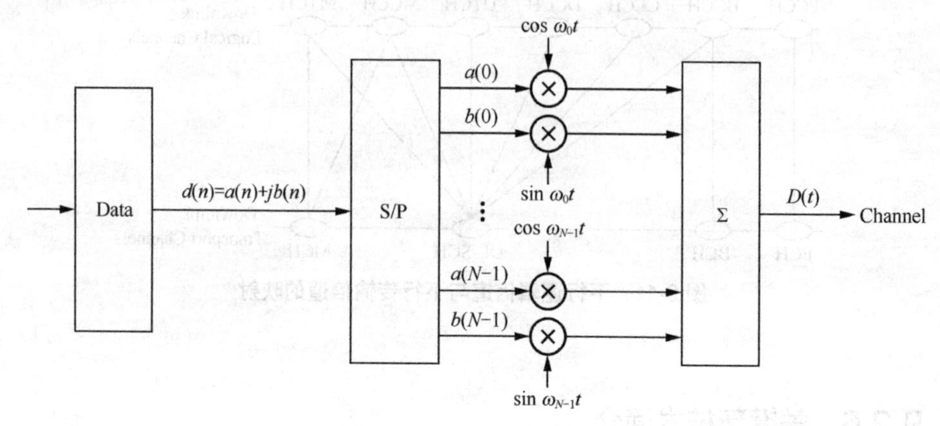

图 9-12　OFDM 发送原理

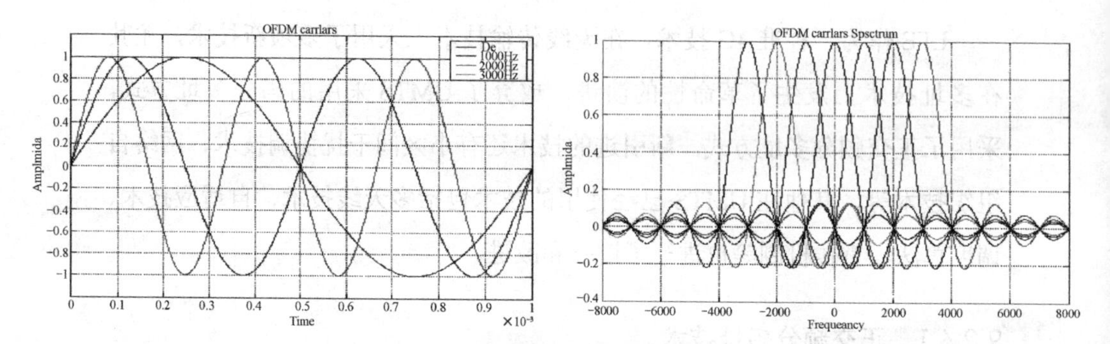

图 9-13　OFDM 时域和频域示意

② 抗多径干扰、抗频率选择性衰落能力强。每个载波传输速率很低，码元周期长，并且有符号间保护间隔，从而消除了多径干扰。每个子信道都是窄带传输，信号带宽远小于信道的相干带宽，从而有效克服频率选择性衰落的影响。

③ 信道估计与均衡实现简单。相对于 CDMA 技术，每个子信道窄带传输，信道估计与均衡实现简单。

OFDM 技术也存在一些缺点，最大的缺点是对频率偏移特别敏感，接收端与发送端的残留频偏将会使信号检测性能下降。另外，OFDM 系统的峰均功率比（Peak-to-Average Power Ratio，PAPR）较大，对功放和削波提出了更高的要求。

（2）下行多址方式OFDMA技术原理

OFDMA是在OFDM技术基础上产生的新型多址方式。由于OFDM子载波之间互相正交，每个子载波的调制方式、发射功率都可以独立配置，并为某一用户服务，通过为每个用户分配子载波组中的一组或几组，就是一种新的多址方式OFDMA。其原理如图9-14所示。

按照子载波的组合方式，OFDM的子信道分配方式存在集中式和分布式两种。集中式是在频域调度时选择连续的子载波分配给同一用户，如图9-14中第一子帧用户3（图中紫色部分）。分布式是将一个用户的子载波分散到系统频带内，呈现不连续分布，不同用户的子载波交错排列。

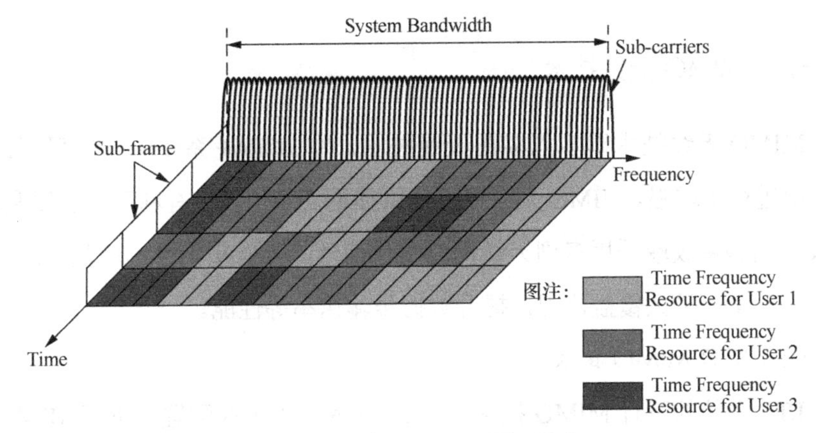

图9-14 下行OFDMA原理示意

（3）上行多址方式SC-FDMA技术原理

下行OFDMA能够大幅度提高系统容量，但存在系统PAPR过高的问题，这是由于各个子载波的信号在时域进行叠加造成的。这将导致功放成本和发射功率的牺牲，对下行而言相对数据速率的提升可以容忍；但对于上行链路，过高的发射功率将会降低电池的使用寿命和待机时间，提高对功放的要求，增加终端成本。因此，上行采用了单载波频分多址技术SC-FDMA，其原理如图9-15所示，其特点是可以降低上行发射信号的PAPR。SC-FDMA在每个传输时间间隔内，eNodeB给每个UE分配一个独立的频段，将不同用户的数据在时间和频率上完全分开，避免了小区内同频干扰。LTE规范规定，

上行只采用集中式 RB 分配方式。

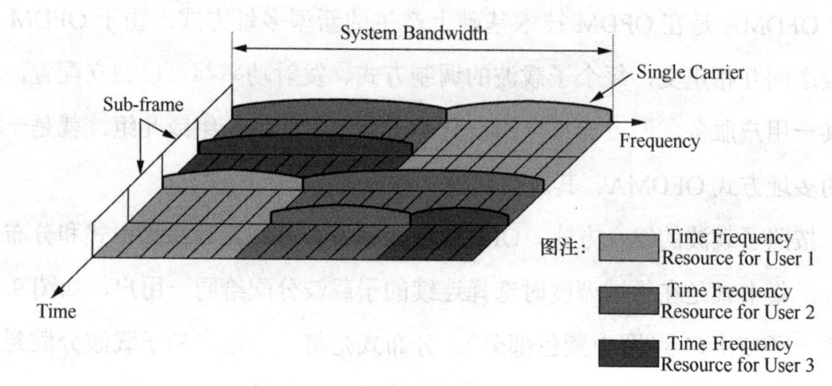

图 9-15　上行 SC-FDMA 原理示意

9.2.6.2　MIMO 天线技术

MIMO 天线技术即多入多出天线技术，在 HSPA+ 系统中已经采用，在 LTE 中进行了增强。MIMO 天线技术的原理是把多径作为有利因素加以利用，在发送端和接收端采用多副天线同时发送信号，可以实现分集增益，进而提高小区容量，扩大覆盖范围，提升数据传输速率等性能。

（1）**下行 MIMO 技术**

LTE 系统的下行 MIMO 技术支持 2×2 的基本天线配置，下行 MIMO 技术主要包括空间分集、空间复用、波束赋形三大类。

（2）**上行 MIMO 技术**

LTE 系统的上行 MIMO 技术支持 1×2 的基本天线配置，上行 MIMO 技术主要包括空间分集、空间复用。目前上行并不支持一个 UE 同时使用两根天线进行信号发送。

9.2.6.3　功率控制

（1）**下行功率控制**

下行功率控制的目的是保证下行链路传输的有效性和可靠性。由于下行不同用户信道间互相正交，以及自适应调制编码、自适应带宽、HARQ等链路自适应技术的使用，下行功率控制的必要性大大降低，对于用户数据信道，并不采用下行功率控制。对于下行控制信道（PDCCH、PAFICH、PHICH），由于不能通过频域调度解决路径损耗和阴影衰落问题，因此采用慢速的半静态功率控制。

（2）**上行功率控制**

上行功率控制分为上行小区内功率控制和小区间功率控制。小区内功率控制的目的是达到上行传输的目标信噪比；小区间功率控制的目的是降低小区间同频干扰水平及干扰波动性。另外，上行功率控制能够节省用户UE的发射功率，延长电池使用时间。上行链路由于用户间互相正交，减少了多径效应的影响，因此不需快速功率控制，采用慢速功率控制补偿路径损耗和阴影衰落。

9.2.6.4 自适应调制编码

自适应调制编码（AMC）已经在HSPA中应用，核心在于基于信道质量自适应地调整信道的调制和编码格式，维持发射功率，从而确保用户QoS的同时，最大化系统容量。LTE的AMC技术采用RB-common AMC的方式，即对于一个用户的一个数据流，在一个TTI内，不同时频资源块（RB）只采用一种调制编码格式。LTE系统中AMC采用的信道编码为Turbo码，编码速率有：1/3，3/4，5/6；调制方式有：QPSK，16QAM，64QAM。

9.2.6.5 混合自动请求重传技术

混合自动请求重传（HARQ）就是在ARQ系统中包含一个前向纠错FEC子系统，当FEC的纠错能力可以纠正这些错误时，则不需要使用ARQ，当FEC无法纠错时，通过ARQ反馈信道请求重发错误码组。LTE系统采用了两层ARQ机制，除在MAC层采用HARQ技术外，在数据链路层增加ARQ功能。这些技术在R6版本HSPA中已经采用，不再详述。

9.2.6.6 快速分组调度技术

在引入 HSPA 之前的 UMTS 中，分组调度是由 RNC 控制进行的，不能及时反映快速时变信道的信道条件变化，无法进行快速的链路自适应和快速分组调度。在 HSPA 和 LTE 系统中，调度功能下移至基站中，能够及时地根据信道的衰落特性自适应改变调制方式、编码方式，保证传输质量，同时减少传输时延。调度的功能包括两方面，一是在用户间分配可用空中接口资源（时频资源 RB 数、功率资源），确保用户的业务质量；二是监视无线负载，通过对数据速率的调节实现对小区负载的匹配。

9.2.6.7 小区间干扰抑制技术

LTE 系统的多址方式下，本小区内用户子载波互相正交，绝大部分干扰来自邻近小区。尤其是小区边缘的用户，相邻小区占用相同频率的用户对其干扰较大（LTE 系统频率复用系数为 1），导致信干比下降，吞吐量降低。因此，LTE 系统采用下列技术加以解决。

（1）小区间干扰随机化。就是将干扰信号随机化，虽不能降低干扰的能量，但能够通过加扰的方式将干扰信号随机化为“白噪声”，从而抑制小区间干扰。

（2）干扰消除。干扰消除的原理是对小区间的干扰信号进行某种程度的解调，然后利用接收机的处理增益从接收信号中消除干扰信号分量，LTE 系统采用了干扰抑制合并技术（Interference Rejection Combining，IRC）。

（3）干扰协调与避免。干扰协调又称为“软频率复用”、“部分频率复用”。该方法是将频率资源分成若干复用集，小区中心的用户可采用较低的功率发射，采用复用系数为 1 的复用集。小区边缘的用户采用复用系数为 N 的复用集，相邻小区不可以占用相同的复用集。该技术类似于 GSM 系统的同心圆技术，能够有效降低邻区同频干扰，改善小区边缘用户性能，但降低了频率资源复用效率和小区整体吞吐量。

9.2.6.8 网络自组织技术

LTE 系统支持网络自组织（Self Organizaion Network，SON）技术，可实现基站的自配置与自优化，降低部署成本与运营成本，也用于 Home eNodeB 等数量众多、难于远程控制的节点。SON 功能主要包括自配置、自优化、自安装、自规划、自愈合、自回传等。

自配置是指新部署的节点加电启动后，自动建立与 EPC 连接，通过自动安装过程进行配置（邻区列表等各种参数），最后启动射频发射机开始工作。自优化是指 eNodeB 在运行过程中，为适应无线环境的变化，通过 UE 和 eNodeB 提供的测量信息，自适应地调整自身的运行参数，优化工作性能。

9.3 LTE 网络技术体制和设计规范

9.3.1 LTE 标准化进程

3GPP 于 2004 年 11 月启动了 LTE 的标准化工作，目的是满足用户不断增长的业务需求，适应新技术的发展和移动通信理念的变革。

3GPP LTE 相关的标准工作可分为两个阶段：SI（Study Item，技术可行性研究）阶段和 WI（Work Item，具体技术规范编写）阶段。SI 阶段主要是以研究的形式确定 LTE 系统的基本框架，并进行主要的候选技术选择以对 LTE 标准化的可行性进行判断。SI 阶段于 2006 年 6 月已经完成。

WI 阶段分为 Stage2、Stage3 两个子阶段。Stage2 主要通过对 SI 阶段的系统框架进行确认，进一步完善技术细节，该阶段于 2007 年 3 月完成，形成了 LTE 第一版总体描述性参考规范 TS 36.300。Stage3 阶段主要是确定具体的流程、算法及参数等，该阶段于 2007 年 12 月对无线接口的物理层规范进行了功能性冻结，形成了 LTE 技术规范的第一个版本，但该版本存在多方面未确定的问题，2008 年 3GPP 继续进行了修改和完善。2009 年 3 月，LTE 标准的核心技术规范和测试规范均已冻结，并在 R8 版本正式发布，为产业链各环节厂商尽快推出 LTE 商用产品奠定基础。2009 年底 LTE 在瑞典斯德哥尔摩正式商用。

LTE 系统的总体目标是提高用户数据速率，提升系统容量和覆盖率，减小时延，并降低运营成本。LTE 系统最终达到的目标已经高于最初立项时拟定的各项指标，LTE 实现的主要目标如下。

（1）提高峰值速率。原定目标是下行链路 100Mbit/s，上行链路 50Mbit/s；达到目标是下行 172Mbit/s（2×2MIMO），326Mbit/s（4×4MIMO）；上行 58Mbit/s（16QAM），84Mbit/s（64QAM）。

（2）高频谱效率。频谱利用率为 HSPA 的 2 ～ 4 倍，DL 为 3 ～ 4 倍 HSPA（2×2MIMO）；UL 为 2 ～ 3 倍 HSPA（1×2MIMO）。

（3）实现灵活的可扩展带宽配置，带宽配置在 1.4 ～ 20MHz。

（4）降低无线网络时延。用户平面单向传输时延小于 5ms，控制平面从休眠至激活状态的迁移时间小于 50ms，控制面建立时延小于 100ms，业务环回延迟小于 10ms。

（5）提高小区边缘的用户传输速率，保证一致的用户体验。

（6）支持增强型 QoS 与安全机制。

（7）支持自组织网络技术。

（8）支持“对称（Paired）”和“非对称（Unpaired）”的频谱分配。

（9）支持扁平化、全 IP 网络架构。

LTE 解决方案可简略概括为采用基于 OFDM/MIMO 以及高阶调制等空中接口技术和大量编码新技术，采用扁平化的 IP 网络架构。

9.3.2 LTE 技术体制、设计规范

中国联通于 2013 年 11 月推出《中国联通 LTE 数字蜂窝移动通信网技术

体制》，标准号为 QB/CU 123—2013。

《数字蜂窝移动通信网 LTE FDD 无线网工程设计暂行规定》（报批稿）已编写完成，正在等候审批，其中主要服务质量指标要求如下。

（1）覆盖区内无线可通率应满足终端设备在无线覆盖区内 90% 的位置、99% 的时间可接入网络。

（2）数据业务块差错率目标值不大于 10%。

（3）在同频组网、50% 网络负荷情况下，无线网络总体覆盖率应符合以下要求：

在覆盖区域内，*RSRP* ≥ −110dBm 且 *RS SINR* ≥ −5dB 的概率不低于 90%。

（4）在 2×20MHz 系统带宽、同频组网、50% 网络负荷情况下，承载速率应符合以下要求：

- 小区边缘速率不低于 256kbit/s/1Mbit/s（上行 / 下行）；
- 小区平均吞吐率不低于 10/20Mbit/s（上行 / 下行）。

《数字蜂窝移动通信网 TD-LTE 无线网工程设计暂行规定》（报批稿）已编写完成，正在等候审批，其中主要服务质量指标要求如下。

（1）覆盖区内无线可通率应满足移动台在无线覆盖区内 90% 的位置、99% 的时间可接入网络。

（2）数据业务块差错率目标值不大于 10%。

（3）在同频组网、邻区实际用户占用 50% 网络资源条件下，覆盖指标应符合以下要求：在覆盖区域内，无线网络总体覆盖率应满足 *RSRP* ≥ −110dBm 且 *RS SINR* ≥ −3dB 的概率不低于 90%。

（4）在 20MHz 同频组网，每小区 10 用户，邻区实际用户占用 50% 网络资源的条件下，承载速率应符合以下要求。

- 小区平均吞吐量：在 2:2 子帧（10:2:2）配置条件下，小区平均吞吐量达到 6/20Mbit/s（上行 / 下行），其他子帧配置情况下根据上下行资源配置数量参考 2:2 子帧（10:2:2）配置进行折算。

- 小区边缘吞吐量：与小区平均吞吐量目标相同的配置条件，小区边缘用户吞吐量达到150/500kbit/s（上行 / 下行），其他子帧配置情况下根据上下行资源配置数量参考2:2子帧（10:2:2）配置进行折算。

9.4 LTE技术演进

为了进一步优化LTE系统的峰值速率、频谱效率、时延以及在小区边缘的性能等指标，满足运营商和国际电信联盟（ITU）对于第四代（4G）移动通信系统IMT-Advanced的目标与需求，3GPP已经开始对LTE的进一步演进LTE-Advanced进行立项研究。LTE-Advanced系统的主要目标有以下几个。

（1）基于LTE系统平滑演进。LTE-Advanced网络必须支持LTE终端接入，LTE-Advanced终端也能够在LTE网络中使用其基本功能。

（2）具有灵活的频谱配置。其频谱可扩展到100MHz，并可将多个频段进行整合；可同时支持连续和不连续的频谱；能够与LTE系统共享相同频段。

（3）进一步提升系统性能。下行峰值速率达到1Gbit/s，上行峰值速率达到200Mbit/s；峰值频谱效率达到下行30bit/s/Hz，上行15bit/s/Hz。

（4）支持多种环境下的系统正常工作。

（5）进一步加强网络自适应和自优化功能。

为了达到上述目标，LTE-Advanced系统将采用一系列新技术，包括载波聚合技术、多天线技术扩展、CoMP技术、Relay技术、自组织网络技术、频谱共享技术等，本书将单设一章加以介绍，此处不再赘述。

9.5 LTE FDD与TDD的区别

TDD和FDD都是3GPP组织推出的4G技术，在技术上两者相似度达到 90%。这两种技术的上层结构高度一致，也就是说在层 2 与层 3 及更上层结构高度一致，区别仅在于空中接口的物理层，而物理层的差异又集中体现在帧结构上。

9.5.1 主要技术差异

（1）双工方式。FDD 是频分双工，TDD 是时分双工，这是二者最基本的区别，其他差异多由该特点派生而来。

（2）帧结构。3GPP 组织分别设计了 FDD 和 TDD 的帧结构，具体参见本章第二节。TDD 的特殊之处在于上下行转换点的可变性，规范规定了 7 种时隙配比，见表 9-2。TDD 支持两种上下行转换周期，分别是 5ms 和 10ms。实际商用网络中多采用 5ms，相应地时隙配置一般采用表 9-2 中 1 和 2 两种模式，即 2:2 和 3:1 方式（DL:UL，不含特殊子帧）。

表 9-2　TD-LTE 时隙配比

Uplink-downlink Configuration	Downlink-to-Uplink Switch-point Periodicity（ms）	Subframe Number									
		0	1	2	3	4	5	6	7	8	9
0	5	D	S	U	U	U	D	S	U	U	U
1	5	D	S	U	U	D	D	S	U	U	D
2	5	D	S	U	D	D	D	S	U	D	D
3	10	D	S	U	U	U	D	D	D	D	D
4	10	D	S	U	U	D	D	D	D	D	D
5	10	D	S	U	D	D	D	D	D	D	D
6	5	D	S	U	U	U	D	S	U	U	D

特殊子帧的配置也存在多种方式，在常规 CP 时，特殊时隙配置方式见表 9-3。常用的是 5 和 7 两种，TD-LTE 与 TD-S 共存于同一频段时，特殊子帧配比须是 3:9:2，是为了保证上下行对齐，防止干扰。对于新频段，由于当 DwPTS 符号数大于 3 的时候就能传数据业务，为了保证峰值速率一般采用 10:2:2。

表 9-3 特殊子帧配置

特殊子帧配置	Normal CP		
	DwPTS	GP	UpPTS
0	3	10	1
1	9	4	1
2	10	3	1
3	11	2	1
4	12	1	1
5	3	9	2
6	9	3	2
7	10	2	2
8	11	1	2

（3）频率配置。FDD 是在分离的两个对称频率信道上进行接收和发送，用保护频段分离接收和发送信道，故必须采用成对的频率，其单方向的资源在时间上是连续的。TDD 用时间分离接收和发送信道，接收和发送使用同一频率载波的不同时隙，其单方向的资源在时间上是不连续的，时间资源在两个方向上进行了分配，故不需要成对的频率，可以配置在 FDD 不易使用的零散频段上，具有一定的频谱灵活性，能有效地提高频谱利用率。

（4）系统带宽。虽然 3GPP 规定 LTE 系统单载扇最大带宽为 20MHz，但由于 FDD 是上下行各 20MHz，上下行总的系统带宽实际为 40MHz，而 TDD 只占用单个 20MHz 带宽，由此带来的后果就是 TDD 系统峰值速率和小区吞吐量低于 FDD。

（5）同步方式。由于 TDD 系统上下行采用同一频率，为避免交叉时隙干扰，所有基站的上下行转换时间点必须保持一致，因此必须采用 GPS/GLONASS/ 北斗等方式确保全网小区保持严格的帧 / 子帧同步，FDD 系统无此必要。

（6）多子帧调度 / 反馈。和 FDD 不同，TDD 系统不总是存在 1:1 的上下行比例。当下行多于上行时，存在一个上行子帧反馈多个下行子帧；当上行子帧多于下行子帧时，存在一个下行子帧调度多个上行子帧（多子帧调度）的情况。

（7）同步信号设计。LTE 同步信号的周期是 5ms，分为主同步信号（PSS）和辅同步信号（SSS）。LTE TDD 和 FDD 帧结构中，同步信号的位置 / 相对位置不同，如图 9-16 所示。在 TDD 帧结构中，PSS 位于 DwPTS 的第三个符号，SSS 位于 5ms 第一个子帧的最后一个符号；在 FDD 帧结构中，主同步信号和辅同步信号位于 5ms 第一个子帧内前一个时隙的最后两个符号。利用主、辅同步信号相对位置的不同，终端可以在小区搜索的初始阶段识别系统是 TDD 还是 FDD。

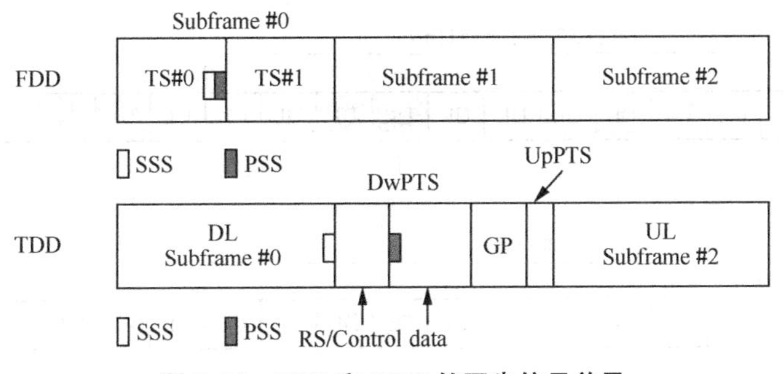

图 9-16　FDD 和 TDD 的同步信号差异

（8）HARQ 的设计。LTE FDD 系统中，HARQ 的 RTT（Round Trip Time）固定为 8ms，且 ACK/NACK 位置固定，如图 9-17 所示。TD-LTE 系统中 HARQ 的设计原理与 LTE FDD 相同，但是实现过程却比 LTE FDD 复杂，由于 TDD 上下行链路在时间上是不连续的，UE 发送 ACK/NACK 的位置不固定，而且同一种上下行配置的 HARQ 的 RTT 长度都有可能不一样，这样增加了信令交互的过程和设备的复杂度。LTE FDD 系统中，UE 发送数据后，经过 3ms 的处理时间，系统发送 ACK/NACK，UE 再经过 3ms 的处理时间确认。此后，一个完整的 HARQ 处理过程结束，整个过程耗费 8ms。在 LTE TDD 系统中，UE 发送数据，3ms 处理时间后，系统本来应该发送 ACK/NACK，但是经过 3ms 处理时间的时隙为上行，必须等到下行才能发送 ACK/NACK。系统发送 ACK/NACK 后，UE 再经过 3ms 处理时间确认，整个 HARQ 处理过程耗费 11ms。类似的道理，UE 如果在第 2 个时隙发送数据，同样，系统必须等到 DL 时隙时才能发送 ACK/NACK，此时，HARQ 的一个处理过程耗费 10ms。可见，LTE TDD 系统 HARQ 的过程复杂，处理时间长度不固定，发送 ACK/NACK 的时隙也不固定，给系统的设计增加了难度。

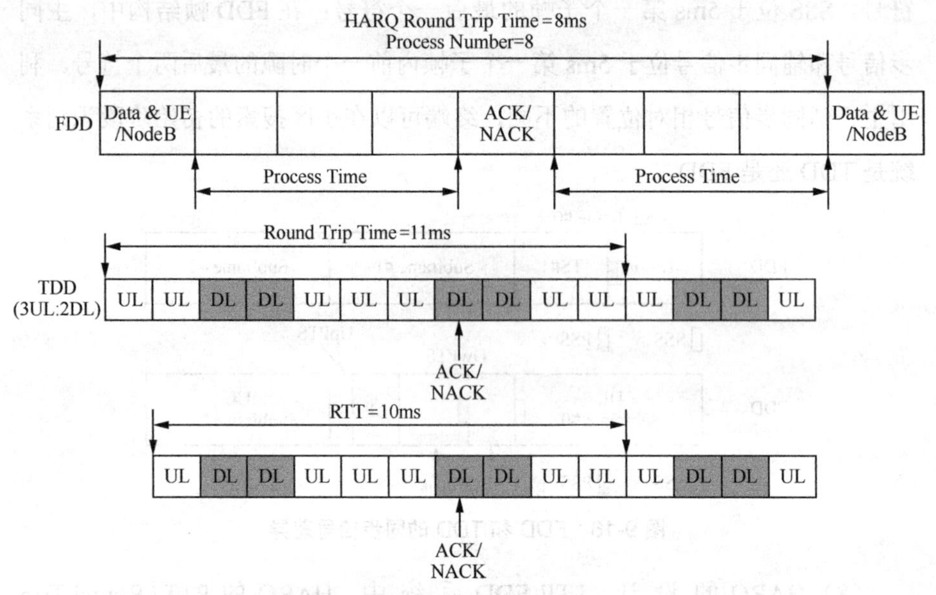

图 9-17　FDD 和 TDD 的 HARQ 设计

9.5.2　FDD 与 TDD 系统的网络性能差异

FDD 与 TDD 系统的网络性能差异如下。

（1）峰值速率。20MHz 带宽情况下，使用 Category 4 终端，TDD 的上下行用户峰值速率为 20/80Mbit/s（时隙配比 2DL:2UL，特殊时隙配比 10:2:2），时隙配比为 3DL:1UL 时，下行的最高速率为 112Mbit/s，上行只有 10Mbit/s；而 FDD 下行峰值速率可以达到 150Mbit/s，上行 50Mbit/s。可见 TDD 低于 FDD，尤其是上行速率远低于 FDD。

（2）频谱效率和小区吞吐量：FDD和TDD采用相同的调制、信道编码技术，在相同2天线配置下，两者平均频谱效率本应相同，但由于特殊子帧消耗了一定时间，TDD平均频谱效率略低于FDD。在单载波最大带宽20MHz组网时，FDD实际占有带宽是TDD的2倍，导致TDD小区吞吐量只有FDD一半左右。TDD采用子帧配置模式1时，即2DL：2UL，TDD上行吞吐量约相当于FDD的40%，下行吞吐量约相当于FDD的50%，智能天线技术有助于提升TDD系统的频谱效率和小区吞吐量。

（3）时延。LTE-FDD得益于在时间上的连续发送，其业务时延较TD-LTE略短。

（4）覆盖距离。高通公司的一份报告显示，在相同频段、相同载波带宽、相同功率的条件下，FDD比TDD能提供更好的覆盖，TDD上行覆盖比FDD小80%（DL:UL=3:1）或者小40%（DL:UL=2:2）。这主要原因是TDD上行链路存在发射功率的时间（一个10ms帧中）要比FDD时间短。如果TDD要发送和FDD同样多的数据，但是发射时间只有FDD的大约一半（下行40%～60%，上行20%～40%），这要求TDD的发送功率要大。在相同速率下，由于移动台的发射功率限制，TDD的覆盖距离尤其是上行覆盖距离小于FDD，如果再考虑TDD频段较高的情况，上行覆盖距离差距更大。

（5）高速移动性支持。移动性受限于快衰落的对抗能力，FDD是连续控制的系统，TDD系统是时间分隔控制的系统，高速移动时，多普勒效应会导致快衰落，速度越高，衰落变换频率越高，衰落深度越深。FDD系统中，上下行是同时发送的，接收端能够迅速反馈反映信道质量的CQI，通知发射端进行调整，因此抵抗快衰落能力强、速度快。根据3GPP对4G的要求，采用FDD模式的系统的最高移动速度可达350km/h，部分频段可达500km/h。而TDD模式中，接收端提交的CQI只有等到上下行转换后才能发送，必然造成延迟，对于快速的衰落反应不及时，降低了对抗快衰落的能力。在目前芯片处理速度和算法的基础上，当数据率为144kbit/s时，TDD的最大移动速度可达250km/h，远低于FDD系统，一般TDD移动台的移动速度只能达到FDD移动台的一半甚至更低。故在高铁覆盖上，FDD具有较大优势。

9.5.3 FDD与TDD系统的产品形态差异

FDD与TDD系统产品形态方面的差别如下。

（1）基站设备。主流厂商基站设备的BBU部分已实现FDD/TDD采用相同的硬件平台，软件支持FDD/TDD双模，RRU部分因双工方式不同，不能支持双模。

（2）终端设备。五模手机成为市场主流，2015年中国有87%的4G手机都将支持TD-LTE和FDD LTE。

（3）TDD具有上下行信道一致性。基站的接收和发送可以共用部分射频单元，降低设备成本。据测算，TDD系统的基站设备成本比FDD系统的基站成本低20%～50%。

（4）TDD接收上下行数据时，不需要收发双工器，只需要一个开关即可，降低了设备的复杂度。

（5）TDD具有上下行信道互易性，能够更好地采用传输预处理技术，如预RAKE技术、联合传输（JT）技术、智能天线技术等，能有效地降低移动终端的处理复杂性。

（6）天线。FDD系统目前仍主要采用普通板状天线，MIMO模式以双流空间复用为主。TDD系统上下行链路使用相同频率，且间隔时间较短，小于信道相干时间，链路无线传播环境差异不大，在使用波束赋形算法时，上下行链路可以使用相同的权值。而FDD系统上下行链路信号传播的无线环境受频率选择性衰落影响不同，根据上行链路计算得到的权值不能直接应用于下行链路。因此，TDD系统普遍采用智能天线，MIMO模式以波束赋形为主，同时智能天线增益高有利于弥补上行覆盖的不足。

9.5.4　FDD 与 TDD 系统的网络部署差异

FDD 与 TDD 系统网络部署方面的差别如下，它们各自有着不同的适用范围。

（1）FDD 系统具有覆盖广、容量大的优点，相对适用于广域覆盖。

（2）TDD 系统覆盖半径低于 FDD，单小区吞吐量低于 FDD，适用于中低速度的场景，适用于城市及近郊等高密度地区的局部覆盖和热点覆盖。在城区连片覆盖时，基站密度须高于 FDD 方能达到相同的网络质量。

（3）频谱配置。FDD 必须使用成对的收发频率。TDD 系统无需成对的频率，可以方便地配置在 LTE FDD 系统不易使用的零散频段上，具有一定的频谱灵活性，能有效提高频谱利用率。

（4）频谱资源数量和成本。关于频谱资源的一个基本事实是国际上 FDD 频谱资源紧张，TDD 频谱资源丰富。而在中国，TDD 的优势更明显一些，因为中国将国际上用于 FDD 的 2.6GHz 频段规划用于 TDD，仅仅该频段就有高达 190MHz 的带宽，极大地丰富了 TDD 频谱资源。从运营商获得的频谱看，中国移动 130MHz、中国联通 40MHz、中国电信 40MHz，而 FDD 为中国联通 10MHz、中国电信 15MHz，中国联通需要从 GSM1800Hz 频段 Refarming 才能实现单载波 20MHz 带宽组网，中国电信目前只能实现单载波 15MHz 带宽组网。从频谱资源成本上看，世界上主要发达国家都采用频谱拍卖制度，FDD 频谱价格高昂，导致运营商经营成本高，企业难以盈利。而 TDD 频谱价格仅为 FDD 的十分之一左右，有利于运营商降低经营成本实现盈利。

（5）支持非对称业务。FDD 在支持对称业务时，能充分利用上下行的频谱，但在支持非对称业务时，对上行信道资源存在一定的浪费，频谱利用率将大大降低，约为对称业务时的 60%。

TDD 系统在支持不对称业务方面具有一定的灵活性。TDD 系统可以通过调整上下行时隙转换点，提高下行时隙比例，能够很好地支持非对称业务；而在提供传统的话音业务时，系统可以配置下行帧等于上行帧，如2DL:2UL。但由于基站上下行子帧同步的严格要求，并不能做到各个小区分别设置不同的时隙配比。

（6）同步。TD LTE 需要保持子帧边界的精确同步，组网时必须采取GPS/GLONASS/北斗等卫星信号同步方式。这是因为 TDD 是在同一个频段内进行信号的收发，一旦小区间失去同步，会发生严重的收发干扰；而 LTE FDD 不需要严格同步。

（7）在抗干扰方面，使用 FDD 可消除邻近小区和本小区之间的干扰，FDD 系统的抗干扰性能在一定程度上好于 TDD 系统。TDD 系统存在特殊的交叉时隙干扰，系统内和系统间存在干扰。

（8）为了避免与其他无线系统之间的干扰，TDD 需要预留较大的保护带，影响了整体频谱利用效率。

（9）与 TD-SCDMA 的共存。由于 TDD 帧结构基于我国 TD-SCDMA 的帧结构，能够方便地实现 TD-LTE 系统与 TD-SCDMA 系统的共存和融合。TD-SCDMA 在 5ms 帧长内有 7 个子帧，且特殊时隙是固定的，TD-LTE 采用 3DL：1UL 子帧配比，特殊子帧配比须是 3:9:2，就能够保证两个系统的 GP 时隙重合（上下行切换点），从而实现两个系统在同一频段的共存。

总体来说，FDD 和 TDD 系统各有优劣，互有短长。FDD 系统网络性能有一定优势，但频谱资源是其短板。TDD 系统具有频谱配置灵活，频谱资源丰富的优点，在载波聚合技术商用、CAT9、CAT10 终端普及后，能够充分发挥出频谱资源丰富的优势，网络性能有望反超 FDD。二者之间并非对立的关系，而是优势互补的关系。对于兼有 FDD 和 TDD 牌照的运营商，4G 发展初期，FDD 系统可作为广域连续覆盖网络，TDD 可作为热点区域的补充。随着移动宽带业务的迅猛发展，FDD 系统负荷较高时，可建设 TDD 的连续覆盖网络，发挥频谱资源丰富的优势，成为 4G 系统中的主力承载网络。

思考题

1. LTE 系统中无线网络子系统的组成及主要特点？
2. LTE 无线子系统是几层结构？
3. LTE 物理信道包括哪些，简要说明各信道的用途？
4. LTE 系统多址方式是什么，双工方式有哪几种？
5. 请列举几种 LTE 物理层关键技术。
6. LTE 支持单载波最大带宽是多少？
7. 请简要说明 TDD 与 FDD 的主要技术区别。
8. TDD 模式常用的时隙配比是哪两种？

第10章 LTE-Advanced无线网络

10.1 LTE-Advanced 网络概述

10.1.1 LTE-Advanced 制订背景及标准化进展

（1）LTE-Advanced 制订背景

2008年3月ITU-R发出通函，向各成员征集4G候选技术提案，正式启动了4G标准化工作。而3GPP以独立成员的身份向ITU提交面向4G技术的LTE-Advanced（LTE-A）。从2008年3月开始，3GPP就展开了面向4G的研究工作，并制订了详尽的时间表，与ITU的时间流程紧密契合。ITU在2009年10月WP5D第6次会议结束4G候选技术方案的征集，2010年10月WP5D第9次会议确定4G技术框架和主要技术特性，确定4G技术方案。围绕这两个时间点，3GPP对其工作进行了部署，于2008年9月向ITU-RWP5D提交了LTE-A的最初版本，并分别于2009年5月和2009年9月提交完整版和最终版。

2012年伊始，由我国主导制订的TD-LTE-Advanced（TD-LTE-A）被国际电信联盟确定成为4G国际标准，体现了我国通信产业界在宽带无线移动通信领域的最新自主创新成果。

（2）LTE-Advanced 标准化进展

LTE新技术演进路标如图10-1所示。在3GPP标准体系中，LTE标准包括Rev.8和Rev.9，从Rev.10到Rev.12为LTE-A标准化阶段。从图10-1中可以看出，LTE-A的主要功能，如载波聚合（Carrier Aggregation，CA）、增强型MIMO（包括下行8天线和上行4天线等）、中继技术（Relay）、异构网干扰协调技术（eICIC）以及上下行导频增强技术等均在Rev.10中定义。在Rev.11中，主要引入了多点协作（Coordinate Multi-Point，CoMP）技术等，并对Rel.10中的技术进行了增强。在Rev.12中，引入了如热点/室内增强技术、3D-MIMO技术、LTE TDD/FDD融合技术、LTE设备与设备通信（D2D）技术以及移动Relay技术等。

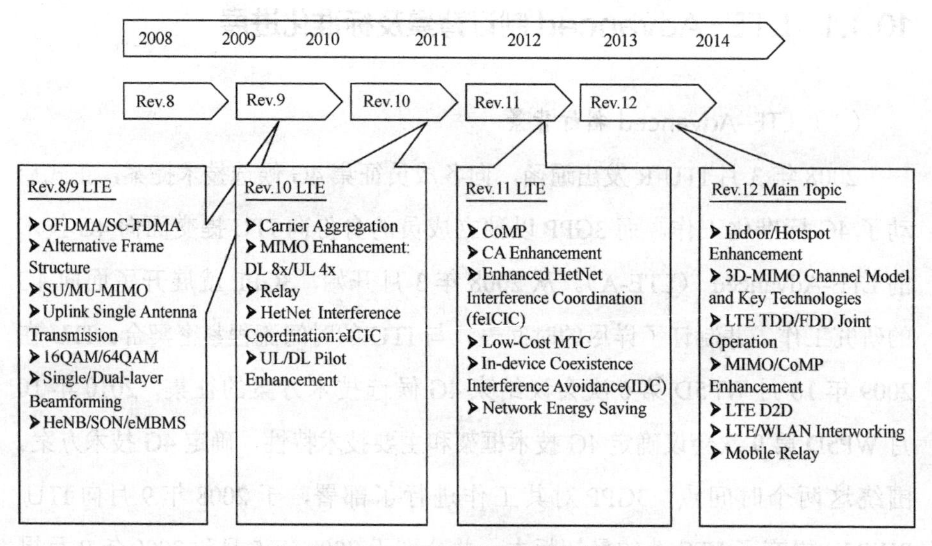

图10-1 LTE新技术演进路标

10.1.2 LTE-A 主要指标和需求

作为 LTE 进一步演进的 LTE-A，需要保持与 LTE 的强兼容性，如 LTE 终端能够在 LTE-A 网络中工作，同样 LTE-A 终端也要能够在 LTE 网络中使用。此外，LTE 的需求同样适用于 LTE-A，而且 LTE-A 应能够在 ITU-R 规定的时间内满足甚至超过 IMT-A 的需求。

根据 3GPP 要求 LTE-A 支持的主要指标见表 10-1。

表 10-1 LTE-A 与 LTE 主要指标对比

系统性能		LTE-A	LTE
峰值速率	上行	1000Mbit/s@100MHz	100Mbit/s@20MHz
	下行	500Mbit/s@100MHz	50Mbit/s@20MHz
控制面时延	Idle to Connected	<50ms	<100ms
	Dormant to Active	<10ms	<50ms
用户面时延（无负荷）		比 LTE 的更短	<5ms
频谱效率	峰值	下行：30bit/s/Hz @ ≤ 8×8 上行：15bit/s/Hz @ ≤ 4×4	下行：5bit/s/Hz @2×2 上行：2.5bit/s/Hz @1×2
	平均	下行：3.7bit/s/Hz/cell @4×4 上行：2.0bit/s/Hz/cell @ 2×4	下行：R6 HSPA 的 3 ～ 4 倍 @ 2×2 上行：R6 HSPA 的 2 ～ 3 倍 @1×2
	小区边缘	下行：0.12bit/s/Hz/cell/user @4×4 上行：0.07bit/s/Hz/cell/user @ 2×4	N/A
移动性		≤ 350km/h，≤ 500km/h@freq band	≤ 350km/h
灵活带宽部署		连续频谱 @>20MHz，频谱汇聚	1.4/3/5/10/15/20MHz 支持成对频谱和非成对频谱

对于 LTE-A 的性能需求具体分析如下。

（1）峰值数据速率

根据 LTE-A 的要求，下行链路的瞬时峰值数据速率应达到 1Gbit/s，上行峰值速率达到500Mbit/s。为了满足上述要求，LTE-A采用了载波聚合、增强MIMO等技术提高峰值数据速率。

（2）延迟

控制面延迟：从空闲模式到连接模式的转换时间小于50ms，包括用户面的建立；而在连接模式下从睡眠状态到连接状态所需时间小于10ms。

用户面延迟：用户面时延定义为对延迟进行优化后可获取的最小用户面延迟。与LTE相比，LTE-A应具有更小的用户面时延，尤其是在UE没有正确的调度配置信息以及UE需要同步并获取调度配置信息时。

（3）频谱效率

频谱效率包括峰值谱效率、平均谱效率和小区边缘谱效率，其中平均谱效率和小区边缘用户吞吐量相比峰值谱效率和VoIP容量具有更高的优先级，平均谱效率和小区边缘谱效率目标可以同时获得。

峰值谱效率是指无误差条件下对整个带宽归一化后的最大数据速率。对于峰值谱效率，下行目标为30bit/s/Hz，上行为15bit/s/Hz。对于与谱效率密切相关的天线配置，上行最大为4×4，下行最大8×8。

（4）移动性

LTE-A支持移动速度高达350km/h（在某些频段可以达到500km/h），对于0～10km/h的移动环境系统性能进一步增强，对于高速场景系统性能也能够进一步增强，至少不低于LTE。

10.2 LTE-Advanced网络主要技术原理

10.2.1 LTE-Advanced网络主要新技术概述

为了满足IMT-A的各种需求指标，3GPP针对LTE-A提出了多项关键技术，其中目前已相对成熟并逐步用于网络的包括载波聚合、多点协作发射/接收技术和异构网中的增强型小区干扰消除（eICIC for HetNet）以及上下行多天线增强等。

载波聚合技术通过在频域上进行扩展以满足大带宽的需求，可有效提升上下行平均速率和峰值速率。载波聚合通过对两个或者多个连续或者非连续的分量载波的聚合，获取高达 100MHz 的大带宽，并提高峰值速率和系统吞吐量。R10 标准中引入频段内连续的下行载波聚合，非连续、跨频段的上下行载波聚合则在 R11 标准中引入，在 R12 标准中引入 TDD 和 FDD 的载波聚合技术。

CoMP 技术主要于 R11 标准中引入，其中下行 CoMP 方案包括联合传输（Joint Transmission，JT）、动态传输点选择（Dynamic Point Selection，DPS）和协调调度/协调波束赋形（Coordinated Scheduling/BeamForming，CS/CBF）用以增强小区间的干扰估计方案，上行 CoMP 技术则对功控进行增强。

为有效降低宏微基站之间的干扰，提升微基站的吞吐量及用户体验，LTE-A 引入了 eICIC 技术。R10 标准中该技术可通过宏站在 ABS 子帧调度用户的方式，实现降低宏站与微站之间的干扰；R11 标准进一步引入 FeICIC 技术，该技术通过宏站在 ABS 子帧上以较低的功率调度信道质量较好的用户以降低宏站对微站之间的干扰。

上下行 MIMO 增强技术是在空域上进行扩展，提高小区平均吞吐量和频谱效率。目前 R10 标准中上行引入 TM2 支持 4 流并行传输，下行则引入 TM9 支持 8 流并行传输。

10.2.2 载波聚合

载波聚合，即通过多个连续或者非连续的分量载波聚合获取更大的传输带宽，从而获取更高的峰值速率和吞吐量。为了实现 LTE 向 LTE-A 的平滑升级，降低运营商的建网成本以及保持与LTE系统的良好兼容性，LTE-A在Rev.10中限定进行聚合的每个分量载波完全兼容LTE终端，每个载波带宽为LTE现有带宽（如20MHz，15MHz，10MHz和5MHz等），同时每个分量载波都包含同步和广播等系统信息。

参与聚合的载波可以是连续的，可以是非连续的，各个载波可以位于同一频段，也可以位于不同频段。载波聚合类别如图10-2所示。

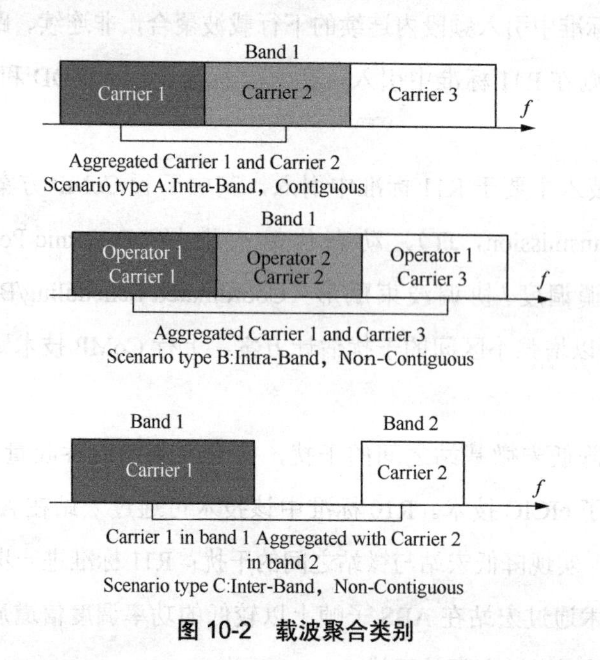

图10-2　载波聚合类别

在LTE中每个小区对应一个下行载波和一个上行载波（对于TDD工作在相同载波或频段上），每个UE接入到一个小区中。在CA中，引入了多个载波的概念，考虑到上下行的非对称，LTE-A载波聚合中对应的每个小区对应一个DL载波和可选的上行载波，载波聚合的概念在高层看来也就相当于小区的聚合，每个UE可以同时接入到多个小区。

在载波聚合中，分别定义了主服务小区（Pcell）和辅服务小区（Scell）。主服务小区对应的载波为主载波（包括DL PCC和UL PCC），辅服务小区对应的载波为辅载波（包括一个DL SCC和可选的UL SCC）。每个UE仅有一个主服务小区，而根据 UE 的聚合能力和业务需求配置不同个数的辅服务小区个数。

在 FDD 系统中，考虑到上下行业务的非对称性，载波聚合可以同时支持上下行对称频谱聚合和上下行非对称频谱聚合。进一步的，考虑到下行业务量通常大于上行业务量，Rev.10 中仅考虑下行载波个数大于等于上行载波个数的情况。

10.2.3 Relay

Relay 就是基站不直接将信号发送给 UE，而是先发送给一个中继站（Relay Station，或称 Relay Node），然后再由 RN 转发给 UE，上行则反之，如图 10-3 所示。

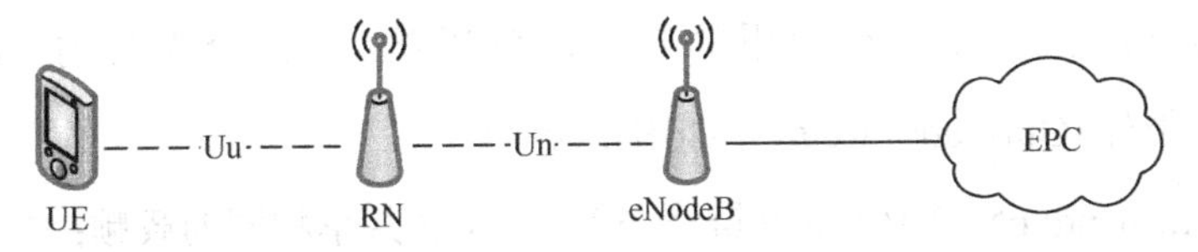

图 10-3 Relay 原理示意

RN 与 UE 间的无线接口称为“接入链路（Access Link）”，也称为 Uu 接口。RN 通过无线接口以类似于普通 UE 的方式接入一个服务于它的 eNodeB，服务于 RN 的 eNodeB 称为 Donor-eNodeB，简称 DeNodeB。RN 与 DeNodeB 间的无线接口称为“回传链路（Backhaul Link）”，也称为 Un 口。

支持 RN 的 E-UTRAN 整体结构如图 10-4 所示，对于处于 RN 服务下的 UE，称之为 Relay UE；对于处于 Donor eNodeB 服务下的 UE，则称为 Macro UE。从图 10-4 中可以看出，相较于 LTE 网络结构，支持 RN 的 E-UTRAN 结构引入了 DeNodeB 同核心网之间的 S11 接口，在 DeNodeB 和 RN 之间引入了 Un 接口。

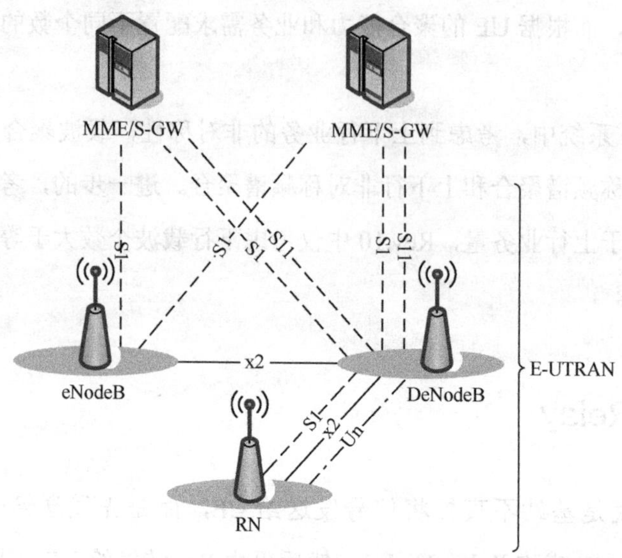

图 10-4　支持 RN 的 E-UTRAN 结构

对于 Relay，从不同的角度有不同的分类方法，具体分析如下。

（1）根据 Relay 节点使用的频谱，可以将 Relay 分为带内（In-band）Relay 和带外 (Out-band) Relay，如图 10-5 所示。

- In-band: eNodeB-Relay 链路与 Relay-UE 共享相同的载频；
- Out-band：eNodeB-Relay 链路与 Relay-UE 链路使用不同的载频。

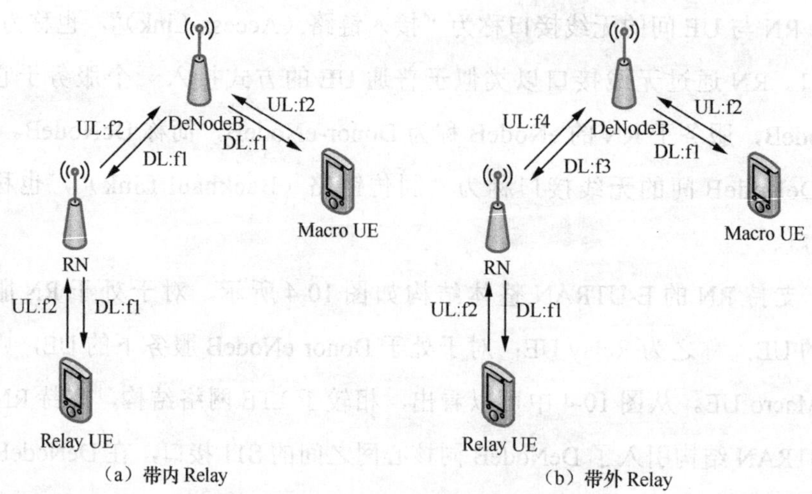

图 10-5　带内 Relay 和带外 Relay 示例

需要说明的是无论对于带内还是带外 Relay，eNodeB-Relay 链路都可以和 eNodeB-UE 链路使用相同的载频。

（2）根据 UE 是否知道其通过 Relay 接入到网络，可以分为透明 Relay 和非透明 Relay。

- 透明 Relay：UE 不知道其是否通过 Relay 节点接入到网络；
- 非透明 Relay：UE 知道其是否通过 Relay 节点接入到网络。

（3）从协议栈的角度，可以分为 L1、L2 和 L3 Relay。

- L1 Relay：类似于一个简单的射频转发器用于扩大覆盖；或者进一步的，可以升级为“智能直放站”，仅对部分频带信号进行放大转发；
- L2 Relay：实现解码转发功能，具有一定的资源分配功能，但没有完整的层 3 资源管理功能；
- L3 Relay：一个无线回传的基站，包含了完整的层 3 协议。L3 Relay 等效于一个 eNodeB，具有与 eNodeB 相同的功能。所不同的是，L3 Relay 采用无线回传链路，其信道容量弱于 eNodeB。此外，L3 Relay 具有相对较低的发射功率、天线个数和天线增益。

（4）Type1 Relay 和 Type2 Relay

为了更加准确地描述不同 Relay 的功能和特点，LTE-A Rev.10 中将 Relay 分为 Type1/1a/1b 和 Type2 Relay。

Type1 Relay 是一个带内 Relay Node (RN)，其特点包括以下几点。

- 其能够独立控制小区，各个小区对 UE 来说是不同于主服务小区的独立小区；
- 各个小区具有独立的物理小区 ID(PCI)，各个 Relay 节点具有各自的同步和参考信号；
- 对于单小区情形，UE 直接从 Relay 节点获取调度信息和混合自动重传（HARQ）信息，同时也直接反馈相应的控制信息给 Relay 节点；
- 对于 Rev.8 UE，Relay 节点类似于 eNodeB，从而可以保持与 Rev.8 的兼容性。

Type1a 和 Type1b Relay 具有与 Type1 Relay 相同的特点，不同的是 Type1a

属于带外 Relay，而 Type1b Relay 属于带内 Relay，但其具有充足的天线间隔。

Type2 Relay 也是带内 Relay，具有如下的特点。

- 其没有独立的 PCI，因此不能产生任何新的小区；
- 其对 Rev.8 UE 是透明的，Rev.8 UE 并不知道 Type2 Relay 的存在；
- 其能够发送 PDSCH，但不能发送 CRS 和 PDCCH。

10.2.4 CoMP

CoMP 是指地理位置上相互分开的多个传输点之间的协作。根据数据的传输方向，CoMP 可以分为上行 CoMP 接收和下行 CoMP 发射，其中上行 CoMP 主要是通过多个小区的联合接收及处理从而提升上行覆盖和接收质量，主要涉及 eNodeB 的实现问题，对标准化的依赖度比较低。

10.2.4.1 下行 CoMP

下行 CoMP 根据不同小区的协作方式不同，可以分为以下两类。

（1）联合处理（Joint Processing，JP）：多个传输点向 UE 传输数据，增强 UE 接收信号的质量，抑制 UE 受到的干扰。

- 联合发送（Joint Transmission，JT）：在一个子帧内向 UE 发送数据的传输点可以是多个。
- 动态小区选择（Dynamic Cell Selection，DCS）：在任何一个子帧内，向 UE 传输数据的小区只有一个，其他的小区不传任何数据。传输数据的小区在子帧间动态切换。实际上，动态小区选择是一种特殊的联合发送方案，只是将一些小区的加权系数设为 0。

（2）协同调度 / 波束赋形（Coordinated Scheduling/Beamforming，CS/B）：只有一个传输点向 UE 传输数据，协同的传输点之间彼此协调为各自服务的 UE 分配的资源，控制相互之间的干扰。这里所说的资源包括空间、时间和频率资源。如图 10-6 所示。

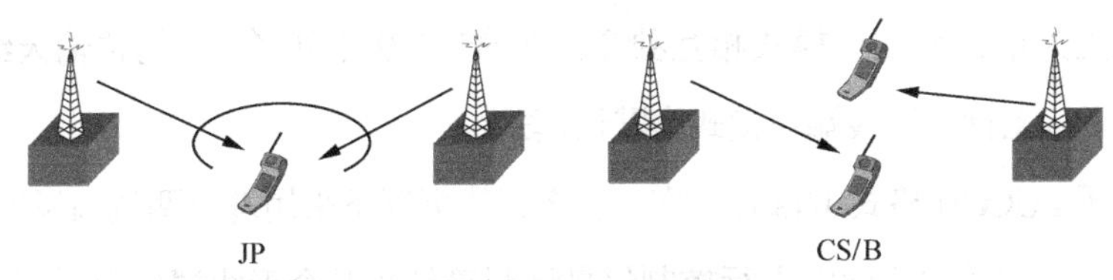

图10-6 CoMP原理示意

10.2.4.2 上行CoMP

在UL CoMP接收中，UL CoMP利用多个小区天线接收一个用户的信号，并将多个小区接收到的信号进行合并，这就类似于通过一个小区的多个天线接收信号进而获得多天线的信号合并增益和干扰抑制增益。通过UL CoMP可改善小区边缘用户的吞吐率并提升小区的平均吞吐率且无需增加额外的天线等硬件设备，仅依赖于干扰抑制技术，对手机无依赖。

10.2.5 增强型上下行多天线传输技术

10.2.5.1 上行传输方案

为了进一步提高上行传输的峰值速率和吞吐量，LTE-A上行最大支持4天线发射，PUSCH采用SU-MIMO传输模式，支持2个码字4层传输；PUCCH采用发射分集，且支持上行非连续资源分配以及PUSCH和PUCCH同时传输。增强型上行传输方案主要有以下几种方式。

（1）上行空间复用

LTE-A上行最大支持4天线发射，对于PUSCH引入SU-MIMO传输方式，能够支持2个传输块和4层传输，每个传输块具有独立的MCS和HARQ。根据传输层数的不同，每个传输块可以映射到一层或者两层传输，其映射规则与LTE Rev.8下行空间复用相同。

（2）上行发射分集

对于具有多个发射天线的UE，LTE-A定义了单天线端口模式，此时在eNodeB看来UE好像只有一个发射天线。对于UE，PUCCH、PUSCH和SRS

是否配置为单天线端口模式相互独立。在eNodeB不知道UE的传输天线配置的情况下，上行单天线端口模式为默认模式。

对于PUCCH格式1/1a/1b，在上行多天线配置下采用基于两端口发射方式，在这种传输方式中相同的上行控制信息调制符号在两个天线端口上采用正交的PUCCH资源发送。

对于UE具有4个发射天线的情况，采用虚拟的两天线发射分集。

10.2.5.2 下行传输方案

（1）下行空间复用

LTE-A下行最大支持8层传输。对于下行SU-MIMO，每个UE可以同时调度两个传输块，每个传输块具有自己的编码调制方式。每个传输块对应一个码字流，对于层数小于4的情况，可以采用Rev.8下行的层映射方式；对于层数大于4或者重传的码字初始传输时映射到大于3层的情况，采用新的层映射方式。

下行SU-MIMO反馈采用同Rev.8一样的基于码本的反馈，不同的是LTE-A下行最大传输层数和发射天线个数增大到8，对应的需要新的码本设计。

（2）MU-MIMO增强

相比于LTE，LTE-A中下行MU-MIMO进一步增强，包括：

- 支持SU和MU-MIMO间的动态切换；
- 支持透明MU-MIMO，即不需要通知UE是工作在SU还是MU状态；
- MU-MIMO的维度扩展，以同时调度2个UE为基础，根据天线条件和负载情况，最大可支持4个UE；
- MU-MIMO反馈增强。

10.2.6 增强型小区干扰消除（eICIC）

10.2.6.1 异构网及eICIC

典型的无线蜂窝网络是由相同发射功率和覆盖范围的宏基站（Macro基站）

组成，这时网络为同构网（Homogeneous Network）。为了进一步提高网络容量及覆盖性能，在同构网覆盖范围内增加一些小功率站点（Lower Power Nodes，LPN），形成异构网（Heterogeneous Network，HetNet）。HetNet 可以分为同频组网和异频组网，HetNet 同频组网由于 Macro 小区和 Micro 小区采用相同的频点和带宽，并且 Macro 小区和 Micro 小区覆盖区域重叠，会带来严重的同频干扰问题。因此采用一定的方法抑制同频干扰，对于提高网络话务量很有意义。

eICIC 通过 CRE 与 ABS 配置、空闲态管理、调度、物理控制信道资源管理、下行功率控制、连接态管理等技术的协调控制，降低宏小区与微小区间的干扰。在时域上协调相邻小区的可用资源降低它们之间的干扰，提升 HetNet 下 Macro 小区边缘用户下行性能以及边缘用户吞吐率；通过设置偏置值，扩展 Micro 小区覆盖范围，吸纳更多热点地区的用户。

采用 eICIC 的主要优点体现在如下三个方面。

- 扩展微小区的覆盖范围，吸纳更多的宏小区用户，减少宏小区业务。
- 通过降低同频干扰，提高整网边缘用户的吞吐率。
- 改善用户在 Macro 小区和 Micro 小区之间移动时的一致性体验，使用户业务速率的感受更平稳。

10.2.6.2 CRE 与 ABS 子帧

由于话务热点有可能在 Macro 小区信号比较好的近中点位置，其 RSRP 较大。在 Macro 小区的近点或中点部署 Micro，为了吸收 UE，其自身的 RSRP 就需比 Macro 小区高。Micro 发射功率小，若要达到较高的 RSRP，UE 距离 Micro 的路损要很小，但这样 Micro 小区的覆盖范围明显收缩。

为尽量利用 Micro 吸收更多的业务，平衡 Macro 小区和 Micro 小区之间的负载。在 LTE-A 中，主要通过采用小区边界扩展（Cell Range Expansion，CRE）以及几乎空白的子帧（Almost Blank Subframe，ABS）实现 eICIC。CRE 和 ABS 的基本原理如下。

- CRE

通过配置切换参数，设置邻区质量高于服务小区一定偏置值。UE 切换选择目标小区时，需要在LPN小区的接收信号上加一个偏置，再与Macro小区的接收信号进行比较，这样会导致UE更容易切换到Micro小区以及更难切出Micro小区，从而扩展了Micro小区的覆盖范围。

- ABS

Macro小区的某些子帧上不发送用户专用的PDCCH（下行）和PDSCH，这类子帧称为ABS。由于ABS只发送了很少量的信号或信道，所以这类子帧对邻区的干扰相比正常子帧大幅降低，对应Micro小区上的子帧以下简称为受保护子帧。

10.3 LTE-Advanced网络技术应用试验

为了验证LTE-Advanced技术的性能，工业和信息化部及各运营商对LTE-Advanced主要关键技术进行了性能试验。由于LTE-Advanced仍处于进一步完善和产业化发展的初级阶段，因此相关试验数据只能代表测试场景下的性能。未来随着标准化和产业链的进展，试验数据可能会发生一定的变化。

10.3.1 载波聚合

CA性能提升包括单用户性能提升以及网络性能提升。

10.3.1.1 单用户性能提升

峰值速率提升：通过下行载波聚合，CA用户相对非CA用户下行峰值速率可以提升100%;

对边缘用户可以配置更多的PRB，获取更好的边缘用户吞吐量；

由于单用户可调用带宽更大，用户可以采用对自己更好的PRB传输数据，因此可以获得更高的频率分集增益。

10.3.1.2 网络性能提升

资源利用率最大化：通过载波聚合，CA用户可以同时利用两载波上的空闲 RB，实现瞬时资源利用率最大化，避免整体资源利用率的浪费。

天然负载均衡：CA 用户天然会在负荷较轻的载波得到更多的传输机会，起到负载平衡作用，能够减少原有 MLB 的触发概率，从而减少用户切换的负面影响。

针对 CA 开启后可带来的扇区平均吞吐量增益，以 TD-LTE 中 F 频段同 D 频段进行双载波 CA 模式为例进行分析，某典型城市测试结果如图 10-7 所示。

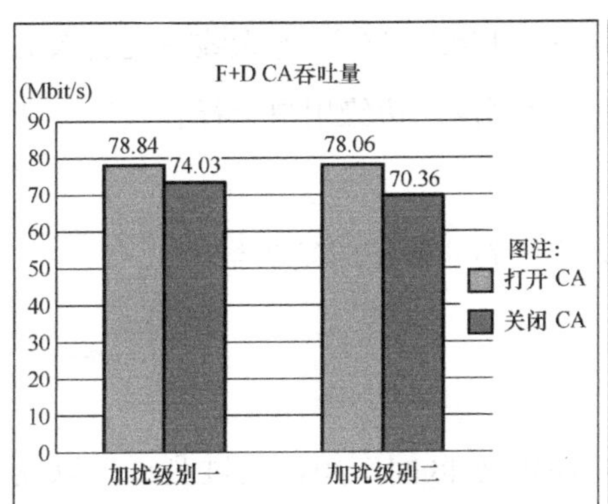

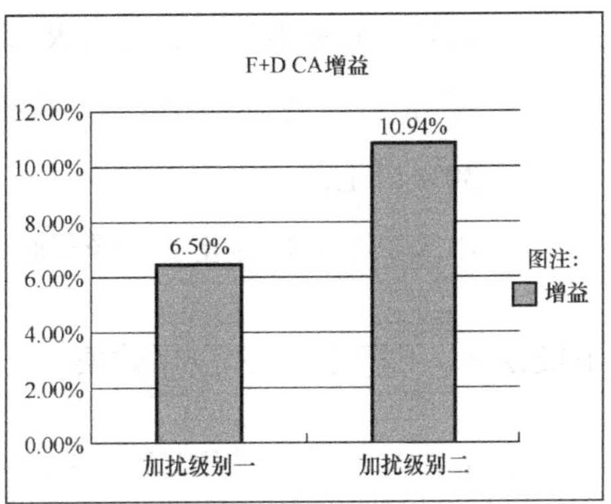

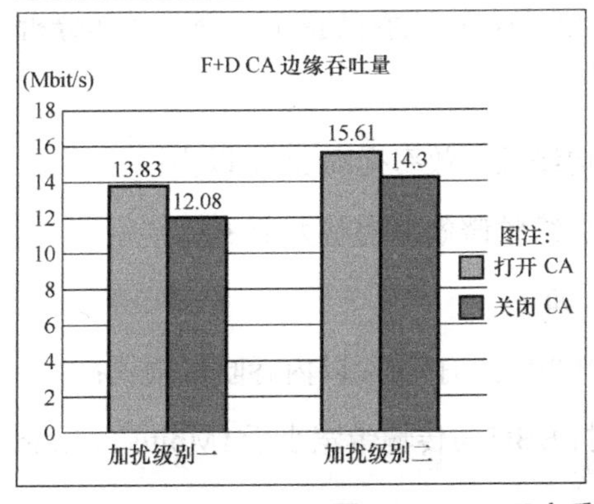

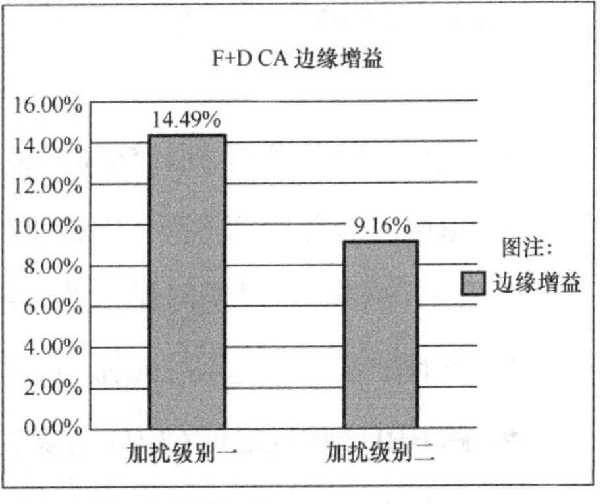

图 10-7 CA 开启后可带来的吞吐量增益

10.3.2 CoMP

10.3.2.1 上行 CoMP 测试结果

（1）上行 2Rx CoMP 外场测试效果

上行 2 天线系统中引入 JR 方案可显现功率增强和干扰抑制两方面效果。

- 100% 加扰场景下，引入 JR 可提升单用户吞吐量至无干扰水平；
- 50% 加扰场景下，边缘用户可获得上行 2 ～ 3dB 的接收功率增强，边缘用户平均吞吐量提升 46%。

（2）上行 8Rx CoMP 外场测试效果

- 对 8 天线小区上行边缘功率受限用户（如室外覆盖室内弱覆盖区域场景，服务小区及邻区 *RSRP* 均在 -115dB 左右），8 天线系统引入上行 JR 可显著增强边缘用户接收信号强度，边缘用户上行吞吐量提升 30% 以上；
- 小区中心用户吞吐量不受影响，小区吞吐量无明显增益。

10.3.2.2 下行 CoMP 应用效果

下行 CoMP 可在同 BBU 小区及跨 BBU 小区间应用，通过测试可以发现，采用下行 CoMP 后，小区边缘性能提高，小区吞吐量不下降，具体分析如下。

- 轻载（业务负荷小于 50%）时边缘频谱效率提高 30% 以内；
- 重载（业务负荷大于 50%）时边缘频谱效率增益大于 30%。

采用下行 CoMP 对现网影响的分析如下。

- 下行业务负荷达到 100% 时，中心用户有 10% 以内吞吐量损失；
- 跨 BBU 部署 CS 或 CS/JT 方案时，BBU 间传输带宽小于 1Mbit/s（15min 均值）。

10.3.3 增强型小区干扰消除（eICIC）

由于目前 eICIC 技术引入时间较短，仍处于功能性测试阶段，因此针对该技术暂时只进行定性测试，某一线城市测试结果见表 10-2。

表10-2 某城市宏微混合组网外场测试

静态 eICIC	宏站下行流量（Mbit/s）	微站下行流量（Mbit/s）
eICIC Off	46	19.3
eICIC On	29.28	21.91

从表10-2中可以看出，宏站流量从46Mbit/s下降到29.28Mbit/s（仅在非ABS调度），因为eICIC关闭时，宏站在4个下行子帧+2个特殊子帧上调度，eICIC开启后，宏站只在非ABS的2个下行子帧及2个特殊子帧上调度，因此宏小区流量下降了36.6%，符合理论预期。限于当时外场宏微测试场景的限制（一个宏站下只带了一个微站），没有体现宏站+微站小区整体吞吐量增益。在宏微站组网更加成熟的网络场景下，使用eICIC技术将给微站带来更显著的增益。

10.4 5G技术展望

10.4.1 5G需求

移动互联网和物联网，正以前所未有的速度发展，从而使移动数据业务呈爆炸性增长。在未来的技术演进中，更丰富的通信模式、更好的用户体验，更广泛的应用拓展，都是重要的发展方向。为了应对海量流量的挑战，移动网络正向“无容量限制的无线网络”，即所谓的“大管道”方向发展，技术不断取得突破。在面向未来的无线技术演进中，适应应用场景、满足用户体验成为决定因素。据预测，2010—2020年，业务流量10年提升1000倍，这是5G无线移动通信技术的内在需求，围绕这一需求，5G研究开辟适用于无线通信的新型频谱资源，采用深度智能化手段解决大幅提升网络资源利用率等关键问题。5G的发展要在网络系统架构、组网技术以及无线传输技术等方面进行新的变革，从根本上解决移动通信频谱有效性和功率有效性的问题，实现更高频谱效率和绿色无线通信的目标。

5G的提出是要解决目前的4G技术还没有解决的问题，如更好的覆盖、更大的网络容量以及更低的时延等，具体分析如下。

（1）更好的覆盖。尽管4G能为每个小区提供几千个联接，但无法满足全联接世界里万物互联的需要。5G条件下，每平方公里的联接数将达到百万个，将是指数级增长。5G网络将拥有多达千亿的智能节点，届时生活中的所有东西都会被联接，包括牙刷、眼镜、手表、球鞋；工厂里的转运箱、叉车、机械手……这种联接能力对工业应用具有极大价值。

（2）更大的网络容量。消费者对网络容量始终有着无限的需求，尽管4G比3G快10倍，但是，一旦4k变成标准，4G就无法满足市场对视频内容的需求。5G的峰值速率为10Gbit/s，是4G的将近66倍。这意味着，从互联网上下载一部8G的高清影片，3G时代需要70min，4G时代需要7min，而5G时代将只需要短短的6s。以在线医疗为例，3G时代，我们可以在线存储和查看健康信息；而4G可支撑高清视频，从而可以用于急诊室远程咨询；到了5G，更高级的应用如互动式3D脑部成像，可以用于远程诊断。

（3）更低的时延。4G网络的时延小于50ms，相当于3G网络的一半。然而，自动驾驶等应用仍要求比4G网络低得多的时延。以自动驾驶为例，在现有4G网络时延条件之下，时速100km/h的汽车，从发现障碍到启动制动系统仍需要移动1.4m，在行驶安全角度考虑这意味着生与死的距离。5G网络条件下，同样时速的汽车从发现障碍到启动制动系统需要移动的距离将缩短到2.8cm，有望达到汽车ABS的水平。5G可以达到1ms的超低时延，这将使5G网络的响应速度比4G网络提高50倍。

未来，5G在覆盖、容量以及时延方面将进行革命性突破，是实现万物互联和工业互联网的关键。

10.4.2 5G网络结构及频率

5G用户体验是多终端、富应用和高带宽的交织和融汇。网络发展需要更高带宽、更低时延、更高的可靠性和更强的智能化能力。现有网络难以满足5G业务全面提升的需求，需要考虑网络架构和功能整体创新。

网络架构创新需实现接入网、核心网和业务控制等网络资源的集中控制和调度，全面提升服务能力。在传统的网络连接能力基础上，通过对业务数据流的差异化处理，提供新型网络增值服务；运营商网络整体向虚拟化、软件化方向发展，以替代传统高昂的专用设备，降低组网和运营成本；移动通信网络将更加开放，为用户提供基础服务，并通过开放自身的接口，使第三方开发者通过运用和组装接口产生新的应用；引入能力开放平台，使得业务能统一在平台上运营，形成新型的网络服务模式。

对于频谱来讲，5G研究分两个阶段：第一阶段考虑面向WRC-15的6GHz以下IMT潜在候选频段，以及未来2G、3G可能会有一些频段调整给5G使用；第二阶段将考虑面向WRC-18/19的6GHz以上高频段，主要研究的频率范围为6～100GHz。

10.4.3 5G发展历程

10.4.3.1 5G标准化愿景

2020年年底，ITU将推出正式的5G标准，5G也应该被称为IMT—2020。

IMT—2020（5G）推进组提出的白皮书中对5G愿景与需求做了全面介绍，提出了5G关键能力分为两个维度：一个是性能，另一个是效率。同时提出了用5G之花代表5G需求的能力。其中，花瓣表示关键性能指标，包括用户体验速率、时延、连接数密度等；绿叶表示效率指标，包括频谱效率、能量效率和成本效率。

对于5G国际标准化来讲，国际上对标准化组织5G标准工作已经形成一些初步的观点。ITU的工作计划是2015年中下旬开始启动标准化流程和性能需求的研究，2018年主要是候选技术方案征集，2019年开始方案评估，2020年完成标准制订。ITU主要是征集5G国际标准的候选技术方案，而具体技术方案主要是在3GPP等其他标准组织讨论。3GPP将会是制订5G技术标准的主要标准组织，目前国际上多数企业认为3GPP Rev.14可以启动5G标准研究，ITU-R WP5D日前已经确定了5G的时间表，如图10-8所示，基本上可以划分为三个阶段。

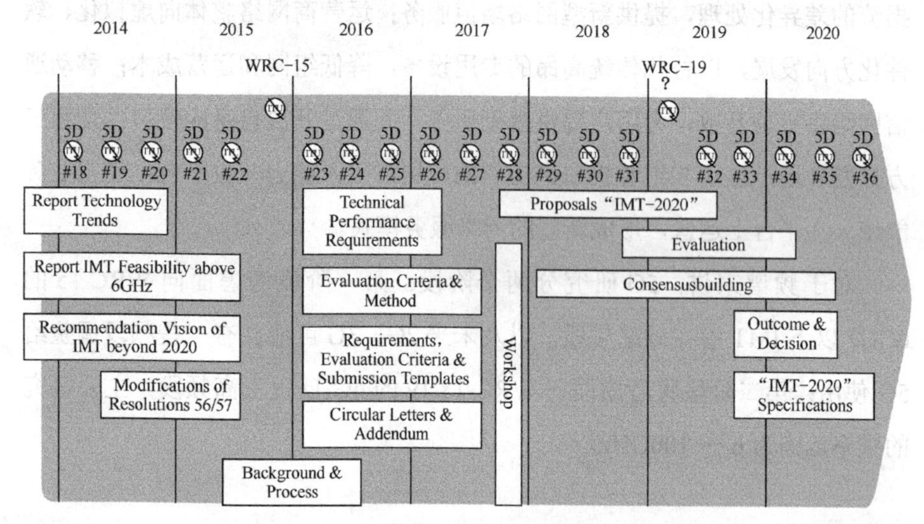

图10-8 5G的时间表

第一个阶段截止到2015年年底，重点是完成5G宏观描述，包括5G的愿景、5G的技术趋势和ITU的相关决议，并在2015年世界无线电大会上获得必要的频率资源。

目前5G愿景已经大体成型，包括八大技术指标，分别是用户体验速率、峰值速率、移动性、时延、连接密度、能量效率、频谱效率和业务量密度。从这些技术指标的定义可以看出，5G技术更强调技术的实用性和全面性，不再盲目地追求如峰值速率等单一指标。

第二个阶段是2016年到2017年年底，为技术准备阶段。ITU主要完成技术要求、技术评估方法和提交候选技术所需要的模板等内容，最后正式向全世界发出征集 5G 候选技术的通函。

第三个阶段是收集候选技术的阶段。从 2017 年年底开始，各个国家和国际组织就可以向 ITU 提交候选技术。ITU 将组织对收到的候选技术进行技术评估，组织技术讨论，并力争在世界范围内达成一致。

10.4.3.2 我国 5G 技术研究现状

在移动通信的演进历程中，我国依次经历了“2G 跟踪、3G 突破、4G 同步”的各个阶段。在 5G 时代，我国立志于占据技术制高点，全面发力 5G 相关工作，因此中国组织成立 IMT—2020 (5G) 推进组，推动重大专项“新一代宽带无线移动通信网”向 5G 转变，启动“5G 系统前期研究开发”等，从 5G 业务、频率、无线传输与组网技术、评估测试验证技术、标准化及知识产权等各个方面，探究 5G 的发展愿景。

我国非常重视 5G 的研究。2012 年年初，工业和信息化部、发展和改革委员会与科技部联合成立 IMT—2020（5G）推进组，还启动了重大专项和“863 计划”的 5G 研发项目。IMT—2020（5G）推进组是我国 5G 技术研发及国际合作的基础平台，目前成员已经超过 50 家。重大专项于 2013 年启动后 IMT-Advanced 移动通信技术及发展策略研究，2015 年启动 IMT—2020 网络架构研究、IMT—2020 国际标准评估环境等一系列课题研究。“863 计划”在 2014 年启动了第一期 5G 研发项目，2015 年启动了第二期项目。

10.4.4 5G 关键技术分析

10.4.4.1 高频通信

目前无线通信 6GHz 以下频谱已经十分拥挤，可用带宽有限，而 30 ～ 300GHz 有大量的可用频谱，这些频谱对无线通信极具吸引力。毫米波频段相对于现有的蜂窝网载频，其传输损耗大。同时由于高频波长短、单位面积上发送机和接收机可以配置更多的天线获得更大的波束成形增益，补偿额外的路径损耗。

采用高增益天线的基站，在获得权值前，无法利用优选波束覆盖到接收端，终端测量不准，通信双方不能以优选波束权值进行数据通信。移动环境对准高增益的窄波束困难，若不实现最优波束识别，终端无法完成小区驻留或勉强驻留小区但传输质量差，与5G网络的高速率预期相悖。因此波束识别、跟踪是高频通信的一个普遍存在的问题。在高频通信系统加入波束发现过程，通过发现过程使得基站和终端得以发现对方，利用优选波束进行高数据量通信。

10.4.4.2 多天线技术（Massive MIMO）

目前无线网络流量已呈现出爆炸式增长，提升无线网络容量的方法有多种，主要包括提升频谱效率、提高网络密度、增加系统带宽、智能业务分流等，其中大规模天线阵列技术获得越来越多的关注。

大规模天线阵列的基本特征，就是通过在基站侧配置数量众多的天线阵列（从几十至几千），获得比传统天线阵列（传统天线阵列数不超过8个）更为精确的波束控制能力，然后通过空间复用技术，在相同的时频资源上，同时服务更多用户以提升无线通信系统的频谱效率。大规模天线阵列可很好地抑制干扰，带来巨大的小区内及小区间的干扰抑制增益，使得整个无线通信系统的容量和覆盖范围得到进一步提高。

10.4.4.3 物联网技术

对于物联网，有以下几种网络架构。

（1）基于网络架构，物联网设备接入现有无线网，核心网增加物联网服务器用于鉴权、计费。

（2）针对物联网，引入网关式架构，增加物联网网关节点，用于收集、汇聚、转发数据给更高层物联网节点或者对端用户。

（3）网关＋控制平台架构，增加物联网网关节点，网关具有部分 APP Layer（中间数据平台）功能，对收集的数据进行处理后，转发给更高层物联网节点或者对端用户。

物联网的无线关键技术研究包括以下几个方面。

（1）高可靠性：满足 99.9%、99.99% 或更高的可靠性需求，在医疗、生产、安防等领域均有超可靠要求。

（2）自适应、高可靠无线传输技术：自动寻找最佳空口传输链路，提供上行 / 下行可靠性连接；提供网络高可靠性连接，连接中断及时告警及恢复。

（3）容灾方面，增加冗余设计、链路备份，提高在链路破坏后的网络自愈能力。

10.4.4.4 设备到设备通信

作为面向 5G 的关键候选技术，设备到设备通信（Device-to-Device，D2D）具有潜在的提高系统性能、提升用户体验、扩展蜂窝通信应用的前景，因而受到业界的广泛关注。

D2D 主要的应用场景包括如下几个方面。

（1）社交应用：用户通过 D2D 的发现和通信功能，可以寻找邻近区域的感兴趣用户并进行数据传输、内容分享。

（2）网络流量卸载：邻近用户之间的蜂窝通信切换到 D2D 模式，节省空口资源、降低核心网传输压力。

（3）物联网通信增强：在车联网、海量用户终端、智能家居等存在大量终端的场景中，终端以 D2D 形式接入到已接入网络的特定终端，缓解巨量终端接入带来的拥塞。

（4）应急通信：当覆盖出现盲区或因灾害网络损坏时，用户设备通过 D2D 与位于覆盖内的用户设备建立连接，从而以 D2D 中继的形式建立与网络的连接。

10.4.4.5　新编码调制与链路自适应技术

面对5G的核心需求，传统链路自适应技术已经无法满足，而新的编码调制与链路自适应技术可以显著地提高系统容量、减少传输延迟、提高传输可靠性、增加用户的接入数目。目前提出的新编码调制及链路自适应技术包括软链路自适应（Soft Link Adaptation，SLA）、物理层包编码（Physical Layer Packet Coding，PLPC）、吉比特超高速译码器技术（Gbit/s High Speed Decoder，GHD）等。

软链路自适应技术提高了信道预测和反馈方法的准确性，解决了开环链路自适应（OLLA）周期较长、干扰突发影响性能的问题，以及5G各种新场景对QoS的差异化需求（低延迟或超可靠或高吞吐量或高速移动）等问题。物理层包编码技术可以有效地解决大数据包与小编码块之间的矛盾；吉比特超高速译码器技术可以显著地提高单用户的速度，满足5G支持超高速用户数据速率的要求。

10.4.4.6　无线回传（Self-Backhaul）

有线Backhaul使密集部署的成本变得不可接受，而且会大大限制基站部署的灵活性。微波作为Backhaul需要额外的频谱资源，并且增加了传输节点的硬件成本。在有遮挡时，微波的信道质量将受到严重影响，这限制了站址的选择，降低了部署的灵活性。

Self-Backhaul使用与接入链路相同的无线传输技术和频率资源，很好地解决了有线Backhaul及微波Backhaul存在的问题。但Self-Backhaul消耗了接入链路的可用资源，限制了网络容量的进一步提高。因此，Self-Backhaul容量增强是一个重要研究方向。

增强Self-Backhaul容量的技术手段包括利用多天线技术进一步扩展空域自由度；通过接收端协作增强接收能力；利用内容感知技术挖掘相同的服务请求，通过多播/广播提高资源使用效率；Backhaul链路与接入链路间动态资源分配。

思考题

1. LTE-Advanced主要技术指标有哪些，为了实现这些技术指标，LTE-Advanced标准制订了哪些新技术？

2. Relay按照不同的分类方式可以分成哪些种类？

3. eICIC技术是如何实现宏微同频小区的干扰协调的，其对移动通信组网的意义主要有哪些？

4. 5G对于网络的需求有哪些？

5. 5G关键技术中，哪些会改变蜂窝移动通信的网络结构？

第11章 天馈线系统

11.1 天馈线系统基本原理

11.1.1 天馈线系统组成

基站天馈线系统是移动通信系统的重要组成部分，其性能优劣对整体移动通信质量的影响至关重要。以传统GSM基站为例，天馈线系统的组成如图11-1所示。

主要包括以下几个部分。

（1）天线：用于接收和发送无线信号，传统GSM基站常见的天线有单极化天线、双极化天线和全向天线等。

（2）主馈线：传统GSM基站的馈线主要有7/8″馈线、5/4″馈线、13/8″馈线等。

（3）室外跳线：用于天线与主馈线之间的连接，常用的跳线采用1/2″馈线，长度一般为3m。

（4）接头密封件：用于室外跳线两端接头（与天线和主馈线相接）的密

封，常用的材料有绝缘防水胶带和 PVC 绝缘胶带。

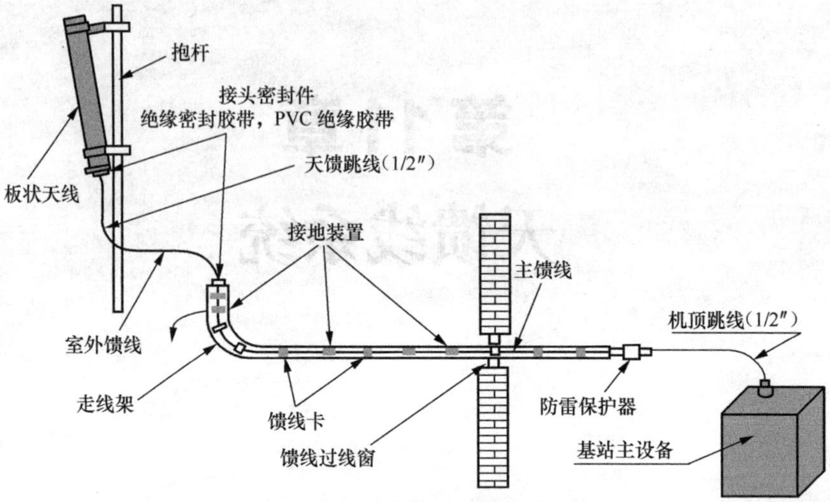

图 11-1　基站天馈线系统组成

（5）室内超柔跳线：用于主馈线（经避雷器）与基站主设备之间的连接，常用的跳线采用 1/2″ 超柔馈线，长度一般为 2 ～ 3m。

（6）其他配件：主要有接地装置、7/8″ 馈线卡子、走线架、馈线过线窗、防雷保护器（避雷器）、各种尼龙扎带等。

其中接地装置和防雷保护器主要用于防雷和泄流；馈线卡子和尼龙扎带用于固定主馈线；走线架用于布放主馈线、传输线、电源线和安装馈线卡子；馈线过线窗主要用来穿过各类线缆。

11.1.2　天线的基本知识

11.1.2.1　天线的辐射特性

在移动通信系统中，基站天线的辐射特性直接影响无线链路的性能，基站天线的辐射特性主要有天线的方向性、增益、极化等。

（1）**天线的方向性**

天线的方向性是指天线向一定方向辐射电磁波的能力，对于接收天线而言，方向性表示天线对不同方向传来的电波具有的接收能力。

① 方向图

天线方向的选择性常用方向图表示，天线辐射的电磁场在固定距离上随角坐标分布的图形，称为方向图。方向图可用来说明天线在空间各个方向上具有的发射或接收电磁波能力。

天线方向图是空间立体图形，但是通常应用的是两个互相垂直的主平面内的方向图，称为平面方向图。在线性天线中，由于地面影响较大，都采用垂直面和水平面作为主平面，如图 11-2 所示。

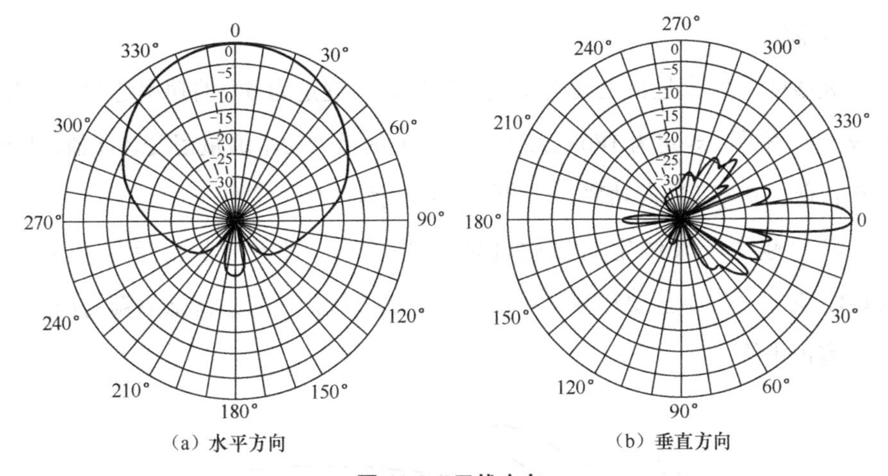

（a）水平方向　　（b）垂直方向

图 11-2　天线方向

② 水平 / 垂直半功率波束宽度

在方向图中通常都有两个瓣或多个瓣，其中最大辐射方向的辐射波瓣叫天线主波瓣，也称天线波束。主瓣之外的波瓣叫副瓣或旁瓣或边瓣，与主瓣相反方向上的旁瓣叫后瓣。

在功率方向图的主瓣中，把相对最大值辐射方向功率下降到一半处或小于最大值 3dB 的两点之间的波束宽度夹角称为半功率波束宽度。水平面的半功率波束宽度叫水平面波束宽度，垂直面的半功率波束宽度叫垂直面波束宽度。

主瓣波束宽度越窄，则方向性越好，抗干扰能力越强。在讨论天线性能时，经常考虑其 3dB、10dB 波束宽度，如图 11-3 所示。

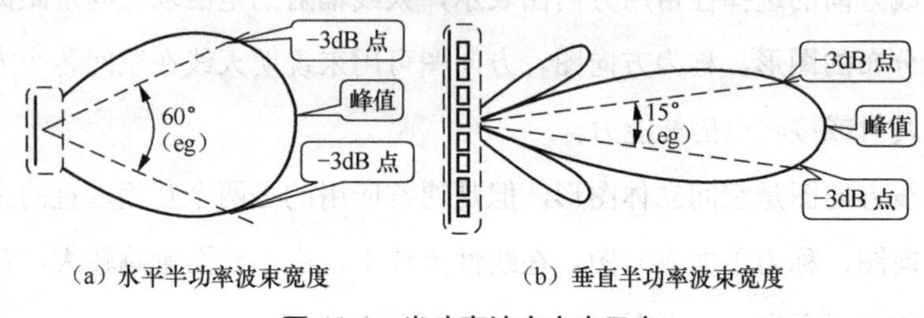

图 11-3　半功率波束宽度示意

③ 前后比

天线的前后比是指主瓣的最大辐射方向（规定为 0）的功率通量密度与相反方向附近（规定为 180°±20°范围内）的最大功率通量密度之比值，*F/B* =10lg(前向功率 / 后向功率)，如图 11-4 所示。

其值越大，天线定向接收性能就越好。一般天线的前后比在 18～45dB。对于密集市区要尽量选用前后比大的天线，可有效降低后瓣对高层建筑的室内干扰。

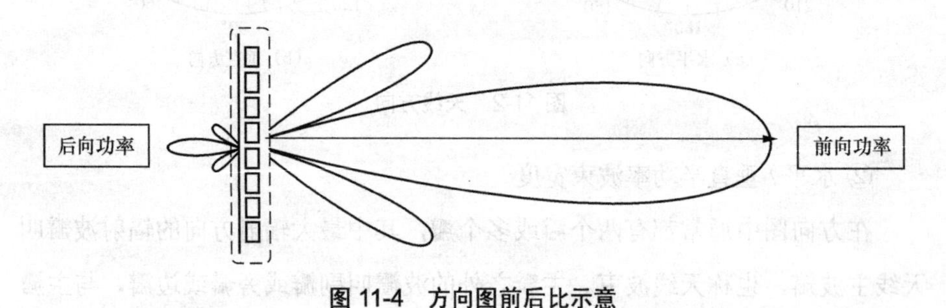

图 11-4　方向图前后比示意

（2）**天线增益**

天线增益的定义与全向天线或半波振子天线有关，在某一方向的天线增益是该方向上的功率通量密度和理想点源或半波振子在最大辐射方向上的功率通量密度之比，如图 11-5 所示。

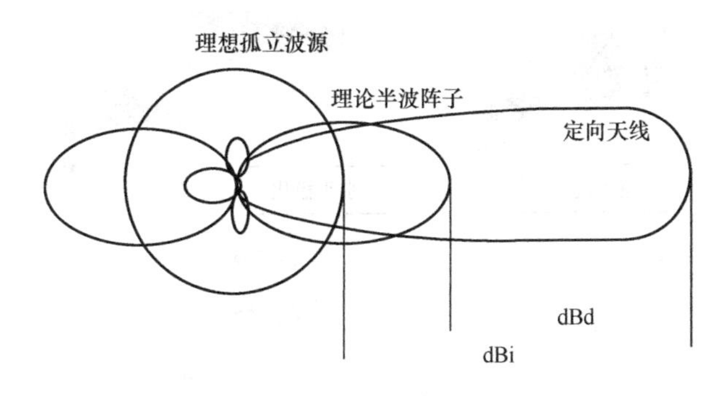

图 11-5 增益比较

dBi 表示天线增益是方向天线相对于全向辐射器的参考值，dBd 是相对于半波振子天线参考值，两者之间关系：dBi=dBd+2.15。

天线增益是用来衡量天线朝某一特定方向上收发信号的能力，它是选择基站天线重要的参数之一。天线增益越高，方向性越好，能量越集中，波瓣宽度越窄。

（3）**极化**

无线产生的电磁波，在远区接收点处的局部范围内可视为平面波，该平面波按极化可分为线极化波、圆极化波（或椭圆极化波）。极化是指在垂直于传播方向的波阵面上，电场强度矢量端点随时间变化的轨迹，如果轨迹为直线，该平面波就是线极化波；如果轨迹为圆或椭圆，则该平面波就是圆极化波或椭圆极化波。线极化波又可分为垂直极化波和水平极化波，还有 ±45° 倾斜的极化波，如图 11-6 所示。

天线辐射的电磁场的电场方向就是天线的极化方向。在蜂窝移动通信中，基站天线一般采用的都是垂直放置的线极化天线，因此，产生垂直极化波。为了改善接收性能和减少基站天线数量，目前比较广泛采用的基站天线是双极化天线，既能收发水平极化波，又能收发垂直极化波，如图 11-7 所示。

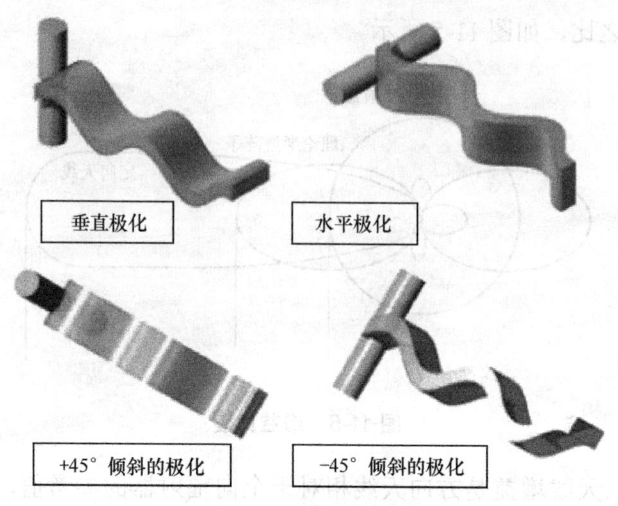

图 11-6　线极化示意

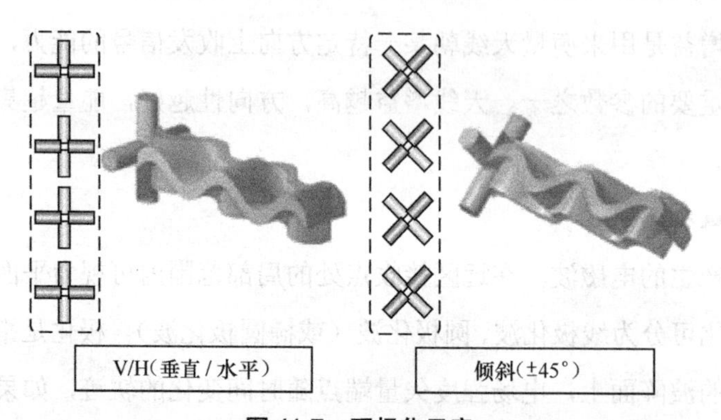

图 11-7　双极化示意

11.1.2.2　天线的重要技术指标

（1）**工作频段**

无论是天线还是其他通信产品，总是在一定的频率范围（频带宽度）内工作，通常情况下，满足指标要求的频率范围即为天线的工作频段（Frequency Range）。

工作频段的宽度称为工作带宽，工作带宽通常可根据天线的方向图特性、输入阻抗或电压驻波比的要求确定，通常带宽定义为天线增益下降 3dB 时的频带宽度，或在规定的驻波比下，天线的工作频带宽度。在移动通信系统中，是按后一种定义的，具体的说，就是当天线的输入驻波比小于等于 1.5 时，天线的工作带宽。

一般全向天线的工作带宽能达到中心频率的 3% ～ 5%，定向天线的工作带宽能达到中心频率的 5% ～ 10%。

（2）输入阻抗

天线输入端信号电压与信号电流之比，称为天线的输入阻抗（Input Impedance）。输入阻抗与天线的结构、尺寸以及工作波长有关，一般移动通信天线的输入阻抗为 50Ω。

（3）电压驻波比

天线的电压驻波比（VSWR）是把天线作为无耗传输线的负载时，在沿传输线产生的电压驻波图形上，其最大值和最小值之比。驻波比的产生，是由于入射波能量传输到天线输入端并未被全部吸收，产生的反射波叠加而形成的。

电压驻波比过大，输进天线的功率有一部分被反射回来，降低了天线的辐射功率，会减少覆盖范围；同时，反射功率将返回发射机功放部分，如果功率过大，容易烧坏功放管，影响通信系统正常工作。虽然驻波比要求低，但天线的制造成本却高得多。

在移动通信系统中，一般要求驻波比小于等于 1.5。

（4）隔离度

隔离度（Isolation）代表馈送到双极化天线一个端口（一种极化）的信号在另外一个端口（另一种极化）中出现信号的比例。

对于多端口天线，如双极化天线、双频段双极化天线，收发共用时端口之间的隔离度应大于 30dB。

（5）三阶互调

三阶互调（Third Order Inter Modulation）信号是指两个信号在一个线性系统中，由于非线性因素的存在，使一个信号的二次谐波与另一个信号的基波产生差拍（混频）后的寄生信号。

互调现象就是由频带外的两个或多个载波频率混频后落在频带内的新的频率分量，造成系统性能下降的现象。

（6）功率容量

天线包括匹配、平衡、移相等其他耦合装置，其承受的功率是有限的。

天线的功率容量（Power Capacity）是指按规定的条件、在规定的时间周期内可连续加到天线上而又不致降低其性能的最大连续射频功率。

（7）电下倾角

天线下倾可以改善系统的抗干扰性能，是降低系统内干扰的最有效方法之一。天线下倾主要是改变天线的垂直方向图中主瓣的指向，使得垂直方向图的主瓣信号指向覆盖小区，而垂直方向图的零点或副瓣对准受其干扰的同频小区。这样，既改善了服务小区覆盖范围内的信号强度，也提高了服务小区内的 *C/I* 值，同时又减少了对远处同频小区的干扰。因此，提高了系统的频率复用能力，增加了系统容量。

天线的下倾技术可通过两种方式实现：一种是机械下倾，另一种是电下倾。机械下倾是通过机械装置调节天线支架将天线压低到相应位置来设置下倾角的；而电下倾则是通过改变天线振子的相位来控制下倾角的，电下倾可使天线的垂直方向图主瓣下倾一定的角度，但天线本身仍保持和地面成垂直放置的位置。

采用机械下倾调整下倾角时，一般来说最佳的下倾角度为 1°～5°，在 5°～10°时，天线方向图稍有变形但变化不大；在 10°～15°时，天线方向图变化较大，大于 15°后，天线方向图形状改变很大，会造成严重的系统内干扰。而采用电下倾调整下倾角时，可保证在改变倾角后天线主瓣方向覆盖距离缩短同时又不产生干扰，调整的精度也比机械下倾高，但电下倾天线价格较为昂贵。在实际工程中，往往是在采用电下倾的同时，也结合机械下倾，一起控制天线的倾角。

电下倾角（Electrical Down Tilt）是指天线的垂直辐射面上最大辐射指向与天线法线的夹角。

通信天线根据是否支持电下倾调节分为固定下倾天线和电调天线。固定下倾天线是指根据无线覆盖需求对天线辐射单元阵列进行幅度和相位的赋形产生的固定下倾角天线；而电调天线是指通过移相单元改变阵列中不同辐射单元的相位差，从而产生不同辐射主瓣下倾状态。通常电调天线的下倾状态仅在一定的可调角度范围内。

（8）**上旁瓣抑制**

主瓣在垂直面方向上的旁瓣叫做上旁瓣。基站天线为了覆盖效果，通常会在网络规划中对天线采用一定的机械下倾，这样导致天线的第一（或一定角度范围内）上旁瓣可能处于水平位置甚至低于水平位置，就容易造成邻区干扰，因此需要对其进行抑制，即上旁瓣抑制（Elevation Upper Side Lobes）。

上旁瓣不仅浪费了天线辐射的能量，而且会对相邻小区特别是相邻小区的高层建筑形成干扰，因此上旁瓣应该尽量抑制，尤其是能量较大的第一上旁瓣。

（9）**零点填充**

零点填充（Null Fill）是指在天线的垂直面内，下旁瓣第一零点采用波束赋形设计加以填充，目的是改善对基站近区的覆盖，减少近区覆盖的死区和盲点。

（10）**方向图圆度**

全向天线的水平面方向图圆度（Antenna Pattern Roundness）是指在水平面方向图中，其最大或最小电平值与平均值的偏差。

注：平均值是指水平面方向图中最大间隔不超过 5° 的方位上电平值的算术平均值。

11.1.2.3　天线的分类

移动通信天线产品种类众多、型号各异，根据辐射方向图的不同，可将移动通信基站常用的天线分为全向天线、定向天线、特殊天线、多天线系统等。

（1）**全向天线**

全向天线在水平各个方向上的功率均匀地辐射，因此，其水平方向图的形状基本为圆形。不过在其垂直方向图上，可以看到辐射能量是集中的，因而可以获得天线增益。

全向天线一般由半波振子排列成的直线阵构成，并把按设计要求的功率和相位馈送到各个半波振子，以提高辐射方向上的功率。振子单元每增加一倍，增益增加 3dB。典型的增益值是 8 ～ 10dBi。全向天线主要用于 360° 广覆盖，主要用在覆盖稀疏的农村无线场景。如图 11-8 所示。

（2）定向天线

定向天线的水平和垂直辐射图是非均匀的，因经常用于扇形小区，因此，也常称为扇区天线，辐射功率或多或少集中在一个方向。在蜂窝系统中使用定向天线可扩展覆盖范围，改善蜂窝移动网中的干扰。

定向天线一般由直线天线阵加上反射板构成，典型增益值是 11 ～ 18dBi，结构上一般为 8 ～ 16 个单元的天线阵。

定向天线是目前应用最广泛的基站天线，分为多个种类，主要包括垂直极化天线、垂直和水平极化天线、±45° 双极化天线、多频带天线等。根据倾角电调方式的不同，又可以分为固定倾角天线、电调天线，同时还包括三扇区集束天线。如图 11-9 所示。

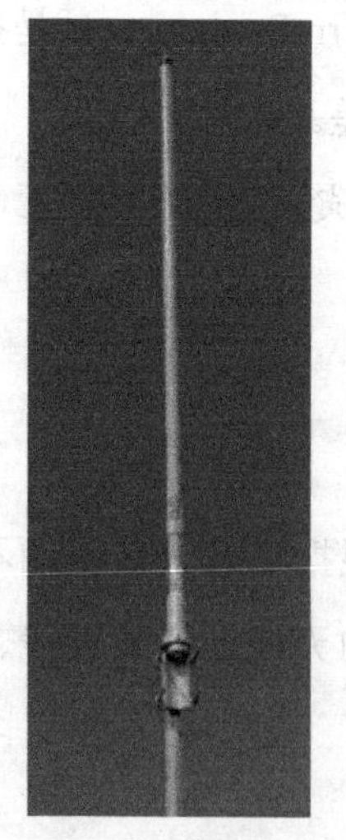

图 11-8　全向天线示意

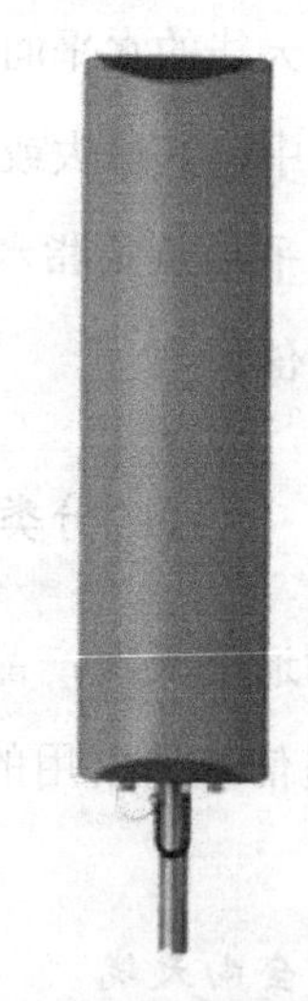

图 11-9　定向天线示意

（3）特殊天线

特殊天线是指用于特殊场合信号覆盖的天线，如室内、隧道等，其辐射方向图是根据用途选择天线类型使其适应场合要求。

室内分布式天线又可分为吸顶天线、壁挂天线、八木天线、对数周期天线、抛物面天线等，用于室内无线覆盖的场景。

（4）多天线系统

多天线系统是许多单独天线形成的合成辐射方向图。最简单的类型是在塔上相反方向安装两个方向性天线，通过功率分配器馈电，目的是用一个小区覆盖大的范围，比用两个小区情况使用的信道数要少。室内天线示意如图 11-10 所示。

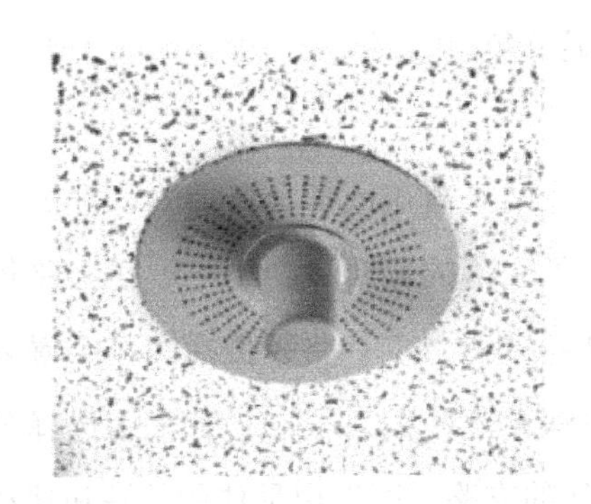
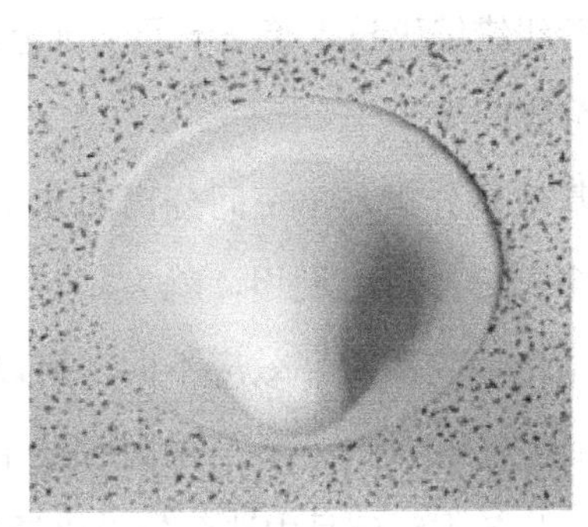

图 11-10　室内天线示意

当不能使用全向天线时，或当所需的增益比一个全向天线系统所能提供的还要大时，也可用多天线系统形成全向方向图，如建筑物四周。

当使用多天线系统时，空间分集非常复杂。典型的增益值是所用单独天线增益减去由于功率分配器带来的 3dB 损耗。

11.1.2.4　天线分集技术

（1）分集接收的概念

在移动无线电环境中，信号衰落会产生严重问题。随着移动台的移动，瑞利衰落随信号瞬时值快速变动，而对数正态衰落随信号平均值（中值）变动，这两者是构成移动通信接收信号不稳定的主要因素，使接收信号大大地恶化了。虽然通过增加发信功率、天线尺寸和高度等方法能取得改善，但采用这些方法在移动通信中比较昂贵，有时也显得不切实际。

分集接收技术是一项主要的抗衰落技术，它可以大大提高多径衰落信道下的传输可靠性，其本质就是采用两种或两种以上的不同方法接收同一信号以克服衰落，其作用是在不增加发射机功率或信道带宽的情况下充分利用传输中的多径信号能量，提高系统的接收性能。

（2）**分集技术的分类**

分集的形式可分为两类，一是显分集，二是隐分集。隐分集是利用信号设计技术将分集作用隐含在被传输信号之中，如 Rake 接收技术和信道交织、抗衰落纠错编码技术等。下面仅讨论显分集，它又可以分为基站显分集与一般显分集两类。

基站显分集是由空间分离的几个基站全覆盖或部分覆盖同一区域。由于有多重信号可以利用，就大大减小了衰落的影响。由于电波传播路径不同，地形地物的阴影效应不同，所以经过独立衰落路径传播的多个慢衰落信号是互不相关的。各信号同时发生深衰落的概率很小，若采用选择分集合并，从各支路信号中选取信噪比最佳的支路，即选出最佳的基站和移动台建立通信，以消除阴影效应和其他地理影响，所以基站显分集又称为多基站分集。

一般显分集用于抑制瑞利衰落，其方法有传统的空间分集、频率分集、极化分集、角度分集、时间分集和场分量分集等多种方法。如果采用空间分集、极化分集和方向性分集，则分集接收侧至少必须有两副天线接收信号；如果采用频率分集、时间分集和场分集，则只需要一副天线接收信号。

（3）**典型分集技术介绍**

移动通信中，通常采用空间分集和极化分集，分集增益可在 5dB 左右，下面就对这两种方法进行简单介绍。

① 空间分集

空间分集是利用场强随空间的随机变化实现的。在移动通信中，空间略有变动就可能出现较大的场强变动。空间的间距越大，多径传播的差异就越大，所收场强的相关性就越小，在这种情况下，由于深衰落难得同时发生，分集便能把衰落效应降到最小，为此必须确定必要的空间间隔。通常根据参数 η 设计分集天线，η 与实际天线高度 h 和天线间距 D 的关系为：$\eta=\frac{h}{D}$，对于水平间隔放置的天线，η 的取值一般为 10。例如，天线高度为 30m，则当天线间隔约 3m 时，可得到较好的分集增益。另外，垂直天线间隔大于水平天线间隔，目前工程中常见的空间分集天线由两副（收 / 发，收）或者三副（收，发，收）组成。

② 极化分集

在前面已经介绍了电磁波的极化现象。目前在越来越多的工程中广泛使用了双极化天线，天线有两种极化方式：水平极化和垂直极化，而用一个频率携带两种不同极化方式的信号。理论上，由于媒质不引入耦合影响，也就不会产生相互干扰。但是在移动通信环境中，会发生互耦效应。这就意味着，信号通过移动无线电媒质传播后，垂直极化波的能量会泄漏到水平极化波去，反之亦然。幸运的是，和主能流相比，泄漏能量很小，通过极化分集依旧可以得到良好的分集增益。

极化分集天线的最大优点在于只需安装一副天线即可，节约了安装成本。由于 ±45° 的双极化天线的分集效果优于 0/90° 的天线，因此移动通信网络采用的双极化天线主要是 ±45° 双极化天线。

11.1.2.5　天线的选择

在移动通信网络中，天线的选择是一个很重要的部分，应根据网络的覆盖要求、话务量、干扰和网络服务质量等实际情况选择天线。天线选择得当，可以增大覆盖面积，减少干扰，改善服务质量。由于天线的选型是同覆盖要求紧密相关的，根据地形或话务量的分布可以把天线使用的环境分为 4 种类型：城区、郊区、农村和公路。

（1）城区基站天线应用原则

对于在城区的地方，由于基站分布较密，要求单基站覆盖范围小，希望尽量减少越区覆盖的现象，减少基站之间的干扰，提高频率复用率，原则上对天线有以下几个方面的要求。

① 天线水平面半功率波束宽度的选择

由于市区基站分布数量一般较多，重叠覆盖和频率干扰成为网络中一个很严重的问题。为了减小相邻扇区的重叠区，并降低基站之间可能的干扰，天线水平面的半功率波束宽度应该小一些，通常选用水平面半功率波束宽度为 65° 的天线，一般不采用 90° 以上天线。

② 天线的增益选择

由于市区基站一般不要求大范围的覆盖距离，因此建议选用中等增益的天线，这样天线垂直面波束可以变宽，可以增强覆盖区内的覆盖效果。同时天线的体积和重量可以变小，有利于安装和降低成本。对于城市边缘的基站，如果要求覆盖距离较远，可选择较高增益的天线。原则上，在城区设计基站覆盖时，应当选择具有固定电下倾角的天线，下倾角的大小根据具体的情况而定。

由于市区基站站址选择困难，天线安装空间受限，一般建议选用双极化天线。在相同或相近电气指标下，应选用尺寸较小的天线。

（2）郊区基站天线应用原则

在郊区，情况差别比较大。可以根据需要的覆盖面积估计大概需要的天线类型，一般来可遵循以下几个基本原则。

可以根据情况选择水平面半功率波束宽度为 65° 的天线或选择半功率波束宽度为 90° 的天线；当周围的基站比较少时，应该优先采用水平面半功率波束宽度为 90° 的天线。

若周围基站分布很密，则其天线选择原则参考城区基站的天线选择。考虑到将来的平滑升级，一般不建议采用全向站型。

是否采用下倾角应根据具体情况而定，即使采用下倾角，一般下倾角也比较小。

（3）*农村基站天线应用原则*

对于农村环境，由于存在话务量小、覆盖广的要求，天线应用时应遵循以下原则。

如果要求基站覆盖周围的区域，且没有明显的方向性，基站周围话务分布比较分散，此时建议采用全向基站覆盖。需要特别指出的是，这里的广覆盖并不是指覆盖距离远，而是指覆盖的面积大而且没有明显的方向性。同时需要注意的，全向基站由于增益小，覆盖距离不如定向基站远。

如果对基站的覆盖距离有更远的覆盖要求，则需要用三个定向天线实现。一般情况下，可采用水平面半波束宽度为 90° 的定向天线；如果用垂直极化定向天线，也可以考虑 120° 的定向天线。另外需要注意的是，垂直极化的天线比双极化的天线有更大的分集效果，同时抵抗慢衰落的能力更强一些。所以，在农村广覆盖的要求下，在条件允许的情况下，可以采用两根垂直极化天线替代双极化天线。

对于山区的高站（天线相对高度超过 50m），一般应当选用具有零点填充功能的天线解决近距离“塔下黑”的问题。如通过下倾角的方法来解决，需要注意覆盖范围的缩小。

（4）*公路覆盖天线应用原则*

对于公路覆盖地区，天线的选用原则如下。

在以覆盖铁路、公路沿线为目标的基站，可以采用窄波束的定向天线。

如果覆盖目标为公路及周围零星分布的村庄，可以考虑采用全向天线。

如果覆盖目标仅为高速公路等，可以考虑用 8 字型天线解决，这样可以节约基站的数量，实现高速公路的覆盖。

如果是对公路和公路一侧的城镇的覆盖，可以根据情况考虑用水平面半功率波束宽度为 210° 的天线进行覆盖，建议在进行高速公路的覆盖上优先考虑 8 字型天线和 210° 天线。

11.1.3 馈线的基本知识

11.1.3.1 馈线的基本特性

连接天线和发射机输出端（或接收机输入端）的导线称为传输线或馈线。馈线的主要任务是有效地传送天线接收的信号，因此，它应能将发射机发出的信号功率以最小的损耗传送到发射天线的输入端，或将天线接收到的信号以最小的损耗传送到接收机输入端。同时它本身不应拾取或产生杂散干扰信号，这样就要求馈线必须屏蔽或平衡。

11.1.3.2 馈线的重要技术指标

（1）**馈线的特性阻抗**

无限长馈线上各处的电压与电流的比值定义为馈线的特性阻抗，用 Z_0 表示。

同轴电缆的特性阻抗的计算见公式（11-1）。

$$Z_0 = \frac{60}{\sqrt{\varepsilon_r}} \lg \frac{D}{d} \Omega \tag{11-1}$$

其中，D 为同轴电缆外导体铜网内径，d 为同轴电缆芯线外径，ε_r 为导体间绝缘介质的相对介电常数。

通常 Z_0=50Ω，也有 Z_0=75Ω 的情况。

由公式（11-1）不难看出，馈线特性阻抗只与导体直径 D 和 d 以及导体间介质的介电常数 ε_r 有关，而与馈线长短、工作频率以及馈线终端所接负载阻抗无关。

（2）**馈线的衰减系数**

信号在馈线里传输，除有导体的电阻性损耗外，还有绝缘材料的介质损耗，这两种损耗随馈线长度的增加和工作频率的提高而增加。因此，应合理布局尽量缩短馈线长度。

单位长度产生的损耗的大小用衰减系数 β 表示，其单位为 dB/m，电缆技术说明书上的单位通常用 dB/100m。

设输入到馈线的功率为 P_1，从长度为 L（m）的馈线输出的功率为 P_2，传输损耗 TL 可表示为：$TL=10\times\lg(P_1/P_2)$(dB)。

衰减系数为 $\beta=TL/L$(dB/m)。

例如，某厂商 7/8 英寸低耗电缆，900MHz 时衰减系数为 β=4.1dB/100m，也可写成 β=3dB/73m，也就是说，频率为 900MHz 的信号功率，每经过 73m 长的这种电缆时，功率要少一半。

而普通的非低耗电缆，如 SYV-9-50-1，900MHz 时衰减系数为 β=20.1dB/100m，也可写成 β=3dB/15m，也就是说，频率为 900MHz 的信号功率，每经过 15m 长的这种电缆时，功率就要少一半。

（3）**匹配的概念**

什么叫匹配？简单地说，馈线终端所接负载阻抗 Z_L 等于馈线特性阻抗 Z_0 时，称为馈线终端是匹配连接的。匹配时，馈线上只存在传向终端负载的入射波，而没有由终端负载产生的反射波。因此，当天线作为终端负载时，匹配能保证天线取得全部信号功率，如图 11-11 所示。当天线阻抗为 50Ω 时，与 50Ω 的电缆是匹配的，而当天线阻抗为 80Ω 时，与 50Ω 的电缆是不匹配的。

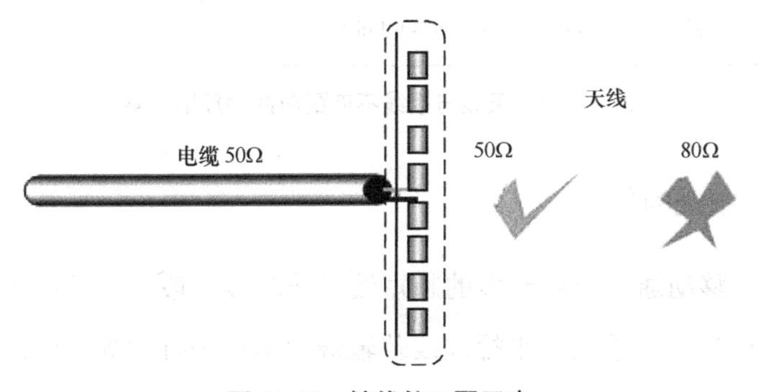

图 11-11　馈线的匹配示意

如果天线振子直径较粗，天线输入阻抗随频率的变化较小，容易和馈线保持匹配，这时天线的工作频率范围就较宽；反之，则较窄。

在实际工作中，天线的输入阻抗还会受到周围物体的影响。为了使馈线与天线良好匹配，在架设天线时还需要通过测量，适当地调整天线的局部结构，或加装匹配装置。

（4）馈线的反射损耗

前面已指出，当馈线和天线匹配时，馈线上没有反射波，只有入射波，即馈线上传输的只是向天线方向行进的波。这时，馈线上各处的电压幅度与电流幅度都相等，馈线上任意一点的阻抗都等于它的特性阻抗。

而当天线和馈线不匹配时，也就是天线阻抗不等于馈线特性阻抗时，负载就只能吸收馈线上传输的部分高频能量，而不能全部吸收，未被吸收的那部分能量将反射回去形成反射波。

例如，如图 11-12 所示，由于天线与馈线的阻抗不同，一个为 75Ω，一个为 50Ω，阻抗不匹配，从而存在反射损耗，为 10lg（10/0.4）=14dB。

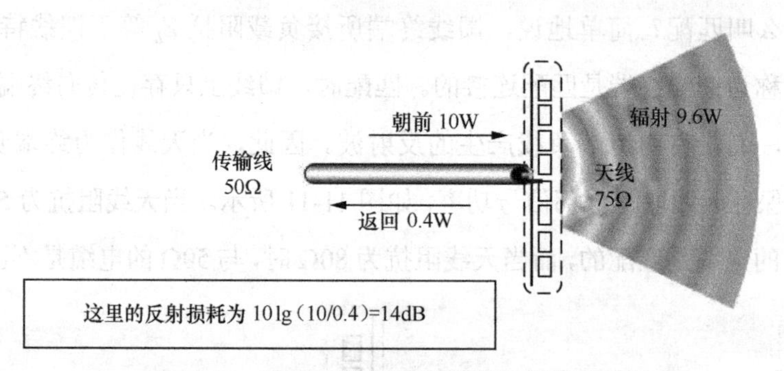

图 11-12　天线与馈线不匹配时的的反射损耗

11.1.3.3　馈线的分类

目前，移动通信使用最多的超短波段传输线一般有两种：平行双线传输线和同轴电缆传输线。平行双线传输线由两根平行的导线组成，是对称式或平衡式的传输线，这种馈线损耗大，不能用于 UHF 频段。同轴电缆传输线的两根导线分别为芯线和屏蔽铜网，因铜网接地，两根导体对地不对称，因此叫做不对称式或不平衡式传输线。同轴电缆工作频率范围宽、损耗小，对静电耦合有一定的屏蔽作用，但对磁场的干扰却无能为力。使用时切忌与有强电流的线路并行走向，也不能靠近低频信号线路。

射频同轴电缆可分为柔性电缆、半柔性电缆、半刚性电缆、刚性电缆、波纹铜管电缆等。其中波纹铜管电缆的外导体为螺旋状或环状波纹铜管，较易弯曲，一般尺寸较大、损耗低、功率容量大、电性能优越，常用于天馈系统中。

11.1.3.4　馈线的选择

在移动通信网络中，通常采用特性阻抗为 50Ω 的同轴电缆作为馈线，馈线结构由橡塑外皮、屏蔽铜皮、绝缘填充层、通信部分镀铜铝心组成，如图 11-13 所示。

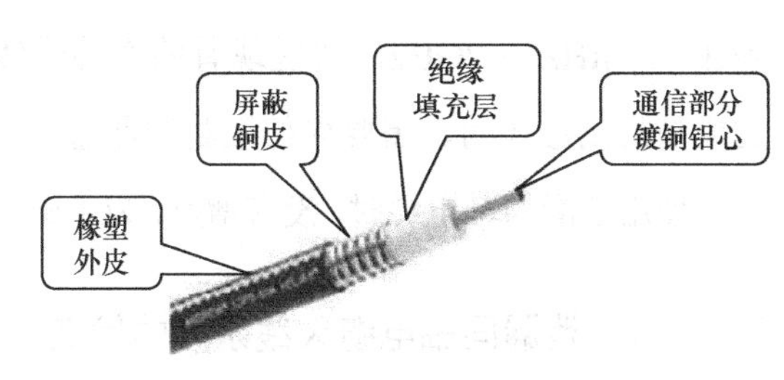

图 11-13　馈线结构示意

根据馈线直径的大小，常用的馈线可分为 1/2″馈线、7/8″馈线、5/4″馈线、13/8″馈线等。1/2″是指馈线的外金属屏蔽的直径是 1/2 英寸，即 1.27cm（1″ =1inch=1 英寸 =2.54cm）。

不同的馈线粗细不同，损耗也不同，馈线直径越大，信号衰减越小，但成本也相对越高，施工的难度也随之增加。因此在馈线选择时，要根据工程实际情况进行合理的权衡和选择。

以 GSM 系统为例，一般情况下，1/2″馈线主要用于室内跳线或者室外天线与 7/8″馈线转接，方便施工；而 7/8″馈线主要用作室外天线引入室内的信号传输干线，避免衰减过大；5/4″馈线或 13/8″馈线则主要用传输路径较长的室外信号传输或泄漏电缆。

11.1.4　泄漏电缆天线系统

泄漏同轴电缆（Leaky Coaxial Cable），通常简称为泄漏电缆，其结构与普通的同轴电缆基本一致，由内导体、绝缘介质和开有周期性槽孔的外导体三部分组成。泄漏同轴电缆实质就是一种特殊天线，它能起到连续不断地覆盖的作用，以解决室内或隧道中的覆盖问题。

电磁波在漏缆中纵向传输的同时通过槽孔向外界辐射电磁波，外界的电磁场也可通过槽孔感应到漏缆内部并传送到接收端。在国外，漏缆也用于室内覆盖。

泄漏同轴电缆的外层的窄缝允许所传送的信号能力沿整个电缆长度不断泄漏辐射，接收信号能从窄缝进入电缆传送到基站。泄漏同轴电缆的频段覆盖在 450MHz ～ 2GHz，适应现有的各种无线通信体制，可应用于任何形式的或是封闭形式的、需要局部限制的覆盖区域。

使用泄漏同轴电缆时，没有增益，为了延伸覆盖范围可以使用双向放大器。

11.1.4.1 泄漏同轴电缆天线系统的优点

与传统的天线系统相比，泄漏同轴电缆天线系统具有以下优点。

（1）信号覆盖均匀，尤其适合隧道等狭小空间；

（2）泄漏同轴电缆本质上是宽频带系统，某些型号的漏缆可同时用于 cdma800、GSM900、GSM1800、WCDMA、WLAN 等系统；

（3）泄漏同轴电缆价格虽然较贵，但当多系统同时引入隧道时可大大降低总体造价。

泄漏同轴电缆可用于一般通信天线难以发挥作用的区域，特别是在移动通信系统分立天线无法提供足够的覆盖场强的区域，如山区、丘陵、隧道、地下铁路、矿井、地下建筑物、商场或其他电磁场传播的盲区。在这些区域，由于周围环境的狭小和阻挡，天线覆盖受到很大限制。而由于非常接近覆盖对象且信号辐射方向垂直于辐射环境，可以提供均匀的场强，所以在这些环境下对于无线信号接收装置来说，泄漏同轴电缆是最佳的无线覆盖手段。

11.1.4.2 泄漏同轴电缆电性能的主要指标

泄漏同轴电缆电性能的主要指标有纵向衰减常数和耦合损耗。

（1）纵向衰减

衰减常数是考核电磁波在电缆内部传输能量损失的最重要特性。

普通同轴电缆内部的信号在一定频率下，随传输距离而变弱，衰减性能主要取决于绝缘层的类型及电缆的大小。

而对于漏缆来说，周边环境也会影响衰减性能，因为电缆内部少部分能量在外导体附近的外界环境中传播，因此衰减性能也受制于外导体槽孔的排列方式。

（2）耦合损耗

耦合损耗描述的是电缆外部因耦合产生，且被外界天线接收能量大小的指标，它被定义为在特定距离下，被外界天线接收的能量与电缆中传输的能量之比。由于影响是相互的，也可用类似的方法分析信号从外界天线向电缆的传输。

耦合损耗受电缆槽孔形式及外界环境对信号的干扰或反射影响。宽频范围内，辐射越强意味着耦合损耗越低。

11.2 智能天线

11.2.1 智能天线的基本概念

智能天线（Smart Antenna，SA或Intelligent Antenna，IA），原名为自适应天线阵列（Adaptive Antenna Array，AAA），最初用于雷达、声纳及军用通信领域。近年来，随着现代数字信号处理技术迅速发展、DSP芯片处理能力的不断提高和芯片价格的不断下降，使得利用数字技术在基带形成天线波束成为可行，促使智能天线技术开始在移动通信中的广泛应用。移动通信研究者给应用于移动通信的自适应天线阵列起了一个较吸引人的名字：智能天线。

用于移动通信系统的智能天线通常被定义为一种安装于移动无线接入系统基站侧的天线阵列，通过一组带有可编程电子相位关系的固定天线单元，获取基站和移动台之间各个链路的方向特性。其原理是将无线电信号导向具体的方向，产生空间定向波束，使天线主波束对准用户信号到达方向（Direction Of Arrival，DOA），旁瓣或零陷对准干扰信号到达方向，达到高效利用移动用户信号并消除或抑制干扰信号的目的。同时，智能天线技术利用各个移动用户间信号空间特征的差异，通过阵列天线技术在同一信道上接收和发射多个移动用户信号而不发生相互干扰，使无线电频谱的利用和信号的传输更为有效。

智能天线技术的核心是自适应天线波束赋形技术，智能天线的主要特性是天线方向图的增益特性能够根据信号情况实时进行自适应变化。

如图 11-14 所示，在使用扇区天线的系统中，对于在同一扇区中的终端，基站使用相同的方向图特性进行通信，这时系统依靠频率、时间和码字的不同避免相互间干扰。而在使用智能天线的系统中，系统将能够以更小的刻度区别用户位置的不同，并且形成有针对性的方向图，由此最大化有用信号、最小化干扰信号，在频率、时间和码字的基础上，提高了系统从空间上区别用户的能力。这相当于在频率和时间的基础上扩展了一个新的维度，能够很大程度地提高系统的容量以及与之相关的其他方面的能力（如覆盖、获取用户位置信息等）。

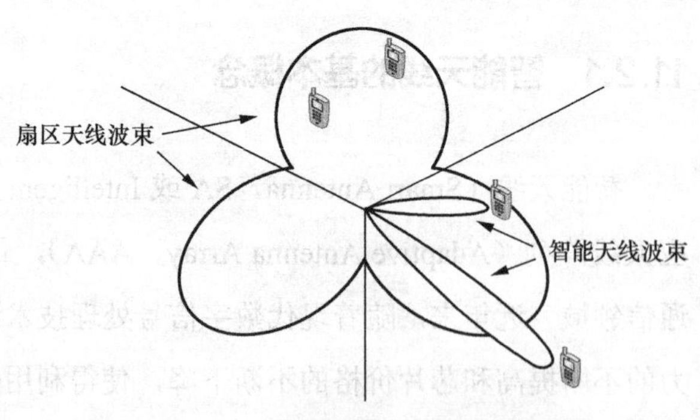

图 11-14　扇区天线和智能天线的区别

使用智能天线，能使能量仅指向小区内处于激活状态的移动终端，而正在通信的终端在这个小区内处于受跟踪状态。所以使用智能天线可以减少小区间干扰，降低多径干扰，由此降低发射功率，提高接收灵敏度，增加了容量及小区覆盖半径。

11.2.2 智能天线的结构

智能天线是一种阵列天线，它通过调节各阵元信号的加权幅度和相位改变阵列的方向图形状，即自适应或以预制方式控制波束幅度、指向和零点位置，使波束总是指向期望方向，而零点指向干扰方向，实现波束随着用户走，从而提高天线的增益和信干噪比（Signal to Interference Noise Ratio，SINR），节省发射功率。

智能天线的基本结构原理如图 11-15 所示。由图 11-15 可见，智能天线由以下几个部分组成。

（1）**天线阵列部分**

天线的阵元数量与天线阵元的配置方式对智能天线的性能有着重要的影响。

智能天线的阵元通常是按直线等距、圆周或平面等距排列，每个阵元为全向天线，当移动台距天线足够远，实际信号入射角的均值和方差满足一定条件时，可以近似地认为信号来自一个方向。

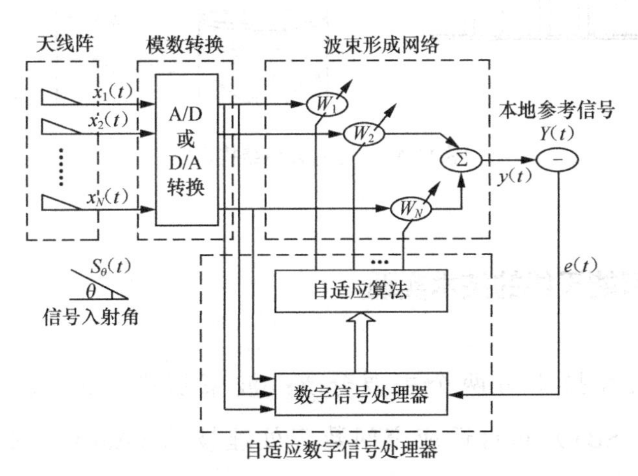

图 11-15 智能天线的原理结构

（2）**模数转换或数模转换部分**

这里只考虑基站侧的智能天线，在上行链路，天线将接收到的模拟信号转换成数字信号；在下行链路，天线将接收到的数字信号转换成模拟信号。

（3）*波束形成网络部分*

天线波束在一定范围内能根据用户的需要和天线传播环境的变化而自适应地进行调整，包括以数字信号处理器和自适应算法为核心的自适应数字信号处理器，用来产生自适应的最优权值系数；以动态自适应加权网络构成自适应波束形成网络。

在硬件实现上，智能天线子系统主要包括智能天线阵、射频前端模块（包括线性功率放大器、低噪放和监测控制电路）、射频带通滤波器、电缆系统（射频电缆、控制电缆以及射频防雷模块、低频防雷电路），如图 11-16 所示。

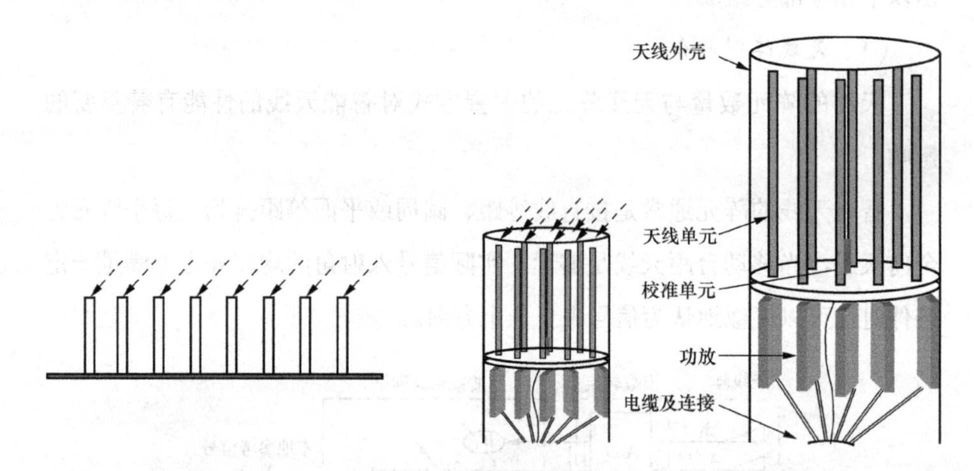

图 11-16　智能天线结构示意

11.2.3　智能天线的技术实现

智能天线技术有两个主要分支：波束切换技术（Switched Beam Technology，SBT）和自适应空间数字处理技术（Adaptive Spatial Digital Processing Technology，ASDPT），或简称波束切换天线和自适应阵列天线。

（1）*波束切换天线*

波束切换天线将传统的一个扇区一个波束变为一个扇区数个波束覆盖，

每个波束的指向是固定和预定义的，波束宽度随阵元数目而定。它采用波束切换技术，随着用户在小区内的移动，基地台自动选择不同的相应波束，使接收信号最强。波束切换天线虽然不能实现信号最佳接收，但结构简单，便于实现，且无需判定所接收信号的方向。

波束切换天线的波束宽度由天线阵列的口径决定。对于处于主波束外的干扰，波束切换天线通过控制低的旁瓣电平确保抑制；而对于处于主波束内的干扰，它的抑制能力是有限的。由于所需信号的到达方向并不一定固定在主波束中央，当信号的到达方向随着移动台的移动位于波束边缘，而干扰信号位于波束中心时，接收效果最差。此时必须进行波束间切换，切换至载干比好的波束中。

（2）**自适应阵列智能天线**

与多波束天线相比，自适应阵列天线由多个天线形成阵列，在工作时，通过不同天线的组合工作，形成不同工作环境、不同用户的位置，以及避免不必要的干扰。

自适应阵列智能天线融入了自适应数字处理技术，在天线阵列接收到信号后，通过由处理器和权值调整算法组成的反馈控制系统，根据一定的算法分析该信号，判断信号及干扰到达的方位角度，将计算分析所得的信号作为天线阵元的激励信号，调整天线阵列单元的辐射方向图、频率响应及其他参数。利用天线阵列的波束合成和指向，产生多个独立的波束，自适应地调整其方向图，跟踪信号变化，对干扰方向调零、减弱甚至抵消干扰，从而提高接收信号的载干比，改善无线网基站覆盖质量，增加系统容量。

自适应天线阵列一般采用 4 ～ 16 天线阵元结构，是目前常用智能天线的主要类型，可以完成用户信号接收和发送。

11.2.4　智能天线的分类

从极化的角度来看，目前移动通信系统中常用的智能天线可分为全向智能天线和定向智能天线两大类。

11.2.4.1 全向智能天线

全向智能天线是指在360°任意方位上均可进行波束扫描的智能天线阵列。全向智能天线主要适用于用户密度较低的农村地区和偏远山区，可作360°全向小区覆盖。全向智能天线阵列示意如图11-17所示。

11.2.4.2 定向智能天线

定向智能天线是在特定扇区方向内的方位上均可进行波束扫描的智能天线阵列。定向天线阵列通常主要覆盖120°的扇形区域，一个三扇区基站便可以覆盖360°范围。定向天线阵列由于具有较好的波束赋形性能，能够形成更窄的波瓣宽度，具有更强的旁瓣抑制能力并提供更高的赋形增益，所以成为目前智能天线的主流，应用于用户密集的广大城区环境的覆盖。

定向智能天线阵列示意如图11-18所示。

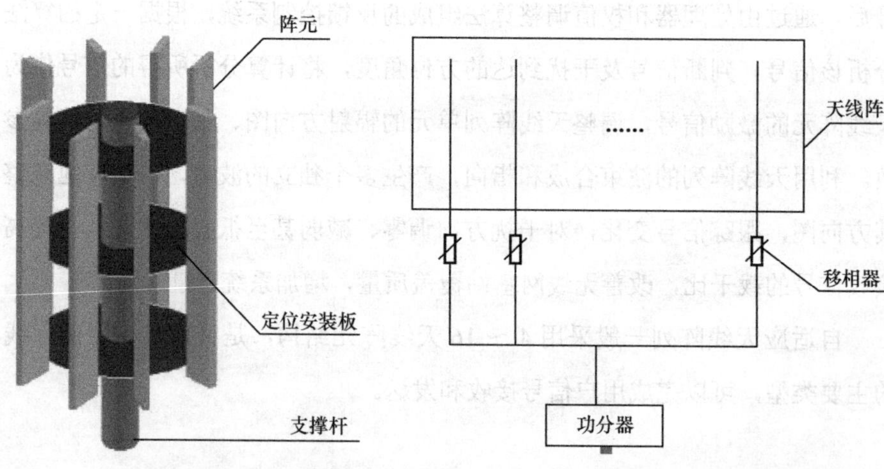

图11-17 全向智能天线阵列示意　　图11-18 定向扇区智能天线阵列示意

根据定向智能天线的发展，定向智能天线又可分为单极化定向智能天线、双极化定向智能天线、宽频双极化定向智能天线等。

（1）**单极化定向智能天线**

早期采用的定向智能天线一般都是单极化扇区智能天线，各天线阵元采用相同的极化方式，要求阵元间具有较强相关性的要求，并要求较多阵元，应用最广泛的 8 阵元扇区化智能天线或 6 阵元扇区化智能天线。

这类智能天线论在质量还是外观上都要比普通天线大不少，尤其是宽度在 500 ～ 680mm，除了天线本身的大小，还需要额外增加 TPA（功率放大器）或 RRU（射频拉远单元）等，使得其承重面积更大，更容易引起住户的注意，增大了选址难度。另外由于其迎风面积比较大，重量比普通天线重，为保证天线安装安全，支撑占地面积也相应增加，布线难度也比较大，天线美化的难度和成本也比较高。

（2）**双极化智能天线**

双极化智能天线是在常规单极化直线智能天线的基础上，用一组双极化辐射单元代替原有单极化辐射单元，并且阵列数量减少为原来的一半，以达到在保持端口总数不变的前提下，减小天线宽度的目的。采用双极化天线可大幅减小天线尺寸，从而减小迎风面积，降低对抱杆强度等站址资源的要求。

在工程中，双极化智能天线通常由两组满足相同的阵列特征，且具有 ±45° 正交极化方向的辐射单元组成，如图 11-19 组成。

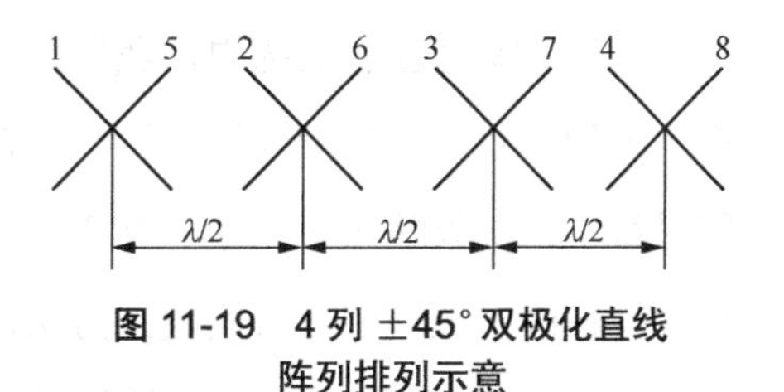

图 11-19 4 列 ±45° 双极化直线阵列排列示意

由于采用了 ±45° 两种极化方式，因此更能有效地应对因环境复杂引起的极化偏转等不利因素。同时，由于不同极化方向信道之间的相关性较弱，双极化智能天线能够产生极化分集的效果。对于双极化智能天线而言，采用特定的智能天线赋形算法，完全可以同时利用 $N\times2$ 个通道，进行联合赋形，实现与常规单极化智能天线相同的波束形成和跟踪功能。根据目前理论研究、仿真和测试表明，优先选择 $N=4$。

双极化智能天线长度不超过 1400mm，宽度介于 280 ～ 320mm，与单极化智能天线相比，面积几乎缩小了将近一倍，且系统覆盖并没有较大的损失，因此弥补了单极化智能天线横截面积大、天线体积大、优化难度大、影响城市景观等方面的问题，使得天线易于运输和安装，同时减少了天线的受风面积，提高了天线的可靠性。

（3）宽频双极化智能天线

宽频双极化智能天线是在双极化天线的基础上，通过辐射单元、馈电网络、校准网络宽带化后完成的，可支持多个频带。在多频带组网时，无需更换天线，仅需要更换可支持内部合路的多频段一体化 RRU 设备或采用可支持级联的 RRU 内部合路方案即可。

11.2.5 智能天线的应用

采用智能天线，可提高基站接收机的灵敏度、增加覆盖范围、降低系统干扰、并可在保证服务质量的前提下，增加移动通信系统的容量，因此，近年来智能天线得到了广泛应用。

在 3G 移动通信系统中，我国 TD-SCDMA 系统是应用智能天线技术的典型范例。TD-SCDMA 系统采用 TDD 方式，使上下射频信道完全对称，可同时解决诸如天线上下行波束赋形、抗多径干扰和抗多址干扰等问题。该系统具有精确定位功能，可实现接力切换，减少信道资源浪费。

在 4G 移动通信系统中，智能天线更是不可或缺的关键技术，从常规智能天线演进而来的 MIMO（多入多出）天线系统成为 4G 发展中炙手可热的课题。智能天线和 MIMO 都属于多天线系统中的技术，两者既有共性又有显著区别：智能天线是仅在无线链路的一端采用阵列天线捕获与合并信号的处理技术；而 MIMO 是在无线链路两端都使用多元天线阵列，将发送分集和接收分集结合起来的技术。智能天线的原理是利用到达天线阵列的信号之间完全相关性形成天线方向图，利用信号的相位关系克服多径干扰，实现信号的定向发送和接收；而在 MIMO 中天线收发信号是全方位的，并且到达天线阵列的信号必须相互独立，用多个天线接收信号克服信号到达接收机的空间深衰落，增加分集增益。

智能天线技术可以形成能量集中的波束，增强有用信号并降低干扰，而 MIMO 技术可以充分利用多径信息提高系统容量。如果将两者结合起来，充分利用两种技术带来的增益，将给系统性能和容量带来极大的提升。因此，充分结合 MIMO 技术和智能天线技术的优点，进一步开发空域资源，使得通信终端能在更高的移动速度下实现可靠传输，成为未来智能天线应用的重要研究方向之一。

11.3 美化天线

11.3.1 美化天线的基本概念

随着移动通信网络的不断完善，基站数目越来越多，天线随处可见，给城市环境带来了一定的负面影响，难以满足对环境美观的要求；同时居民对天线辐射的普遍抗拒心理也导致基站选址和建设相当困难，已有的基站受到群众投诉、业主逼迁等问题日益严重。

为美化城市视觉环境，消除居民对外露基站天线无线电磁辐射的恐慌和抵触心理，避免因居民和业主的反对导致新站无法建设、原有基站被迫搬迁的情况，根据移动通信基站建设方案，结合环境特点，提出了美化天线解决方案。

美化天线也称为“天线美化”、“伪装天线”，是指在基本不影响天线辐射性能的情况下，通过多种方式对移动通信基站外露天线体、馈线、支撑杆进行伪装和修饰，力求实现天馈系统和周围环境的和谐统一。这样不仅可以满足网络建设的要求，又能与周围环境和谐，达到两全其美的目的。

11.3.2 美化天线的分类

天馈系统美化的主要手段有两种，一种是对天线进行“穿衣戴帽”，该方式简单粗放，适用范围广，对天线的适应性强；另一种是天线和外罩采用一体化设计，根据环境不同可以设计成草坪灯、广告牌、射灯等多种造型，可以根据周围环境选取。

11.3.2.1 美化外罩

美化外罩产品指为了满足移动通信网络基站建设需要，在标准基站天线外加装的具有一定美化效果的外罩。目前常用的典型美化外罩产品大致可分为如下几类。

（1）仿空调室外机型

天线外罩仿空调室外机型，空调室外机在一般大楼比较常用，不易引起人们注意，与建筑环境和谐性较好，如图 11-20 所示。

图 11-20 仿空调室外机型外罩

（2）变色龙

天线外罩是长方体的外罩，不同的建筑物可以采用不同的色彩和图案，外罩看起来像建筑物的一部分，不易引起人们注意，与建筑环境和谐性较好，如图 11-21 所示。

图 11-21　变色龙外罩

（3）仿水罐型

天线外罩仿水罐外形，外罩直接安装在楼顶上，不同的建筑物可以采用不同的色彩，不易引起人们注意，与建筑环境和谐性较好，如图 11-22 所示。

图 11-22　仿水罐型外罩

（4）方柱型

天线外罩像各种烟囱或方柱造型，外罩直接安装在楼顶上，外罩看起来像建筑物的一部分，如图 11-23 所示。

图 11-23 仿烟囱式及方柱型外罩

（5）圆柱型

圆柱型天线外罩对建筑的装饰性较强，如图 11-24 所示。

图 11-24 圆柱型外罩

（6）灯杆型

灯杆型下端是桅杆，上端是天线外罩，顶部可设置各种路灯造型，与建筑物或周围环境协调，如图 11-25 所示。

图 11-25 灯杆型一体化外罩

（7）**仿真树型通信杆**

将通信杆仿造成树木形状，树干外层涂上一层聚胺脂，其颜色和结构仿造树皮，顶端树枝和树叶用一些塑料仿造，颜色和造型与树木相近，天线隐藏在内，常见仿真树有棕榈树、松树等，如图 11-26 所示。由于各地风压不一致，树型种类规格众多，其个性化较强，需根据现场环境才能进行设计。仿真树产品必须达到如下技术要求。

（1）阻燃性好，要求达到 1 级阻燃标准。

（2）要求 15 年以上不变色和不脱落。

（3）色彩和结构与周围自然树木相协调。

（4）树身单管塔应考虑各地的不同风压，满足受力要求。

图 11-26 仿真树通信杆

11.3.2.2 一体化隐蔽天线

天线加装额外的外罩必然对天线性能产生一定程度的影响。天线厂商结合按照美化的思路，直接开发出“辐射单元＋天线外罩”的一体化隐蔽天线，可直接安装于室外，具有很好的伪装美化效果，如图 11-27 ～图 11-30 所示。

图 11-27 路灯造型

图 11-28 草坪灯造型

图 11-29 广告牌造型

图 11-30 射灯造型

11.3.3 美化天线的设计原则

天线美化外罩应根据实际所处环境和安装条件选择合适的类型以及美化颜色，以达到有效美化和伪装作用，满足实际建设需求。在进行和谐工程产品设计时，除了满足美观、与环境和谐的要求外，还需要同时考虑技术、经济、维护、安全、耐用等一系列因素。

美化外罩在设计时，需要考虑与相应标准天线之间的距离。一般根据电磁波辐射的原理分析，两者之间的距离最好选为半波长的整数倍，尽量保证已发生变化的电磁边界条件与原来的边界形成周期关系，使得电磁波运行过程中变化最小，从而降低美化外罩对标准天线性能的影响。天线进行美化后，要求增益损耗小于等于 0.5dB，附加 VSWR 小于等于 0.05。

此外，由于天线需要进行方位角和下倾角调整，美化天线的材料和结构对天线调整后的发射性能没有影响，在天线安装位置的垂直面的正前方不能有金属阻挡。

不同的材料对电磁波的影响各不相同，不同的外形、尺寸存在不同的电磁边界，同样对产品性能产生一定的影响。因此，美化外罩在设计时必须考虑材料属性和尺寸。在保证材料介电常数和损耗这两个重要电气特性的基础上，所选材料的机械特性以及物理特性也十分重要：韧性、三大强度（抗拉、抗压和抗弯曲）、耐热性、防水性、耐腐蚀性、加工工艺以及成本都需要全面评估考虑。

- 材料电气特性对美化外罩产品的电路参数和辐射参数有重大影响；
- 材料机械特性和物理特性与美化外罩产品的结构、工艺外观、产品质量安全和可靠性有密切关系。

美化外罩产品在应用时有以下要求。

- 不同的场景要选择不同外形和颜色的产品，以达到美化的效果，也能与周围环境更加和谐；
- 要选择便于安装施工的产品，以保证施工过程顺利进行；
- 不同高度的站点，要选择安全可靠性能更高的产品，甚至是不同厂商的标准天线也要选择与之合适的外罩产品；
- 美化外罩产品在工程安装时需要考虑安装位置的准确性、合理性，以保证得到最佳的辐射效果。

除此以外，美化产品的设计还需要考虑以下原则。

经济性原则：在进行天线美化时，需要考虑经济效益，尽量选用通用型强、结构简单的美化方案以节省建设成本。

维护性原则：天线有时需要调整下倾角和方位角以及维护等，馈线需要增加，天馈线美化方案需要考虑天馈线的维护和扩容的可行性和方便性。

安全性原则：尤其是毗邻海边的基站，由于经常有台风光顾，在对天线进行美化后，往往会增加受风面积，美化天线要求结构牢固，能抵挡当地10年一遇的最大风压。

耐用性原则：要求美化材料经久耐用，耐高温和耐腐蚀，使用寿命不少于15年。

防水性原则：美化天线外罩需要设置泄水孔，防止积水。

11.4　天线的发展趋势及新型天线

11.4.1　基站天线的发展趋势

复杂的建设环境和巨大的市场空间，也推动着天线技术的进步，根据工程建设及网络优化的实际需要，如何“方便基站选址、节约站址安装空间、降低工程施工难度、减少基站建设成本”成为运营商在移动通信网络基站建设中面临的首要问题。

随着基站设备逐渐向小型化、智能化、低功耗等方向发展，基站天线也正不断向前发展和迈进。

11.4.1.1　宽带化

多运营商多制式网络的同步运营，导致天面资源日益匮乏。这一强劲的需求催生了基站天线的宽带化，多制式天线可选择的品种很多。以 TD-LTE 为例，目前各主流天线厂商均已实现了 TD-SCDMA/TD-LTE 共天线、TD-SCDMA/GSM 共天线、TD-LTE/GSM 共天线等多种天线形态，为不同场景的天馈系统建设提供了丰富的可选方案。宽带化天线的存在对于运营商的系统平滑升级奠定了良好基础，如采用 FAD 天线的 TD-SCDMA 基站向 TD-LTE 系统升级时，无须变更天线，可大大缩短施工周期。

宽带化为网络系统的扩频升级做好准备，为运营商节约了系统的建设成本。宽带化天线方案的提出解决了同一站址天线太多、太乱的问题，达到简化天线安装、减小物业协调难度、减少综合投资和美化环境的目的。

宽带化天线端口的设计存在多种形态，对于多制式多端口天线，仅需按照传统方式设计馈线，馈线按天线要求分别接入不同的端口；对于宽频天线而言，无线信号需通过合路器合路后馈入天线。

11.4.1.2 轻薄化

天线向轻薄化发展，保证天线性能的同时增加频段不增加尺寸，从而降低物业准入难度，避免因风阻变大导致铁塔抱杆改造带来的成本投入，加速网络部署。

11.4.1.3 MIMO 化

MIMO（Multiple-Input Multiple-Output，多入多出）技术是提升系统容量的重要方式，随着 MIMO 在移动宽带业务中被广泛采用，天线支持 MIMO 是网络发展的基本要求。

随着移动通信技术的发展，支持高阶 MIMO 和灵活配置 MIMO 将是天线的基本特性。4×4 MIMO 天线已经广泛应用，高阶 MIMO 天线技术也将随着未来移动宽带业务的发展而应用。另外，在天线一次部署到位的诉求下，考虑到未来网络演进，天线也需要支持不同的天线端口间灵活的 MIMO 配置。

11.4.1.4 有源化

有源天线系统是一种新的射频模块形态，将 RRU 的功能上移，与天线的功能合并，通过射频多通道技术对天线垂直方向阵子阵列和水平方向阵子阵列进行控制，灵活地控制天线在垂直和水平方向的波束，从而通过不同波束赋型的方式达到改善无线信号的覆盖质量、提升网络容量的目的。

采用收发分离和数字化有源天线，可对波束进行实时控制，并适应更加灵活的无线资源管理，提高通信基站的性能，更有效地利用频谱资源，实现了提高流量、降低成本、节能减排的要求。

11.4.1.5 远程可维护

网络规模越来越庞大，网络运维异常复杂，SON（Self-Organizing Network，自组织网络）解决方案的引入以及综合网络运维成本降低的要求，使得天线远程维护成为必然选择。天线远程维护包括远程电调、智能权值管理等特性。

远程电调天线可以通过在网管中心远程操作控制远程电调单元（RCU）工作，从而调整天线的波束下倾角。传统远程电调天线由于安装困难、维护效率低、可靠性差等问题，逐渐向即插即用电调天线演进。即插即用电调，即通过将电调元件内置，尽可能减少远程电调所需的外置电调元件和线缆数量安装，同时免天线校准、免配置数据加载，从而提高天线安装和运维效率，提升可靠性，降低运营商运维成本。

智能权值管理是将天线的权值信息存储在天线内部，站点开通后基站设备自动从天线读取权值、配置权值，实现天线权值的自动管理。

天线水平方向角远程调整、与基站协同自动检测覆盖空洞上报预警等特性也是天线可维护提升的研究课题。

11.4.1.6 高质量与长期可靠性

高质量天线是整个无线网络性能的重要保障之一。2G时代以话音业务为主，话音属于低速率业务特点，话音业务在无线网络空口的编码调制方式，主流是具备良好纠错能力的低速率编码调制方式，如QPSK/BPSK。此类低速率调制方式具备良好的无线空口抗扰能力，因此对无线空口信道质量要求低一些。在4G时代以数据业务为主，无线空口QAM调制等成为提供高速业务的主流调制方式。此类调制方式对无线空口的信道质量有更高的要求，无线空口的信道质量对数据业务流量有巨大的影响。好的无线空口信道质量，与存在严重干扰的无线空口，数据业务流量差异N倍，长期可靠的无线空口质量成为必需品。

因此，在4G时代，作为对无线空口质量有严重影响的设备，对天线的高质量以及长期可靠性有了更高的要求，天线在网络中的地位相比以前更为重要。

11.4.1.7 迎接5G：3D-MIMO、波束智能赋型

作为5G技术重要的研究方向之一，基站天线技术将经历无源到有源、从二维（2D）到三维（3D）、从高阶MIMO到大规模阵列的发展，有望实现频谱效率提升数十倍甚至更高。未来，有源天线阵列引入，基站侧可支持的协作天线数量将达到128根；2D天线阵列拓展成3D天线阵列，形成新颖的3D-MIMO技术，支持多用户波束智能赋型，减少用户间干扰，结合高频段毫米波技术，将进一步改善无线信号覆盖性能。

更高的频段、3D-MIMO、波束智能赋型等5G元素将推动基站天线技术进一步发展。

11.4.2 新型天线

11.4.2.1 RRU一体化智能天线

TDD系统采用了多通道智能天线，导致RRU与天线之间的馈线连接数量大，很多工作都要在塔上现场进行，工程师们必须特别注意工程细节，如馈线防水、弯曲度等。现场工程师的安装水平参差不齐使得实际的安装效果无法保证，不同站点的安装工程质量更是很难复制，这就给运营商日后的网络维护埋下了严重的隐患，主要体现在以下几个方面。

- 可靠性问题：每安装一个三扇区的基站，需要现场做54个连接头（安装和防水），质量隐患较大；更换一个RRU，耗时至少4～5h，导致网络可靠性严重下降。
- 灵敏度降低/功率浪费：由于RRU与天线间的连接跳线以及天线内

部跳线，额外增加了 1.2dB 的射频功率损耗，降低 1.2dB 的接收灵敏度。

- 成本问题：跳线、防水胶带 / 胶泥 / 冷缩管成本、安装 / 维护工时成本。
- 安装环境受限：馈线多，弯曲度等对安装环境要求高。
- 外观问题："胡子"（每站 27 根 RRU 到天线的馈线）和"瘤子"（RRU 外形突出）。

为此，部分厂商提出了"RRU 一体化智能天线"技术方案，将 RRU 与天线通过天线背部的盲插接口直接相连，去掉线缆连接，使户外部分安装简洁明了，视觉效果较好。不仅提高了天线增益，同时节约了基站建设成本，其设备形态如图 11-31 所示。

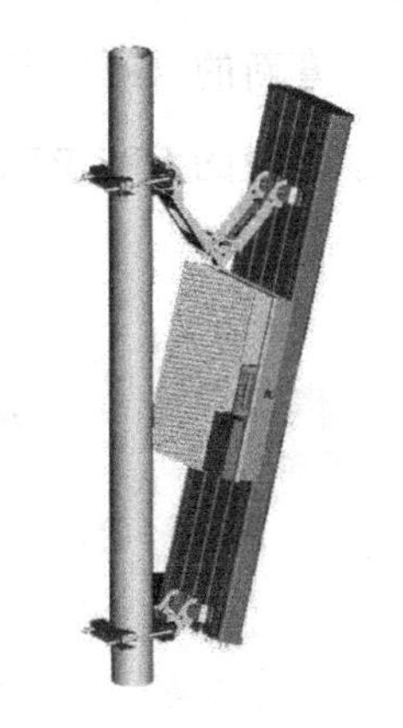

图 11-31　RRU 一体化天线形态

此类型一体化天线与传统基站相比，安装方案、重量等均有一定的区别，为确保可靠性和安全性，设计上需注意的几个问题如下。

- RRU 的散热问题：为了确保散热良好，天线背面需采用铝合金反射底板，不仅重量轻，而且散热效果良好。
- 天线的防水问题：BMA 盲插接口处采取加密封橡胶圈防水；天线整体设计上主要通过合理的结构设计确保反射底板与天线罩、安装组件、耦合腔体之间连接紧密，达到防水的目的。
- 天线的承重问题：仅就天线部分而言，RRU 天线比普通天线重约 6kg，另外 RRU 设备本身重约 20kg，这对天线的承重设计提出了更高的要求。

11.4.2.2　数字化有源天线

站址获取和天面受限是目前运营商进行网络部署时的两大难题。在多频多模建网模式下，如何高效利用有限的站点资源，进一步提升网络容量，为用户提供更好的宽带业务体验，成为各运营商面临的主要挑战。

数字化有源天线解决方案将射频单元与天线合为一体，在减小馈线损耗、增强覆盖效果的同时，有效整合了运营商的天面资源，简化了天面配套要求，更加适合多频段多制式组网的需求。

对于一个已有RRU和天线的站点，如果要增加4G LTE业务，将需要新增加一套新的RRU、天线以及相关的附件，而数字化有源天线解决方案可以将新频段的LTE RRU和原来的两副天线同时集成在一起，如图11-32所示。

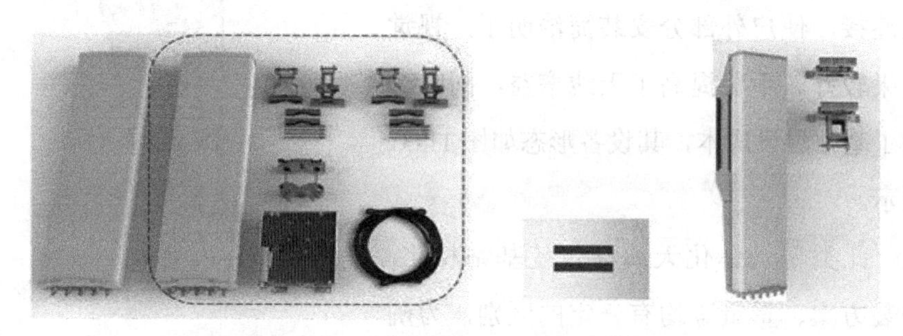

图11-32　高度集成的数字化有源天线解决方案

数字化有源天线解决方案有如下优势。

（1）简化站点和天面

- 数字化有源天线实现射频和天线的完美融合，集成度高。一个数字化有源天线可支持一个扇区的射频和天线系统，减少设备数量，简化站点。
- 数字化有源天线支持全系列的主流频段，可实现多频段多制式的组网。
- 数字化有源天线集成多个天线端口，使mTmR多通道发射多通道接收技术的实现及部署变得更简单易行。
- 数字化有源天线安装灵活，易选择站点。

（2）部署快速、省钱省时

- 数字化有源天线的射频上移，跟传统的“射频＋天线”方案相比，无需馈线和跳线，节省安装时间。

- 高度集成的数字化有源天线一体化设计、一体化包装、一体化安装，大幅缩减设备运输及站点部署时间。
- 通过一次部署，降低了物业协调难度，能够极大地减少抱杆、土建及楼面的租金成本，减少安装工程成本。

（3）**提升网络性能**

- 数字化有源天线支持 4 通道接收技术；并且由于射频上移，节省了馈线损耗，这使得覆盖和容量都得到提升，尤其室内覆盖改善明显。
- 数字化有源天线持波束赋形技术，提升系统容量和用户体验。
- 数字化有源天线面向多收多发技术及 3D Beamforming 的演进，持续提升网络性能。

（4）**管理效率高**

数字化有源天线本身支持多种电调模式，手动、近端、远端都可以方便地对天线进行调整，远端方式通过 AISG 接口实现和远端网管通信免进站、免上塔，提升维护效率，可以实时调整，避免业务中断。

11.4.2.3　高容量多波束相控天线

目前，在网络建设过程中，机场、火车站、体育场馆、旅游景点、教学楼群等高容量热点区域面临以下问题。

- 用户数量多，网络容量压力较大；
- 基站数量较多，建设成本较高，优化难；
- 微博、微信、手机 QQ、移动视频等数据业务需要的数据流量大。

针对高容量热点区域的这些特点，一种新型的高容量多波束相控天线应运而生。下面以五波束天线为例，简单介绍这种高容量多波束相控天线的特性。

五波束天线可产生相当于传统的 5 个扇区的 5 个水平波束，如图 11-33 所示。

图 11-33　五波束天线示意

从容量方面来看，1 副五波束天线可以接 5 个扇区，因此容量相当于 5 副双极化天线的容量；从覆盖方面来看，由于五波束天线有精确的波束控制，扇区间有足够高的隔离度，因此覆盖是完全超出 5 副双极化天线的覆盖范围。

对于高容量热点覆盖区域，采用多波束天线解决方案，具有基站数量少、覆盖范围广、相邻波束干扰小、覆盖区域容量大、节约成本等优势，如图 11-34 所示。

图 11-34　传统建站模式和高容量多波束相控天线解决大型广场覆盖对比示意

另外，劈裂天线也是多波束天线的一种典型案例。通常情况下，每个站点有三个扇区，每个扇区的覆盖角度为水平 120°。劈裂天线可进行六扇区组网，所谓六扇区组网，即将扇区数扩展为 6 个，使小区数翻倍，频谱复用率增加，进而提升网络容量。

六扇区方案通常会采用 6 面 33° 水平波宽的普通天线组网，但由于邻区干扰严重，容量提升并不明显；而且 6 面天线的数量，对原本就负荷严重的天面空间造成更大压力。

劈裂天线的特性如下。

（1）单面天线可以发射两束 33° 水平波宽的波束分别覆盖两个扇区，3 面天线即可完成六扇区组网。

（2）利用主设备优势对天线进行协同设计和优化，创新采用蛇形阵子排布，有效控制副瓣抑制和邻区干扰。

（3）网络容量提升了 70% 的同时覆盖增加 2dB。

（4）尺寸小、风载小、易部署，4h 快速建站，不需要新的天面空间。

（5）未来还将推出 9 扇区和 12 扇区解决方案。

11.4.2.4 即插即用电调天线

随着移动宽带业务时代的到来，无线通信网络优化调整变得越来越频繁，天馈优化成本越来越高，当前，传统远程电调天线仍面临着人为操作失误多、安装维护成本高、长期可靠性差等问题。即插即用电调天线可有效解决传统远程电调天线面临的这些问题。

即插即用电调天线一般有如下特点。

（1）**减少跳线连接和机械连接，提高安装效率，降低了出错概率**

即插即用电调天线内部集成了传统远程电调天线的大部分电调外挂件，最大程度减少天线外部的跳线和接头数量，可有效避免外部环境对天线外挂件造成的损坏，彻底解决天线安装空间受限和连接点多、可靠性差的问题。

（2）**电调设备远程可识别和免配置，免校准，提升开站效率**

即插即用电调天线在出厂前已进行电调部件与天线严格匹配、数据加载和校准，可以免去天线安装过程中的配置数据和校准过程，简化现场安装。

（3）即插即用电调天线提升可靠性

和传统远程电调天线相比，即插即用电调天线在防水、防雷、防腐蚀等方面，具有很大的优势。同时，即插即用电调天线自身也采用高可靠性设计和保障措施，保证产品质量和长期可靠性

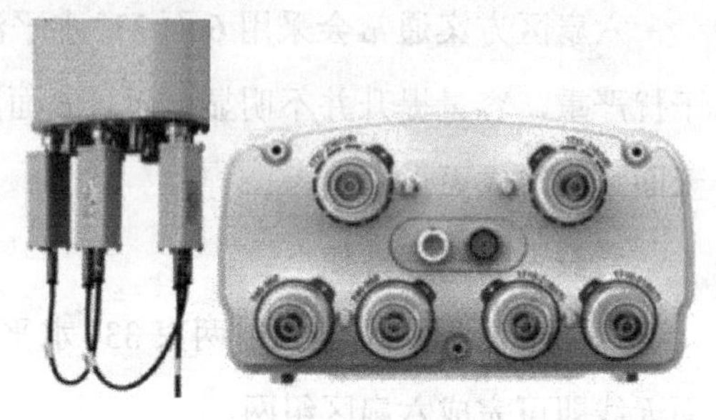

图 11-35 传统远程电调天线与即插即用电调天线对比

传统远程电调天线和即插即用电调天线的对比如图 11-35 所示。

11.4.2.5 采用振子复用技术的新型天线

未来多频天线的应用将“势不可挡”，多频导致天线尺寸增加，物业准入难度更大，因此增频不增尺寸、轻薄化是多频天线发展的必然方向。

振子复用技术可实现多频天线的增频不增尺寸，振子复用技术与传统方案性能相当，但尺寸会减少 50%，如图 11-36 所示。

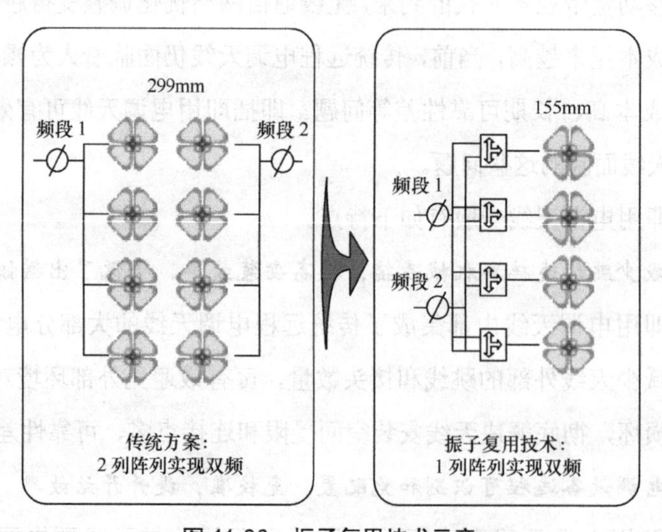

图 11-36 振子复用技术示意

思考题

1. 天馈线系统一般由哪些部分组成？
2. 天线有哪些重要技术指标？馈线有哪些重要技术指标？
3. 智能天线的基本原理是什么？
4. 什么是双极化智能天线？
5. 常用的典型美化外罩产品有哪些？
6. 美化天线设计时需遵循哪些原则？
7. 基站天线的发展趋势有哪些方面？
8. 新型天线都有哪些？

第12章 移动通信室内覆盖系统

12.1 室内覆盖系统组成及方法

12.1.1 室内覆盖概述

无线室内覆盖系统主要针对重点楼宇、体育馆、展馆、隧道、地铁等多种场所，室内覆盖系统的建设是无线信号覆盖由室外向室内的延伸和补充，是改善室内无线环境，增加室内无线容量最有效的一种方式，也是目前提高无线网络质量和网络优化的手段之一。

无线室内覆盖系统的引入不受频段和通信制式的限制，满足各种通信制式建设要求，包含2G和3G、4G移动通信系统、WLAN、集群通信、寻呼以及广播系统等。各通信制式室内覆盖系统可单独建设，满足各制式的网络指标要求；也可以多通信制式共室内分布系统建设（多制式合路），多制式合路时，各制式应满足各自的网络指标要求，并保证各制式系统间互不干扰。

目前无线室内覆盖系统在移动通信领域应用的最为广泛，本章主要讨论移动通信室内覆盖系统，其他系统可参考使用。

12.1.2 室内覆盖系统组成

无线室内覆盖系统主要由两部分组成：信号源设备（微蜂窝、宏蜂窝基站或室内直放站）、室内布线及其相关设备（同轴电缆、光缆、泄漏电缆、电端机、光端机、干线放大器、功分器、耦合器、室内天线），如图 12-1 所示。

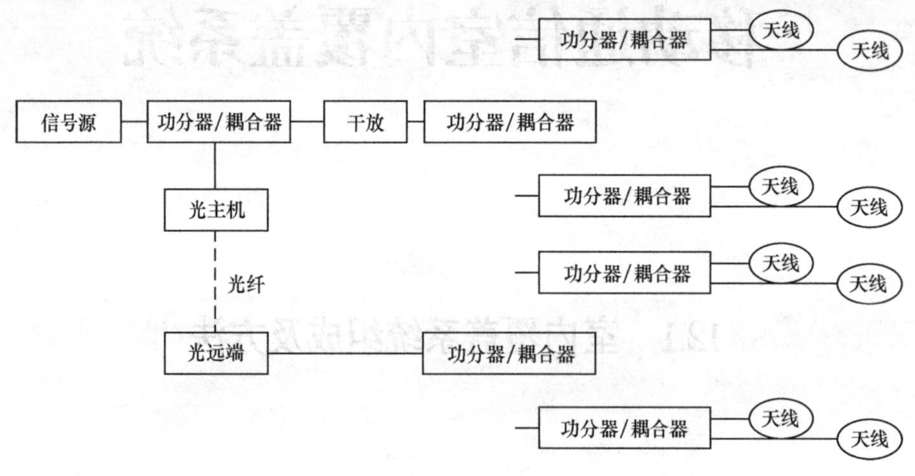

图 12-1 系统示意

12.1.3 室内分布系统器件

室内分布器件按功能作用可划分为：信号发生器（信源）、信号传送器（功率传送器件、功率分配器、功率放大器）、信号发射器（天线）。按是否需要供电，又可以分为有源器件和无源器件。详细的器件分类见表 12-1。

表 12-1 分布系统器件分类

名称	信号发生器件	信号传送器件			信号发射器件
	信源	功率放大器	功率分配器件	功率传送器件	
有源器件	宏基站、微基站、RRU 等	干放	—	—	—
	直放站				
无源器件	—	—	功分器、耦合器、电桥	POI、合路器、衰减器、馈线、接头、负载	天线

12.1.4　无分布系统覆盖方法

典型的无线室内覆盖系统包括信源和分布系统两部分。近年来随着无线设备的小型化，出现了没有分布系统直接采用小站加天线进行室内覆盖的方式，可具体分为两种方式。

（1）Pico 站覆盖方法

采用 Pico 站覆盖室内可通过多个 Pico 站对楼宇进行覆盖，Pico 站通过光纤连接到楼宇内的各个楼层，然后通过接到 Pico 上的天线（或内置天线）进行覆盖，其特点是部署灵活和相对简单，缺点是容量较低、覆盖范围较小，如部署在大型楼宇内成本较高。

（2）Femto 覆盖方法

Femto 覆盖方案是通过部署在用户家中的 Femto AP 进行室内覆盖，通过家庭宽带作为回程网络接入到移动核心网。Femto 覆盖方法的优点是部署灵活、简便，成本较低。其缺点是覆盖范围小、容量低，不能实现室内的连续覆盖，而且 Femto 的引入需要引入 Femto 网关等新的网元。

12.2　信　号　源

12.2.1　信号源划分

无线室内覆盖系统信号源引入方式分为两类：基站和直放站。

信号源引入方式主要包括以下两种。

（1）基站引入方式，包括微蜂窝基站、分布式基站、室外站信号耦合、射频拉远（RRU）；

（2）直放站引入方式，包括射频直放站、光纤直放站。

WLAN 系统信源为室内分布型 AP，射频口功率为 500mW。根据目标覆盖区域、用户分布特点、业务量大小等，可选择不同功能配置的 AP。

12.2.2 信号源选取原则

在满足无线室内覆盖设计一般要求的基础上，信号源选取还应考虑以下具体要求。

（1）在信号杂乱且不稳定的室内无线环境中，避免使用室内直放站引入基站信号，选用基站作为信号源。例如，在开放型的高层建筑中，通常选择微蜂窝作为室内分布系统的信号源，达到抑制干扰、保证通话质量的目的。

（2）在室内信号较弱或为覆盖盲区的环境中，如果通过定向天线可以取得较纯净且稳定的基站信号的条件下，可以考虑采用直放站作为室内分布系统的信号源，如隧道、地铁车站、地下商场、酒吧等规模较小的场所，以及其他信号屏蔽严重的场所，同时必须考虑基站的容量和直放站对室外覆盖的干扰问题。

（3）对于室内用户集中，室外基站话务拥塞的情况下，室内覆盖的建设主要解决容量问题，因此需采用微蜂窝基站作为室内分布系统的信号源，分流室外基站的话务量，改善用户通信质量。

（4）对于建筑内部话务需求量大的大型场所，如商场、机场、火车站、展览中心、会议中心等场所，宜选用基站（宏蜂窝或微蜂窝）作为室内分布系统的信号源。

（5）对于通信质量要求特别高的高档酒店、写字楼、政府机构等场所，宜采用微蜂窝基站做信号源，结合室内分布系统，提供高质量的覆盖效果。

（6）对于建筑规模较小的场所，为解决覆盖问题，在不宜设置射频直放站的环境下，可选择光纤直放站作为分布系统的信号源。

12.3 室内分布系统

分布系统由有源放大设备（干线放大器、光端机等）、缆线（同轴电缆、光缆、泄漏电缆）、功分器、耦合器、室内天线等设备组成。

12.3.1 分布系统的种类

室内分布系统主要分为 4 种方式：泄漏电缆方式、电分布方式（电缆延伸的方式）、光纤分布的方式、电缆与光纤分布相结合的方式（光电混合方式）。

12.3.1.1 泄漏电缆方式

泄漏电缆分布系统是将信号通过泄漏电缆传输，并将信号泄漏到所需覆盖区域。泄漏电缆其外导体的一系列开口就是一系列的缝隙天线起到辐射和接收信号作用，它适用于公路隧道、铁路隧道、过江隧道、地下长廊等。如图 12-2 所示。

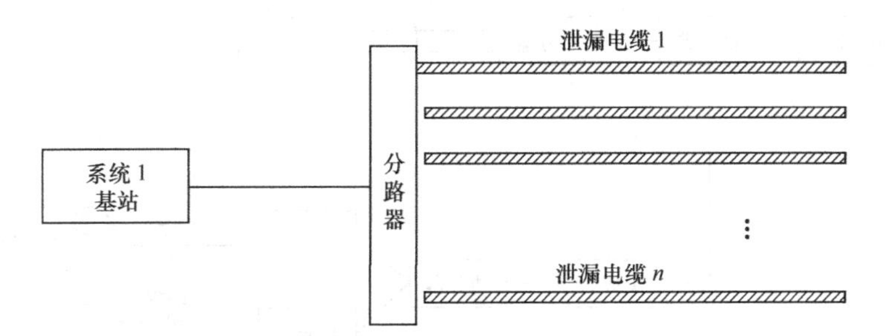

图 12-2 泄漏电缆示意

12.3.1.2 电分布方式

电分布方式包括纯无源系统和采用有源中继放大两种情况。

（1）无源方式

纯无源方式即将信号源输出能量通过功率分配器（功分器）、耦合器、衰减器等无源器件合理分配后，利用射频电缆传输至天线，将能量均匀分布至各区域，满足室内覆盖的要求。途中经过分配损耗、电缆传播损耗和器件的介质损耗。无源分布系统示意如图 12-3 所示。

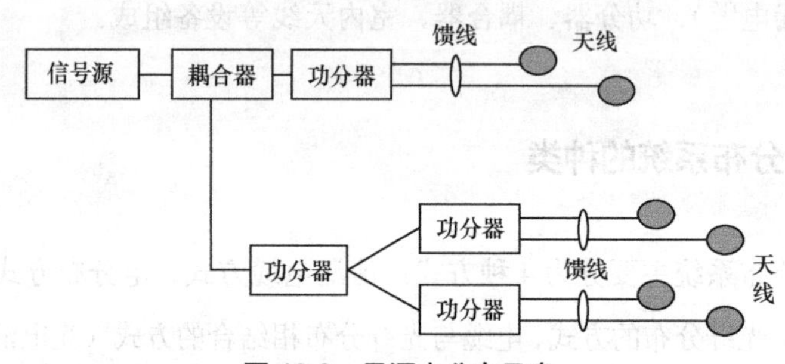

图 12-3　无源电分布示意

（2）有源方式

有源中继放大方式是由于基站输出能量不能满足楼宇覆盖需求的情况，信号源和天线之间的电缆沿线上增加有源设备，如干线放大器（干放）等，增加放大器对主干信号进行放大，对电缆传输损耗进行补偿，并通过天馈分布系统覆盖所需区域。有源分布系统示意如图 12-4 所示。

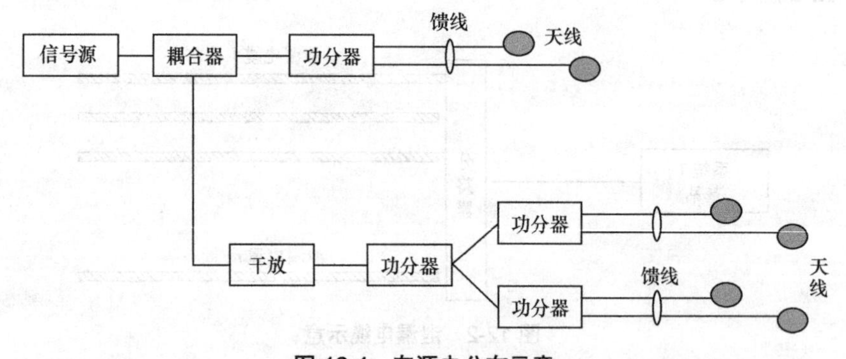

图 12-4　有源电分布示意

由于有源设备带来噪声积累和非线性恶化，对系统容量造成损失，其自动增益调整机制可能对快速功控机制有不良影响，对系统稳定性可能带来负面影响。因此，有源设备不宜过多使用，只是在电缆过长的一些支路使用，用以补偿较大的电缆损耗。

一般而言，对于传统的无源或有源系统，受到噪声和损耗的限制，天线数量不宜超过 100 副，否则需要较粗的电缆、较大的信号源功率或者较多的干放。较粗的电缆将增加材料成本和施工成本；粗硬的电缆施工难度相对较大，且使用耦合器、功分器等器件，加上电缆的长度粗细不同，在施工中需要仔细对应各种规格的功分器、耦合器和电缆直径、长度，施工管理和验收工作量大。此类工程给射频覆盖设计和施工带来较大复杂性，对设计人员、施工人员的技术要求较高，需要投入较多的监督，增加验收工作量。

12.3.1.3　光纤分布方式

光纤分布方式是通过光纤和光无源分配器件形成分布系统，这种方式的传输损耗小，不受电磁干扰，布线方便并且组网灵活，与同轴线缆相比，更适合于远距离的信号传输。但是，其设备价格较高，系统成本较高。光纤分布方式如图 12-5 所示。

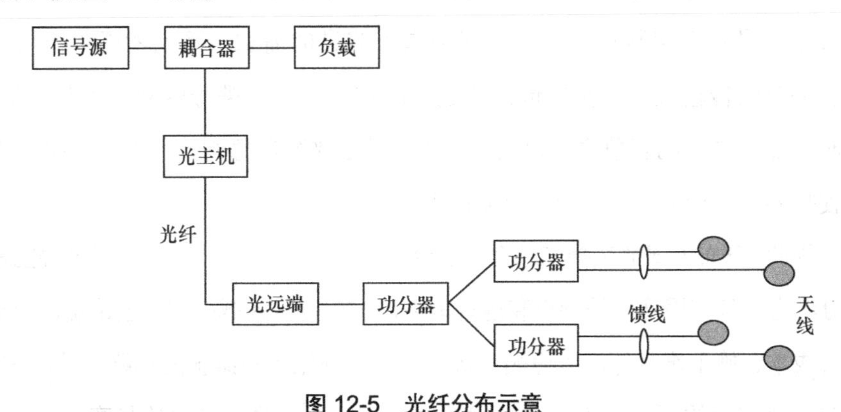

图 12-5　光纤分布示意

光纤分布方式是通过光纤和光无源分配器件形成分布系统，这种方式的传输损耗小、不受电磁干扰、布线方便并且组网灵活，与同轴线缆相比，由于光纤分布系统成本较高，只有在超大规模楼宇远距离的信号传输中才会使用。但是，相比电分布系统而言，粗硬的电缆布线比较困难，需要较多的施工工作量，施工成本在总成本中占较高的比例，而光纤分布系统中简化的设计（每个天线输出功率为固定的10dBm）和方便的施工优势（光纤细软易布线）可以抵消部分设备成本的劣势。

12.3.1.4 光电混和分布方式

光电混合是两种覆盖方式相结合的应用方式，各取所长，即在主干线上采用光纤传输，支路上采用电缆传输，呈树状结构。这种方式多适用于大型建筑，应用在主干缆走线很长，布放难度较大。

12.3.2 分布系统的选取原则

比较上述几种覆盖方式，电分布方式为最常用的覆盖方式，并且技术和设备成熟。一般以补盲覆盖为主、容量为辅的覆盖场合，以最简单、成本最低的方式快速实现覆盖，成熟应用的传统DAS是较好的选择。

对于容量有旺盛需求的重点场合，比如密集城区和重点楼宇，必须考虑吸收话务量和高速数据业务以及网络未来演进的需求，重点考虑单位用户、单位字节的传输成本，实现最低的运营成本，在自由携号转网、资费竞争激烈时仍然有强大的竞争力；否则，资费下降导致容量急剧扩大造成网络瘫痪，即使扩容也将引起用户满意度大幅下降。

因此，分布方式的选择应综合上述分析，根据网络实际需要，考虑多种因素，充分考虑各种应用环境的特点和运营策略，包括覆盖区域面积、理论覆盖效果、设备成本、施工难易等，应遵循：效果→成本→施工→维护的思路，并能够满足多系统兼容的要求，力求在最优的组合方案下，系统性价比最高。

12.3.3 双通道室内分布系统

在LTE引入前，蜂窝移动网建设的分布系统都是单通道室内分布系统，即天馈系统只有1套，2G、3G和LTE及WLAN共用同一套天馈系统，通过多制式、

选单极化天线，两个单极化天线间距应保证不低于 4λ，在有条件的场景尽量采用 10λ 以上间距。

（6）在单极化隔离距离难以实施或者物业抵触增加天线的场景下，可使用双极化天线进行覆盖。

（7）对于双通道室内分布系统，应采用双通道 RRU，并将 RRU 的两个通道覆盖相同区域，实现 LTE 系统的 MIMO 功能。

12.3.4 室内分布系统技术指标

（1）边缘覆盖场强

GSM：主目标覆盖区域内 95% 以上位置，手机接收下行信号场强电平大于 -85dBm，电梯、地下停车场等边缘地区覆盖场强电平不小于 -90dBm。

WCDMA：无线覆盖边缘导频（CPICH）功率场强（下行 75% 负载、上行 50% 负载），高速数据密集区域，导频功率≥ -85dBm，导频 E_c/I_o ≥ -8dB；低速数据区域、可视电话，导频功率≥ -90dBm，导频 E_c/I_o ≥ -10dB；语音电话区域，导频功率≥ -95dBm，导频 E_c/I_o ≥ -12dB。根据无线环境，在同频点的情况下，在室内分布系统的有效覆盖区域内室内的导频边缘场强比室外高 6 ～ 10dB。

LTE：无线覆盖边缘参考信号（RS）功率场强（下行 75% 负载、上行 *IOT*=6dB）；高速数据密集区域，*RSRP* ≥ -105dBm，*SINR* ≥ 6dB；低速数据区域，*RSRP* ≥ -110dBm，*SINR* ≥ 4dB。根据无线环境，在同频点的情况下，在室内分布系统的有效覆盖区域内，室内的导频边缘场强比室外高 6 ～ 10dB。

WLAN：目标覆盖区域内 95% 以上位置，信号强度大于－ 75dBm。

（2）信号外泄

GSM：室内基站泄漏至室外 10m 处的信号强度应不高于－ 90dBm 或低于室外信号强度 10dB。

WCDMA：室内覆盖同频分区的导频信号外泄的强度要求，应结合外网的信号强度值确定具体的外泄电平，原则上要尽量小。一般情况下，建议在建筑物外 10m 处应小于室外主导频强度 10dB 以上或导频信号强度低于 -95dBm。

LTE：在建筑物外 10m 处，室内信号 *RSRP* ≤ -115dBm 或低于室外最强 *RSRP* 10dB 以上。

（3）驻波比指标要求

测试室内分布系统天馈系统的驻波比，其总体驻波比不超过 1.5。

（4）天线端口最大发射功率要求

室内天线最大发射功率≤ 15dBm。

（5）上下行链路平衡要求

上下行链路不平衡度不超出 5dB。

（6）系统间干扰隔离度要求

多制式室内分布系统间的隔离度要求见表 12-2。

表 12-2　多制式室内分布系统间的隔离度要求

干扰系统 被干扰系统	GSM	DCS	WCDMA	WLAN	FDD-LTE
GSM		35	35	91	67
DCS	43		43	87	30
WCDMA	58	58		86	67
WLAN	43	43	87		86
FDD-LTE	81	81	28	86	

12.4　多制式合路室内覆盖系统

室内分布系统多以单制式通信系统的方式建设，但是随着移动运营商和移动通信制式的增加，在同一建筑内建设多套分布系统无论是从楼宇内部提供布放条件、装修美观以及系统投资等多方面考虑已不现实。因此，通过一套分布系统解决多种制式的移动通信系统的室内覆盖问题应运而生，即将多个制式系统无线信号进行合路，共用一套室内分布系统的方式。

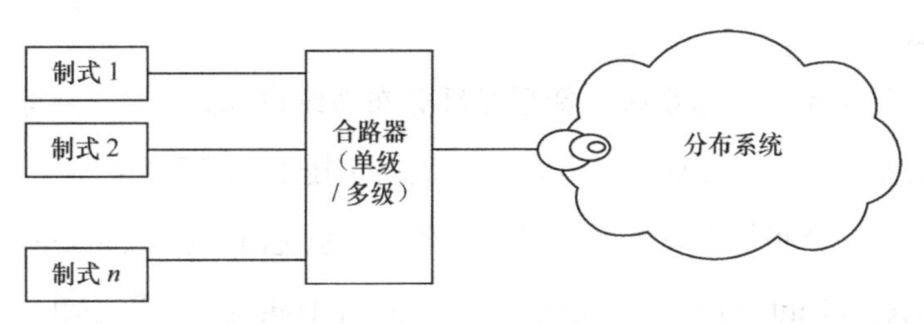

图 12-9 多制式合路系统示意

室内覆盖多制式系统合路主要是共用无源天馈部分，信号源及有源设备各系统独立使用。如图 12-9 所示。

现有的不同制式移动通信系统的频谱详见相关章节。

多制式合路系统主要采用以下 4 种方式建设。

（1）将所有系统的上、下行信号进行合路并在一套天馈线系统中进行传送，应通过规划各系统使用频段，避免系统间同频及邻频干扰。适用于覆盖区域较小的场所，分布系统最好为无源系统，以减少噪声增加对各接收机灵敏度的影响。

（2）在多种通信制式合路时，将其中频段间隔较大、互相干扰较小的不同制式系统进行合路，而将频段间隔小、互相干扰较大的不同制式系统分别建设。应通过规划各系统使用频段以避免系统间同频及邻频干扰。适用于较大面积或较远距离的覆盖，能够允许分布系统中使用一定数量有源放大设备，抗噪声能力强，易实现多种制式通信系统的同区域覆盖。合路器的各端口间隔离度指标要求较低。

（3）将各制式系统的上、下行信号分为两套分布系统建设，两个分布系统间最小隔离度为天线间的空间隔离损耗与分布系统的路径损耗（基站输出端口功率与天线输入功率的差）之和，有效减少甚至避免系统间产生的杂散和阻塞干扰问题。对于时分双工系统选择一套进行合路，适合于覆盖区域大，但不能建设多套分布系统的场所。分布系统中较多有源设备的使用，易引起基站接收机噪声的增加，需根据有源设备使用的数量计算噪声增加量，并通过增加合路器的隔离度指标满足系统要求。合路器各端口间隔离度指标要求相对较低。

（4）新型光纤分布系统。新型光纤分布系统也称为光载无线接入系统，是一种支持多系统、多业务接入，采用数字化技术，基于光纤、网线承载业务信号传输和分布的室内外覆盖解决方案。该系统由多系统接入单元（Multi-system Access Unit，MAU）、扩展单元（Extended Unit，EU）、远端单元（Remote Unit，RU）三部分组成，用于 2G、3G、LTE、WLAN 等无线通信系统信号深度覆盖以及固网宽带信号的接入。光纤分布系统组网结构如图 12-10 所示。

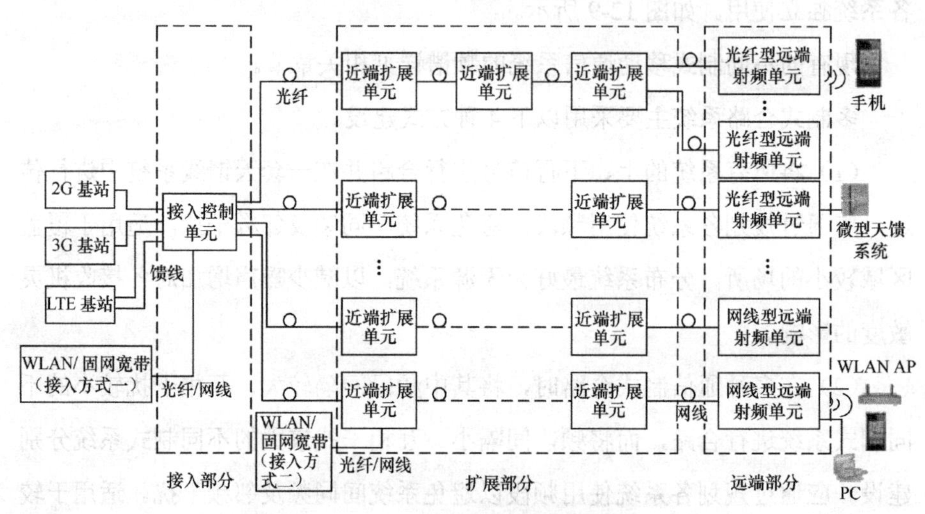

图 12-10　光纤分布系统组网示意

该系统具有许多优点。

- 支持多业务接入、多网共建、资源共享，且便于扩展，支持未来的新系统接入；
- 光纤带宽大、损耗低，可以实现更大范围覆盖和更远距离传输，输入信源只需微功率，适应不同规模的楼宇或小区；

- 光纤传输带来上行噪声改善的效果，提升网络性能；
- RU 单元功率分系统可调，降低了空间的电磁波辐射，有利于控制电磁干扰；
- 光纤、5 类线比同轴电缆细软，便于规划设计和工程实施，布放灵活，对机房、管道、竖井等基础设施要求低；
- 各模块可监控，便于统一网络管理。

思考题

1. 信号源划分为哪几种？
2. 信号源选取的主要原则？
3. 分布系统的种类有哪些？
4. 分布系统的选取原则有哪些？
5. 多制式合路系统建设有哪 4 种方式？
6. 新型光纤分布系统有哪些优点？

第13章 移动网络测试与仿真

13.1 概　述

在无线通信系统中，评估网络质量的两个很重要的手段是网络测试和网络仿真。无线网络测试的目的是通过实地测量的方法获取在现有基站条件下的无线覆盖及服务质量指标情况。基站发出的载波信号在空中传播过程中，由于地形、建筑物及其他一些环境因素的影响，或由于实际建设时基站选址上的不确定性及网络运行中周围环境发生了较大变化等因素的影响，使得系统实际建成后的覆盖情况、网络服务质量指标与预测所要求的情况有较大的出入。因此，只有通过网络测试才能真正了解系统的实际覆盖及各项服务质量指标的情况，为网络优化、工程验收工作提供真实可靠的网络信息。

网络仿真是一种利用数学建模和统计分析的方法模拟网络行为，通过建立网络设备和网络链路的统计模型，模拟信号、流量的传输，从而获取网络规划、设计与优化所需要的网络性能指标的一种高新技术。其中，网络性能指标包括导频覆盖、最佳小区、系统负荷等，这些性能指标的输出对实际组网有着重要的借鉴与指导作用，同时，也能够全面、透彻地了解网络运营质量，从而有针对性地开展规划、设计与优化工作。

数据流量的日益增长，移动用户体验的日益重要均对网络质量提出了更高的要求，网络质量的高要求又进一步推动着新技术的不断演进。因此，在“网络质量高要求”与“新技术发展”的背景下，网络仿真技术已经发生了变化，进一步提升了精细化程度。

13.2 网 络 测 试

13.2.1 网络测试方法

无线网络测试在网络建设、网络优化及网络评估中都发挥着巨大的作用，其可穿插在网络建设运营的各个阶段，通过有目的性的参数采集、数据分析、参数调整等技术手段使得网络达到最佳的运行状态，让现有的网络资源获得最佳的效益。在本节中，网络测试主要作为网络后评估的手段予以介绍。

目前网络测试的主要方法包括路测（Drive Test，DT）、呼叫质量测试（Call Quality Test，CQT）和最小化路测（Minimization of Drive-Test，MDT）。

路测是指借助仪表、测试手机以及测试车辆等工具，沿着特定的线路进行无线网络指标的测定和采集。测试设备可以记录无线环境参数以及移动台与基站之间信令消息，路测系统具有对测试记录数据的分析与回放功能。它的目的是模拟移动用户的呼叫状态，记录数据并分析这些数据，把这些数据与原来的网络设计数据相比较，若有差异及异常的呼叫信息，则通过优化手段进行修正。DT在网络优化过程中起着重要作用，可以对网络质量进行评估，并且可以进行定点优化。当进行全网质量评估时，DT可以模拟高速移动用户的通话状态。由于DT设备可以记录测试全过程以及测试路线上的所有无线参数，通过DT可以全面完整地评估网络质量。当进行定点优化时，DT可以实现对故障点、掉话点的定位和以及优化后的效果验证。

路测方法一般是将测试手机置于车内，手机与测试仪表相连，同时连接 GPS 接收机进行测试，测试路段包括市区道路、高速等。车辆在市区保持正常行驶速度，不设置最高限速。图 13-1 显示了 DT 的前台仪表设备，主要由测试终端、GPS 信号接收器、笔记本电脑组成。两个测试终端互相拨打的时候，会把空中接口的测量信息、协议消息传送到笔记本电脑中，同时 GPS 接收器会把测试点的 GPS 信息传送到笔记本电脑中，笔记本电脑的前台仪表软件对上述信息进行组织形成文件后进行存储，为后期的分析做准备。

呼叫质量测试通常是指在特定地点的拨打测试，CQT 在网络优化中也起到一定的重要作用。CQT 可以在 DT 车辆无法进入的建筑物内部等区域进行测试，从用户的角度对网络质量进行评估。当进行定点优化时，CQT 也可以对故障点、掉话点的定位和优化后的效果进行验证，因此 CQT 是 DT 的良好补充。但是 CQT 得到的数据较少，而且对于发现故障点有一定的随机性。

CQT 的测试方式有两种：一是手工记录方式，即不连接测试软件，只通过手机操作进行测试；二是软件记录方式，通过手机连接测试软件进行测试。CQT 仪表设备如图 13-2 所示。

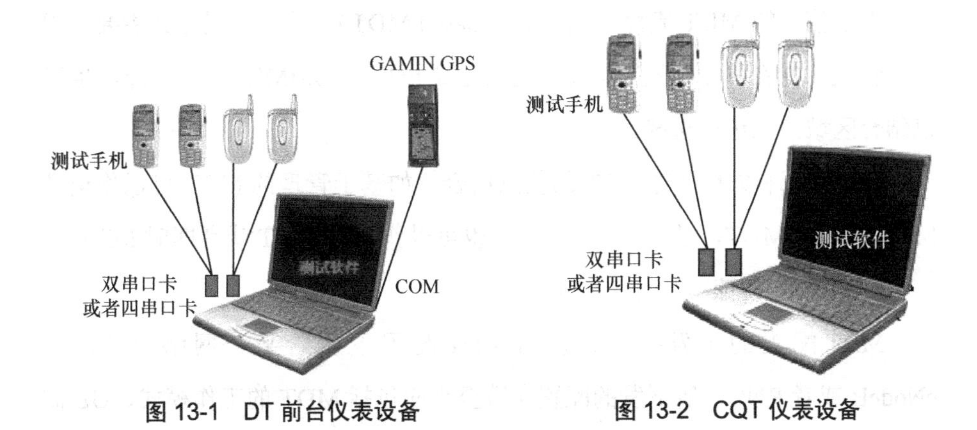

图 13-1　DT 前台仪表设备　　　　图 13-2　CQT 仪表设备

为降低网络优化、维护成本，3GPP 从 R9 版本开始研究最小化路测技术

（MDT），其主要思想是通过手机上报的测量报告获取网络优化所需的相关参数，替代传统的路测技术。与传统路测相比，MDT 可以节能减排，减少路测开销，缩短优化周期，带来更高的用户满意度，并且可以收集到传统路测无法获得的全区域的测量信息，如窄路、森林、私人场所等。MDT 的主要应用场景为覆盖优化、容量优化、移动性管理优化、QoS 参数优化和公共信道参数配置优化。

MDT 根据 UE 所处状态的不同，存在两种测量上报机制。

即时 MDT：又称 Immediate MDT，MDT 功能所涉及的测量由 UE 在连接状态下执行，并且在满足上报条件时，将测量数据上报给 eNodeB/RNC。

记录 MDT：又称 Logged MDT，MDT 功能涉及的测量由 UE 在空闲、CELL_ PCH 或者 URA_PCH 状态下执行并记录，并将在与网络（重新）建立连接之后上报给 eNodeB/RNC。

UE 的 MDT 测量任务是由网管侧下发给网络侧，目前有以下两种方式。

基于管理的 MDT 流程（Management Based MDT）：这种配置方式主要针对一定区域范围内的 UE。对基于管理的 MDT 流程来说，RNC 或 eNodeB 基于 MDT 参数（如区域范围等）和存储在 eNodeB 中的用户意愿信息，进行 UE 选择。

基于信令的 MDT 流程（Signaling Based MDT）：这种配置方式主要考虑针对特定 UE 的路测配置。对 UE 的限定是根据 IMSI/IMEI 进行选择，也可以结合区域信息进行选择。

3GPP 允许以上两类 MDT 的任意组合，如基于管理的 MDT 可以作记录 MDT 或即时 MDT，基于信令的 MDT 也可以作记录 MDT 或者即时 MDT。

MDT 的实现流程如图 13-3 所示。

MDT 配置的下发：网管侧将 MDT 配置下发给某一网络节点，如 eNodeB 或者 RNC，所下发的配置参数至少应包括 MDT 的工作模式、UE 需要进行测量的区域范围、MDT 测量量列表，以及需要的相关配置参数，如测量触发、上报条件等。

网络侧选择合适的UE进行MDT上报，网络侧基于从网管侧收到的区域信息，UE正漫游的区域以及从核心网处收到的用户意愿信息进行UE选择，依据3GPP的规定，网络侧既可以依据IMSI/IMEI选择特定的UE进行MDT，也可以依据区域范围信息选择某一区域范围内的若干个UE进行MDT，具体选择方式由网管侧决定。

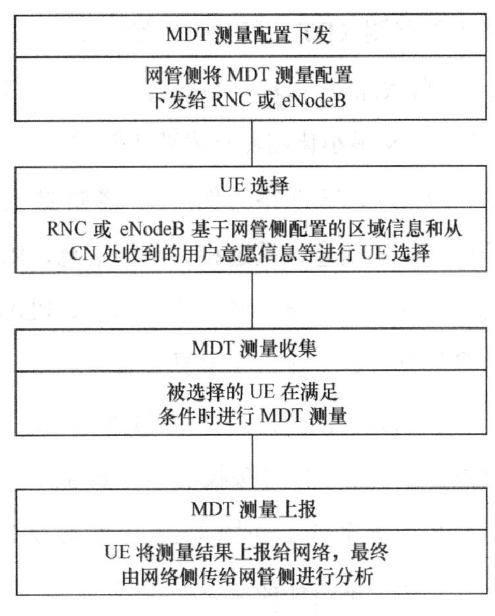

图 13-3 MDT 实现流程

被选择的UE在满足条件时进行MDT，依据MDT工作模式的不同，UE支持的MDT也各不相同。对于记录MDT来说，仅支持UTRAN和E-UTRAN系统中，对于导频信号的周期性测量；而对于即时MDT来说，根据MDT的应用场景不同，所支持MDT也各不相同。

UE将测量结果上报给网络，最终由网络侧发送给网管侧进行分析。考虑到MDT技术主要用于运营商的网络优化，因此，在考虑了运营商网络优化需求的基础上，3GPP规定MDT测量报告中至少应包含MDT测量结果、时间戳、有效的地理位置信息。

13.2.2 网络测试指标

由于无线通信网络的复杂性，决定了网络测试需要监测多种无线参量。为了规范相应的测试参量，中国标准化组织针对不同网络的DT和CQT制订了或者正在制订中华人民共和国通信行业标准，包括《TD-LTE单模终端路测（DT）和呼叫质量测试（CQT）记录技术要求》、《GSM/WCDMA无线接入网路测（DT）和呼叫质量测试（CQT）记录技术要求》、《TD-SCDMA/GSM双模路测（DT）和拨打测试（CQT）测试记录技术要求》、《UTRAN/E-UTRAN最小化路测技术要求》等。

以TD-LTE网络为例，DT需要测试的主要参量包括服务小区的信息、相邻小区的信息、重选相关配置信息、RB统计信息、CQI、DCI，HARQ信息、天线参数信息、测试终端信息、PDSCH/PUSCH信息、误块率信息、吞吐量信息、数据业务应用层性能等信息。

以服务小区信息为例，DT测试指标见表13-1，除了服务小区特定的配置属性外，参考信号接收功率、参考信号接收质量、参考信号接收强度指示、信号与干扰噪声比等指标是基本的射频参量指标。无论针对何种无线通信制式，这些参量指标都是基础性的参量。

表13-1　DT测试指标（服务小区信息）

英文名称	中文名称	引用标准	英文名称	中文名称	引用标准
EARFCN	载频号	3GPP36.101	RSRP	参考信号接收功率	3GPP36.113
BAND	频段指示	3GPP36.101	RSRQ	参考信号接收质量	3GPP36.113
DL Frequency	下行频率	3GPP36.101	RSSI	参考信号接收强度指示	3GPP45.008
UL Frequency	上行频率	3GPP36.101	SINR	信号与干扰噪声比	3GPP36.113
DL BandWidth	下行带宽	3GPP36.101	CRS SINR	小区参考信号的信号与干扰噪声比	3GPP36.113
UL BandWidth	上行带宽	3GPP36.101	DRS SINR	专用参考信号的信号与干扰噪声比	3GPP36.113
PLMN	公共陆地移动网络	—	SRS Power	探测参考信号功率	3GPP36.213
MCC	移动国家码	3GPP23.003	SRS RB Number	探测参考信号RB数量	3GPP36.213
MNC	移动网络码	3GPP23.003	Cell Allowed Access	小区是否允许接入	—
Special SubFrame Patterns	特殊子帧配置	3GPP36.211	Cell Barred	小区禁止	3GPP36.304

（续表）

英文名称	中文名称	引用标准	英文名称	中文名称	引用标准
SubFrame Assignment Type	上下行子帧配置类型	3GPP36.211	TAC	跟踪区域码	3GPP36.331
RRC Protocol	RRC 协议版本	—	ECI	小区识别码	3GPP36.331
PCI	物理小区标示	3GPP36.211	Pathloss	路径损耗	3GPP25.331

对于 CQT 而言，需要统计测试时间、地理位置信息等测试基本信息，同时还需要针对话音和数据业务的相关参量进行统计，以 TD-LTE 网络为例，话音业务和数据业务的 CQT 测试指标见表 13-2。

表 13-2　CQT 测试指标（TD-LTE 网络）

话音业务			数据业务		
英文名称	中文名称	业务类型	英文名称	中文名称	业务类型
Server_ EARFCN	服务小区 EARFCN	CSFB/PS	Mean_AttachTime	Attach 平均时间	Attach
Server_PCI	服务小区 PCI	CSFB/PS	Attach_SucRate	Attach 成功率	Attach
Server_BAND	服务小区 BAND	CSFB/PS	Attach_Counter	Attach 总次数	Attach
MeanRSRP	参考信号平均强度	CSFB/PS	Default EPS bearer establish Time	默认 EPS 承载建立时间	Attach
MeanRSRQ	参考信号质量	CSFB/PS	Default EPS bearer SucRate	默认 EPS 承载建立成功率	Attach
Call_Count	呼叫次数	CSFB/PS	Default EPS bearer establish counter	默认 EPS 承载建立请求次数	Attach
Connect_Count	接通次数	CSFB/PS	Mean_WAPHomePage Time	WAP 平均首页显示时间	WAP
Drop_Count	掉话次数	CSFB/PS	WAP_LoginSucRate	WAP 网站登录成功率	WAP
Single_Connect_Count	单方通话次数	CSFB/PS	WAP_LoginCounter	WAP 网站登录总次数	WAP

（续表）

话音业务			数据业务		
英文名称	中文名称	业务类型	英文名称	中文名称	业务类型
ECHO_Count	回音次数	CSFB/PS	Mean_WAPRefreshTime	WAP 页面刷新平均时间	WAP
Seton_Count	串话次数	CSFB/PS	WAP_RefreshSucRate	WAP 页面刷新成功率	WAP
Break_Count	话音断续次数	CSFB/PS	WAP_RefreshCounter	WAP 页面刷新总次数	WAP
Noise_Count	出现噪声次数	CSFB/PS	WAP_DownloadSucRate	铃声、图片下载测试下载成功率	WAP
Video_Quality	图像质量	CSFB/PS	Mean_WAPDownload Speed	铃声、图片下载测试下载平均速度	WAP
Call_Setup_Time	呼叫平均建立时长	CSFB/PS	Mean_PingDelayTime	ping 测试平均时延	Ping
CellReselect Count	小区重选次数	CSFB/PS	Ping_SucRate	ping 测试成功率	Ping
TACUpdate Count	跟踪区更新次数	CSFB/PS	Ping_Counter	ping 测试总次数	Ping
—	—	—	Mean_HttpDownload Speed	http 下载测试平均下载文件速率	HTTP
—	—	—	Mean_HttpUpLoadSpeed	http 下载测试平均上传文件速率	HTTP
—	—	—	Mean_FtpDownloadSpeed	FTP 测试平均下载文件速率	FTP
—	—	—	Mean_FtpuploadSpeed	FTP 测试平均上传文件速率	FTP

除了以上信息，网络测试还可以有针对性地进行一些指标的测试，如在 TD-LTE 网络中，考虑用户体验还需要考量上下行调度 RB 数目、上下行 MCS、上下行物理层速率、平均 HARQ 重传次数、上行发射功率、下行传输模式、RI 等指标。为获得更有效的信息，每个指标都需要进行详细的定义，下面是部分指标的举例描述。

- 上（下）行 RB 数：每秒上（下）行调度 RB 数 / 每秒上（下）行实

际调度次数。

统计方法：每秒上（下）行调度 RB 数，指该用户在过去 1s 内被实际调度的上行 RB 数；每秒上（下）行实际调用次数，指该用户在过去 1s 内被系统实际上（下）行调度的次数，而非过去 1s 内的所有调度机会（如过去 1s 内所有的上（下）行时隙数目）。

例如，在过去 1s 内，如果系统上行调度了 4 次，调度的 RB 数分别为 34、81、57、70，则该数据应为（34+81+57+70）/4，而不是简单的将总调度 RB 数平摊到过去 1s 内所有的调度机会上：（34+81+57+70）/600。

- 上行（下）MCS：指每秒上（下）行调度的 MCS 值之和 / 每秒实际调度次数。

统计方法：每秒上（下）行调度的 MCS 值之和是指该用户在过去 1s 被上（下）行调度的 MCS 值总和；每秒实际调用次数指该用户在过去 1s 内被系统实际上（下）行调度的次数，而非过去 1s 内的所有调度机会（如过去 1s 内所有的上（下）行时隙数目）。

对于下行来说，取 2 个 Code 的 MCS 算术平均值。

针对不同的业务，网络测试也有不同的测试指标，以 VoLTE 业务为例，不仅要考虑数据业务相关的测试指标，还需要考虑话音业务的相关指标，如时延、时延抖动、BLER 等。具体指标定义见表 13-3。

表 13-3 VoLTE 业务相关网络测试指标

测试指标名称		测试指标定义
GSM 通话时长占比		指定时间内终端在 GSM 制式下的通话时长 / 指定时间内终端总通话时长 ×100%
呼叫 eSRVCC 切换占比		发生 eSRVCC 切换的呼叫次数 / 总呼叫次数 ×100%
MoS		MoS 盒输出的平均意见得分（PoLQA 算法）
BLER	初传 BLER	（初传次数 − 初传成功次数）/ 初传次数 ×100%
	剩余 BLER	（初传次数 − 多次重传后成功次数）/ 初传次数 ×100%
语音丢包率		（发送数据包数 − 接收数据包数）/ 发送数据包数 ×100%
抖动		接收端 RTP/PDCP 层数据包时延方差

（续表）

<table>
<tr><th colspan="3">测试指标名称</th><th>测试指标定义</th></tr>
<tr><td colspan="3">呼叫建立时延</td><td>终端发出的第一条随机接入消息到接收到网络侧下发的 SIP 180 Ring 消息时间差</td></tr>
<tr><td colspan="3">IP 包时延</td><td>从主叫发出到被叫接收的 RTP 层数据包时间差</td></tr>
<tr><td colspan="3">端到端时延</td><td>主叫端语音编码器输入到被叫端解码输出的时间差</td></tr>
<tr><td colspan="3">上行速率</td><td>过去 1s 内，上行 PDCP 层发送的总比特数</td></tr>
<tr><td colspan="3">下行速率</td><td>过去 1s 内，下行 PDCP 层接收的总比特数</td></tr>
<tr><td rowspan="5">切换中断时延</td><td colspan="2">网内控制面</td><td>终端在源小区收到 RRC 重配消息指示切换，到终端在目标小区收到 RRC 重配消息指示切换完成的时间差</td></tr>
<tr><td colspan="2">网内用户面</td><td>源小区最后一个 PDCP 层数据包到目标小区接收到的第一个 PDCP 层数据包的时间差</td></tr>
<tr><td rowspan="2">网间控制面</td><td>空中接口</td><td>从 eNodeB 下发 Handover Command 到终端向 BSS 发送 HO Complete 的时间差</td></tr>
<tr><td>核心网</td><td>MME 向 eMSC 发送 PS to CS Request，到收到 PS to CS Complete/ACK 的时间差</td></tr>
<tr><td colspan="2">网间用户面</td><td>源小区最后一个 PDCP 层数据包到目标小区建立专有信道恢复话音的时间差</td></tr>
<tr><td colspan="3">话音挂机时延</td><td>主叫端发起 BYE Message 到收到网络侧下发的 SIP 200 OK 消息差</td></tr>
<tr><td colspan="3">RRC 重建时延</td><td>从终端发生 RLF（Radio Link Failure，无线链路失败）的时刻，到终端发出 RRC Connection Reestablishment Complete 的时刻</td></tr>
</table>

对于 MDT 来说，依据 MDT 工作模式的不同，UE 所支持的 MDT 也各不相同。对于记录 MDT 来说，仅支持在 UTRAN 和 E-UTRAN 系统中对导频信号的周期性测量；而对于即时 MDT 来说，根据 MDT 的应用场景不同，所支持 MDT 也各不相同。

对于记录 MDT，UE 测量的内容是固定的。网络侧通过 UE Information Request 消息请求 UE 上报 MDT 测量报告；UE 收到请求后，通过 UE Information Response 消息上报已经测量到的 MDT 内容。其上报内容包括以下几点。

- 服务小区的测量内容；
- 时间信息；

- 位置信息；
- 同频 / 异频 / 异系统邻区测量信息。

对于邻区的测量，UE 所测的小区数目是有限制的，不同频率和不同系统所测的邻区数目是不同的，对于邻区的测量内容主要包括以下几点。

- 物理小区识别（Physical Cell Identity，PCI）；
- 载波频率；
- RSRP 和 RSRQ（E-UTRAN）；
- RSCP 和 E_c/N_o（UTRAN）；
- P-CCPCH 的 RSCP（UTRA 1.28 TDD）；
- Rxlev（GERAN）；
- 导频 Pn Phase 和导频强度（cdma2000）。

对于即时 MDT，由于其测量上报为立即上报模式，UE 在测量条件满足的情况下，直接上报测量结果给网络侧，沿用了已有的 RRC 测量机制。相比已有的 RRC 测量机制，立即上报主要增加了位置信息的测量上报，即时 MDT 的位置信息同记录 MDT 中的位置信息是相同的。

13.2.3　网络测试仪表

网络测试的仪表除了通用的射频测量功能以外，还应该具备和无线网络信令交互的能力，并且具有一定协议测试的能力。每一种移动通信制式，从 GSM、WCDMA、TD-SCDMA 到 LTE，大量的路测仪表在网络建设部署时期、规划优化时期以及评估过程中都得到了广泛的应用。

网络测试仪表一般分为接收前端和后台软件两部分。接收前端主要完成射频接收、测量和射频信号处理，而后台软件主要完成控制、结果记录分析和界面显示。接收前端分为两类：基于商用手机的路测终端以及专门开发的路测接收机。

由于现代无线通信网络的复杂性，决定了路测仪表必须具备测量多种无线参量的能力，并且大部分路测仪表具备与无线网络信令交互的能力和初步的协议测量能力，而解码空中接口信令是进行深入网络优化和故障判断的重要线索。以GSM/GPRS路测仪为例，应当具备GSM层2/层3、GPRS层3、RLC/MAC层、SMS所有信令的完整解码能力，而且要确保编码的准确可靠，还能明确信令的类型、方向、帧号。一些路测仪表还提供信令过滤、信令查找等多种辅助工具。网络测试是在实际的地理环境中进行的，所以大部分测试仪表支持GPS、多种地理信息系统和电子地图，这对于现场测试还是回放分析都是非常有利的。基于该功能，有利于生成网络覆盖参数的地理分布图。

13.2.3.1　典型网络测试仪表介绍

当前在我国使用较为广泛的路测仪表包括华为的Genex Probe、鼎利的Pilot Pioneer & Pilot Navigator、惠捷朗的CDS等。

（1）**华为** Genex Probe

华为Genex Probe测试仪表支持WCDMA、HSPA、HSPA+、GSM、GPRS、EDGE、LTE FDD、LTE TDD制式的测试，同时支持华为、高通、海思、三星等厂商的40多款终端进行网络测试。Genex Probe与UE、Scanner、GPS接收机配合使用，如图13-4所示，对各种制式的网络参数进行采集。采集后的数据，可以供后台数据分析软件分析。

Genex Probe可在网络建成或优化扩容等阶段，对网络进行性能指标测试，评估网络性能，为进一步网络建设或网络优化提供依据。其可支持Voice Call、Video Streaming、Video Phone、Ping、FTP Upload、FTP Download、HTTP Browsing、HTTP Upload、HTTP Download、WAP、SMS、MMS、CS/FTP、PTT（Push To Talk）、CSFB，VoLTE及并发业务测试；可支持层2、层3信令的详细解析以及IP层消息的抓取及解析，支持吞吐率、信令面时延的统计等功能。

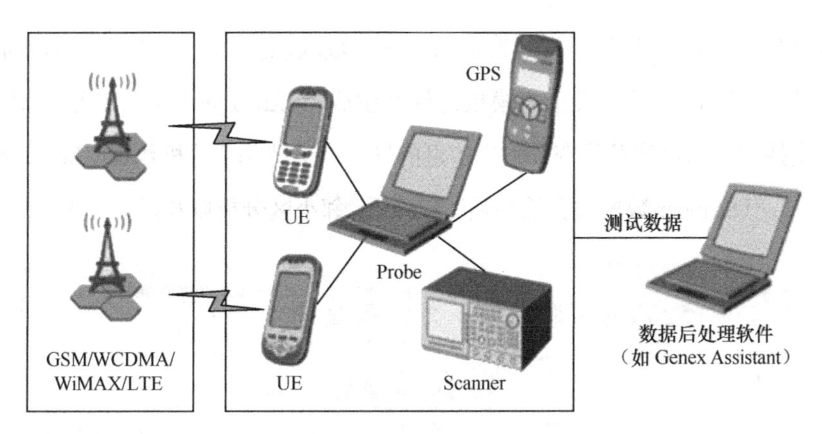

图 13-4　华为 Genex Probe 测试仪表架构

Genex Probe 结合 Assistant 后台数据分析功能，可以快速统计数据，自动判断关键事件（如切换、呼叫等过程中的事件），帮助用户快速定位和解决问题。

（2）鼎利 Pilot Pioneer & Pilot Navigator

鼎利的 Pilot Pioneer & Pilot Navigator 支持全网络制式的数据采集和分析，可同时进行 GSM、CDMA、UMTS、TD-SCDMA、TD-LTE 和 FDD-LTE 等多个网络的对比测试。支持多达 8 个测试手机的同时测试；支持的厂商芯片包括高通、海思、联芯、创毅视讯、展讯、MTK、Altair、Sequence 等；并支持各个芯片厂商各层数据解码和分析。

Pilot Pioneer & Pilot Navigator 支持层 1 测量信息、层 2 以及 QoS 测量信息、层 3 测量信息的采集，以及 PDCP/RLC/MAC/PHY 的吞吐率信息，同时支持 SIP、RTP/RTCP 的协议分析等。

可实现语音呼叫、增值业务、数据业务、Video 业务、APP 类等多类业务测试，同时支持 PESQ、POLQA 语音评估算法、业务相关 KPI 统计、Scanner 的 CW、Pilot 扫描、频谱分析测试以及 GSM/CDMA/UMTS/TD-SCDMA/LTE 多网络的同时对比测试。并且 Pilot Pioneer & Pilot Navigator 支持多家扫频仪，如 PCTEL、R&S、卓信、烽火、创远等。

图 13-5 显示了 Pilot Pioneer & Pilot Navigator 软件对于 LTE 网络的实时

测试分析，其可以对多个测试数据的测试参数项以及切换和通话等情况进行自动统计，可以按预定义报表模板统计并生成 Word、Excel 或 PDF 格式报表，并且支持信令的过滤及信令和解码信息的导出；支持基于手机数据、Scanner 数据、手机和 Scanner 数据联合的导频污染分析，邻小区分析以及越区覆盖分析等。

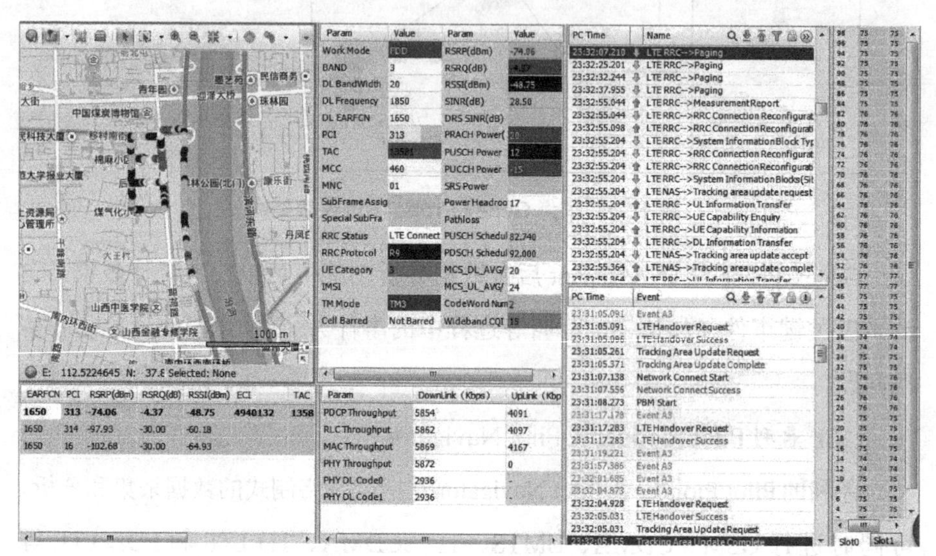

图 13-5　鼎利 Pilot Pioneer & Pilot Navigator 支持 LTE 网络实时测试分析

13.2.3.2　网络测试仪表在 TD-LTE 网络优化中的应用举例

本部分将给出基于网络测试仪表的网络优化应用实例。

（1）过覆盖优化应用

问题描述：

在基于某网络测试仪表对某市进行红桥区簇优化的过程中，当驱车行驶到西青道中学附近的时候，发现手机占用了本不该占用的“运输六厂 -2”小区（*PCI*=340），并且“运输六厂 -2”小区的 *RSRP*=-99dBm，如图 13-6 所示。

问题分析及解决措施：

通过分析发现，由于运输六厂站点过高、覆盖较远，需要通过降低功率和下压下倾角解决过覆盖的问题。因此，调整“运输六厂 -2”小区的功率从

43dBm 到 40dBm，调整“运输六厂 -2”小区的下倾角从 8° 到 11°，调整“运输六厂 -1”小区功率从 38dBm 到 43dBm。

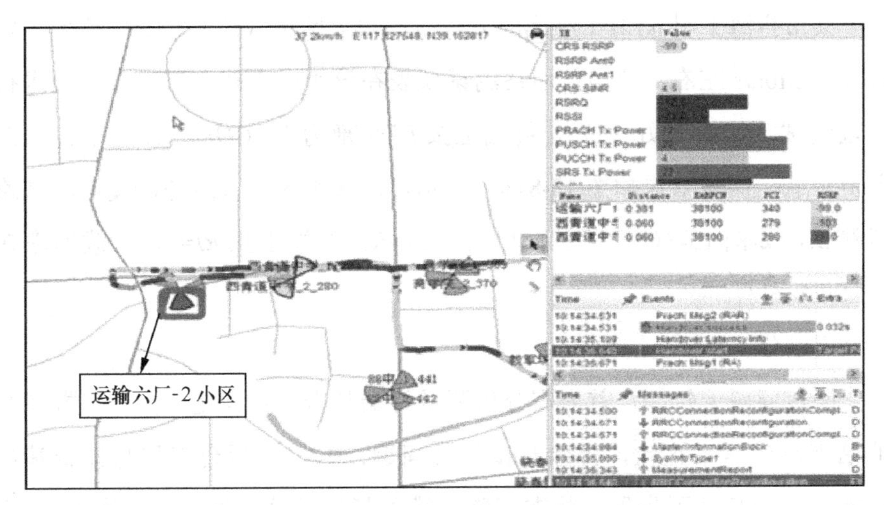

图 13-6　基于某网络测试仪表的网络问题表征

优化效果：

调整后“运输六厂 -2”小区过覆盖问题得到解决，问题区域由“运输六厂 -1”小区（*PCI*=399）覆盖，覆盖效果良好，如图 13-7 所示。

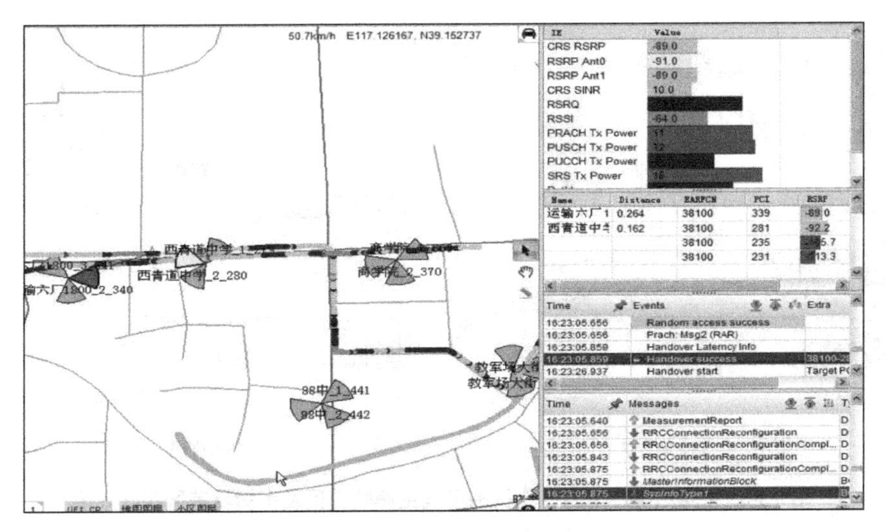

图 13-7　基于某网络测试仪表的网络优化效果

（2）配置错误优化应用

问题描述：

某市拦海下村 NLH-1 小区的天线主瓣覆盖区下载速率较低，速率一般都在 20Mbit/s 左右，使用某网络测试仪表在该小区天线主瓣覆盖区域进行路段测试，*SINR* 较好（17），终端上报 *RI* 全部为 1，*CQI* 在 10 左右，只能单流下载，测试效果如图 13-8（a）所示。而该小区的天线旁瓣覆盖区域路段测试，如图 13-8（b）所示，相同的 *SINR*，终端上报 *RI*=2，下载速率在 50Mbit/s 左右。

问题分析及解决措施：

因该问题无告警，首先需分析测试终端是否存在问题。由于终端在其他站点测试速率正常，排除测试终端问题；其次，后台工程师检查基站状态，由于基站无告警，状态正常，排除基站故障；然后，互换 1、2 小区的光纤，测试结果问题不变，排除天线故障问题；最后，检查基站数据配置，发现天线权值配置与实际配置不一致，天线安装的型号是“ODS-090R15CV06”，但是基站权值选择的却是“ODS-090R15NV”，如图 13-9 所示。

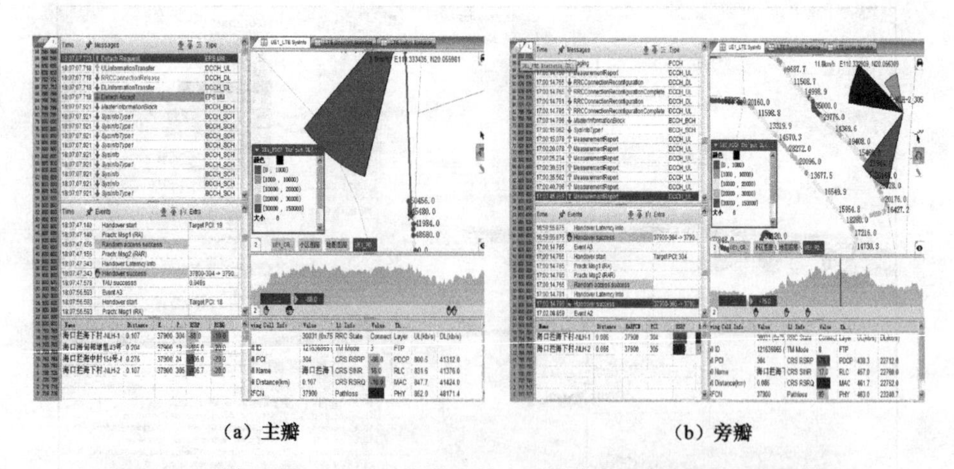

（a）主瓣　　（b）旁瓣

图 13-8　拦海下村 -NLH-1 小区的天线主瓣覆盖区及旁瓣覆盖区测试效果

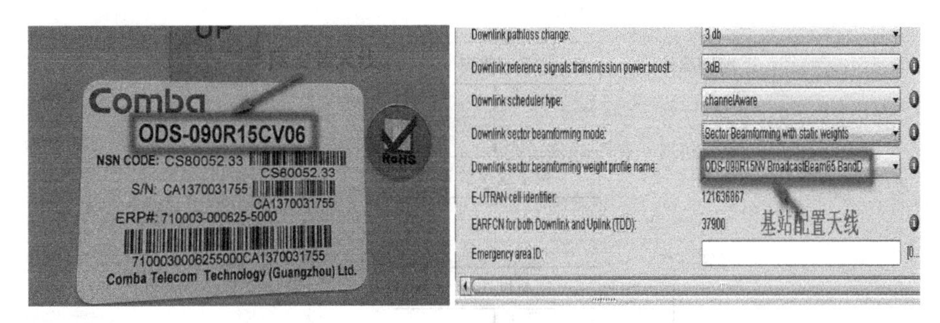

图 13-9　配置错误示意

优化效果：

检查基站数据配置，发现天线权值配置错误，将天线权值改为“ODS-090R15CV06”，复测下载速率在主瓣方向可以提升到 60Mbit/s 左右，如图 13-10 所示，问题解决。

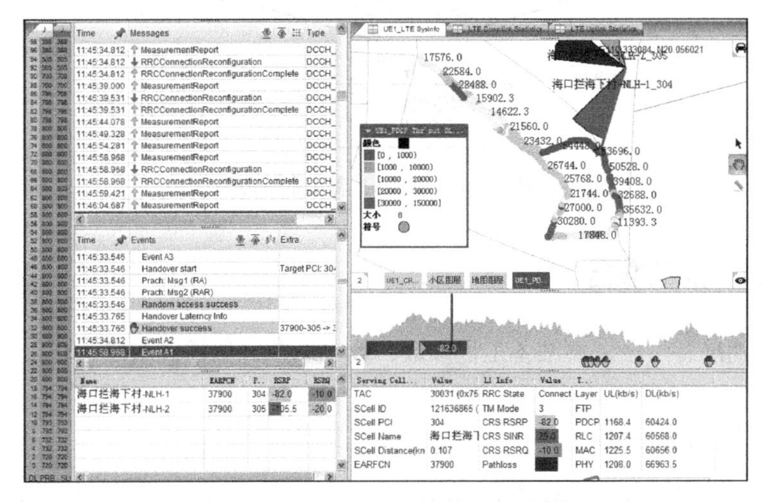

图 13-10　优化效果

13.3　网络仿真

网络仿真可分为前期数据准备、预规划、详细规划、网络优化 4 个阶段如图 13-11 所示。其中，前期准备、初步仿真与详细仿真是网络仿真的主要组成部分，也是本节介绍的重点。

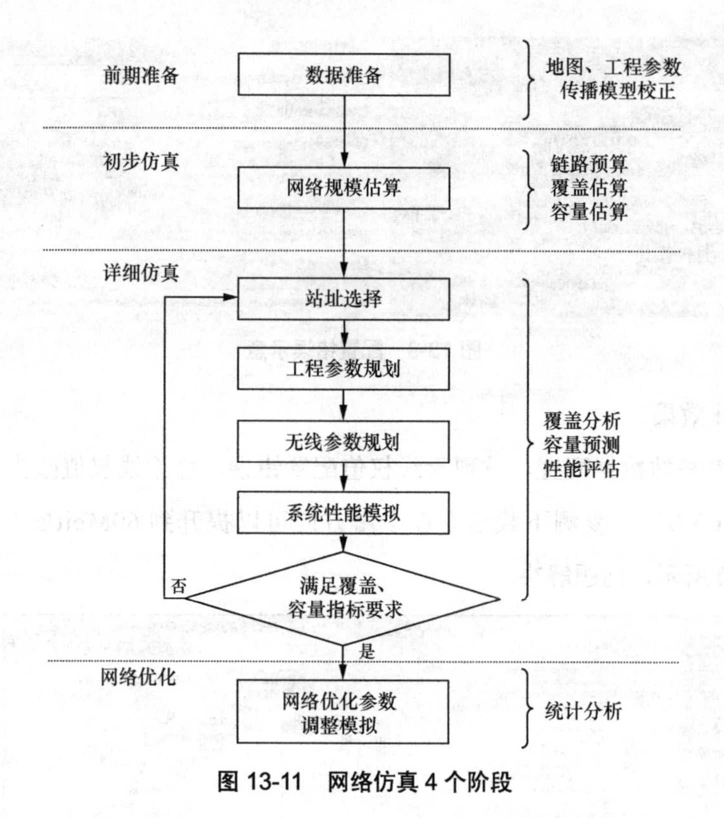

图 13-11　网络仿真 4 个阶段

13.3.1　前期准备

前期准备阶段需要准备工程参数、数字地图、传播模型等。

13.3.1.1　工程参数

包括基站名称、扇区名称、经纬度、方向角、下倾角、天线挂高、载波数、发射功率等。

13.3.1.2　数字地图

包括网络仿真区域内道路、建筑、地形、地貌等基本情况，是进行网络仿真的必备数据，极大地提高了网络仿真的水平和工作效率。常用的数字地图格式有 ArcGIS、Planet 等，数据内容包括数字地面模型（Digital Terrain

Model，DTM）、数字高程模型（Digital Elevation Model，DEM）、地面覆盖模型（Digital Orthophoto Map，DOM）、现状地物模型（LDM）、建筑群空间分布模型（BDM）。数字地图的几个基本概念如下。

（1）地理坐标系

地理坐标系是以经纬度为地图的存储单位，是球面坐标系统。地理坐标系由基准面（Datum）和参考椭球体（Spheroid）两组参数确定，地球椭球面上任一点的位置，可由该点的纬度和经度确定，即地面点的地理坐标值，由经线和纬线构成两组互相正交的曲线坐标网叫地理坐标网。由经纬度构成的地理坐标系统又叫地理坐标系。

（2）参考椭球体

地球是一个表面很复杂的球体，人们以假想的平均静止的海水面形成的大地体（大地水准面）为参照，推求出近似的椭球体。理论和实践证明，该椭球体近似一个以地球短轴为轴的椭圆而旋转的椭球面，这个椭球面可用数学公式表达，将自然表面上的点归化到这个椭球面上。

（3）基准面

是利用特定参考椭球体对特定地区地球表面的逼近（位置、方向、缩放等），每个国家或地区均有各自的基准面，通常所说的北京54坐标系、西安80坐标系实际上指的是我国的两个大地基准面。椭球体与基准面之间的关系是一对多的关系。

（4）地图投影

将球面坐标转化为平面坐标的过程称为投影，是为解决由不可展的椭球面描绘到平面上的矛盾，将地球上的点和线投影到可展的曲面（平面、圆柱面或圆锥面）上，可将曲面展成平面，建立该平面上的点、线和地球椭球面上的点、线的对应关系。

（5）栅格

栅格结构是最简单、最直接的空间数据结构，是指将地球表面划分为大小均匀、紧密相邻的网格阵列，每个网格作为一个象元或象素由行、列定义，并包含一个代码表示该象素的属性类型或量值。因此，栅格结构是以规则的阵列表示空间地物或现象分布的数据组织，组织中的每个数据表示地物或现象的非几何属性特征。

（6）矢量

矢量结构是用于表征点、线、面的一种地理数据结构。它通过记录实体坐标及其关系，尽可能精确地表示点、线、多边形等地理实体。该结构还可以对复杂数据以最小的数据冗余进行存贮，具有数据精度高、存储空间小等特点，是一种高效的图形数据结构。

（7）DTM

数字地面模型，是利用一个任意坐标系中大量选择的已知 x、y、z 的坐标点对连续地面的一个简单的统计表示，或者说，DTM 就是地形表面形态属性信息的数字表达，是带有空间位置特征和地形属性特征的数字描述。地形表面形态的属性信息一般包括高程、坡度、坡向等。

（8）DEM

数字高程模型，是一定范围内规则网格点的平面坐标（*X*，*Y*）及其高程（Z）的数据集，它主要是描述区域地貌形态的空间分布。

（9）DOM

指利用 DOM 对航空航天影像进行正射纠正、接边、色彩调整、镶嵌，并按照一定范围裁切生成的数字正射影像数据集。

13.3.1.3 传播模型

无线传播环境非常复杂，总的来说，无线传播受到三大因素的影响，如图 13-12 所示。

曲线 A 表征的是自然衰落，也称路径衰落，由电磁传播特性（如频率）和传播距离决定；曲线 B 表征的是阴影衰落，由于地形的阻挡、电波的方式、绕射等效应引起，具有随机性，且通常服从对数正态分布；曲线 C 表征的是由多径效应引起的快衰落、深衰落。

传播模型主要用于计算无线电波传播路径损耗中值（即曲线 A）以预测在某一区域的电磁传播情况。常见的传播模型包括自由空间传播模型、Okumurat-Hata 模型、COST231-Hata 模型等。

更加准确的模型是射线追踪模型。射线追踪模型是光学的射线技术在电磁计算领域中的应用，能够准确地考虑到电磁波的各种传播途径，包括直射、反射、绕射、透射等，并考虑到影响电波传播的各种因素，从而针对不同的具体场景做准确的预测。射线跟踪原理如图 13-13 所示。射线跟踪技术必须成为能够在网络仿真软件中调用的软件模块才能够在网络仿真中使用。目前几种商用的射线跟踪模型都是由单独的软件开发商开发的，如 Volcano 射线跟踪模型，由法国 Siradel 公司开发；WinProp 射线跟踪模型，由德国 AWE 公司开发；WaveSight，由瑞士 Wavecall 公司开发。

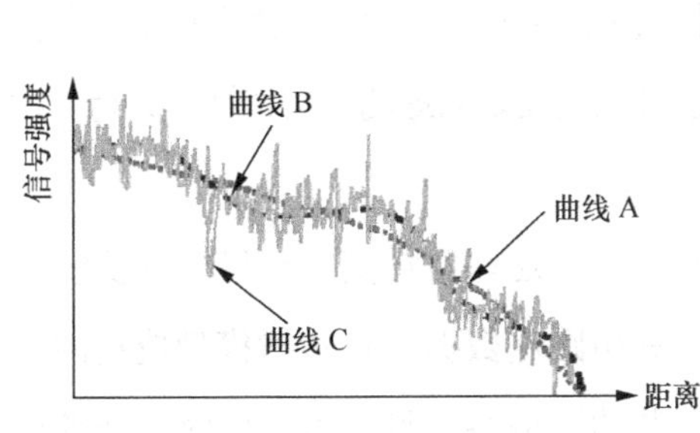

图 13-12 影响无线传播的三大因素

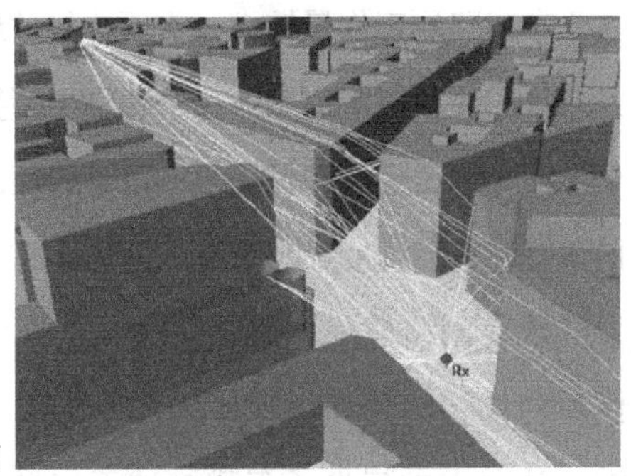

图 13-13 射线跟踪原理示意

传播模型是网络仿真的基础，所选传播模型的适用性和参数配置的准确性将影响电磁传播预测与实际环境的逼近程度，最终影响到仿真结果的正确性。

13.3.1.4 传播模型校正

经典的传播模型虽具有良好的普适性，但对于具体传播环境下路径损耗的预测并不够准确，而且不同的传播环境具有其自身不同的特点，因此，需要对传播模型进行校正。这也是前期准备阶段中最重要的工作之一。

业内通常采用连续波（Continue Wave，CW）测试的方法进行传播模型校正，通过车载测试，得到本地的路径损耗测试数据，然后通过最小二乘等拟合的方法，用这些数据对原始传播模型公式中的各个系数项和地物因子进行校正，使得校正后公式的预测值和实测数据误差最小。具体可分为以下三个步骤。

（1）数据准备

进行车载路测，并记录收集本地的测试信号的场强数据。

（2）路测数据后处理

对车载测试数据进行后处理，得到可用于传播模型校正的本地路径损耗数据。

（3）模型校正

根据后处理得到的路径损耗数据，校正原有的传播模型中的各个参数，使模型的预测值和实测值的误差最小。

在传统的传播模型校正方法中，进行车载路测是必不可少的一个工作环节。由于车载路测工作量较大，需要选择站址与测试路径、搭建发射子系统与接收子系统等，往往校正出来的一个传播模型持续使用多年。然而，传播环境是复杂多变的，一个传播模型使用多年后是否还能准确地反映当地的传播特性，具有一定的风险，也会直接影响网络规划建设的效果。

现有网络建成后积累了大量的路测数据，这些数据其实已经能够反映出区域内场强的分布情况。因此，出现了利用路测数据进行传播模型校正的方法，从而大大减少了车载测试工作量，节约了网络建设成本，同时还能够保证校正后的模型能够实时地反映出当地的传播特性。

13.3.2 初步仿真

无线网络预规划是指在获得规划区域的无线网络规划需求后，根据所要保证的业务、所要支持的业务量、所需要服务的用户数量、所设定的无线场景，通过采用一系列的仿真与预测，获得支持相应用户数量所需的网络设备的数量、配置等，以供核算网络投资，并为未来的工程设计与勘察提供参考依据与指导意义。

预规划具体包括链路预算、覆盖估算和容量估算三部分。

13.3.2.1 链路预算

所谓链路预算，是通过对系统中上、下行信号传播途径中各种影响因素的考察和分析，对系统的覆盖能力进行估计，获得保持一定呼叫质量下链路所允许的最大传播损耗。具体上、下行链路预算计算公式如下。

上行允许的最大路径损耗 = 移动台最大发射功率 + 移动台天线增益 + 基站天线增益 + 赋形增益 – 人体损耗 – 移动台馈缆损耗 – 基站馈缆损耗 – 基站接收机噪声功率 – 基站接收解调所需的 *C/I* – 干扰余量 – 快衰落余量 – 阴影衰落 – 穿透损耗；

下行允许的最大路径损耗 = 基站单码道发射功率 + 基站天线增益 + 赋形增益 + 移动台天线增益 – 人体损耗 – 移动台侧馈线损耗 – 基站侧馈线损耗 – 移动台接收机噪声功率 – 移动台接收解调所需的 *C/I* – 干扰余量 – 快衰落余量 – 阴影衰落 – 穿透损耗。

常见的计算路径损耗方法是逐点分析法。逐点分析法是指从左到右、从上到下（顺序根据实际情况有所不同）对网络仿真区域内的每一个栅格（地图最小单位）进行计算。在计算每一个栅格的损耗时，传播路径是该栅格中心和基站所在位置的连线，如图 13-14 所示。

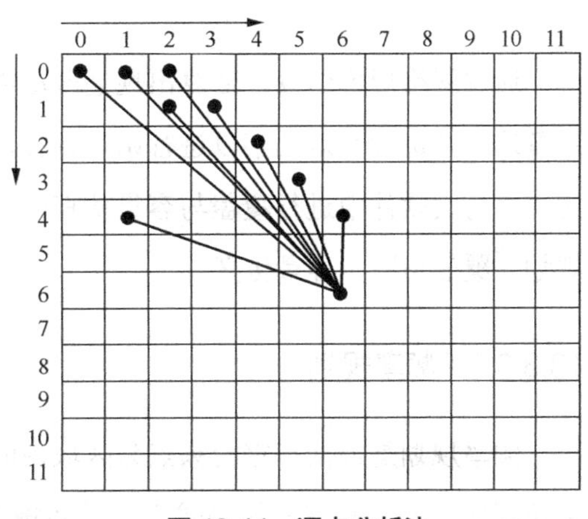

图 13-14 逐点分析法

13.3.2.2 覆盖规模估算

在链路预算计算出最大传播损耗的基础上，根据传播模型校正后的传播模型公式即可求得一定传播模型下小区的覆盖半径，从而确定满足连续覆盖条件下基站的数量。

13.3.2.3 容量估算

容量估算的目的是根据规划网络的业务模型和用户数需求，估算出满足容量大致所需的基站数目。主要步骤有：

（1）对各类业务和用户进行话务模型分析；

（2）根据用户的话务模型、各区域内用户密度，结合覆盖估算得到的各类区域基站覆盖面积，计算单个基站需要承载的业务容量；

（3）根据单基站需要承载的业务容量，确定满足容量要求的目标区域内单基站的容量配置要求；

（4）如果载波数量的要求超过了基站能够达到的最大配置，则缩减基站覆盖半径，重新计算基站覆盖面积以及需要配置的载波数量。

13.3.3 详细仿真

通过网络规模估算，估算出规划区域内需要建设的基站数目后，则需要对备选站址进行实地勘察以进行站址选择，并将站址规划后的方案输入专业的网络仿真软件中进行覆盖与容量仿真分析，具体的网络仿真流程包含频率规划、覆盖预测、容量仿真。

13.3.3.1 频率规划

频率规划是根据指定的频点为区域内的小区分配频率，为覆盖预测和容量仿真做准备。不同系统制式中的频率规划方案不同，如 TD-SCDMA 系统中频率规划多指 *N* 频点同频、混频和异频规划，LTE 系统中频率规划多指同频、混频与异频规划。

频率规划基本原则是将相同和相邻的频率尽可能分隔开来，以避免同频、邻频干扰，特别是相对的邻小区要尽量避开同频、异频现象。常见的频率规划方法有频率复用、多重频率复用（Multiple Reuse Pattern，MRP）等。

频率复用方法是使用同一频率覆盖不同的区域，而这些使用同一频率的区域彼此需要相隔一定的距离（称为同频复用距离），以满足将同频干扰抑制到允许的指标以内，常被用于GSM网络仿真中。如4×3频率复用方法，即是指4个基站（每个基站三个扇区）为一个小区群，12个频率为一组，轮流为这4个基站分配12个频率中的3个，如图13-15所示。频率复用方法简单、安全，但是频谱利用率较低。

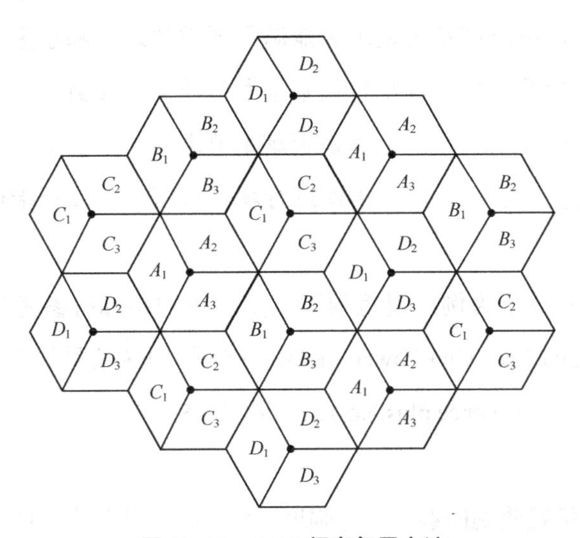

图13-15　4×3频率复用方法

MRP就是把所有的频带分为几个部分，每个部分频率采用不同的频率复用系数，就是说在同一网络中采用不同的频率复用方式。在做频率规划时，每组的载频可根据网络容量的需要，采用不同的复用方式。

其他频率规划方法还包括同心圆频率复用、基于染色的频率规划方法等。

13.3.3.2　覆盖预测

用户可通过覆盖预测功能获得一定条件下（包括基站位置、功率设置、地理信息、传播模型、天线配置等）这个区域每个点上的接收机的接收信号状态。其中接收机信号状态包括多个指标，如公共信道/导频信道的接收功率、该点的同/邻频干扰情况、最佳服务小区等。将每个点上的接收信号状态进行统计即可获得整个网络仿真区域内的统计结果，如区域内的覆盖百分比、每个小区覆盖的面积等。

覆盖预测中由于每个点上都有一个或者多个指标，每个指标可以在地图上进行呈现，即每个指标可以生成一张彩色图像，从图中可以非常直观地了解到信号覆盖了哪些区域，信号好的地区有哪些，哪些地区没有被信号覆盖到，哪些地区干扰情况比较严重、需要进行参数调整。用户可以从数据统计方面及视觉方面直观地得到该地区的多个指标情况，根据每个指标的数据情况，用户可及时发现未能满足要求的地区和小区，从而可以进行某个区域的参数调整，调整包括基站发射功率等参数，然后再次运行覆盖预测模块，检验该地区的指标是否满足要求，如果仍不满足，继续进行调整，修改完参数以后，可以再次进行覆盖预测，以检查指标结果是否与预期相同。

以 TD-LTE 系统为例，覆盖预测主要输出的指标有参考信号接收功率（Reference Signal Receiving Power，RSRP）分布、RS 信号的信号与干扰噪声比（RS-Signal to Interference plus Noise Ratio，RS-SINR）分布、最佳服务小区等。

（1）RSRP

定义：栅格接收到的参考信号强度（RSRP），见公式（13-1）。

$$RSRP = 10 \times \lg\left(\frac{P_{\mathrm{RS}}}{L_{\mathrm{T}}^{\mathrm{DL}}}\right) \tag{13-1}$$

其中，P_{RS} 是小区 RS 信号功率；$L_{\mathrm{T}}^{\mathrm{DL}}$ 是下行链路总损耗。

（2）RS-SINR

定义：栅格接收到的 RS 信号的接收质量 RS-SINR，见公式（13-2）。

$$SINR_{\mathrm{RS}} = \frac{RSRP}{I_{0}^{\mathrm{DL}} + N} \tag{13-2}$$

其中，$RSRP$ 是下行 RS 信号的接收场强，I_{0}^{DL} 是 RS 所在资源上接收的总干扰，N 为噪声功率。

（3）最佳服务小区

定义：栅格位置能接收到下行信号的所有小区中，RS 信号最强且大于接收机灵敏度的小区称为最佳服务小区。

13.3.3.3　业务模型

网络仿真中一般会建立由承载、业务、UE、用户分布 4 级概念组成的业务模型。

（1）承载

承载是通信系统中能够提供的最小的业务单元，可以分为上行承载、下行承载。以 LTE 为例，3GPP 规定了 29 种承载类型。每一种承载除了数据速率参数外，还有调制方式、编码速率等。

（2）业务

业务用来表示运营商希望在区域内提供的服务内容，可分为会话类业务、流类业务、交互类业务、后台类业务等。

业务由承载组成，对于每个业务有其相应的上行承载、下行承载。一个业务至少有一个承载，通常承载等级高的，数据速率高。对于业务，有几个重要的参数：目标 E_b/N_o、最大允许发射功率、最小允许发射功率限制，这几个参数在很大程度上决定了不同业务的覆盖范围。

（3）UE

UE 用来表征具体的终端，不同的 UE 能够支持不同的业务类型。UE 参数包含功率等级（最大 / 最小发射功率）、接收机灵敏度、接收机噪声系数等。

（4）用户分布

用户分布主要描述用户的分布情况，描述在某类区域中不同用户群的用户密度。用户分布往往与地图信息紧密相连，如在建筑物类型区域上的用户分布密度高于空旷区域上的用户密度。

为了更加适应移动互联网时代数据的特性，网络仿真业务模型更加精细化，将数据流的传输过程模拟为会话、页面、数据包三个维度，其中数据包又可通过包大小、包间隔等参数进行建模，如图 13-16 所示。其中，包大小、包间隔等参数可服从泊松分布、指数分布、正态分布等。

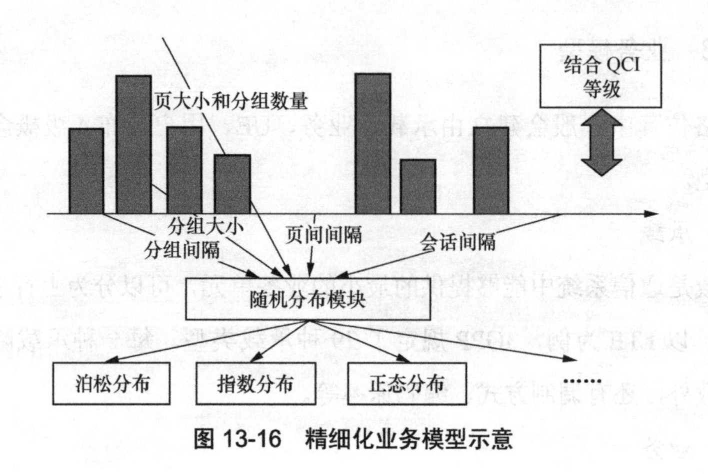

图 13-16 精细化业务模型示意

13.3.3.4 容量仿真

目前容量仿真多采用静态仿真机制蒙特卡洛算法。蒙特卡洛算法模拟网络的多个快照（Snapshot），然后对这些 Snapshot 进行平均。在每个 Snapshot 中，需要做下列工作。

步骤一：根据业务密度数据，随机生成用户，为用户确定位置、业务类型、终端类型。

步骤二：对所有用户统一进行资源管理模拟。在资源管理模拟过程中，用户需先进行“小区选择”，小区选择后，在服务小区内进行“资源分配”模拟，为每个接入用户分配资源，如果资源分配失败，那么该用户被视为接入失败用户。

步骤三：对已接入用户进行“功率控制迭代”模拟，直到网络稳定，以确定每个基站、UE 的发射功率，同时计算相关的干扰信息。

步骤四：根据网络稳定后的干扰信息，获得每个 UE 的状态，并计算其吞吐量，并根据用户分布信息获得小区容量性能乃至整个区域的容量性能。

容量仿真的关键输出有小区吞吐量、小区边缘吞吐量、接入成功率、掉线率、资源利用率等。

为了适应精细化的业务模型，容量仿真需采用动态仿真机制。动态仿真机制是时间驱动的仿真技术：通过在连续时间上模拟移动台在网络中的状态进行网络分析的方法，是一段连续时间内的网络系统的详细描述，考虑了用户状态、业务的生成和结束以及资源的管理等过程。与静态仿真机制相比，动态仿真考虑的因素更多，能够完全反映调度、资源分配等无线资源管理算法，更为贴切地模拟到实际系统状态，仿真结果更为准确。

13.3.4　关键技术建模方法

13.3.4.1　智能天线建模方法

智能天线通常可分成自适应天线和切换波束天线。前者自适应地识别用户信号的到达方向，通过反馈控制方式连续调整自身的波束赋形；后者则是预先确定多个固定波束，随着用户在小区中的移动，基站选择相应的接收信号最强的波束，目前实际网络设备大都采用自适应天线。

智能天线的引入使得网络的干扰计算更加复杂。在计算干扰时，网络仿真应当依据用户分布查找所属的方向图。以二维平面内下行干扰的计算为例进行说明。

（1）在计算小区内其他 UE 引起的干扰时（如图 13-17(a）所示)，应查找针对干扰 UE 的赋形波束表，再结合受害 UE 位于该增益图中的位置（θ)，就可以得出该条干扰链路上的天线总增益。当然，来自同小区的干扰还要依据非正交因子和联合检测因子做加权。

（2）在计算邻小区引起的干扰时（如图 13-17(b）所示)，也要考虑受害 UE 和干扰 UE 之间的相对位置以及干扰 UE 的波束赋形表。

13.3.4.2　业务调度建模方法

业务调度所要完成的任务就是在每个调度周期内为具有不同服务质量等级和不同速率要求的用户提供合理的资源分配，使调度结果可以最大化系统传输速率，同时满足不同业务的需求。业务调度过程的合理建模在网络仿真，特别是容量仿真过程中至关重要。

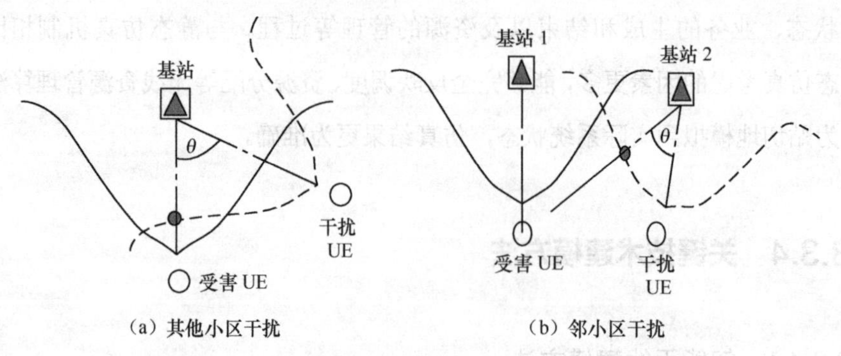

（a）其他小区干扰　　（b）邻小区干扰

图 13-17　网络仿真中智能天线建模方法与干扰计算

以 LTE 为例，网络仿真实现步骤如下。

步骤一：计算用户优先级。通常考虑的因素有用户业务优先级、用户当前信道的 SINR、用户历史吞吐量信息、用户是否达到 GBR（Guaranteed Bit Rate，保障速率）等。

步骤二：根据用户优先级进行排序。

步骤三：资源分配，首先为优先级高的用户分配资源。

步骤四：记录调度结果。

13.3.4.3　小区间干扰协调技术建模方法

网络仿真中的小区间干扰协调技术可通过两种资源划分实现。

（1）小区内部和边界频率资源的划分：小区内部和边界使用不同的频率资源；

（2）小区内部和边界功率资源的划分：小区内部和边界使用不同的功率资源。

其主要思想是保障小区间边界用户异频，且边界用户占更多下行功率，从而降低小区边界用户间的干扰。

网络仿真中小区间干扰消除建模需要考虑如下几点。

（1）设定路损门限。路损门限用于划分小区边界，当本小区和邻小区路损差异在门限范围内的区域，定义为边界区域。

（2）小区边界频率资源 / 小区内部频率资源，指边界 / 内部区域占用频率资源的比例。

（3）小区边界功率 / 小区内部功率。

13.3.5　网络仿真案例

常用网络仿真工具有 ANPOP、APC、Atoll 和 ASSET。

ANPOP 与 APC 是中国移动通信集团设计院有限公司自主研发的网络仿真工具。其中，ANPOP 具备 GSM、TD-SCDMA、TD-LTE、LTE FDD、WLAN 等多系统网络能力，提供预规划、频率规划、覆盖预测、容量仿真、邻区规划等功能，支持 OFDM、智能天线、业务调度、小区间干扰协调等先进技术模拟。APC 在 ANPOP 的基础上采用动态仿真机制，支持 VoLTE、CA、异构网等新技术网路仿真，同时集成三维射线跟踪模型，支持室外覆盖室内分层仿真与三维立体图层展示。ANPOP 与 APC 是目前较主流的网络仿真工具，先后应用于全国 344 个城市的 TD-SCDMA、TD-LTE 网络规划建设阶段。

Atoll 是法国 FORSK 公司的核心产品。Atoll 的无线网络仿真功能包括传播预测、支持多层和分等级的网络 / 话务建模、自动频率规划 / 编码规划、分布式计算；完全支持 GSM/TDMA/WCDMA/LTE 等系统制式。同时，Atoll 具有一定的开放能力，通过一套可编程的界面集成第三方模块或所需的专用模块。

ASSET 是英国 Aircom 公司的网络规划软件，可以对 GSM、PCS、AMPS、TDMA、TACS、TETEA、UMTS/HSDPA、CDMA、LTE 网络进行仿真分析。用 ASSET 可以通过对系统硬件参数、网络容量、频率分配仿真的设置和分析完成对网络的设计（如覆盖预测、话务分析、邻区分配、频率规划、干扰分析、微波传输等）。

本节使用APC介绍一个TD-LTE仿真案例，并给出需重点观察的仿真指标。

13.3.5.1 操作流程

使用APC进行TD-LTE网络仿真的操作流程如图13-18所示。

（1）**新建工程**

创建一个新工程，保存在指定目录。

（2）**导入地图**

- 导入地图文件，包括地物地貌、高度、矢量、文本、建筑物。
- 如果需要，进行地图的平移和校正。

（3）**校正传播模型**

- 导入进行CW/DT测试的基站/小区。
- 选择需要校正的传播模型及系数，进行校正。

（4）**设置规划区，添加基站**

绘制多边形并设置为规划区域，可导入LTE站址、TD-SCDMA站址或者GSM站址，也可以自动布站或者手动添加基站。

（5）**参数设置**

- 导入所需的天线文件。
- 设置网络性能参数。
- 配置传播模型和天线。

（6）**预规划**

- 链路预算，根据需要计算各场景和链路类型的上下行允许的最大路径损耗和传播距离。
- 自动布站，根据链路预算结果自动布置站点。

（7）**频率规划**

对规划区内的小区进行自动频率分配。

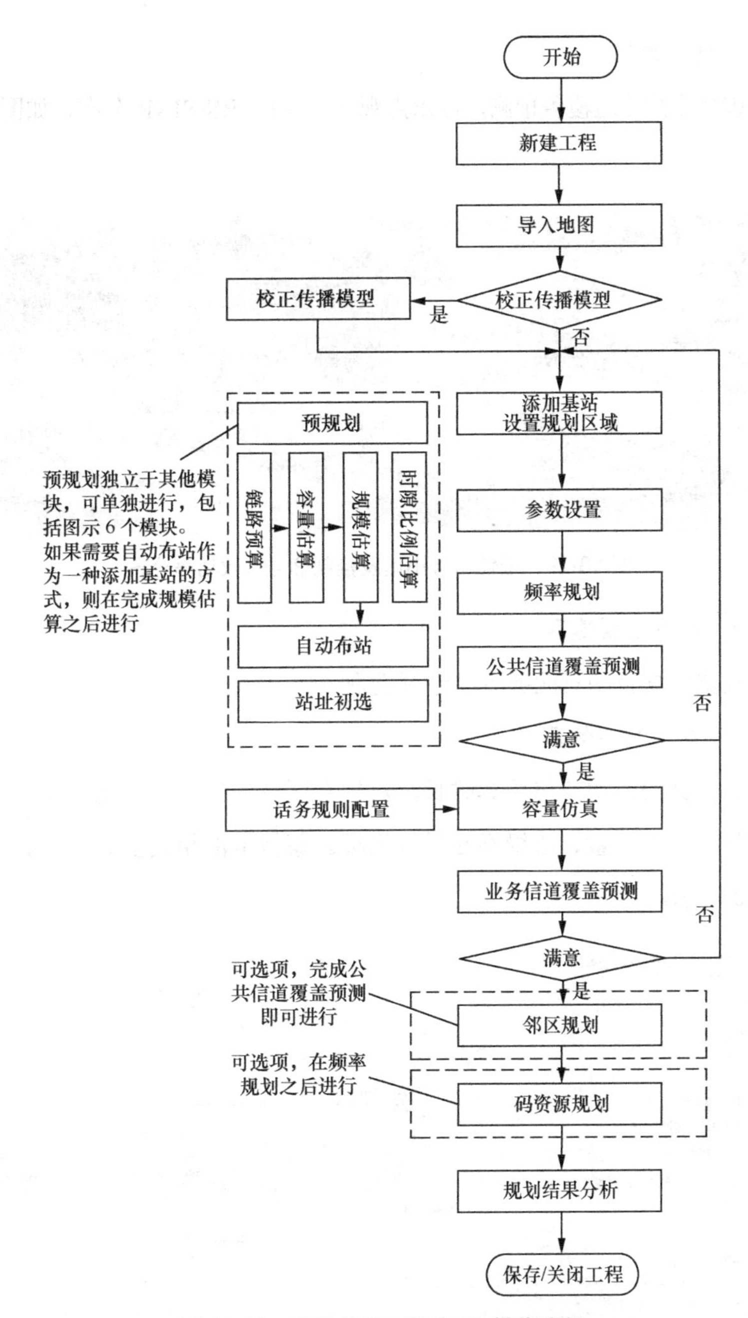

图 13-18　网络仿真工具 APC 操作流程

（8）**路径损耗**

选择使用 / 不使用三维射线跟踪模型进行路径损耗计算。

（9）覆盖预测

可进行公共信道覆盖预测，可重点观察 RSRP、RS-SINR 分布，如图 13-19 所示。

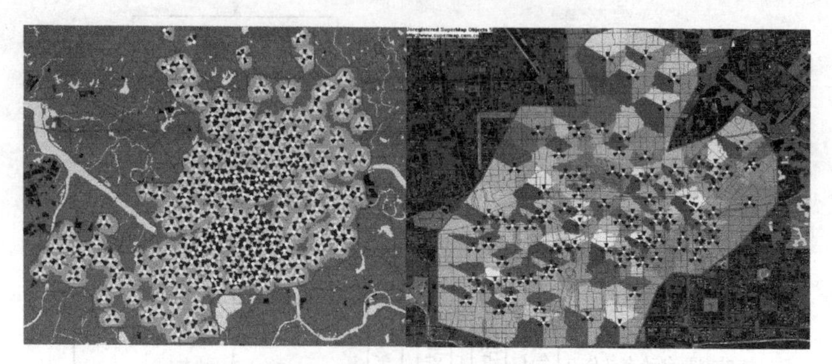

图 13-19　最佳服务小区及控制信号接收功率分布

（10）业务模型选取

可根据仿真目的对业务模型进行选取。

（11）蒙特卡洛仿真

设置仿真快照次数与仿真时长，对规划区域内的容量性能进行仿真，可重点观察小区吞吐量、边缘吞吐量等指标。蒙特卡洛相关参数与仿真结果如图 13-20 所示。

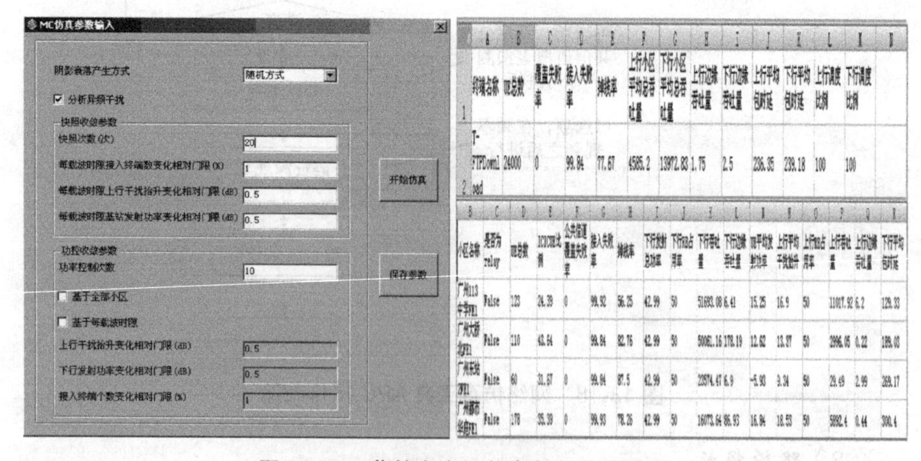

终端名称	UE总数	覆盖失败率	接入失败率	掉线率	上行小区平均总吞吐量	下行小区平均总吞吐量	上行边缘吞吐量	下行边缘吞吐量	上行平均包时延	下行平均包时延	上行调度比例	下行调度比例
T-FTPDownload	24000	0	99.84	77.67	4585.2	13972.83	1.75	2.5	236.35	239.18	100	100

小区名称	是否为relay	UE总数	ICICUE比例	公共信道覆盖失败率	接入失败率	掉线率	下行发射总功率	下行RB占用率	下行吞吐量	下行边缘吞吐量	UE平均发射功率	上行平均干扰抬升	上行RB占用率	上行吞吐量	上行边缘吞吐量	下行平均包时延
广州113中学FE1	False	123	24.39	0	99.92	56.25	42.99	50	51693.08	6.41	15.25	16.9	50	11017.92	6.2	129.33
广州大桥北FE1	False	110	43.64	0	99.84	82.76	42.99	50	50061.16	178.19	12.62	13.37	50	2996.05	0.22	189.03
广州东站2FE1	False	60	31.67	0	99.94	87.5	42.99	50	23574.47	6.9	-5.93	3.34	50	29.49	2.99	269.17
广州都市华庭FE1	False	178	35.39	0	99.93	78.26	42.99	50	16073.64	86.93	16.84	18.53	50	5892.4	0.44	300.4

图 13-20　蒙特卡洛相关参数与仿真结果

（12）邻区规划和码资源规划

根据所需的配置策略和原则，对规划区域内的小区进行邻区规划和码资源规划。

（13）分析仿真结果

分析覆盖、容量相关的仿真结果，将其与网络仿真指标进行对比，如不满足，则需要调整工程参数后重新仿真，直至仿真结果满足指标要求。其中，仿真指标在下面进行介绍。

（14）保存/关闭工程

点击保存或关闭按钮，即可保存或关闭。

13.3.5.2 网络仿真主要关注指标

网络仿真指标分为覆盖指标与容量指标两类。

（1）覆盖类指标

① RSRP

RSRP是需要满足网络基本的接入类指标要求，是网络仿真首先要考虑的指标，与无线传播特性、穿透损耗等因素有关。如F频段高穿透损耗条件下，整个仿真区域内需有95%的区域满足*RSRP*>−100dBm。

② RS-SINR

用户速率与RS-SINR具有较强的相关性，为了满足一定的速率需求，需给出满足某SINR要求的概率指标，与网络负荷、网络结构等因素有关。其中，蜂窝结构网络具有最理想的RS-SINR性能，实际网络无法达到最理想结构，但是经过优化后可以达到良好水平。重叠覆盖对RS-SINR指标的影响较大，因此，为了提高RS-SINR指标性能，需降低区域内的重叠覆盖程度。如为了满足50%负荷条件下的边缘速率达到2Mbit/s的需求，整个仿真区域内需有95%的区域满足*RS-SINR*>−3dB。

（2）容量类指标

① 小区吞吐量

反映了一定网络负荷和用户分布情况下的基站承载效率，是网络规划重要的容量评价指标，与网络负荷、RS-SINR 指标相关。如 50% 负荷条件下，整个区域的小区吞吐量需满足 10Mbit/s。

② 边缘吞吐量

主要关注用户在信道环境差时的感受是否能够满足业务需求，目前通常定义为 95% 用户可达到的速率，与网络负荷、RS-SINR 指标相关。如 50% 负荷条件下，整个区域的边缘吞吐量需满足 1Mbit/s。

13.4 总 结

网络测试和网络仿真是无线网络建网优化过程中重要的组成部分，利用网络测试软件进行网络测试，可以真正了解无线通信系统的实际覆盖及各项服务质量指标情况，并且网络测试可以发现许多日常统计无法发现的问题，网络测试通过测试工具可以搜集到大量的现网数据，为网络规划、网络优化工作提供较为完善的数据基础，并可以有针对性分析问题和解决问题，使得网络获得更好的性能，运行在最佳状态，从而提升用户的感知。而网络仿真可以根据需要设计所需的网络模型，以方便、高效的验证和分析方法，用相对较少的时间和费用了解网络在不同条件下的各种特性，获取网络研究的丰富有效的数据，因此网络仿真在现代通信网络设计和研究中的作用正变得越来越大。

思考题

1. 网络测试有哪几种主要方法？
2. 最小化路测技术的上报机制有哪几种？
3. 网络仿真可分为哪几个阶段？
4. 传播模型校正的步骤有哪些？
5. 覆盖预测、容量仿真的主要关注指标分别有哪些？

第14章
宽带无线接入系统

14.1　宽带无线接入系统简介

和有线接入相比，无线接入系统在部署的速度和工程实施的难度方面具备一定的优势。近年来，随着现代信息技术的发展、市场需求的增长和通信行业的竞争目标转移，促进了宽带无线接入系统在中国的兴起，市场化的规模迅速扩大。

目前在众多宽带无线接入系统当中，无线局域网 WLAN 一枝独秀，不但其新技术层出不穷，并且紧跟甚至部分引领技术发展，而且其推广应用也十分成功，已广泛应用在家庭、企业、酒店、社区、校园和其他公众场合，其用户的潜在需求仍然很大。WLAN 的成功很大程度上得益于 Wi-Fi（Wireless-Fidelity）联盟 WFA 的推动。WFA 是 1999 年 6 家公司为了开发并验证其基于 IEEE 802.11 标准的产品之间的互操作性而成立的，如今已发展成为有近 650 家成员公司的全球性联盟机构。大众所熟知的 Wi-Fi 是其旗下的标志性品牌。

其他宽带无线接入系统，诸如本地多点分配系统（LMDS）、多点多信道分配系统（MMDS）、3.5GHz 固定无线接入系统、微波接入全球互通（WiMAX）、移动宽带无线接入（MBWA）以及多载波无线本地环路（McWiLL）等，这些系统在技术上业已成熟，在推广应用上则日益明显分化，有的在其特定适用的场景下得到了一定规模的应用，有的则在喧嚣后归于沉寂。

14.2 WLAN

14.2.1 WLAN 简介

无线局域网（Wireless Local Area Network，WLAN）就是在局部区域内以无线媒体或介质进行通信的无线网络，也即以射频无线电波取代旧式双绞铜线所构建的局域网，可广泛适用于需要可移动数据处理或无法进行物理传输介质布线的领域。随着 WLAN 标准的制订和 WLAN 网络应用的发展，WLAN 正逐渐从传统意义上的局域网技术发展成为“公共无线局域网”，成为无线宽带接入的重要手段之一。

相比传统有线局域网方式，WLAN 优势如下。

（1）WLAN **使网络使用更自由**

WLAN 彻底摆脱了线缆和端口位置的束缚，用户不再为四处寻找有线端口和网线而苦恼，可以轻松自如地接入网络；WLAN 具有便于携带，易于移动的优点，无论是在办公大楼、机场候机厅、酒店，用户都可以随时随地自由地接入网络办公和娱乐。

（2）WLAN **让网络建设更经济，通信更便利**

WLAN 最大的优势就是减少了繁杂的网络布线工作量，通过安放一个或多个接入点（Access Point，AP）设备就可以建立覆盖整个建筑物或地区的局域网络。与有线相比，WLAN 具有易安装、易管理、易维护、建网和维护成本更低廉等特点。

（3）WLAN 让工作更高效

WLAN 不受限于时间和地点的无线网络，能满足各行业对网络应用的需求，并已成功地应用于众多行业和场合，如金融证券、教育、大型企业、工矿港口、政府机关、酒店、机场等。

14.2.2 WLAN 系列标准

WLAN 标准主要针对物理层和媒质访问控制层（Media Access Control，MAC），涉及无线频率范围、空中接口通信协议等技术规范与技术标准。在众多的 WLAN 标准中，主流的是美国电子电气工程师协会 IEEE 提出的 IEEE 802.11 系列标准，此外还有欧洲电信标准化组织 ETSI 提出的 HiperLan 和 HiperLan2 标准，HomeRF 工作组提出的 HomeRF 和 HomeRF2 标准等。以下重点介绍 IEEE 802.11 系列的主要标准。

IEEE 在 1997 年提出了有关 WLAN 的第一个 802.11 标准，并在后续几年在 802.11 的基础上衍生出包括 802.11b、802.11a、802.11g、802.11n 和 802.11ac 等在内的多种 WLAN 物理层技术。

（1）802.11 标准

该标准定义物理层和 MAC 层规范，允许无线局域网及无线设备制造商建立互操作网络设备，能提供 1Mbit/s 和 2Mbit/s 数据传输速率以及一些基本的信令规范和服务规范。但由于 802.11 在速率和传输距离上都不能满足人们的需要，因此，又相继推出了 802.11b 和 802.11a 两个新标准。

（2）802.11b 标准

该标准于 1999 年推出，规定的无线局域网工作频段在 2.4 ～ 2.483GHz，数据传输速率达到 11Mbit/s；在物理层上是 802.11 的扩展版本，使用直接序列扩频（Direct Sequence Spread Spectrum，DSSS）技术；在数据传输速率方面，可根据实际在 11Mbit/s、5.5Mbit/s、2Mbit/s 和 1Mbit/s 的不同速率间自动切换。但 802.11b 和工作在 5GHz 频段 802.11a 标准不兼容。

（3）802.11a 标准

该标准于 1999 年推出，规定的工作频段为 5.15 ~ 5.825 GHz，数据传输速率达到 54Mbit/s；采用正交频分复用（Orthogonal Frequency Division Multiplexing，OFDM）技术，物理层的吞吐量分为 6Mbit/s、12Mbit/s、18Mbit/s、24Mbit/s、36Mbit/s、48Mbit/s、54Mbit/s。虽然 802.11a 和 802.11b 是不兼容的，但有各种不同的策略可以使 802.11b 向 802.11a 推进，以便两者能在同一种网络中同时工作，硬件厂商也会设法提供能够同时支持这两种标准的产品。

（4）802.11g 标准

该标准于 2003 年推出，可被视为对 802.11b 标准的提速，速率比通用的 802.11b 要快五倍，可达 54Mbit/s，仍然工作在 2.4GHz 频段上，并且和 802.11b 兼容。该标准采用两种调制方式，包括 802.11a 采用的 OFDM 与 802.11b 中采用的 CCK（Complementary Code Keying，DSSS 的一种模式）。802.11g 接入点支持 802.11b 和 802.11g 设备，采用 802.11g 网卡的设备也能访问现有的 802.11b 接入点和 802.11g 接入点。

（5）802.11n 标准

该标准于 2009 年推出，工作在 2.4GHz 和 5GHz 频段，采用多天线 OFDM（Multiple Input Multiple Output OFDM，MIMO OFDM）技术、信道捆绑技术、短保护间隔（Short GI）技术及帧聚合技术，提供 300 ~ 600Mbit/s 的理论速率。

（6）802.11ac 标准

该标准于 2013 年推出，工作在 5GHz 频段，是对 802.11n 的增强，主要是对物理层技术的改进。802.11ac 采用了更高阶的调制方式、更多的信道捆绑、更高阶的 MIMO 以及波束赋形、多用户 MIMO 等多项技术，使理论速率提高到最大为 6.9Gbit/s 的水平。目前的普通设备基本上能实现 1Gbit/s 以上的速率。

（7）802.11ad 标准

该标准也被称为 WiGig，于 2009 年由 WiGig 组织推出了第一版，2012 年年底被 IEEE 正式采纳推出。802.11ad 工作在 60GHz 频段，单通道带宽 2.16GHz，在 OFDM 64-QAM 下的物理层最高速率达 6.7Gbit/s，主要用于实现家庭内部无线高清音视频信号的传输。

（8）802.11e 标准

该标准于 2005 年推出，增强了 802.11 MAC 层，为 WLAN 应用提供了 QoS 支持能力。802.11e 对 MAC 层的增强与 802.11a、802.11b 中对物理层的改进结合起来，增强了整个系统的性能，扩大了 802.11 系统的应用范围，使得 WLAN 也能够传送语音、视频等应用。

（9）802.11i 标准

该标准于 2004 年推出，是对 MAC 层在安全性方面的增强，弥补了之前采用的安全加密功能 WEP（Wired Equivalent Privacy，有线等价保密协议）的漏洞，定义了基于 AES 算法的加密协议 CCMP（CTR with CBC-MAC Protocol）。802.11i 使用 EAP 替代 WEP，采用 802.1x 标准（IEEE 802 系列 LAN 的整体安全体系架构，2001 年推出）的访问控制机制，802.11i 使无线网安全向前发展了一大步。

（10）802.11s 草案

该草案于 2011 年关闭，目前尚未正式发布，是针对无线网状网 Mesh 的协议。802.11s 扩展了 MAC 层标准，定义了一组基于自配置（Self-Configuring）多跳拓扑结构（Multi-Hop Topologies）的无线感知测量（Radio-Aware Metrics）的架构与协议，支持广播 / 多播和单播方式进行传送。

从 802.11 系列标准的演进中可以看到其技术发展着眼于数据速率的提升、安全性能的提升和用户体验的优化等方面，其广泛的应用不断地推动着 WLAN 技术自身的发展，形成了良好的正反馈。

14.2.3　WLAN 频段及物理层技术

WLAN 一般工作在 2.4GHz 和 5GHz 频段，以下仍以 IEEE 802.11 系列

主要标准作重点介绍。

如图 14-1 所示，在 2.4GHz（2.4 ～ 2.4835GHz）频段，可用带宽为 83.5MHz，定义了 14 个信道，信道带宽为 22MHz，两个信道的中心频率间隔为 5MHz，相邻的几个信道在频谱上存在交叠。信道 1 中心频率为 2.412GHz，信道 2 中心频率为 2.417GHz，以此类推至 2.472GHz 的信道 13，信道 14 是特别为日本定义的，其中心频率与信道 13 中心频率相差 12MHz。在中国开放 1 ～ 13 个信道，一般情况下，为避免信道交叠产生的互相干扰，最大程度地利用频段资源，采用 1、6、11 三个信道。

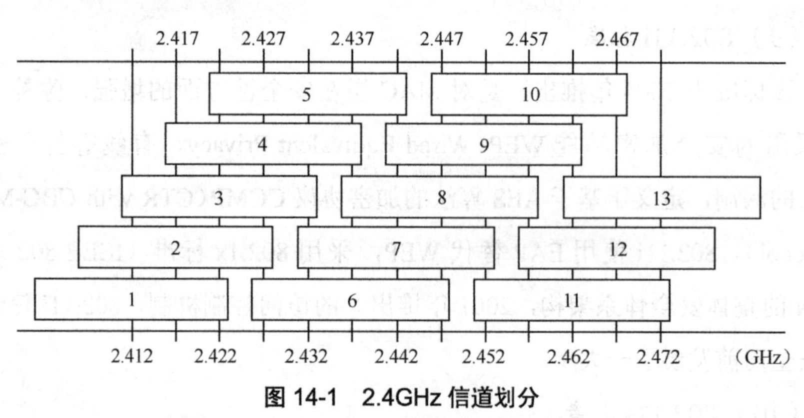

图 14-1　2.4GHz 信道划分

如图 14-2 所示，在 5GHz（5.150 ～ 5.350GHz 及 5.725 ～ 5.850GHz）频段，可用带宽为 325MHz，划分为 12 个独立信道，信道带宽为 20MHz。

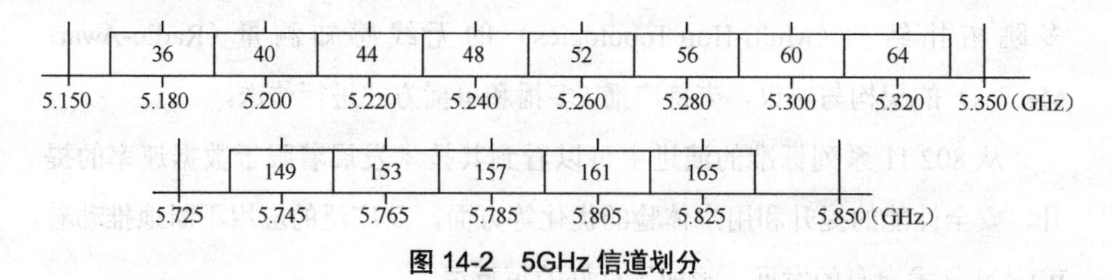

图 14-2　5GHz 信道划分

在 60GHz（57 ～ 64GHz）频段，划分为 4 个信道，信道带宽为 2.16GHz。

几种 WLAN 标准的物理层技术见表 14-1。

从表 14-1 可以看到，随着调制编码技术的更新以及信道捆绑和多天线技术的应用，WLAN 成为了真正的宽带无线技术。

表 14-1 WLAN 物理层技术

标准	工作频段（GHz）	信道带宽（MHz）	单流最大数据速率（Mbit/s）	可用 MIMO 流数量	调制技术
802.11	2.4	22	2	—	DSSS，FHSS
802.11b	2.4	22	11	—	DSSS
802.11a	5	20	54	—	OFDM
802.11g	2.4	20	54	—	DSSS，OFDM
802.11n	2.4/5	20	72.2*	4	OFDM
		40	150*		
802.11ac	5	20	96.3*	8	OFDM
		40	200*		
		80	433.3*		
		160	866.7*		
802.11ad	60	2160	6.75Gbit/s	—	OFDM

*：ShortGI 开启

14.2.4 WLAN 设备

WLAN 发展的另一个方向是其设备从自主管理向集中管理的变化，设备配置管理、网络安全、终端平滑切换等功能的引入使其成为一种能够构建可运营、可管理的宽带无线接入系统的技术，而不仅仅是一种适用于消费电子类产品的技术。

常见的 WLAN 设备包括非集中控制型接入点设备、集中控制型接入点设备、接入控制器设备和无线网桥。

非集中控制型接入点设备，俗称 Fat AP、胖 AP，将 WLAN 物理层、用户数据加密、用户认证、QoS、网络管理、漫游以及其他应用层的功能集于一体。Fat AP 能够独立实现配置、管理和工作，其设备结构复杂，难于统一管理。

集中控制型接入点设备，俗称 Fit AP、瘦 AP，仅提供可靠、高性能的 RF 功能，安全、控制和管理功能都移至接入控制器设备 AC 集中处理，需与AC配合，共同实现配置、管理和工作。在AC+Fit AP的架构下，Fit AP实现零配置，配置和软件都从AC下载，所有AP和无线客户端的管理都在AC上完成。目前Fit AP和AC之间采用私有协议实现隧道加密，异厂商的AC与Fit AP不能实现互通。

可运营的无线局域网系统一般由无线接入网和支撑系统两部分构成，无线接入网提供用户终端接入、用户信息采集和业务管理控制功能，支撑系统提供认证、计费、网管等功能。无线接入网可采用自治式和集中式两种组网方式，自治式组网由胖AP组成，集中式组网由瘦AP和AC组成。AP间的拓扑关系可相互独立，也可组成Mesh网络。无线接入网通过电信业务经营者的城域网接入互联网，支撑系统可由BAS宽带接入服务器、AAA服务器、DHCP服务器、Portal服务器、网管服务器等组成。

无线网桥是一种利用无线技术进行网络互连的特殊功能的AP，类似有线网络的网桥设备。

按无线接入点设备的应用方式，AP也可以分为室内型和室外型两大类。室内型可进一步划分为放装型和分布型两类，室外型则进一步分为普通型、回传型和Mesh型等。

14.2.5 Mesh

无线Mesh网络（Wireless Mesh Network，WMN）是一种由多个无线节点通过Mesh拓扑结构组成的通信网络。它与传统无线网络结构完全不同，是自组织（Ad Hoc）网络的一种形式，由一组呈网状分布的无线接入点构成，接入点之间采用点对点方式通过无线中继链路互联，能够动态扩展，自组网、自管理、自恢复。各种无线技术都能够用于组建无线Mesh网络，WLAN可以通过Mesh组网方式增加传输距离和移动性。

IEEE 802.11s在802.11的原体系结构与协议基础上增加了Mesh测量、组网、媒体接入协调、拓扑学习、路由与转发、拓扑发现与关联、安全、配置、管理等功能，使 WLAN 设备能够实现无线互连、自动拓扑发现并进行动态路径的配置；同时对 MAC 协议进行了扩展，支持单播 / 多播 / 广播，并在 MAC 层使用无线信道感知机制与多跳拓扑达到合适的覆盖范围，保证网络的灵活性。它定义了将混合无线 Mesh 协议（Hybrid Wireless Mesh Protocol，HWMP) 作为其默认的路由协议。

基于 IEEE 802.11s 的 WLAN Mesh 网络结构如图 14-3 所示。

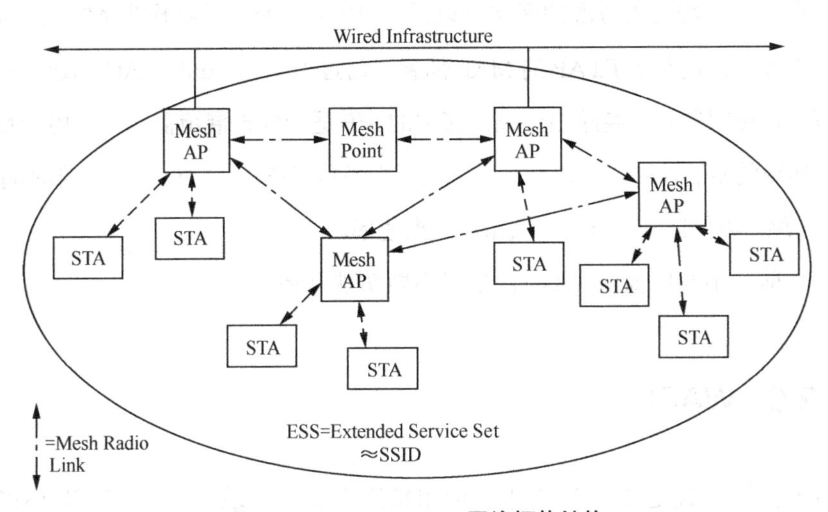

图 14-3　WLAN Mesh 网络拓扑结构

所有支持 Mesh 功能的设备都称为 Mesh 节点（Mesh Point，MP），MP 与相邻的 MP 建立通信链路，参与 Mesh 网络服务；一组 MP 和 Mesh 链路构成了一个无线分布系统（Wireless Distributed System，WDS）。Mesh 接入点（Mesh Access Point，MAP）和 Mesh 入口点（Mesh Portal Point，MPP）是两类特殊的 MP，MAP 为用户站提供接入服务，MPP 是本 WDS 与其他 WDS 或者与其他非 802.11 系统间的互联门户节点。

构建一个 Mesh 网络从配置一个 MP（一般是连接有线网络的节点）成为 MPP 开始，由该 MPP 作为根节点实现树状结构的路由网络，其他 MP 先验地维护其到达根节点的路径，根节点也同时维护着到其他每个 MP 的路径，由此建立和维护起一个先验的双向距离矢量路径树。在发送数据时，源 MP 会根据路径树先向MPP发送；如果该数据是向外网发送的，MPP直接将数据包发送出去；如果该数据是向本Mesh网内其他MP发送的，MPP会转发至相应的MP；目的MP在收到来自内网的源MP的数据后，会向源MP启动按需路径发现机制并发送相应的路由请求，源MP会根据收到的该路由请求添加通过内网MP多跳连接到目的MP的路径。如果新的路由路径效率更高，则接下来的数据会通过该新路径传输。

在缺乏有线接入资源的区域可以采用WLAN Mesh网络作为AP的回传手段，局部可采用基于Fit AP的MAP部署，通过若干个MPP与AC相连；在较大范围，可部署若干纯路由型或桥接型的MP适当地扩展覆盖范围。由于目前设备实现的限制，回传信道应尽可能保证视距传播条件，Mesh跳数一般不超过3～5跳，以保证回传链路的质量和数据速率。

目前，不同厂商的Mesh设备仍不能实现互通。

14.2.6 WAPI

安全性一直是WLAN技术在应用推广中面临的最大障碍，IEEE标准组织先后推出了WEP、WPA、WPA2、802.11i等安全标准，逐步提升WLAN网络安全性，但802.11i并不是WLAN安全标准的终极。针对802.11i标准的不完善之处，中国在无线局域网国家标准GB15629.11-2003中提出了安全等级更高的WAPI机制实现无线局域网的安全。

WAPI（WLAN Authentication and Privacy Infrastructure，无线局域网鉴别与保密基础结构），是中国无线局域网安全强制性标准。WAPI采用国家密码管理委员会办公室批准的公钥密码体制的椭圆曲线密码算法和对称密码体制的分组密码算法，分别用于WLAN接入设备的数字证书、证书鉴别、密钥协商和传输数据的加/解密，从而实现设备的身份鉴别、链路验证、访问控制和用户信息在无线传输状态下的加密保护。

我国组建可运营的无线局域网时，网络设备应支持WAPI标准。

14.3 其他宽带无线接入技术

14.3.1 本地多点分配系统

本地多点分配系统（Local Multipoint Distribution System，LMDS）利用毫米波传输，可以提供双向话音、数据及视频图象业务，具有很高的可靠性，号称是一种“无线光纤”接入技术。LMDS 可以组成蜂窝网络的形式运作，向特定区域提供业务。

LMDS 主要由中心站（CS）、终端站（TS）和网管系统组成，特殊情况下，可用接力站（RS）进行中心站信号中继。CS 逻辑上由中心控制站（CCS）和中心射频站（CRS）构成，CCS 可以控制多个 CRS，一个 CRS 对应一个扇区，多使用定向天线，根据实际需求情况选取。TS 置于用户驻地，由业务控制部分和射频收发部分组成，一般采用小波束角定向天线。如图 14-4 所示。

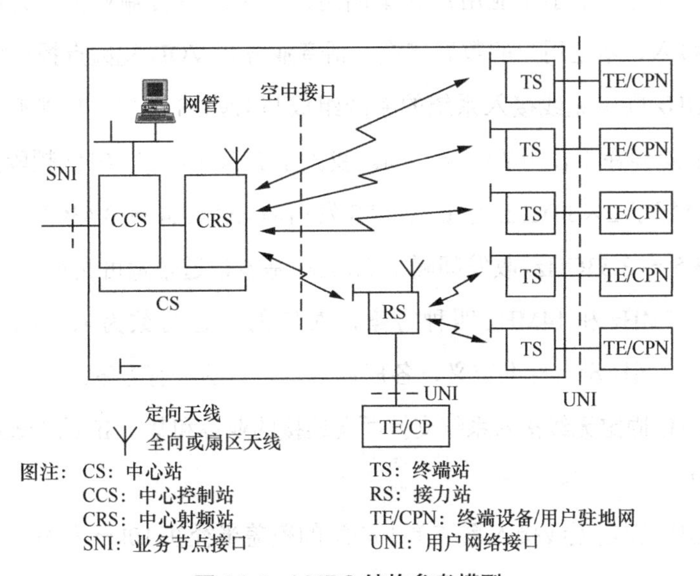

图 14-4 LMDS 结构参考模型

LMDS 支持 FDD 和 TDD 两种双工方式，支持 FDMA、TDMA 和 DS-CDMA 等多址方式，支持 BPSK、DQPSK、QPSK、8PSK、4QAM、16QAM、64-QAM 等调制方式。

我国于 2001 年将 24.45 ～ 27GHz 频段的部分频率作为 FDD 方式 LMDS 的使用频率。CS 发射频段为 24.507 ～ 25.515GHz，TS 发射频段为 25.757 ～ 26.765GHz，收发间隔 1250MHz，基本信道带宽可配置成 3.5MHz、7MHz、14MHz 和 28MHz 四种方案，对应的信道对数为 288、144、72 和 36 对。其空中接口没有标准的定义，各厂商采用各自的私有接口。

LMDS 支持面向连接的业务和基于 IP 的无连接业务的承载能力。

受到工作频率电波传播特性的限制，一般来说，城市环境中 LMDS 单中心站的覆盖半径小于 5km。

14.3.2 3.5GHz 固定无线接入（FWA）系统

3.5GHz 固定无线接入系统同样是一种点对多点、提供宽带业务的无线技术，适用于中小企业用户和集团用户，可透明传输业务，为用户提供 Internet 接入、本地用户的数据交换、话音业务和 VOD 视频点播业务。

3.5GHz 固定无线接入系统的系统组成与 LMDS 类同，功能亦类同，二者的主要差异在于使用的频段不同。我国于 2000 年在 3.5GHz 频段为固定无线接入分配了 2×30MHz 的带宽，TS 发射频段为 3.4 ～ 3.43GHz，CS 发射频段为 3.5 ～ 3.53GHz，收发间隔 100MHz，基本信道带宽可配置成 1.75MHz、3.5MHz、7MHz 和 14MHz 四种方案，对应的信道对数为 18、9、4、2 对。其空中接口同样没有标准定义，各厂商采用各自的私有方案。

3.5GHz 固定无线接入系统支持面向连接的业务和基于 IP 的无连接业务的承载能力。

3.5GHz 固定无线接入系统单中心站的覆盖半径在 10km 左右。

14.3.3　微波接入全球互通

微波接入全球互通（World inter-operability for Microwave Access，WiMAX）是基于 IEEE 802.16 标准的宽带无线接入技术，描述了一个点到多点的固定宽带无线接入系统的空中接口，其基本目标是在城域网接入环境下确保不同厂商的无线设备互联互通，主要用于为家庭、企业以及移动通信网络提供“最后一公里”高速宽带接入以及将来的个人移动通信业务。

WiMAX 的核心网通常为传统交换网或因特网，WiMAX 提供核心网与接入网间的连接接口，但 WiMAX 系统并不包括核心网。接入网网络架构可以细分为用户站（SS）、基站（BS）、接力站（RS）、用户终端设备（TE）和网管，如图 14-5 所示。

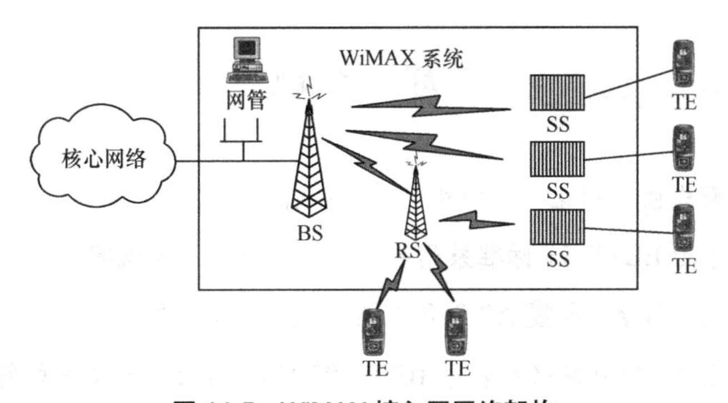

图 14-5　WiMAX 接入网网络架构

WiMAX 系统采用了正交频分复用（OFDM/OFDMA）、MIMO、自适应天线系统（AAS）、自动重传请求（ARQ）和混合自动重传请求（HARQ）、自动功率控制、自适应编码调制、面向连接的 QoS 保障、动态带宽分配、保密子层、快速资源调度技术等多项先进技术。WiMAX 系统可以应用在固网宽带业务接入、NGN 接入、数据业务接入补充、移动网络基站传输等场景。

WiMAX 于 2007 年破格成为全球的 3G 标准之一，希望能够在 3G 网络向 4G 演进中占据一席之地。但是，在近年大规模推进的 3G 网络演进中，

LTE 无线网络（包括 LTE FDD 和 TD-LTE）取得了压倒性的优势，WiMAX 在激烈的竞争中败下阵来。

14.3.4 移动宽带无线接入

移动宽带无线接入（Mobile Broadband Wireless Access，MBWA），也被称为 Mobile-Fi，目标是实现在高速移动环境下的高速率数据传输。其概念最初由 IEEE 802.16 工作组于 2002 年提出，并成立了相应的研究组，同年因研究方向上的差异而另行成立了 IEEE 802.20 工作组。

该标准于 2008 年正式推出，目前已停止后续更新。

思考题

1. 与有线接入相比，无线接入系统有什么优势？
2. 目前 IEEE802.11 标准系列中，主要的物理层标准有哪些？
3. 什么是胖 AP 和瘦 AP？用二者组网有什么不同？
4. 什么是 Mesh 网络？基于 IEEE 802.11s 的 Mesh 网络是如何构建的？
5. IEEE 802.11 有哪些安全标准？ WAPI 跟它们是什么关系？

第 15 章 微波通信系统

15.1 微波通信系统基本概念

微波是指频率在 300MHz ～ 300GHz 范围内的电磁波。微波通信是指用微波频率作载波携带信息，通过无线电波空间进行通信的方式。微波通信频率范围宽、容量适应性强、传播相对较稳定、通信质量高，采用高增益天线时可实现强方向性通信、抗干扰能力强，可实施点对点、一点对多点或广播等通信形式，是现代通信网的重要传输方式之一，是空间通信的主要方式。

微波通信的主要方式有中继（接力）通信、对流层散射通信和卫星通信。微波中继（接力）通信传输可靠、质量高、发射功率较小，天线口径一般在 3m 以下，设备易小型化，主要用于国内电话和电视的传输。微波对流层散射通信的单跳距离为 100 ～ 500km，跨越距离远，主要用于军事通信。卫星通信具有广播和多址连接的特点，通信质量高、传播距离远，是国际通信与电视广播的主要方式，也是国内通信与电视广播的重要方式。

微波按照波长可分为分米波、厘米波、毫米波和丝米波等，其中部分波段用一些常用代号表示，见表 15-1。

L及L以下频段适用于移动通信，S至Ku波段适用于以地球表面为基地的通信，其中，C波段的应用最为普遍。高频率波段，除极少数特殊频段外，通常更适用于近距离通信。不同波段的频率会不同程度地受到雨雪、蒸汽、灰尘、云、雾以及大气层本身的影响。

表15-1　部分微波波段代号

代号	L	S	C	X	Ku	K	Ka	V	E
频率（GHz）	1～2	2～4	4～8	8～13	13～18	18～28	28～40	50～75	60～90

传统微波通信系统多数要求其收发信端可视通（Line Of Sight，LOS）。

微波通信技术的发展经历了一个从模拟到数字的过程。模拟微波通信主要是早期用于传输多路载波电话、载波电报及电视等，其调制方式一般为调频；数字微波通信主要用于传输多路数字电话、高速数据、可视电话及数字电视等，调制一般为调相、正交调幅等数字调制技术。至20世纪90年代，微波通信已经实现数字化。微波通信技术的发展趋势是更高的应用频段、更新的调制技术、更先进的抗干扰技术、集成化、微型化、模块化、软件化、无人值守及自动化管理。

目前在民用领域，微波通信主要用于移动通信网中从基站至基站控制器或者核心网的回传链路。

15.2　微波通信系统组成及工作原理

微波通信系统设备由发信机、收信机、多路复用设备、用户设备和天馈线等组成，如图15-1所示。其中发信机由调制器、上变频器、高功率放大器组成；收信机由低噪声放大器、下变频器、解调器组成；天馈线设备由馈线、双工器及天线组成。

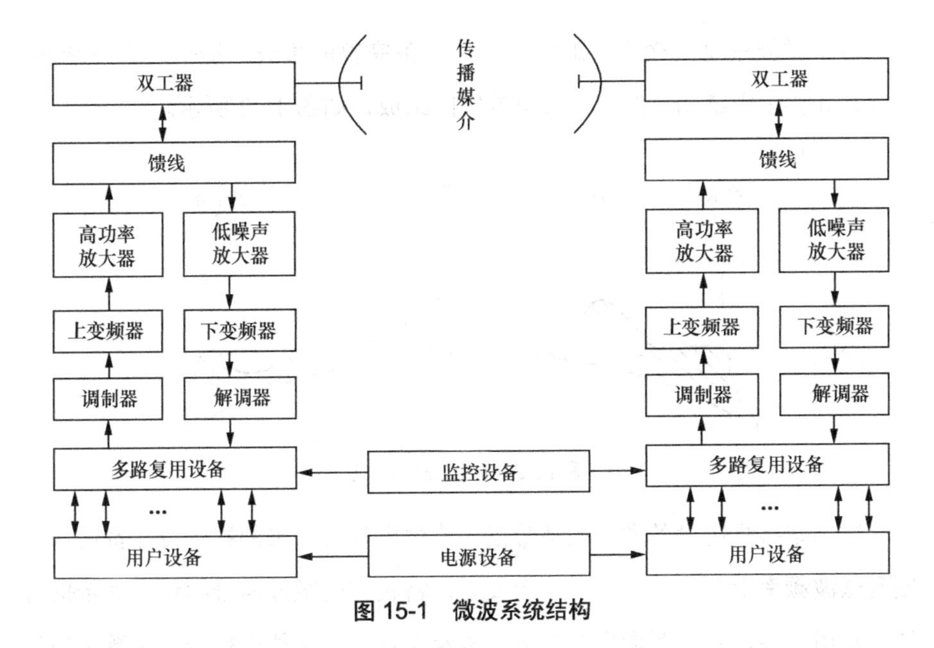

图 15-1　微波系统结构

其中，用户设备把各种要传输的信息变换成基带信号或把基带信号变换成原信息。

多路复用设备使多个用户的信号共用一个传输信道。

调制器把基带信号调制到中频（一般为数十至数百 MHz）或直接调制到射频上，解调器的功能与调制器相反。

上下变频器实现中频信号与微波信号之间的频率变换。

高功率放大器把发射信号提高到足够的电平，以满足在信道中传输的需要；低噪声放大器用于提高接收机的灵敏度。

天馈线设备是传输和辐射（或接收）射频电磁波的装置，微波通信天线一般为强方向性、高效率、高增益的反射面天线，常用的有抛物面天线、卡塞格伦天线等，馈线主要采用波导或同轴电缆。

传播媒介为视距空间、人造中继转发设施（如人造卫星）或大气层中特定的气象体（如湍流团）。

除了与主信号流程有关的各部分外，系统中还有其他一些部件和辅助电路，如勤务、监（遥）控、自检、人机对话和自动化操作等功能。

对于微波中继（接力）通信系统，一条完整的微波中继信道由终端站、中间站和再生中继站、终点站及电波空间组成，如图 15-2 所示。

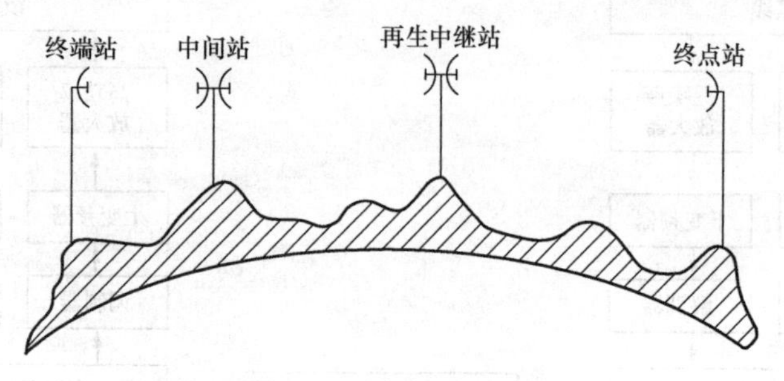

图 15-2　微波线路组成

终端站将复用设备送来的基带信号或由电视台送来的视频及伴音信号调制到微波频率上并发射出去；或者反之，将收到的微波信号解调出基带信号送往复用设备，或将解调出的视频信号及伴音信号送往电视台。中继站的任务是完成微波信号的转发和分路，中继站分为中间站（不能上下话路）、分路站和枢纽站（能上下话路）。

15.3　分组数字微波通信系统

微波传输系统已在移动回传网络中得到了大量的应用。随着移动网络中 3G/ LTE 技术的商用，其业务类型已逐渐由 TDM 过渡到分组业务，移动回传技术也逐渐过渡到分组传送技术。分组数字微波系统被业界认为是适应于后续移动回传网络的新微波系统形态，它可以适应来自基站的分组业务的高效传输需求，也可以适应构建利于管理和维护的基于分组传送技术的端到端传输需求。

分组微波（Packet Digital Microwave）是指传输的数据包能直接映射到空口的微波系统，其基本特征是空口分组化和自适应调制，可支持分组 QoS、分组时钟同步、电路仿真、分组 OAM 和保护等关键技术，能够高效地处理大带宽、动态变化的数据业务，并实现基于分组传送技术的端到端组网，从而提升数据包的传送效率以及移动回传网络的管理维护能力，并能很好地兼顾目前的 TDM 业务传送。

分组数字微波以分组传送为核心，能够将传输的数据包直接映射成微波帧结构，并支持对于分组数据基于且仅基于分组进行交换，实现端到端的业务传输。分组可以是以太网报文、MPLS 报文或 IP 报文等形式。

分组数字微波系统根据业务映射方式和处理方式可分为两类系统，分别是混合分组微波和纯分组微波，如图 15-3 所示。混合分组微波系统在支持分组处理的同时能够兼容 TDM 处理，其中 TDM 业务通过原生方式直接映射到微波帧，分组业务通过分组报文的方式直接映射到微波帧。纯分组微波系统的 TDM 业务和分组业务通过统一的分组处理后映射到微波帧进行传送，其中分组业务通过分组报文的方式直接映射到微波帧，TDM 业务通过 CES 映射到分组报文后再映射到微波帧，其中 CES 的实现采用统一的国际标准方式，如 IETF 的 PWE3、MEF 8 等。

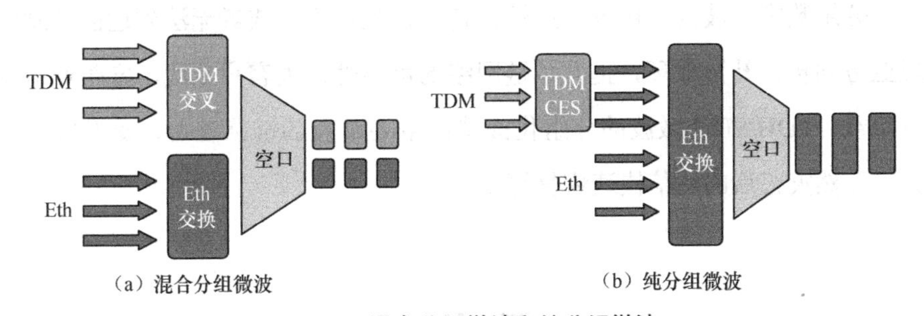

图 15-3　混合分组微波和纯分组微波

分组数字微波设备主要有全室内微波、分体式微波和全室外微波三种结构。全室内微波系统是指基带、中频和射频信号处理均放在室内而室外仅包括天线和馈线的微波系统；分体式微波系统由室内单元和室外单元两部分组成，通常室内单元包括基带和中频信号处理，而室外单元包括射频信号处理，室内单元和室外单元之间通过中频电缆或以太网线连接；全室外微波系统的基带、中频和射频信号处理都放置于室外单元中，室外单元直接出业务接口。

常规频段（6～42GHz）的分组微波设备在56MHz中频带宽和2048QAM调制模式下的单频点系统容量可达600Mbit/s，通过交叉极化干扰抵消（Cross-Polarization Interference Cancellation，XPIC）、ODU绑定、帧头压缩等容量增强技术可大幅提升微波链路带宽；分组微波设备还可根据天气条件的恶化自适应降低调制模式，保证高优先级业务的传送。

V波段（57～64GHz）的分组微波设备可以采用0.2m的球形天线设计，全室外安装，在500m范围以内、信道带宽在250～1000MHz范围内，提供300～400Mbit/s的传输速率，可作为小基站承载的重要解决方案。

E波段（71～86GHz）设备在500MHz中频带宽和64QAM调制模式下的单频点容量可达2.5Gbit/s，适用于城区内的短距离（通常小于2km）大带宽密集覆盖的应用场景。

分组数字微波系统还具有丰富的电信级保护机制、多业务承载能力和丰富的QoS机制保证、强大的OAM功能和面向业务的运维管控功能以及较完善的频率和时间同步技术。

分组数字微波的应用场景广泛，包括在光纤不足或者无法到达的基站实现业务回传；补网成环，提升单链网络的可靠性；大客户专线、宽带业务综合承载；PDH/SDH微波的分组化改造；重要节点的链路备份，提升容灾能力；自然灾害后的通信快速恢复等。

思考题

1. 什么是微波通信系统？主要有哪几种通信方式？
2. 一条完整的微波中继信道是如何组成的？
3. 为什么微波传输系统会发展到分组数字微波系统？它有什么特点？
4. 根据业务映射方式和处理方式，分组数字微波系统可如何分类？
5. 分组数字微波可以在哪些场景下应用？

第16章 卫星通信系统

16.1 卫星通信系统简介

16.1.1 卫星通信的概念

卫星通信是以人造地球卫星作为中继站，在两个或多个地球站之间转发无线电信号，从而实现它们互相之间的信息交换和信息传输的通信方式。地球站是指设置在地面、海洋或大气层中的通信站，是用户接入卫星线路的接口，包括地面站、船载站、机载站、车载站、个人终端等。图 16-1 显示了由通信卫星构成的一种卫星通信系统。

卫星通信具有以下特点：覆盖范围大，通信距离远，费用与通信距离无关；通信线路稳定可靠，通信质量高，不受地形、地物等自然条件影响；组网灵活，电路的架设受地理环境和地面资源的限制小；电路结构简单，无需经过复杂的地面路由，稳定可靠；电路带宽灵活分配，并可以根据用户需要设定对称 / 非对称电路；工程施工周期短，不受地理条件限制。

卫星通信系统的缺点：同步卫星的发射和控制技术比较复杂；地球高纬

度地区通信效果差，两极为盲区；存在日凌中断和星蚀现象；电波传播迟延较大，单程传播时间 0.27s，可能会造成回波干扰。

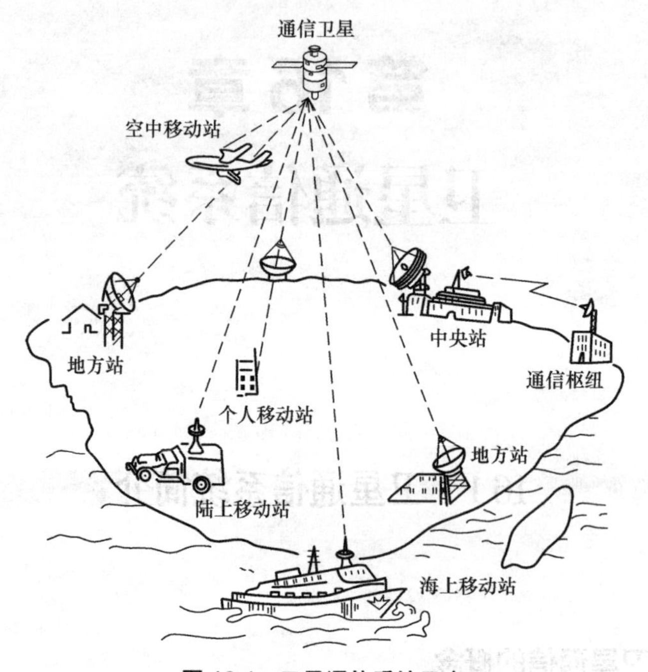

图 16-1　卫星通信系统示意

通信卫星通常由国际合作组织和企业提供，包括国际卫星组织 INTELSAT 和 INTERSPUTNIK、海事卫星组织 INMARSAT、卫星公司 NewSkies、4SES Global、PanAmSat、LoralSkynet 等。2008 年电信体制改革后，中国直播卫星有限公司成为中国境内唯一一家卫星运营公司，此外亚洲卫星公司、亚太卫星公司的卫星也能覆盖中国境内。

16.1.2　卫星通信的工作频段

在具体确定卫星通信使用的上下行频率时，应综合考虑与频率有关的天线增益、各种传输损耗、各种噪声的影响，以及与其他通信业务之间的干扰的问题。目前常用的卫星通信频段见表 16-1。

表 16-1　常用的卫星通信频段

频段名称	频率范围（GHz）	下 / 上行载波频率（GHz）	单向带宽（MHz）
UHF 波段	0.3 ～ 1	0.2/0.4	500 ～ 800
L 波段	1 ～ 2	1.5/1.6	—
S 波段	2 ～ 4	2.5/2.6	—
C 波段	4 ～ 8	4/6	500 ～ 700
X 波段	8 ～ 12	7/8	—
Ku 波段	12 ～ 18	12/14 或 11/14	500 ～ 1000
Ka 波段	27 ～ 40	20/30	高达 3500

无线电有关规定中将世界划分为三个区域：I 区包括欧、非、原苏联的亚洲部分、蒙古、伊朗西部边界以西的亚洲国家；II 区包括南、北美洲、格陵兰、夏威夷；III 区包括亚洲其他地区、澳大利亚、新西兰等。我国在第 III 区。

目前，大部分通信卫星尤其是商业卫星主要使用 C 波段（4/6GHz：即下行载波频率为 4GHz 左右，上行载波频率为 6GHz 左右，以下用法相同）和 Ku 波段（11/14GHz），Ka 波段（20/30GHz）也已开始使用。

16.1.3　卫星通信系统组成

卫星通信系统根据业务及技术实现方式，可分为卫星移动通信系统、卫星固定通信系统。卫星移动通信系统主要由移动通信卫星、信关站（或称关口站、关口地球站）、终端、核心网、运控系统组成（如图 16-2 所示）。移动通信卫星可以是同步轨道卫星，也可以是非同步的中低轨卫星。信关站与移动通信卫星间的链路称为馈电链路，在通信过程中，信关站要始终保持对星，信关站与核心网设备相连接入公网中。终端与移动通信卫星间的链路称为接入链路，使用卫星移动业务频率，在通信过程中终端不要求对准卫星。目前，主要的卫星移动通信系统有北斗卫星、海事卫星（Inmarsat）、欧星（Thuraya）、铱星（Iridium）、全球星（GlobalStar）。

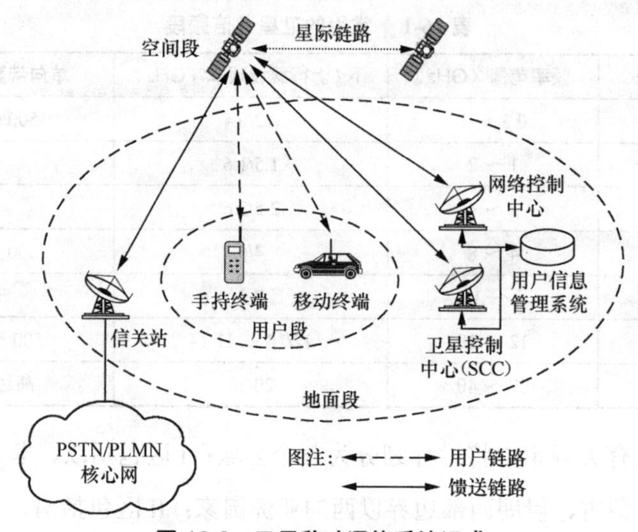

图 16-2 卫星移动通信系统组成

卫星固定通信系统一般由空间段（通信卫星）、地面段（关口站和地球站）、跟踪遥测及指令分系统和监控管理系统 4 大部分组成（如图 16-3 所示）。通信卫星主要作用是无线中继，转发地球站的信号。跟踪遥测及指令分系统对卫星进行跟踪测量，并进行轨道修正和位置姿势保持；监控管理系统对通信性能进行监测和控制；关口站负责卫星通信系统与公众网的连接，提供传输通道；地球站负责将来自地面网络的信息发送到卫星，并接收来自卫星的信息，传送给相应的地面网络用户。

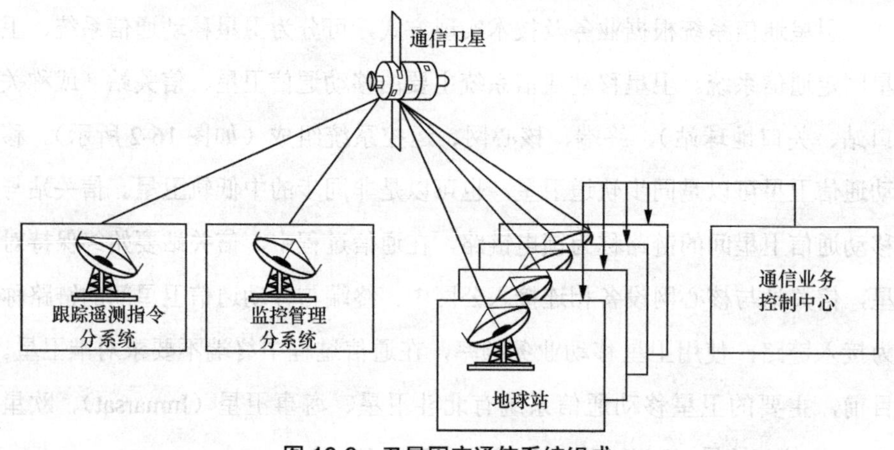

图 16-3 卫星固定通信系统组成

16.2　典型卫星通信系统

16.2.1　北斗卫星系统

北斗卫星系统是中国自行研制的全球卫星定位与通信系统（BDS），是继美全球定位系统（GPS）、俄（GLONASS）和欧盟（GALILEO）之后第四个成熟的卫星导航系统。系统由空间端、地面端和用户端组成，可在全球范围内全天候、全天时为各类用户提供高精度、高可靠定位、导航、授时服务，并具短报文通信能力。

北斗卫星系统在服务区内提供 4 项主要功能。

（1）短报文通信：北斗系统用户终端具有双向报文通信功能，用户可以一次传送 40 ～ 60 个汉字的短报文信息，可实现最多 120 个汉字的双向简短数字报文通信，并可通过信关站与互联网、移动通信系统互通。

（2）精密授时：北斗系统具有精密授时功能，可向用户提供 20 ～ 100ns 时间同步精度。

（3）定位：无标校站覆盖区定位精度 100m，设立标校站之后为 20m(类似差分状态)。工作频率：2491.75MHz。

（4）系统容纳的最大用户数：540000 户 /h。

北斗卫星导航系统致力于向全球用户提供高质量的定位、导航和授时服务，包括开放服务和授权服务两种方式。开放服务是向全球免费提供定位、测速和授时服务，定位精度为 10m，测速精度为 0.2m/s，授时精度为 10ns。授权服务是为有高精度、高可靠卫星导航需求的用户，提供定位、测速、授时和通信服务以及系统完好性信息。

北斗卫星系统由空间卫星、地面中心站、用户终端和标校站 4 部分组成，其中空间部分由地球同步卫星组成，执行地面中心站与用户终端之间的双向无线电信号中继任务。每颗卫星的主要载荷是变频转发器，以及覆盖定位通信区域点的全球波束或区域波束天线。

北斗卫星导航系统按空间段计划由35颗卫星组成，包括5颗静止轨道卫星、27颗中地球轨道卫星、3颗倾斜同步轨道卫星。5颗静止轨道卫星定点位置为东经58.75°、80°、110.5°、140°、160°，中地球轨道卫星运行在3个轨道面上，轨道面之间相隔120°均匀分布。

16.2.2 铱星卫星通信系统

铱系统（Iridium）是美国摩托罗拉公司（Motorola）于1987年提出的低轨全球个人卫星移动通信系统，它与现有通信网结合，可实现全球数字化个人通信。铱系统由66颗环绕地球的低轨卫星网组成的全球卫星移动通信系统，是地面固定电话网和移动电话网的延伸和补充，通过“无缝隙”的全球覆盖，为用户提供随时随地、及时沟通的便捷通信服务。铱系统卫星网络覆盖全球（包括南北两极），是迄今全球覆盖最广的卫星通信系统。

铱系统卫星有星上处理器和星上交换，并且采用星际链路（星际链路是铱系统有别于其他卫星移动通信系统的一大特点），因而系统的性能极为先进，但同时也增加了系统的复杂性，提高了系统的投资费用。

铱系统市场主要定位于商务旅行者、海事用户、航空用户、紧急援助、边远地区。铱系统设计的漫游方案除了解决卫星网与地面蜂窝网的漫游外，还解决地面蜂窝网间的跨协议漫游，这是铱系统有别于其他卫星移动通信系统的又一特点。铱系统除了提供话音业务外，还提供传真、数据、定位、寻呼等业务。

铱系统主要由4部分组成：空间段、系统控制段、用户段、关口站段。空间段：由分布在6个极地圆轨道面的72颗星（6颗备用星）组成。铱系统星座设计能保证全球任何地区在任何时间至少有一颗卫星覆盖，提供手机到关口站的接入信令链路、关口站到关口站的网路信令链路、关口站到系统控制段的管理链路。

系统控制段是铱系统的控制中心，提供卫星星座的运行、支持和控制，把卫星跟踪数据交付给关口站，利用寻呼终端控制器进行终端控制。系统控制段包括三部分：遥测跟踪控制、操作支持网和控制设备。系统控制段有三方面功能：空间操作、网络操作、寻呼终端控制。

用户段指的是使用铱系统业务的用户终端设备，主要包括手持机和寻呼机，将来也可能包括航空终端、太阳能电话单元、边远地区电话接入单元等。手持机是铱系统移动电话机，包括两个主要部件：SIM 卡及无线电话机，可向用户提供话音、数据（2.4kbit/s）、传真（2.4kbit/s）。寻呼机类似于目前市场上的寻呼机，分为两种：数字式和字符式。

关口站段：关口站是提供铱系统业务和支持铱系统网络的地面设施，它提供移动用户、漫游用户的支持和管理，通过 PSIN 提供铱系统网络到其他电信网的连接。一个或多个关口站提供每一个铱系统呼叫的建立、保持和拆除，支持寻呼信息的收集和交付。关口站由以下分系统组成：交换分系统、地球终端、地球终端控制器、消息发起控制器、关口站管理分系统。

铱系统馈线链路使用 Ka 频段，关口站到卫星上行链路使用 29.1 ~ 29.3GHz，卫星到关口站下行链路使用 19.4 ~ 19.6GHz。铱系统星际链路使用 23.18 ~ 23.38GHz，铱系统用户链路使用 L 频段，用户终端到卫星上行链路使用 1621.35 ~ 1626.5MHz，卫星到用户终端下行链路使用 1616 ~ 1626.5MHz。

16.2.3　海事卫星通信系统

海事卫星通信系统是由海事卫星组织主导建立的卫星通信系统。国际海事卫星组织（International Maritime Satellite Organization，INMARSAT），总部位于伦敦，目前已经发展为一个有近百个成员国的国际卫星移动通信组织，约在143个国家拥有4万多台各类卫星通信设备，全球使用INMARSAT的国家超过160个。

国际海事卫星通信系统是移动业务卫星通信系统（MSS）的一种，它包括移动台之间、移动台与固定台之间、固定台与公众通信网用户之间的通信，国际海事卫星通信系统是世界上第一个全球性的移动业务卫星通信系统。

海事卫星通信系统主要由空间段卫星、网络操作控制中心、网路协调站、岸站和船站和用户终端组成，系统结构如图16-4所示。

空间段：INMARSAT系统采用了4颗第三代卫星和5颗备用卫星，INMARSAT的卫星按四大洋区分布，分别是大西洋东区（AOR-E)、大西洋西区（AOR-W)、太平洋区（POR）和印度洋区（IOR)。在每个洋区上均有一颗第三代卫星，另有一颗第三代卫星备用，还有四颗第二代卫星由于容量相对较小，已转为备用。

网络操作控制中心：网络操作控制中心位于英国伦敦总部的大楼内，它的任务是监视、协调和控制INMARSAT网络中所有卫星的工作运行情况。

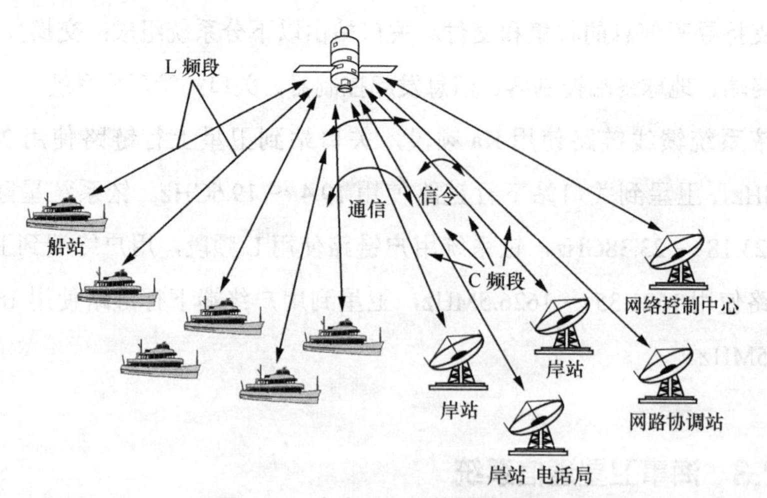

图16-4 海事卫星通信系统结构

网路协调站：每个洋区分别有一个岸站兼作网路协调站，该站作为接线员对本洋区的船站与岸站之间的电话和电传信道进行分配、控制和监视。

岸站：岸站是设在海岸边上的地球站，基本作用是经由卫星与船站进行通信，并为船站提供国内或国际网络的接口。岸站是双频工作方式（L 和 C 波段），C 波段用于语音，L 波段用于数据。

船站：船站是设在船上的地球站，是系统中的终端系统，用户可通过所选的卫星和地面站与对方进行双向通信，使用 L 波段。

16.2.4 VSAT 卫星通信系统

VSAT（Very Small Aperture Terminal，甚小口径卫星终端站）也称为卫星小数据站（小站）或个人地球站（PES），这里的“小”指的是 VSAT 卫星通信系统中小站设备的天线口径小，通常为 1.2 ～ 2.4m。利用此系统进行通信具有灵活性强、可靠性高、使用方便及小站可直接装在用户端等特点，利用 VSAT 用户数据终端可直接和计算机联网，完成数据传递、文件交换、图像传输等通信任务，从而摆脱了远距离通信地面中继站的问题。使用 VSAT 作为专用远距离通信系统是一种很好的选择。

VSAT 卫星通信系统由空间和地面两部分组成。

VSAT 卫星通信系统的空间部分就是卫星，一般使用地球静止轨道通信卫星，卫星可以工作在不同的频段，如 C、Ku 和 Ka 频段。星上转发器的发射功率应尽量大，以使 VSAT 地面终端的天线尺寸尽量小。

VSAT 卫星通信系统的地面部分由中枢站、远端站和网络控制单元组成，其中中枢站的作用是汇集卫星来的数据，然后向各个远端站分发数据，远端站是卫星通信网络的主体，VSAT 卫星通信网就是由许多的远端站组成的，这些站越多，每个站分摊的费用就越低。一般远端站直接安装于用户处，与用户的终端设备连接。

VSAT 卫星通信系统有十分明显的特点，主要包括以下几个方面。

（1）地面（远端）站天线的直径小，一般在 2m 以下，目前采用较多的是 1.2 ～ 1.8m。登山运动员有时用直径 0.3m 的便携式个人地球站。

（2）发射功率小，一般在 1 ～ 3W。

（3）质量很轻，常用的为几十千克，有的小到几千克，便于携带。

（4）价格低廉，经济实用。该系统不但设备的售价低，而且它取得的经济效益远远大于设备的售价。

（5）建设周期短。它比传统的地面通信手段简单得多，不需要架设电缆、光缆；也不像微波通信必须每隔 50km 架设一个中继站。VSAT 卫星通信系统中，只要在通信的两端安装必要的设备就可以，而且这种设备的安装也比较简单。

（6）通信的费用与通信的距离没有关系。在一般的通信系统中，距离越长费用越高，而 VSAT 卫星通信与距离没有关系，而且越远越适合采用 VSAT 通信。

（7）VSAT 卫星通信不受地形和气候环境的影响，因为它不需要架设地面设施，受地面的干扰小。

（8）VSAT 卫星通信技术的最大优点就是组网灵活，容易扩充用，而且维修方便，因为它没有复杂的地面设备。

VSAT 站能很方便地组成不同规模、不同速率、不同用途的灵活而经济的网络系统。一个 VSAT 网一般能容纳 200～500 个站，有广播式、点对点式、双向交互式、收集式等应用形式。它既可以应用于发达国家，也适用于技术不发达和经济落后的国家，尤其适用于那些地形复杂、不便架线和人烟稀少的边远地区。因为它可以直接装备到个人，所以军事上也有重要的意义。

16.3 卫星通信技术

16.3.1 MIMO 技术

MIMO（Multiple Input Multiple Output，多输入多输出）技术已经在 3G、

4G 无线移动通信系统中得到广泛应用，将 MIMO 技术应用于卫星通信系统同样能够带来性能和容量的提升。MIMO 技术在不增加卫星端或地面端发射功率和带宽的情况下，通过增加接收与发送天线的数量提高系统容量和改善系统性能。

MIMO 卫星通信系统主要分为三类：多地面站方式、多颗卫星方式和多极化方式。在多地面站方式中，一颗卫星装载多副天线，每个地面站装载一副天线。多个距离足够远的地面站和单颗卫星组成地面站分集系统。在多颗卫星方式中，MIMO 传输通过多颗卫星和一个或多个地面站构建。多个卫星和一个地面站组成轨道分集或卫星分集系统。在多极化方式中，由单颗卫星和单个地面站组成，卫星、地面站各有一幅正交极化复用天线的极化分集系统。MIMO 卫星通信系统在 Ku(12/14GHz)、Ka(20/30GHz) 等高频段和 L(1/2GHz)、S(2/4GHz) 低频段的应用已经取得了广泛的研究成果，其中轨道分集系统已经成功地应用于美国大陆的数字音频无线业务卫星、Sirius 和 XM 卫星广播中。

16.3.2 卫星载荷技术

早期卫星通信系统通常采用多波束天线（Multi-Beam Antenna，MBA）载荷增加通信系统容量，但该载荷技术的子频带交换能力有限。数字信道化（Digital Channelizer，DC）载荷技术的提出克服了 MBA 载荷技术的缺点，该载荷技术可根据实际通信业务量，从空间和时间上动态调整波束带宽。

与 DC 载荷相比，数字信道化波束成形（Digital Channelizer Beamformer，DCB）载荷增加了控制相控阵天线的波束成形网络，一般应用于移动卫星业务（Mobile Satellite Service，MSS）。

全再生处理（Fully Regenerative Processor，FRP）载荷的核心是快速分组交换器，与 DC 载荷和 DCB 载荷相比，FRP 载荷的分组交换器可支持至少 25

倍于 DC 载荷和 DCB 载荷的数字交换带宽。Iridium 和 Spaceway 两种商用卫星通信系统使用了 FRP 载荷。

随着 ASIC、DSP 和 FPGA 技术的发展，具有更好的灵活性和更高的有效容量的基于软件无线电（Software Defined Radio，SDR）的软件定义载荷（Software Defined Payload，SDP）在未来将成为可能。

16.3.3 更高频段卫星通信技术

将来卫星通信将向着极高频（Extremely High-Frequency，EHF）甚至是激光频段发展，更高频段卫星通信技术可解决频谱资源日益拥挤的问题，提高系统容量，更高频段卫星通信技术可获得更好的抗干扰、低截获和机动性等特性。

在 30 ～ 300GHz 的 EHF 频段上，35GHz、94GHz、130GHz 和 220GHz 等几个“窗口”频率的大气损耗衰减较小。随着硬件、技术等方面的基础日趋成熟，基于 Q/V 频段（40 ～ 75GHz）和 W 频段（76 ～ 110GHz）的 EHF 卫星通信系统已得到应用。美国的军事战略战术中继卫星通信（Milstar）和先进极高频（Advanced Extremely High Frequency，AEHF）卫星是 Q/V 频段卫星通信系统的典型代表；意大利太空总署的 DAVID（Data And Video Interactive Distribution）任务和 WAVE（W-band And Verification）项目是 W 频段卫星通信系统的典型代表。

16.3.4 激光卫星通信技术

卫星通信高码率传输需求促进了激光卫星通信技术的应用。激光卫星通信技术使用激光进行数据传输，主要用于卫星之间、卫星与地面站或飞机之间的通信。美国、欧洲和日本已从概念和单元技术等方面对激光卫星通信进行了大量研究，目前已进入应用性测试阶段。相比于微波卫星通信系统，激光卫星通信系统具有功耗低、体积小、重量轻、保密性好、数据传输率高、抗干扰能力强、建造和维护费用较低等优点。虽然激光卫星通信技术具有很多优点，但一些关键技术还有待于进一步研究，如高功率、高速率激光调制发射技术；高灵敏度、复杂环境下的光信号接收技术；高精度捕获、跟踪和瞄准（ATP）技术；发射接收光学系统及基台技术；大气信道研究。

现在空间光通信系统发展的趋势主要是：第一，空间光通信系统的应用正在向低轨道、小卫星星座星间激光链路发展；第二，激光星间链路用户终端向小型化、一体化方向发展；第三，低轨道小卫星星座激光链路正进入商业化、实用化发展阶段。

16.3.5　卫星互联网技术

随着卫星通信和计算机技术的飞速发展，产生了卫星互联网技术。目前卫星互联网的连接方式主要有两种：一种是利用宽带卫星的双向传输；另一种则是利用卫星的高速下载和地面网络反馈的外交互通信方式，即将卫星链路作为下行数据链路，而将电话拨号、局域网等其他通信链路作为上行数据链路，这种方式是基于当前互联网信息流量的非对称性提出来的，是卫星通信的一个热点。

在 Internet、卫星宽带多媒体业务、卫星 IP 传输业务、卫星 ATM 和地面蜂窝业务发展的推动下，卫星通信将获得更大发展，卫星通信将作为全球信息化网络设施的重要组成部分。

思考题

1. 常用的卫星通信频段有哪些？
2. 卫星移动通信系统由哪几部分组成？
3. 卫星固定通信系统由哪几部分组成？
4. 北斗卫星系统有哪些主要功能？
5. 海事卫星通信系统由哪几部分组成？
6. MIMO 卫星通信系统主要分为哪几类？

第17章 无线通信的电磁兼容与防护

17.1 电磁兼容

电磁兼容（Electro Magnetic Compatibility，EMC），一般是指电气及电子设备在共同的电磁环境中能够执行各自功能的共存状态，要求在同一电磁环境中的上述各种设备都能正常工作又不相互干扰，达到“兼容”状态。电磁兼容涉及一切电气设备，除通信设备外，家电、计算机、广播、电视、雷达、导航、汽车、船舶、医疗等，无不存在电磁兼容问题。在从事工程咨询工作时所涉及的电磁兼容，一般是指无线通信网络的电磁兼容，即同一区域有两个或两个以上的无线网络同时在工作的状态，也称作系统共存。系统共存以系统间干扰的分析和协调为基础，它研究的内容是多系统之间无线信号相互干扰的程度以及降低干扰的措施，其研究结果是电信管理部门进行无线频谱分配的基础，是电信运营商进行无线通信系统规划与运营的依据，也是无线电管理部门进行干扰协调的根据。

17.1.1 干扰原理分析

17.1.1.1 干扰的产生

所谓干扰，即直接和间接进入接收设备信道或系统的电磁能量，对无线通信信号的接收产生的影响。干扰会导致通信系统性能下降、质量恶化、信息误差或丢失，甚至阻断通信。干扰的产生多种多样，原有的专用无线电系统占用现有频率资源、网络配置不同、发信机自身设置问题、小区重叠、环境、电磁兼容（EMI）以及有意干扰，都是无线通信网络射频干扰产生的原因。由此可见，一个无线通信系统受到的干扰源有多种类型，以 4G 移动通信为例，可能的干扰源包括 GSM900、GSM1800、PHS、WLAN、北斗、雷达、MMDS、射电天文、cdma850 和同区域其他运营商的 4G 系统等。

两个无线通信系统之间相互干扰的典型过程如图 17-1 所示。干扰源的干扰信号（阻塞信号、加性噪声信号）从天线口被放大发射出来后，通过空间传播（经历耦合损耗），最后进入被干扰系统的接收机。如果隔离度不够的话，进入被干扰系统接收机的干扰信号强度将会使接收机信噪比恶化或者饱和失真。一般认为，工作于不同频率的系统间的干扰，主要是由于发射机和接收机的性能的不完善产生。在接收机射频通带内或通带附近的信号，经变频后落入中频通带内会造成邻频干扰；弱有用信号和强干扰信号可使接收机出现阻塞干扰。这种干扰会使接收机信噪比下降，灵敏度降低。在发射机方面，如频率稳度太差或调制度过大，造成发射频谱过宽，可造成对他台的邻频干扰，如不严格控制影响发射机带宽的因素．很容易产生不必要的带外辐射；在接收机方面，当中频滤波器选择性不良时，便容易形成干扰或使干扰变得严重。需要指出的是，当干扰系统和被干扰系统之间的工程隔离不足时，也可能会产生系统间干扰。

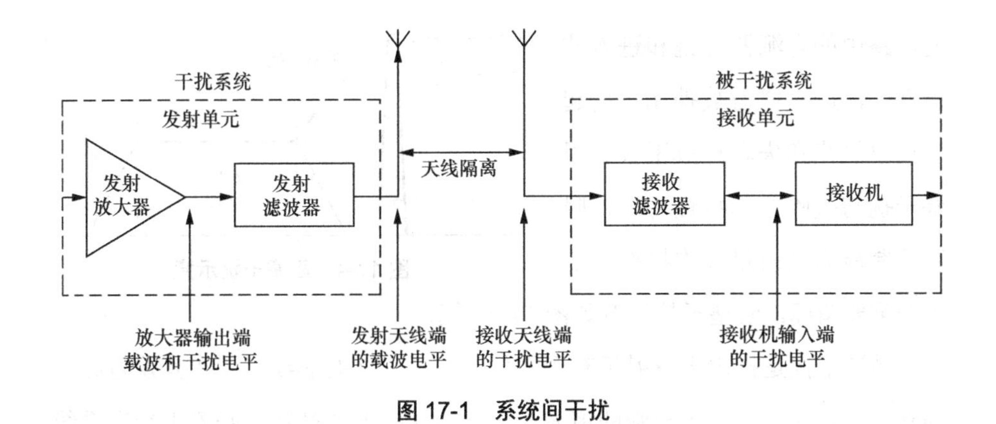

图 17-1　系统间干扰

17.1.1.2　干扰的分类

系统间干扰通常可以分为杂散干扰、阻塞干扰、互调干扰和谐波干扰。

杂散干扰是指干扰源发射机的带外信号以噪声的形式落入被干扰系统接收机的接收频带内，形成对有用信号的同频干扰。因此杂散干扰与基站的发射机性能相关，是接收方自身无法克服的，不同的无线通信系统均以杂散辐射指标衡量发射机的这一性能。杂散干扰示意如图 17-2 所示。

互调干扰主要是由发射机或接收机的非线性引起的，当两个以上单频的干扰信号通过非线性系统 / 设备 / 器件时，会产生与被干扰信号频率相同或相近的频率组合，这些互调产物就落在了被干扰系统接收机的接收频带内，形成对有用信号的同频干扰。在设备标准中，一般直接给出接收机允许的互调干扰源强度指标。互调干扰示意如图 17-3 所示。

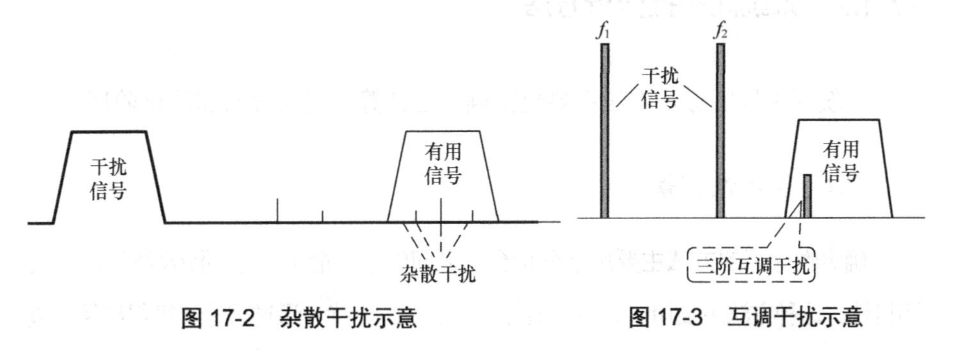

图 17-2　杂散干扰示意　　　　图 17-3　互调干扰示意

阻塞干扰是指被干扰系统接收机接收频带外的强信号，导致接收机过载，使链路中的有源器件饱和进入非线性区，放大增益被抑制，引起的接收机饱和失真造成干扰。阻塞干扰与接收机的特性有关，阻塞抑制能力是衡量接收机性能的一个重要指标。阻塞干扰示意如图 17-4 所示。

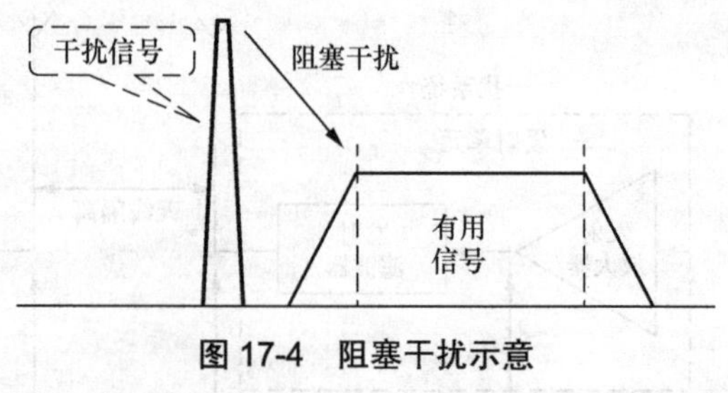

图 17-4　阻塞干扰示意

谐波干扰是指由于发射机有源器件和无源器件的非线性，在其发射频率的整数倍频率上将产生较强的谐波产物。当这些谐波产物正好落于受害系统接收机频段内，将导致受害接收机灵敏度损失。谐波干扰示意如图 17-5 所示。

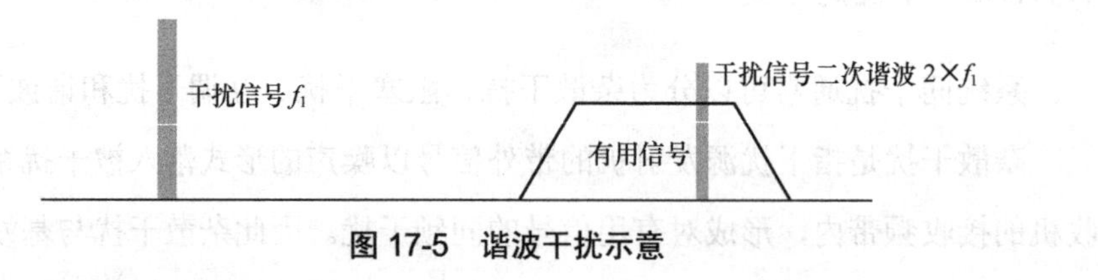

图 17-5　谐波干扰示意

17.1.1.3　干扰场景

无线通信系统包括台站和终端，因此系统间的干扰场景即为台站和终端之间的干扰关系，包括台站之间的干扰、台站与终端之间的干扰、终端之间的干扰，其中台站与终端之间的干扰又分为上行干扰和下行干扰。

17.1.2　系统间干扰分析方法

系统间干扰的分析方法主要包括确定性计算、仿真分析和测试验证。

17.1.2.1　确定性计算

确定性计算的方法主要用于分析台站之间的干扰情况，即不涉及终端位置的随机性。这种方法主要用于分析“最坏”情况下的干扰，通过理论计算得出保证被干扰系统能够正常运行所需的系统间隔离度，这为仿真分析提供了理论指导和校验依据。确定性计算采用系统间最小耦合损耗（Minimum Couple Loss，MCL）计算方法，系统间最小耦合损耗是指两天线之间包括天线增益的最小损耗，也就是天线间所需的最小隔离度。如图 17-1 所示，如果耦合损耗过小，没有满足隔离度要求，进入被干扰系统接收机的干扰信号将会使被干扰系统接收机信噪比恶化或者饱和失真。确定性计算的原理就是基于接收机灵敏度恶化余量，根据系统的设备技术要求，考虑杂散干扰、阻塞干扰等多种干扰的影响，计算出接收机输入端的干扰信号强度，然后和发射机发射的干扰信号强度比较，得到系统间的隔离度要求。

17.1.2.2　仿真分析

仿真分析方法是对干扰系统和被干扰系统的台站、终端的发射功率、负载等情况进行设定，通过仿真评估设定环境下系统覆盖或容量在不同情况下的性能损失。这种方法考虑了终端位置分布的随机性、终端数量的不确定性等因素，所以对系统间干扰的分析比较全面。但是由于仿真允许一定概率的最恶劣干扰情况发生，所以仿真分析方法的结果较为乐观。在仿真分析方法中，对于接收机和发射机的滤波器的非理想性通过邻信道干扰功率比（Adjacent Channel Interference power Ratio，ACIR）综合表征，见公式（17-1）。

$$\frac{1}{ACIR}=\frac{1}{ACLR}+\frac{1}{ACS} \tag{17-1}$$

其中，邻道泄漏比（Adjacent Channel Leakage Ratio，ACLR）是指邻道发射信号落入到接收机通带内的能力，定义为发射功率与相邻信道上测得的功率之比。邻道选择性（Adjacent Channel Selectivity，ACS）是指在相邻信道信号存在的情况下，接收机在其指定信道频率上接收有用信号的能力，定义为接收机滤波器在指定信道频率上的衰减与在相邻信道频率上的衰减的比值。

仿真分析方法从系统性能损失的要求仿真得到总需求 ACIR，根据计算的固有 ACIR 指标，分析得到额外的 ACIR，最后再换算为系统间的隔离度要求。

对于工程咨询设计人员来讲，系统间的隔离度是最需要关注的分析结果，隔离度最后均换算为器件端口间隔离度、空间距离等隔离措施。

17.1.3 系统间干扰隔离措施

为了得到足够的隔离度，两个系统之间需要进行干扰隔离。

17.1.3.1 隔离方式

系统间的干扰隔离分为空间隔离、器件隔离和频率隔离三种方式。空间隔离是指利用天线之间的空间隔离实现隔离度，即使干扰系统的发射天线与被干扰系统的接收天线保持一定的物理空间距离或角度，根据安装环境具体可以采用水平隔离、垂直隔离和混合隔离等方式，其中垂直隔离方式效果最好。器件隔离是指通过加装滤波器，调整天线、合路器等器件的参数实现隔离度，如调整天线的方位和下倾角减小两天线的增益，从而降低两系统间的干扰。对于整网都存在干扰的情况，可以通过安装滤波器解决干扰问题。对于多系统共享室内分布时，可以采用多频段合路器实现器件隔离。需要指出的是，室外台站在多系统共享天馈时也可采用器件隔离方式。频率隔离是指在干扰系统和被干扰系统的工作频率之间保留足够的保护频带。特别是当系统间频率非常接近时，无法通过安装滤波器消除干扰，一般通过增加保护带的方式解决干扰问题。

17.1.3.2 空间隔离距离计算

空间隔离是工程中常用的隔离方式，水平隔离、垂直隔离和混合隔离三种方式的天线相对位置关系如图 17-6 所示。

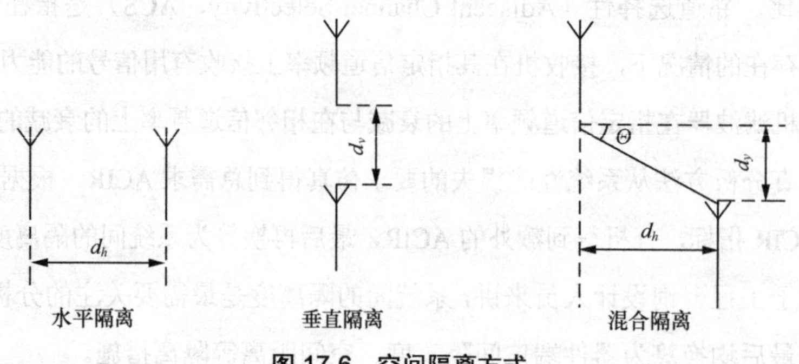

图 17-6 空间隔离方式

水平隔离时，隔离度与隔离距离间的关系见公式（17-2）。

$$I_h = 22 + 20\lg\left(\frac{d_h}{\lambda}\right) - (G_{tx} + G_{rx}) \tag{17-2}$$

其中，I_h 为水平隔离度；G_{tx} 为发射天线在信号辐射方向上的增益；G_{rx} 为接收天线在信号辐射方向上的增益；d_h 为天线水平方向的间距；λ 为载波波长，计算杂散干扰和互调干扰隔离时，为被干扰系统接收波长，计算阻塞干扰隔离时，为干扰系统发射波长。

垂直隔离时，隔离度与隔离距离间的关系见公式（17-3）。

$$I_v = 28 + 40\lg\left(\frac{d_v}{\lambda}\right) \tag{17-3}$$

其中，I_v 为水平隔离度；d_v 为天线垂直方向的间距。

混合隔离时，隔离度与隔离距离间的关系见公式（17-4）。

$$I_c = I_h + (I_v - I_h)\left(\frac{\arctan\left(\frac{d_v}{d_h}\right)}{\pi/2}\right) \tag{17-4}$$

其中，I_c 为水平隔离度。

需要说明的是，以上三个公式都是经验公式，该经验公式并不总是成立，对于复杂的情形，要根据具体环境进行分析，建议进行实地测试验证。

17.1.3.3　工程中常用的干扰处理措施

工程中常用的干扰处理措施有如下几种。

（1）调整干扰方与被干扰方的空间距离；

（2）合理利用地形地物阻挡或使用隔离板；

（3）调整天线挂高与方向（下倾角和方位角）；

（4）在干扰系统台站的发射口增加额外的带通滤波器（但这会增加额外的插损和故障点，同时增加了成本）；

（5）在被干扰系统台站的接收端增加额外的带通滤波器（但这会增加接收机的噪声系数，降低接收机灵敏度）；

（6）降低干扰系统的发射功率；

（7）调整信道配置或频率规划，使干扰系统与被干扰系统之间保留足够的保护带。

17.2 电磁辐射与电磁防护

马可尼发送的第一封无线电报，标志着人类走进了无线通信应用的时代。仅短短的一百多年时间，无线通信已经深入到人类日常生活的各个方面。在充分享受无线通信带来的便捷与舒适的同时，它的负面效应也越来越被人们所关注。实际上，伴随着电磁波的广泛应用，对电磁辐射的质疑也越来越大。一个回避不了的事实是：大剂量、长时间暴露于电磁辐射之下很可能会对机体产生不良影响，导致疾病。因此，通信电磁辐射过去、现在以及将来都将成为移动通信运营商无法规避的风险。

正确了解电磁辐射成因及相关概念，是管理无线通信电磁辐射风险的基础，也是电信运营商同公众之间建立透明健康沟通关系的前提，同时还能帮助运营维护人员在移动通信建设、运营、维护过程中更好地保护自我。

17.2.1 电磁辐射的基本概念

通常在提到“辐射”这个字眼时，让人们首先联想到的也许是放射性物质的辐射，如伽马射线辐射、X射线辐射。然而人们头脑中的那些辐射只是电磁辐射的一小部分，按照电磁波频谱划分，电磁辐射可以根据频率的不同分为低频、中频、高频辐射。电磁辐射源也多种多样，可分为自然辐射源和人工辐射源。自然辐射源如雷电、太阳等，人工辐射源如计算机、电视机、手机、电冰箱、空调、微波炉、高压线等。

电磁辐射是指能量以电磁波的形式在空间中传播的现象。而电磁波是由变化的电场和变化的磁场相互感应产生的，电磁波在真空中以光速（300 000 000m/s）传播，如果传播介质不是真空，传播速度会降低。电场和磁场相互作用决定电磁辐射的效应。这种电磁交互作用的研究是一个物理学的重要分支，随着研究的深入，人们能够控制该辐射为人类造福。

电磁辐射可区分为两类：即电离辐射和非电离辐射。电离辐射是指辐射电磁波的能量足以破坏分子的化学结构，形成带电粒子，如 X 射线和 Y 射线，就属于电离辐射，即通常所说的“核辐射”。电离辐射能影响人体健康已经是众所周知的事实。而非电离辐射，是指辐射电磁波的能量较低，不足以破坏分子结构，辐射的能量通常以热能的形式被吸收。根据 WHO 等权威机构的研究结论及信息，通信频段内的电磁辐射属于非电离辐射。从电磁波频谱表上看，在可见光以下的区域，基本上都属于非电离辐射的范畴。

非电离辐射一般包括工频辐射和射频辐射。工频电磁辐射是指由 50 ～ 300Hz 的交变电场引起的电磁辐射，工频电磁辐射往往属于电磁感应，因此其辐射距离很近。

通信电磁辐射指射频（Radio Frequency，RF）辐射，主要的电磁波频段指高频和微波波段；中高频电磁波是指频率为 100kHz ～ 300MHz 的电磁波；微波是指频率为 300MHz ～ 300GHz 的电磁波。目前主要的射频电磁辐射源为电台、电视台、移动通信设施以及雷达等，移动通信电磁波均属于微波。

17.2.2　电磁辐射对人体的影响

公众、医疗机构及环保机构对通信电磁辐射的持续关注，源于电磁辐射对人体健康的影响。由于电磁波是一种能量波，其被生物体吸收后必然会造成机体的不同层面反应，其中有一些反应会破坏生物机体从而导致疾病，而另一些反应甚至对机体有利。这些反应受到多种因素影响，主要因素为生物吸收电磁波的剂量、频带和时间，同时生物个体（人体）的属性如年龄段、性别、肤色也存在一定影响。

根据对国际、国内生物电磁学的研究，电磁辐射危害人体的机理主要是热效应、非热效应和累积效应等。

热效应：无线电波辐射被物质吸收时，引起物质分子的振动从而产生热而形成的影响。人体70%以上是水，水分子受到电磁波辐射后相互摩擦，引起机体升温，从而影响到体内器官的正常工作。当热效应不足够强时，由于机体具备自动体温调节机制，不会对机体产生影响。但是，当热效应的能量足够强，并且时间足够长时，机体就会产生明显的生理效应。

非热效应：人体的器官和组织都存在微弱的电磁场，它们是稳定和有序的，一旦受到外界电磁波的干扰，处于平衡状态的微弱电磁场即将遭到破坏，人体正常循环机能会遭受破坏。非热效应是造成机体基因突变的主要因素。

累积效应：电磁波辐射开始后一定时间才开始显现的生物学效应称为累积效应。一些研究认为，当暴露时间过长，次数过高时，会对机体产生累积效应。一些研究认为电磁波的累积效应会对免疫系统和生殖系统产生影响。

大多数研究表明，当电磁波剂量高过一定程度，且照射时间高过一定程度后，可能会对人体产生影响，这些影响涉及神经系统及神经行为、血脑屏障、肿瘤、免疫系统、生殖系统和遗传因素等方面。除了上述影响，大量的研究还针对人体眼睛以及植入人体内的医学设备（如起搏器等）的影响，其中，致突变效应、致癌效应及对神经行为的影响存在主要可能，这些影响都是基于电磁波的热效应、非热效应以及累积效应作用于人体后所产生的。

为此，ICNIRP根据生物电磁学已有的研究成果规定了不同频段的电磁辐射对公众和职业人员暴露的基本限值和导出限值，目前，位于限值范围内的电磁暴露是否会对人体健康产生影响已经成为生物电磁界研究的热点。

17.2.3　电磁辐射的限值

电磁辐射影响限值以确定的健康效应为基础，是判定人体对电磁场产生生理反应的基本量，称为基本限值。人体暴露的基本限值通常以比吸收率（SAR）来表示。由于基本限值的测量环境苛刻（需要建立严格的吸波室和人体模型），采用基本限值测量台站发射机的辐射十分困难，因此通过基本限值数据建模以及实验室测量结果提出导出限值，主要是指可以产生与基本限值相应的电场、磁场和功率通量密度的值。国际和国内相关标准组织对基本限值和导出限值有着不同的规定。

17.2.3.1　基本限值：比吸收率

比吸收率（SAR）用来衡量吸收无线电波辐射能量的大小，单位是 W/kg。它的定义是每单位质量的生物组织吸收的射频辐射功率。如果 SAR 为 0.4 W/kg，相当于需要 10 天溶化 1kg 的冰。比吸收率的暴露限值会根据身体的暴露部分的不同而要求不同。在 10MHz 到几 GHz 的频率范围内，确定的生物和健康效应与身体温度升高 1℃的反应一致。根据《ICNIRP 导则》：人在一般环境条件下，暴露于全身的比吸收率大约为 4W/kg 的场中约 30min 可导致这种幅度的升温。因此，0.4W/kg 可为职业暴露提供足够保护的限值。公众暴露增加了 5 倍的安全系数，因此平均全身比吸收率为 0.08W/kg。对于头部和躯干部位，利用任意 10g 相邻组织进行计算可以得出头部和躯干的比吸收率为 2W/kg。

在移动通信系统中，比吸收率通常是测量移动终端（主要为手机）电磁辐射的主要指标。因为移动终端主要的辐射部位为头部和躯干，因此 SAR 值的暴露部分条件为（头部和躯干）。目前，世界主要标准组织及我国有关 SAR 的限值见表 17-1。

表 17-1　国际 SAR 标准

标准	SAR（头部和躯干）（W/kg）
欧洲标准	2.0
美国 FCC 标准	1.6
IEEE 标准	2.0
中国标准	2.0

17.2.3.2　导出限值

导出限值包括电场强度（V/m）、磁场强度（A/m）和功率密度（W/m² 或 μW/cm²）三个指标。其中，电场强度是指单位电荷在空间中某一点受到的电场力的大小，通常单位为 V/m；磁场强度只是反映磁场来源的属性，与磁介质无关，通常单位为 A/m；功率密度指的是单位面积上单位时间内通过的电磁辐射能量，单位为 W/m² 或 μW/cm²。

国内外标准组织关于电场强度、磁场强度和功率密度的限值规定均为导出限值。导出限值比基本限值更容易通过计算和测量得到，因此被广泛使用。表 17-2 为 ICNIRP（国际非电离辐射防护协会）、IEEE 等国际组织与我国环保部对在通信频段 900MHz 和 1800MHz 上公众暴露导出限值的规定，单位为 μW/cm²。与公众暴露导出限值相对应的还有职业暴露导出限值，通常来说，职业暴露导出限值比公众暴露导出限值要宽松。

表 17-2　900MHz 和 1800MHz 频段功率密度导出限值标准

国家和组织	900MHz 移动通信频段（μW/cm²）	1800MHz 移动通信频段（μW/cm²）
中国国家标准	40	40
国际非电离辐射委员会	450	900
欧盟（CENELEC）	450	900
欧洲电子技术标准委员会	450	900
日本邮政省电信技术委员会（MPHPT）	600	1000
澳大利亚政府	450	900
美国 FCC	600	1000

（续表）

国家和组织	900MHz 移动通信频段（$\mu W/cm^2$）	1800MHz 移动通信频段（$\mu W/cm^2$）
IEEE 国际电子电气工程师协会	600	1000
注：我国在 30 ～ 3000MHz 频段，电磁环境中的功率密度导出限值标准均为 $40\mu W/cm^2$		

17.2.4　通信电磁辐射标准

17.2.4.1　通信电磁辐射标准化

电磁辐射标准化的目的是通过在整个国际、行业以及各个产业将如下问题进行标尺化界定。

- 何种剂量的电磁辐射可被视为安全；
- 电磁辐射如何分类；
- 如何对电磁辐射进行评估和计算；
- 如何测试电磁辐射；
- 如何监控和管理产生电磁辐射的环境和设备。

因此，国际国内的电磁辐射标准主要包括如下三类。

（1）暴露标准

暴露标准是保护人体的基本标准，它通常确定了全身或部分人体暴露于任何数量的产生电磁场的装置时最大允许水平。这类标准通常已经含有安全因子并提供了限制人体暴露的基本指南，ICNIRP 制订的标准主要为此类标准。

（2）排放标准

排放标准通常是基于工程方面的考虑。例如，使多个设备间的电磁干扰最小化，制订排放标准一般不基于健康考虑。因此排放标准一般只是在暴露标准之下，确定设备的电磁干扰，而不直接同电磁辐射挂钩。

（3）测量标准

测量标准是描述如何检验是否符合暴露和排放标准。其提供了如何测量装置或产品中电磁辐射的方法，如 SAR 值的测量标准。各种电磁辐射的标准（包括评估、计算等内容）都属于测量标准。

由以上的分类可知，暴露标准是标准化的最核心部分，一切其他标准都围绕暴露标准，而且，暴露标准也最可能成为涉及国家环境保护、人体健康安全的强制性标准。

电磁辐射标准化的最早启动者是国际辐射保护协会（IRPA），1974 年 IRPA 建立了非电离辐射（NIR）保护工作组，以研究非电离辐射所产生的健康问题，在 IRPA1977 年巴黎会议上，该工作组正式命名为国际非电离辐射委员会（INIRC）。在 IRPA1992 年蒙特利尔会议中，一个全新的、独立的组织 ICNIRP（国际非电离辐射防护协会）成立，并取代了 IRPA/INIRC。ICNIRP 是最早涉及电磁辐射标准工作的组织，通过该组织进行非电离辐射（包括电磁辐射）的生物效应研究、辐射限值导则等标准化工作。

在移动通信问世之前，ICNIRP 主要就工频场（如高压电力线）以及其他射频场（如卫星、电视等）的电磁辐射对健康的影响进行研究。随着移动通信逐步进入人们生活，人们越发注意到移动通信电磁辐射是否对健康存在影响，20 世纪末期，ICNIRP 对处于移动通信频段的射频电磁场的研究达到顶峰，并确定了该频域的电磁辐射限值，该限值成为众多国家政府对电磁辐射进行管理、测试、评价的依据。

在 ICNIRP 导则的大原则下，IEC（国际电工学会）和 ITU（国际电信联盟）均已经推出了大量关于移动通信电磁辐射测试、评估、计算以及缓解的标准。

同时，2004 年 11 月，中国通信标准化协会（CCSA）成立了电磁环境与安全防护技术工作委员会（TC9），其中，第三组（WG3）为电磁辐射与安全工作组，先后完成了《无线通信设备对人体的电磁照射，第一部分：靠近耳边使用的手持式无线通信设备的 SAR 评估（频率范围 300MHz ～ 3GHz）》、《家用以及类似电子通信产品－电磁场－评估和测量方法》、《无线通信终端电磁辐射暴露限值和测量方法》、《无线通信系统基站电磁辐射计算和测量方法（110MHz ～ 40GHz）》、《无线通信系统基站使用时电磁辐射符合性评估方法（110MHz ～ 40GHz）》、《无线通信系统基站电磁照射（110MHz ～ 40GHz）第 3 部分：现场测量方法》、《人体暴露于通信基站附近的电磁场电磁辐射减缓技术》、《手持和身体佩戴使用的无线通信设备对人体的电磁照射—人体模型、仪器和规程—第二部分，靠近身体使用的无线通信设备比吸收率（SAR）的评估规程（频率范围 30MHz ～ 6GHz）》以及《生物电磁学研究综述报告》等多项技术标准和研究报告。这些标准的制订和推出基本满足了国内移动通信行业发展的需要，为行业的可持续发展打下了坚实的基础。

17.2.4.2　通信电磁辐射的国家安全标准

尽管世界上有关电磁辐射的标准很多，但是基本上都采用了相同的体系，例如，在限值上分为基本限值和导出限值，在对保护对象的分类上分为普通公众和职业人群。目前世界上主要的电磁辐射标准为 ICNIRP 导则，其限值为多数国家所采用。另外还有一些国家在 ICNIRP 导则的基础上，将限值设置更低，将暴露标准设置更加严格，代表国家为前苏联、波兰、中国，还包括意大利、瑞士等国家。

我国的电磁辐射标准属于强制性标准，其法律依据主要是《中华人民共和国环境保护法》第二十四条“产生环境污染和其他公害的单位，必须把环境保护工作纳入计划，建立环境保护责任制度；采取有效措施，防治在生产建设或者其他活动中产生的废气、废水、废渣、粉尘、放射性物质以及噪声、振动、电磁波辐射等对环境的污染和危害。”

需要指出的是，我国目前有关电磁辐射防护的标准不尽统一，同时并存多个相关的国家标准，几个部门同时又在制订或修订类似的国际标准。截至目前，我国与通信电磁辐射相关的国家标准情况如下。

GB 10436—89《作业场所微波辐射卫生标准》：

由卫生部提出并发布，规定了作业场所射频微波辐射卫生标准及测试方法。

GB 10437—89《作业场所超高频辐射卫生标准》：

由卫生部提出并发布，规定了作业场所高频微波辐射卫生标准及测试方法。

GB 12638—90《微波和超短波通信设备辐射安全要求》：

由原机械电子工业部提出，规定了距微波超短波通信设备一定距离内职业暴露人员可得到安全保障的辐射强度限值。

GB 16203—96《作业场所工频电场卫生标准》：

由卫生部提出，规定了作业场所工频电场辐射卫生标准及测试方法。

GB 21288—2007《移动电话电磁辐射局部暴露限值》：

由国家标准化管理委员会提出，规定了靠近人体头部使用，移动电话的电磁辐射要求。

GB 8702—2014《电磁环境控制限值》：

由国家环境保护部提出，并与国家质量监督检验检疫总局联合发布，确定了无线电波电磁辐射的限值、辐射源管理、监测和质量保证。GB 8702—2014提出的限值是我国具备普遍性要求的限值标准。需要说明的是，该标准是对GB 8702—88《电磁辐射防护规定》和GB 9175—88《环境电磁波卫生标准》的整合修订，自GB 8702—2014实施之日起，GB 8702—88和GB 9175—88均废止。

GB 8702—2014面向环保，规范实用、更加普及，因此在进行评价、监测和执法时，一般参照GB 8702—2014执行。因此，对于无线通信工程而言，台站电磁辐射的导出限值应小于GB 8702—2014规定的40μW/cm^2。但是公众总的受照射剂量包括各种电磁辐射对其影响的总和，既包括拟建设施可能或已经造成的影响，还要包括已有背景电磁辐射的影响。为使公众受到的总照射剂量小于GB 8702—2014的规定值，国家环境保护部制订了关于电磁辐射环境影响评价的行业标准HJ/T 10.3—1996《辐射环境保护管理导则 电磁辐射环境影响评价方法与标准》，在该标准中规定单个项目的电磁辐射影响必须限制在GB 8702—2014的若干分之一。因此针对单个的无线通信工程项目的环境评价，环境保护部取功率密度限值的1/5作为评价标准。也就是说，对于单个的无线通信工程项目，台站电磁辐射的导出限值应小于8μW/cm^2，这是工程咨询设计人员在进行台站电磁辐射安全防护距离计算时的依据。

17.2.4.3　台站电磁辐射测量方法

电磁辐射的测量分为场测量和SAR测量。其中，SAR测量为实验室测量，通过建立标准人体模型，配以一定比例的组织液，同时采用标准SAR测量设备、探头、传感器结合辐射源搭建成测量系统，以测量辐射源的SAR值，该测量系统设备昂贵、结构复杂、测量时间长，而且位于实验室测量，主要是针对移动终端的测量，不适合针对台站进行测量。

台站电磁辐射测量方法主要为场测量法，即使用测量仪表在台站外场，经过合理选点，对台站外场的电场强度、功率密度进行测量，并经过数据处理和不确定度分析从而完成测量报告。

一般来说，符合台站电磁环境验收的正规电磁辐射测量应由具备计量认证（CMA）或实验室国家认可（CNAS）的检测机构完成并出具具备CMA和CNAS标志的报告。该报告可得到相关国家环保部门的承认，也可向公众公示。除此之外，台站建设单位、运营单位也可为进行内部风险控制进行台站电磁辐射测量，但出具报告不具有权威性。

17.2.5　通信台站电磁辐射的计算

为了对台站电磁辐射风险进行有效防控，需要进行环境影响评价等一系列工作。在这工作中，通信台站电磁辐射的计算是至关重要的，它决定了电磁辐射安全防护距离的划定。以下将对台站电磁辐射的计算方法进行详细阐述。

17.2.5.1　单辐射源、自由空间传播条件下的计算方法

由于台站周围存在着大量的反射物体，以及测量点附近受到来自地面反射波的影响，因此一般情况下使用自由空间传播模型与实际的测量结果会有一定的差别，但是在远离地面的空中并且与天线的距离不太远（在远场区范

围）的情况下，如果周围没有明显的反射物，可以使用自由空间传播模型进行计算。

设台站发射天线（在特定方向上的增益为 G_t）的馈入功率为 P_t(W)，接收点距离发射天线的相位中心 d(m)。功率通量密度(Poynting矢量)见公式(17-5)。

$$S = \frac{P_t G_t}{4\pi d^2}\ (\text{W/m}^2) \tag{17-5}$$

如果用 μW/cm² 作为单位，则功率通量密度见公式（17-6）。

$$S = 100 \cdot \frac{P_t G_t}{4\pi d^2}\ (\mu\text{W/cm}^2) \tag{17-6}$$

当计算台站的保护距离 d 时，如前文所述，S=8μW/cm²。根据计算结果，在保护距离之外均为电磁辐射安全区域。台站安全距离如图 17-7 所示。

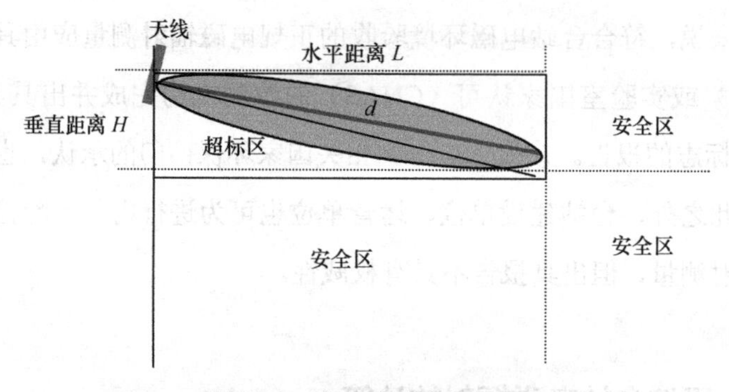

图 17-7　台站安全距离示意

17.2.5.2　多辐射源、自由空间传播条件下的计算方法

当台站出现共站现象时，一个站址上会有多个辐射源。因为要估算电磁辐射的最大值，所以就要考虑多个天线（辐射源）放置在一起，并且最大辐射方向都相同的这种极端情况。虽然在实际工程中，这些共站的天线不可能完全重叠地放置在一起，彼此在垂直方向或者水平方向会有一定的空间隔离，但是由于目前不清楚它们这种具体的位置关系，并且这种空间隔离相对来说是比较小的，所以做这种近似的假设是合理的。

假设某台站共有 n 个辐射源（发射天线），第 i 个辐射源（发射天线）的最大输出功率是 P_i(W)，它的增益为 G_i，假设这些天线的最大辐射方向相同，则接收点距离发射天线的相位中心 d(m) 处的功率通量密度（Poynting 矢量）见公式（17-7）。

$$S=\sum_{i=1}^{n}\frac{P_iG_i}{4\pi d^2}=\frac{\sum_{i=1}^{n}P_iG_i}{4\pi d^2}\quad (\mathrm{W/m^2}) \tag{17-7}$$

实际上，由于 $\mathrm{W/m^2}$ 这个单位比较大，在实际工程中常用 $\mu\mathrm{W/cm^2}$，所以上式也可以表达为公式（17-8）。

$$S=\frac{100}{4\pi d^2}\sum_{i=1}^{n}P_iG_i\quad (\mu\mathrm{W/cm^2}) \tag{17-8}$$

公式 17-8 的计算结果是在自由空间中正对天线主瓣的结果。实际上由于台站天线通常架设在一定的高度上，有一个小的倾角（2°～ 10°），台站天线在竖直方向的主瓣宽度在 7°左右，所以在地面或楼顶平台上，通常只是正对竖直方向的第 n 副瓣，而竖直方向的第 n 副瓣比主瓣增益低 20dB 以上，所以如果在台站周围的地面上测的话，得到的结果一般情况下应该远远小于用上面公式计算出来的值。

17.2.6　通信台站环境影响评价

环境影响评价是在进行对环境有影响的建设和开发活动时，对该活动可能给周围环境带来的影响进行科学的预测和评估，制订防止或减少环境损害的措施，编写环境影响报告书或填写环境影响报告表，报经环境保护部门审批后再进行设计和建设的各项规定的总称。台站建设是一种建设项目，并且有可能影响到周围的环境，所以根据相关的法律和管理办法，台站建设是需要进行环境影响评价的（简称环评）。

电磁辐射环境评价相关的国家法律包括《中华人民共和国环境保护

法》、《中华人民共和国环境影响评价法》，这些法律是电磁辐射管理以及环境影响评价管理办法的基础。

在基于相关法律的同时，各大部委针对建设项目环境影响评价工作也出台了相应的管理办法或评价程序，其中包括《建设项目环境保护管理条例》、《建设项目环境保护管理办法》、《建设项目分类管理目录》、《建设项目环境保护管理程序》等。而对台站建设更具有针对性的管理文件为《电磁辐射环境保护管理办法》，于1997年1月27日通过，内容分为总则、监督管理、污染事件处理、奖励与惩罚、附则5章以及电磁辐射建设项目和设备名录组成。

根据国家环保部《电磁辐射环境保护管理办法》要求，台站建设项目须履行环境影响评价程序，即编制《基站建设项目电磁辐射环境影响报告书（表）》。该报告书（表）分两个阶段编制，第一阶段编制《可行性阶段环境影响报告书（表）》，必须在台站建设项目立项前完成（以下简称“一阶段”）；第二阶段编制《实际运行阶段环境影响报告书（表）》，必须在台站竣工验收前完成（以下简称“二阶段”），并按规定提交验收申请报告及两阶段环境影响报告书等资料后，对台站电磁辐射剂量进行测试验收，合格后，由环保部门颁发《电磁辐射环境验收合格证》。

根据该办法，目前基站的环评流程如图17-8所示。

按照我国国家环保标准《电磁辐射防护的规定》（GB 8702—2014）的要求，对于职业人员的防护限值标准是200μW/cm^2，对普通公众的防护限值标准是40μW/cm^2。我国环境保护行业标准HJ/T 10.3—1996《辐射环境保护管理导则》又规定：为使公众受到的总照射剂量小于GB 8702—2014的规定值，对单个项目的影响必须限值在GB 8702—2014限值的若干分之一。在进行电磁辐射环境影响评价时，对于由国家环保局负责审批的大型项目可取GB 8702—88中场强限值的1/$\sqrt{2}$，或功率密度限值的1/2。其他项目则取场强限值的1/$\sqrt{5}$，或功率密度限值的1/5作为评价标准。

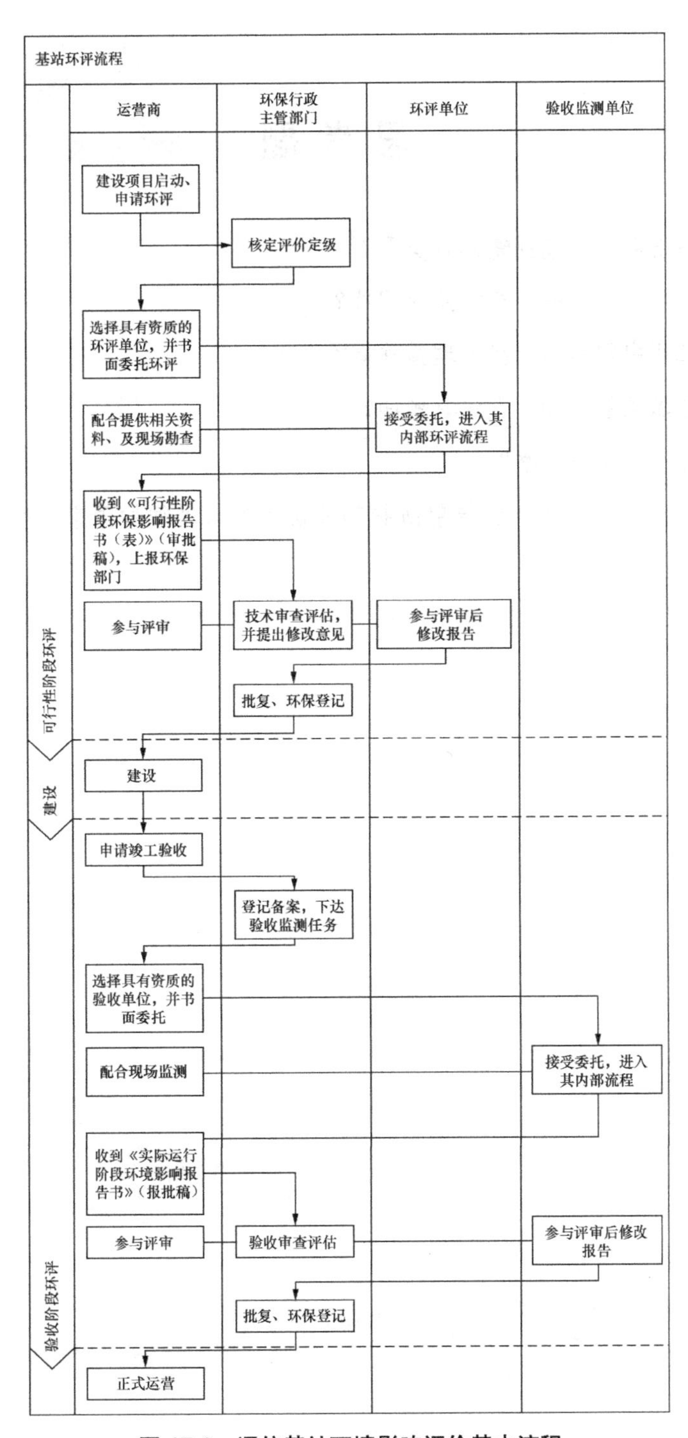

图 17-8　通信基站环境影响评价基本流程

思考题

1. 系统间干扰包括哪几种类型?

2. 系统间干扰的分析方法有哪些?

3. 工程中常用的干扰处理措施有哪些?

4. 电磁辐射的测量方法有哪些?

5. 什么是比吸收率?

6. 无线通信工程电磁辐射防护和评价中通常遵循的国家和行业标准有哪些?

参 考 文 献

[1] 汪丁鼎，景建新，肖清华，等 . LTE FDD/EPC 网络规划设计与优化 [M]. 北京：人民邮电出版社，2014

[2] 姜怡华，等 . 3GPP 系统架构演进（SAE）原理与设计 [M]. 北京：人民邮电出版社，2013

[3] 3GPP TS36.201 V10.0.0 Release10. Evolved Universal Terrestrial Radio Access (E-UTRA); LTE Physical Layer; General Description[S]. 2011

[4] 3GPP TS36.321 V10.9.0 Release10. Evolved Universal Terrestrial Radio Access (E-UTRA); Medium Access Control (MAC) Protocol Specification[S]. 2013

[5] 3GPP TS36.322 V10.0.0 Release10. Evolved Universal Terrestrial Radio Access (E-UTRA); Radio Link Control (RLC) Protocol Specification[S]. 2011

[6] 3GPP TS36.323 V10.2.0 Release10. Evolved Universal Terrestrial Radio Access (E-UTRA); Packet Data Convergence Protocol (PDCP) Specification[S]. 2013

[7] 冯建和，王卫东 . 第三代移动网络与移动业务 [M]. 北京：人民邮电出版社，2007

[8] 未来移动通信业务模型及架构 [EB/OL]. http://www.educity.cn/tx/992350.html

[9] 展望未来移动通信业务 [EB/OL]. http://www.future-forum.org/2009cn/an_list.asp?id=19

[10] 肖清华，汪丁鼎，许光斌，等 . TD-LTE 网络规划设计与优化 [M]. 北京：人民邮电出版社，2013

[11] 肖云，陈森 . 移动通信业务预测方法研究 [J]. 邮电设计技术，2011(2)

[12] 冯毅，曹恒，田元兵 . 业务量预测建模与分析 [J]. 邮电设计技术，2008(9)

[13] 孙孺石，丁怀元，穆万里，等 . GSM 数字移动通信工程（第一版）[M]. 北京:人民邮电出版社，1996

[14] 韩斌杰 . GSM 原理及其网络优化（第一版）[M]. 北京: 机械工业出版社，2001

[15] 华为技术有限公司 . GSM 无线网络规划与优化（第一版）[M]. 北京：人民邮电出版社，2004

[16] YD/T 5104—2005, 900/1800MHz TDMA 数字峰窝移动通信网工程设计规范 [S]

[17] 中国通信标准化协会（CCSA）. 多载波基站技术报告 [R]. 北京：TC5 WG9 第 26 次会议，2009

[18] YD 5110—2009, 800MHz/2GHz cdma 2000 数字蜂窝移动通信网工程设计暂行规定 [S]，2009

[19] [美]Jhong S L, [美]Leonard E. M. CDMA 系统工程手册 [M]. 许希斌，等 译 . 北京：人民邮电出版社 , 2001

[20] C.S0001-A. Introduction to cdma2000 Standards for Spread Spectrum Systems - Release A[S]. 2000

[21] C.S0002-A. Physical Layer Standard for cdma2000 Spread Spectrum Systems - Release A[S]. 2000

[22] C.S0003-A. Medium Access Control (MAC) Standard for cdma2000 Spread Spectrum Systems - Release A[S]. 2000

[23] C.S0004-0 v1.0. Signaling Link Access Control (LAC) Standard for cdma2000 Spread Spectrum Systems[S]. 1999

[24] Harri H，等 . WCDMA 技术与系统设计（第一版）[M]. 周胜，等 译 . 北京:机械工业出版社，2002

[25] 杨峰义，等 . WCDMA 无线网络工程 [M]. 北京：人民邮电出版社，2004

[26] Harri H，等 . HSDPA/HSUPA 技术与系统设计（第一版）[M]. 北京：机械工业出版社，2007

[27] Jaana L, Achim W, Tomas N，*et al*. Radio Network Planning and Optimisation for UMTS[M]. John Wiley，2001

[28] 董江波，吴兴耀，高鹏 . HSDPA——从原理到实践 [M]. 北京：人民邮电出版社，2006

[29] Ajay RM 蜂窝网络规划与优化基础——2G/2.5G/3G 以及向 4G 的演进中的网络规划与优化（第一版）[M]. 北京：机械工业出版社，2005

[30] QB/CU 074—2009. 中国联通 WCDMA Home NodeB 网络技术体制 [S]

[31] 张同须，李楠，高鹏. TD-SCDMA 网络规划与工程 [M]. 北京：机械工业出版社，2007

[32] YD 5112—2008, 2GHz TD-SCDMA 数字蜂窝移动通信网工程设计暂行规定 [S]. 2008

[33] 黄韬，刘韵洁，张智江，等 . LTE/SAE 移动通信网络技术 [M]. 北京：人民邮电出版社，2009

[34] 胡宏林，徐景 . 3GPP LTE 无线链路关键技术 [M]. 北京：电子工业出版社，2008

[35] 曾召华 . LTE 基础原理与关键技术 [M]. 陕西：西安电子科技大学出版社，2010

[36] 韩志刚 . LTE FDD 技术原理与网络规划 [M]. 北京：人民邮电出版社，2012

[37] Harri H，Antti T. UMTS 中的 LTE：基于 OFDMA 和 SC-FDMA 的无线接入 [M]. 北京：机械工业出版社，2010

[38] QB/CU 123—2013. 中国联通 LTE 数字蜂窝移动通信网技术体制 [S]. 2013

[39] 3GPP TR 36.912. Feasibility Study for Further Advancements for E-UTRA (LTE-Advanced) [S]. 2014

[40] 3GPP TR 36.913. Requirements for further advancements for E-UTRA (LTE-Advanced)[S]. 2013

[41] 蓝俊锋，殷涛，杨燕玲，等 . LTE 融合发展之道——TD-LTE 与 LTE

FDD 融合组网规划与设计 [M]. 北京：人民邮电出版社，2014
[42] 中国移动通信天线系统产业发展分析报告（白皮书讨论稿）[R]. 无线系统产业联盟工作组，2014
[43] 魏红 . 21 世纪高职高专通信教材移动通信技术 [M]. 北京：人民邮电出版社，2005
[44] 刘鸣，袁超伟，贾宁，等 . 智能天线技术与应用 [M]. 北京：机械工业出版社，2007
[45] GB/T 9410—2008. 移动通信天线通用技术规范 [S]. 2008
[46] YD/T 1059—2004. 移动通信系统基站天线技术条件 [S]. 2004
[47] YD/T 5120—2005. 无线通信系统室内覆盖工程设计规范 [S]. 2005
[48] QB/CU T11—001(2015). 中国联通光纤分布系统技术规范 (V1.0)[S]. 2015
[49] QB/CU 072—2013. 中国联通室内分布系统技术规范 (V2.0) [S]. 2013
[50] Harri H，等 . WCDMA 技术与系统设计（第一版）[M]. 北京: 机械工业出版社，2002
[51] YD/T 2430—2012. TD-SCDMA/GSM 双模路测（DT）和拨打测试（CQT）测试记录技术要求 [S]. 2012
[52] YD/T 2119—2010. 无线接入网路测（DT）和呼叫质量测试（CQT）记录技术要求 [S]. 2010
[53] YD/T 2495—2013. GSM/WCDMA 无线接入网路测（DT）和呼叫质量测试（CQT）记录技术要求 [S]. 2013
[54] YD/T 2484—2012. TD-LTE 单模终端路测（DT）和呼叫质量测试（CQT）记录技术要求 [S]. 2012
[55] 乔自知，等 . UTRAN/E-UTRAN 最小化路测技术要求 [M]. CCSA，2014
[56] 苗守野，等 . 最小化路测管理技术研究报告 [M]. CCSA，2012
[57] 李中科，廖芳芳，梁斌 . 3GPP 最小化路测技术及最新进展 [J]. 山东通信技术，2013(9)
[58] 贺琳，等 . 最小化路测技术发展现状及应用分析 [J]. 邮电设计技术，2012(12)

[59] GB 15629.11—2003. 信息技术 系统间远程通信和信息交换局域网和城域网 特定要求 第 11 部分：无线局域网媒体访问控制和物理层规范 [S]. 2003

[60] YD/T 1186—2002. 接入网技术要求—26GHz 本地多点分配系统（LMDS）[S]. 2002

[61] YD/T 5143—2005. 26GHz 本地多点分配系统（LMDS）工程设计规范 [S]. 2005

[62] YD/T 1158—2001. 接入网技术要求—3.5GHz 固定无线接入 [S]. 2001

[63] YD/T 5097—2005. 3.5GHz 固定无线接入工程设计规范 [S]. 2005

[64] YD/T 2742—2014. 分组数字微波通信设备和系统技术要求及测试方法 [S]. 2014

[65] 徐永太 . 卫星通信技术研究 [J]. 电信网技术，2015, (1):52-57

[66] 花江，王永胜，喻火根 . 卫星通信新技术现状与展望 [J]. 电讯技术，2014, 54(5):674-681

[67] 胡晓曦 . 基于 MIMO 技术的卫星高速数据传输系统研究 [J]. 空间电子技术，2010 (4):37-42

[68] GB10436—89. 作业场所微波辐射卫生标准[S]. 1989

[69] GB10437—89. 作业场所超高频辐射卫生标准[S]. 1989

[70] GB12638—90. 微波和超短波通信设备辐射安全要求[S]. 1990

[71] GB16203—96. 作业场所工频电场卫生标准[S]. 1996

[72] GB 21288—2007. 移动电话电磁辐射局部暴露限值[S]. 2007

[73] GB8702—2014. 电磁环境控制限值[S]. 2014